2025
올림포스
전국연합학력평가 기출문제집

기출로 개념 잡고 내신 잡자!

수학 I

정답과 풀이는 EBS*i* 사이트(www.ebs*i*.co.kr)에서 내려받으실 수 있습니다.

교재 내용 문의 교재 및 강의 내용 문의는 EBS*i* 사이트 (www.ebs*i*.co.kr)의 학습 Q&A 서비스를 이용하시기 바랍니다.

교재 정오표 공지 발행 이후 발견된 정오 사항을 EBS*i* 사이트 정오표 코너에서 알려 드립니다.
교재 ▶ 교재 자료실 ▶ 교재 정오표

교재 정정 신청 공지된 정오 내용 외에 발견된 정오 사항이 있다면 EBS*i* 사이트를 통해 알려 주세요.
교재 ▶ 교재 정정 신청

2025

올림포스

전국연합학력평가 기출문제집

기 출 로 개 념 잡 고 내 신 잡 자 !

수학 Ⅰ

Structure 이 책의 **구성**과 **특징**

대표 기출 유형 수록부터 꼼꼼한 경향 분석, 상세한 해설, 풀이까지

영역별로 꼭 알아 두어야 할 핵심 개념과 대표 유형 문제를 수록 및 분석하였습니다.
핵심 개념으로 기본기를 탄탄히 하고 전국연합학력평가 기출문제를 풀어 봄으로써
실력을 다질 수 있게 구성하였습니다.
EBS 올림포스 전국연합학력평가 기출문제집으로 지금까지 출제된 기출문제를
정확히 분석하고, 자신의 실력을 점검하고 약점을 보완한다면 전국연합학력평가 시험과
내신 시험에 효과적으로 대비할 수 있을 것입니다.

1 개념 짚어보기

개념 짚어보기 | 01 지수

1. 거듭제곱과 거듭제곱근

(1) 거듭제곱
실수 a와 자연수 n에 대하여 a를 n번 곱한 것을 a의 n제곱이라 하고, 기호로 a^n과 같이 나타낸다. 이때 $a, a^2, a^3, \cdots, a^n, \cdots$을 통틀어 a의 거듭제곱이라 하고, a^n에서 a를 거듭제곱의 밑, n을 거듭제곱의 지수라 한다.

(2) 거듭제곱근
실수 a와 2 이상인 정수 n에 대하여 n제곱하여 a가 되는 수, 즉 $x^n=a$를 만족시키는 수 x를 a의 n제곱근이라고 한다. 이때 a의 제곱근, 세제곱근, 네제곱근, $\cdots$을 통틀어 a의 거듭제곱근이라 한다.

(3) 실수 a의 n제곱근 중 실수인 것 ($x^n=a$를 만족시키는 실수 x)
n이 2 이상인 자연수일 때

n \ a	$a>0$	$a=0$	$a<0$
n이 짝수일 때 실수인 n제곱근	$\sqrt[n]{a}, -\sqrt[n]{a}$	0	없다.
n이 홀수일 때 실수인 n제곱근	$\sqrt[n]{a}$	0	$\sqrt[n]{a}$

|참고|
(1) n이 짝수일 때 (2) n이 홀수일 때

2. 거듭제곱근의 성질

$a>0$, $b>0$이고 m, n이 2 이상인 정수일 때
① $\sqrt[n]{a}\sqrt[n]{b}=\sqrt[n]{ab}$
② $\frac{\sqrt[n]{a}}{\sqrt[n]{b}}=\sqrt[n]{\frac{a}{b}}$
③ $(\sqrt[n]{a})^m=\sqrt[n]{a^m}$
④ $\sqrt[m]{\sqrt[n]{a}}=\sqrt[mn]{a}=\sqrt[n]{\sqrt[m]{a}}$

3. 지수의 확장

(1) 0 또는 음의 정수인 지수
$a^0=1$, $a^{-n}=\frac{1}{a^n}$ (단, $a>0$, n은 자연수)

(2) 유리수인 지수
$a^{\frac{m}{n}}=\sqrt[n]{a^m}$, 특히 $a^{\frac{1}{n}}=\sqrt[n]{a}$ (단, $a>0$이고 m, n은 정수, $n\geq2$)

(3) 실수인 지수
$a>0$, $b>0$이고 x, y가 실수일 때
① $a^xa^y=a^{x+y}$
② $a^x\div a^y=a^{x-y}$
③ $(a^x)^y=a^{xy}$
④ $(ab)^x=a^xb^x$

(보기) $a>0$이고 n이 2 이상의 자연수일 때, $\sqrt[n]{a}$는 a의 n제곱근이므로 $(\sqrt[n]{a})^n=a$이다.

(보기) n이 홀수일 때 $a>0$이면 $\sqrt[n]{a}>0$, $a<0$이면 $\sqrt[n]{a}<0$

(보기) (1) -27의 세제곱근 중 실수인 것은 $\sqrt[3]{-27}=-3$ (2) 16의 네제곱근 중 실수인 것은 $\sqrt[4]{16}=2, -\sqrt[4]{16}=-2$ (3) -81의 네제곱근 중 실수인 것은 없다.

$\sqrt[n]{a^n}=\begin{cases} a & (n\text{이 홀수}) \\ |a| & (n\text{이 짝수}) \end{cases}$

(보기) 0^0은 정의하지 않는다.

6 올림포스 전국연합학력평가 기출문제집 | 수학Ⅰ

교과서 핵심 개념을 간단하고 명쾌하게 요약, 정리하였으며 보기, 참고, 주의 등을 통해 개념을 이해하는데 도움을 주도록 하였습니다.

2 개념 확인 문제

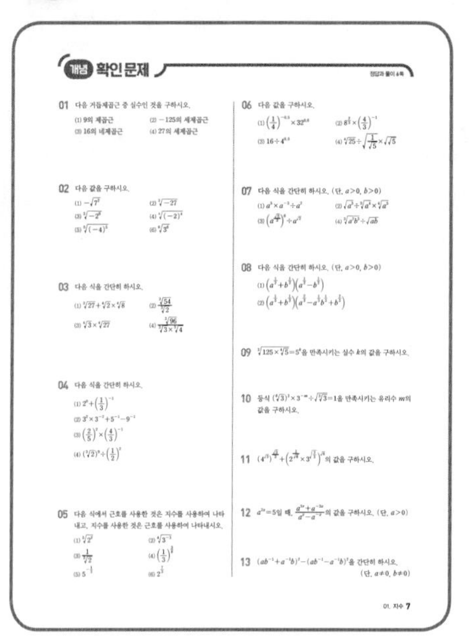

개념을 다지는 기본적인 문제를 풀어 봄으로써 개념을 확실히 이해할 수 있도록 하였습니다.

3 내신 & 학평 유형 연습

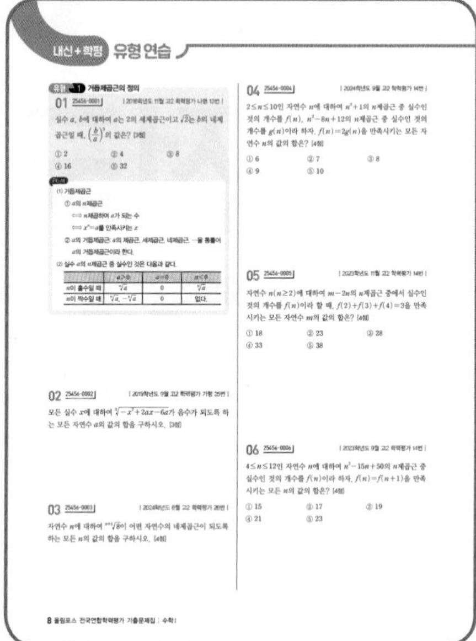

전국연합학력평가 기출 문제를 선별하여 최신 경향과 기출 유형을 파악하도록 하였습니다. 유형별로 대표문제를 Point와 함께 제시하여 해당유형의 문제를 완벽하게 연습할 수 있도록 하였습니다.

4 서술형 연습

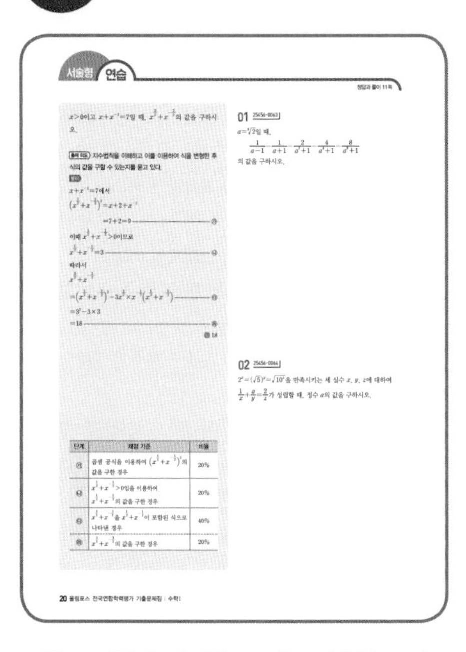

학교 시험에 대비할 수 있는 서술형 문제를 수록하였으며, 문제의 출제 의도와 단계별 채점 기준을 넣어 문제 해결 과정의 이해를 돕도록 구성하였습니다.

5 1등급 도전

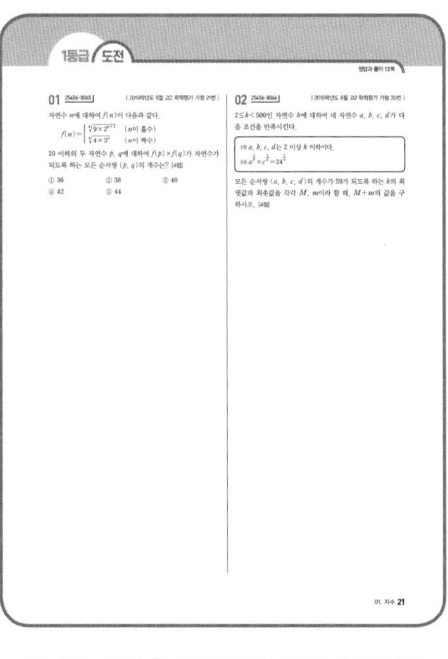

고난도 문항을 구성하여 1등급에 도전할 수 있도록 하였습니다.

정답과 풀이

문제의 해결 방법을 이해할 수 있도록 자세한 문제 풀이를 제공하였습니다.
특히, 1등급 도전 코너의 문제는 풀이 전략과 단계별 풀이 방법을 제시하여 어려운 부분을 쉽게 이해할 수 있도록 구성하였습니다.

학생

인공지능 DANCHOQ 푸리봇 문|제|검|색

EBS*i* 사이트와 EBS*i* 고교강의 APP 하단의 AI 학습도우미 푸리봇을 통해 문항코드를 검색하면 푸리봇이 해당 문제의 해설과 해설 강의를 찾아 줍니다. 사진 촬영으로도 검색할 수 있습니다.

선생님

EBS 교사지원센터 교재 관련 자|료|제|공

교재의 문항 한글(HWP) 파일과 교재이미지, 강의자료를 무료로 제공합니다.

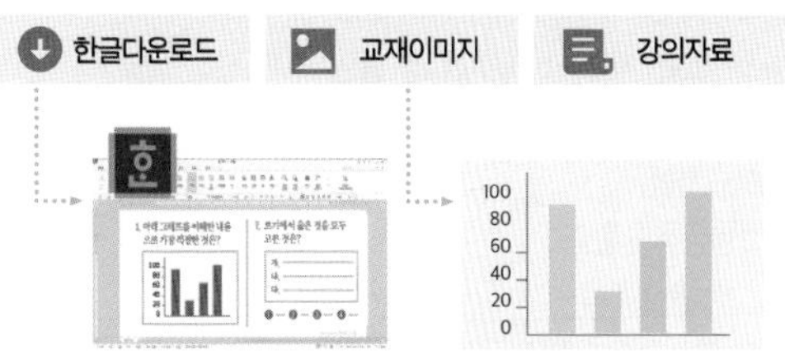

- 교사지원센터(teacher.ebsi.co.kr)에서 '교사인증' 이후 이용하실 수 있습니다.
- 교사지원센터에서 제공하는 자료는 교재별로 다를 수 있습니다.

Contents 이 책의 **차례**

01 지수

02 로그

03 지수함수와 로그함수

04 지수함수와 로그함수의 활용

05 삼각함수

06 삼각함수의 그래프

07 삼각함수의 활용

08 등차수열과 등비수열

09 수열의 합

10 수학적 귀납법

개념

짚어보기 | 01 지수

1. 거듭제곱과 거듭제곱근

(1) 거듭제곱

실수 a와 자연수 n에 대하여 a를 n번 곱한 것을 a의 n제곱이라 하고, 기호로 a^n과 같이 나타낸다. 이때 a, a^2, a^3, $\cdots$, a^n, $\cdots$을 통틀어 a의 거듭제곱이라 하고, a^n에서 a를 거듭제곱의 밑, n을 거듭제곱의 지수라 한다.

(2) 거듭제곱근

실수 a와 2 이상인 정수 n에 대하여 n제곱하여 a가 되는 수, 즉 $x^n=a$를 만족시키는 수 x를 a의 n제곱근이라고 한다. 이때 a의 제곱근, 세제곱근, 네제곱근, $\cdots$을 통틀어 a의 거듭제곱근이라 한다.

(3) 실수 a의 n제곱근 중 실수인 것 ($x^n=a$를 만족시키는 실수 x)

n이 2 이상인 자연수일 때

n \ a	$a>0$	$a=0$	$a<0$
n이 짝수일 때 실수인 n제곱근	$\sqrt[n]{a}$, $-\sqrt[n]{a}$	0	없다.
n이 홀수일 때 실수인 n제곱근	$\sqrt[n]{a}$	0	$\sqrt[n]{a}$

|참고|

(i) n이 짝수일 때

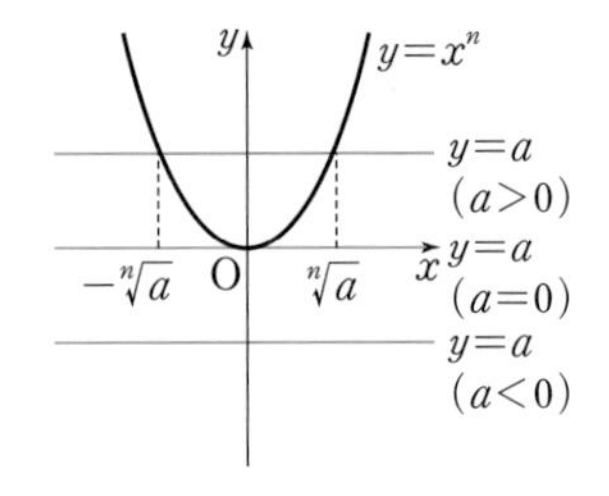

(ii) n이 홀수일 때

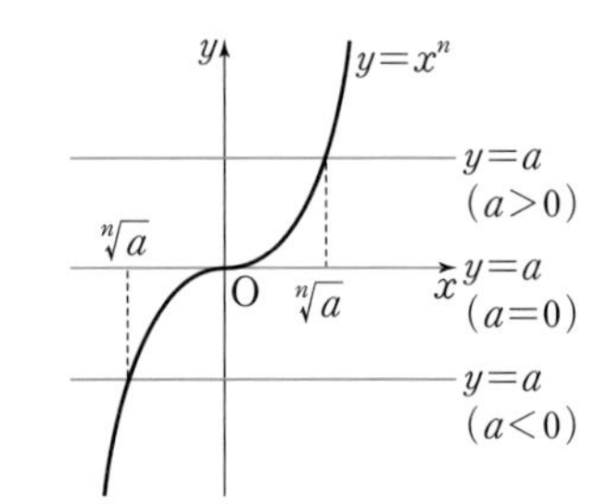

> **참고**
> $a>0$이고 n이 2 이상의 자연수일 때, $\sqrt[n]{a}$는 a의 n제곱근이므로 $(\sqrt[n]{a})^n=a$이다.

> **참고**
> n이 홀수일 때
> $a>0$이면 $\sqrt[n]{a}>0$
> $a<0$이면 $\sqrt[n]{a}<0$

> **중요**
> $\sqrt[n]{a^n}=\begin{cases} a & (n\text{이 홀수}) \\ |a| & (n\text{이 짝수}) \end{cases}$

2. 거듭제곱근의 성질

$a>0$, $b>0$이고 m, n이 2 이상인 정수일 때

① $\sqrt[n]{a}\sqrt[n]{b}=\sqrt[n]{ab}$

② $\dfrac{\sqrt[n]{a}}{\sqrt[n]{b}}=\sqrt[n]{\dfrac{a}{b}}$

③ $(\sqrt[n]{a})^m=\sqrt[n]{a^m}$

④ $\sqrt[m]{\sqrt[n]{a}}=\sqrt[mn]{a}=\sqrt[n]{\sqrt[m]{a}}$

3. 지수의 확장

(1) 0 또는 음의 정수인 지수

$a^0=1$, $a^{-n}=\dfrac{1}{a^n}$ (단, $a>0$, n은 자연수)

(2) 유리수인 지수

$a^{\frac{m}{n}}=\sqrt[n]{a^m}$, 특히 $a^{\frac{1}{n}}=\sqrt[n]{a}$ (단, $a>0$이고 m, n은 정수, $n\ge2$)

(3) 실수인 지수

$a>0$, $b>0$이고 x, y가 실수일 때

① $a^xa^y=a^{x+y}$

② $a^x\div a^y=a^{x-y}$

③ $(a^x)^y=a^{xy}$

④ $(ab)^x=a^xb^x$

> **주의**
> 지수가 정수가 아닌 유리수인 경우 밑이 음수이면 지수법칙을 이용할 수 없다.
> $\{(-2)^6\}^{\frac{1}{2}}\ne(-2)^3$
> $\{(-2)^6\}^{\frac{1}{2}}=(2^6)^{\frac{1}{2}}=2^3$

> **참고**
> 지수 x의 값의 범위에 따라 a^x을 정의하기 위한 밑 a의 조건은 다음과 같다.

x	a
정수	$a\ne0$
유리수	$a>0$
실수	$a>0$

개념 확인 문제

정답과 풀이 6쪽

01 다음 거듭제곱근 중 실수인 것을 구하시오.

(1) 9의 제곱근　(2) -125의 세제곱근
(3) 16의 네제곱근　(4) 27의 세제곱근

02 다음 값을 구하시오.

(1) $-\sqrt{7^2}$　(2) $\sqrt[3]{-27}$
(3) $\sqrt[3]{-2^6}$　(4) $\sqrt[4]{(-2)^4}$
(5) $\sqrt[5]{(-4)^5}$　(6) $\sqrt[6]{3^6}$

03 다음 식을 간단히 하시오.

(1) $\sqrt[3]{27}+\sqrt[4]{2}\times\sqrt[4]{8}$　(2) $\dfrac{\sqrt[3]{54}}{\sqrt[3]{2}}$
(3) $\sqrt[4]{3}\times\sqrt[4]{27}$　(4) $\dfrac{\sqrt[3]{96}}{\sqrt[3]{3}\times\sqrt[3]{4}}$

04 다음 식을 간단히 하시오.

(1) $2^0+\left(\dfrac{1}{3}\right)^{-1}$
(2) $3^2\times3^{-2}+5^{-1}-9^{-1}$
(3) $\left(\dfrac{2}{5}\right)^2\times\left(\dfrac{4}{3}\right)^{-1}$
(4) $(\sqrt[3]{2})^9\div\left(\dfrac{1}{2}\right)^2$

05 다음 식에서 근호를 사용한 것은 지수를 사용하여 나타내고, 지수를 사용한 것은 근호를 사용하여 나타내시오.

(1) $\sqrt[5]{2^2}$　(2) $\sqrt[4]{3^{-3}}$
(3) $\dfrac{1}{\sqrt[3]{2}}$　(4) $\left(\dfrac{1}{3}\right)^{\frac{3}{8}}$
(5) $5^{-\frac{1}{3}}$　(6) $2^{\frac{7}{3}}$

06 다음 값을 구하시오.

(1) $\left(\dfrac{1}{4}\right)^{-0.5}\times32^{0.6}$　(2) $8^{\frac{2}{3}}\times\left(\dfrac{4}{3}\right)^{-1}$
(3) $16\div4^{0.5}$　(4) $\sqrt[4]{25}\div\sqrt{\dfrac{1}{\sqrt{5}}}\times\sqrt{\sqrt{5}}$

07 다음 식을 간단히 하시오. (단, $a>0$, $b>0$)

(1) $a^5\times a^{-3}\div a^2$　(2) $\sqrt{a^3}\div\sqrt[3]{a^4}\times\sqrt[4]{a^5}$
(3) $\left(a^{\frac{\sqrt{2}}{3}}\right)^6\div a^{\sqrt{2}}$　(4) $\sqrt[3]{a^2b^3}\div\sqrt{ab}$

08 다음 식을 간단히 하시오. (단, $a>0$, $b>0$)

(1) $\left(a^{\frac{1}{2}}+b^{\frac{1}{2}}\right)\left(a^{\frac{1}{2}}-b^{\frac{1}{2}}\right)$
(2) $\left(a^{\frac{1}{3}}+b^{\frac{1}{3}}\right)\left(a^{\frac{2}{3}}-a^{\frac{1}{3}}b^{\frac{1}{3}}+b^{\frac{2}{3}}\right)$

09 $\sqrt[3]{125\times\sqrt[4]{5}}=5^k$을 만족시키는 실수 k의 값을 구하시오.

10 등식 $(\sqrt[6]{3})^3\times3^{-m}\div\sqrt{\sqrt[3]{3}}=1$을 만족시키는 유리수 m의 값을 구하시오.

11 $(4^{\sqrt{3}})^{\frac{\sqrt{3}}{3}}+\left(2^{\frac{1}{\sqrt{6}}}\times3^{\sqrt{\frac{2}{3}}}\right)^{\sqrt{6}}$의 값을 구하시오.

12 $a^{2x}=5$일 때, $\dfrac{a^{3x}+a^{-3x}}{a^x-a^{-x}}$의 값을 구하시오. (단, $a>0$)

13 $(ab^{-1}+a^{-1}b)^2-(ab^{-1}-a^{-1}b)^2$을 간단히 하시오. (단, $a\neq0$, $b\neq0$)

내신+학평 유형 연습

유형 1 거듭제곱근의 정의

01 25456-0001 | 2016학년도 11월 고2 학력평가 나형 13번 |

실수 a, b에 대하여 a는 2의 세제곱근이고 $\sqrt{2}$는 b의 네제곱근일 때, $\left(\frac{b}{a}\right)^3$의 값은? [3점]

① 2 ② 4 ③ 8
④ 16 ⑤ 32

Point

(1) 거듭제곱근

① a의 n제곱근

$\Longleftrightarrow$ n제곱하여 a가 되는 수

$\Longleftrightarrow$ $x^n=a$를 만족시키는 x

② a의 거듭제곱근: a의 제곱근, 세제곱근, 네제곱근, …을 통틀어 a의 거듭제곱근이라 한다.

(2) 실수 a의 n제곱근 중 실수인 것은 다음과 같다.

	$a>0$	$a=0$	$a<0$
n이 홀수일 때	$\sqrt[n]{a}$	0	$\sqrt[n]{a}$
n이 짝수일 때	$\sqrt[n]{a}$, $-\sqrt[n]{a}$	0	없다.

02 25456-0002 | 2019학년도 9월 고2 학력평가 가형 25번 |

모든 실수 x에 대하여 $\sqrt[3]{-x^2+2ax-6a}$가 음수가 되도록 하는 모든 자연수 a의 값의 합을 구하시오. [3점]

03 25456-0003 | 2024학년도 6월 고2 학력평가 26번 |

자연수 n에 대하여 $\sqrt[n+1]{8}$이 어떤 자연수의 네제곱근이 되도록 하는 모든 n의 값의 합을 구하시오. [4점]

04 25456-0004 | 2024학년도 9월 고2 학력평가 14번 |

$2\le n\le 10$인 자연수 n에 대하여 n^2+1의 n제곱근 중 실수인 것의 개수를 $f(n)$, $n^2-8n+12$의 n제곱근 중 실수인 것의 개수를 $g(n)$이라 하자. $f(n)=2g(n)$을 만족시키는 모든 자연수 n의 값의 합은? [4점]

① 6 ② 7 ③ 8
④ 9 ⑤ 10

05 25456-0005 | 2023학년도 11월 고2 학력평가 14번 |

자연수 $n(n\ge 2)$에 대하여 $m-2n$의 n제곱근 중에서 실수인 것의 개수를 $f(n)$이라 할 때, $f(2)+f(3)+f(4)=3$을 만족시키는 모든 자연수 m의 값의 합은? [4점]

① 18 ② 23 ③ 28
④ 33 ⑤ 38

06 25456-0006 | 2023학년도 9월 고2 학력평가 14번 |

$4\le n\le 12$인 자연수 n에 대하여 $n^2-15n+50$의 n제곱근 중 실수인 것의 개수를 $f(n)$이라 하자. $f(n)=f(n+1)$을 만족시키는 모든 n의 값의 합은? [4점]

① 15 ② 17 ③ 19
④ 21 ⑤ 23

유형 2 거듭제곱근의 성질

07 25456-0007 | 2022학년도 6월 고2 학력평가 1번 |

$\sqrt[4]{3}\times\sqrt[4]{27}$의 값은? [2점]

① 1 ② $\sqrt{3}$ ③ 3
④ $3\sqrt{3}$ ⑤ 9

Point

두 양수 a, b에 대하여 m, n이 2 이상의 정수일 때

① $\sqrt[n]{a}\sqrt[n]{b}=\sqrt[n]{ab}$ ② $\dfrac{\sqrt[n]{a}}{\sqrt[n]{b}}=\sqrt[n]{\dfrac{a}{b}}$
③ $(\sqrt[n]{a})^m=\sqrt[n]{a^m}$ ④ $\sqrt[m]{\sqrt[n]{a}}=\sqrt[mn]{a}$
⑤ $\sqrt[np]{a^{mp}}=\sqrt[n]{a^m}$ (단, p는 자연수)

08 25456-0008 | 2019학년도 6월 고2 학력평가 가형 22번 |

$\sqrt[3]{5}\times\sqrt[3]{25}$의 값을 구하시오. [3점]

09 25456-0009 | 2020학년도 9월 고2 학력평가 3번 |

$\sqrt[3]{-8}+\sqrt[4]{81}$의 값은? [2점]

① 1 ② 2 ③ 3
④ 4 ⑤ 5

10 25456-0010 | 2019학년도 6월 고2 학력평가 나형 10번 |

$\sqrt{(-2)^6}+(\sqrt[3]{3}-\sqrt[3]{2})(\sqrt[3]{9}+\sqrt[3]{6}+\sqrt[3]{4})$의 값은? [3점]

① 7 ② 9 ③ 11
④ 13 ⑤ 15

11 25456-0011 | 2019학년도 9월 고2 학력평가 나형 26번 |

2 이상의 자연수 n에 대하여 넓이가 $\sqrt[n]{64}$인 정사각형의 한 변의 길이를 $f(n)$이라 할 때, $f(4)\times f(12)$의 값을 구하시오. [4점]

12 25456-0012 | 2017학년도 6월 고2 학력평가 가형 17번 |

두 집합 $A=\{3, 4\}$, $B=\{-9, -3, 3, 9\}$에 대하여 집합 X를

$$X=\{x\,|\,x^a=b,\ a\in A,\ b\in B,\ x\text{는 실수}\}$$

라 할 때, <보기>에서 옳은 것만을 있는 대로 고른 것은? [4점]

보기

ㄱ. $\sqrt[3]{-9}\in X$
ㄴ. 집합 X의 원소의 개수는 8이다.
ㄷ. 집합 X의 원소 중 양수인 모든 원소의 곱은 $\sqrt[4]{3^7}$이다.

① ㄱ ② ㄱ, ㄴ ③ ㄱ, ㄷ
④ ㄴ, ㄷ ⑤ ㄱ, ㄴ, ㄷ

유형 3 지수법칙 – 밑이 같은 경우의 계산

13 25456-0013 | 2024학년도 9월 고2 학력평가 1번 |

$2^{-1}\times 8^{\frac{5}{3}}$의 값은? [2점]

① 1 ② 2 ③ 4
④ 8 ⑤ 16

Point

$a>0$, $b>0$이고 m, n이 실수일 때

① $a^m a^n = a^{m+n}$
② $a^m \div a^n = a^{m-n}$
③ $(a^m)^n = a^{mn}$
④ $(ab)^n = a^n b^n$
⑤ $\left(\frac{b}{a}\right)^n = \frac{b^n}{a^n}$
⑥ $a^0 = 1$, $a^{-1} = \frac{1}{a}$

14 25456-0014 | 2024학년도 6월 고2 학력평가 22번 |

$(5^{2-\sqrt{3}})^{2+\sqrt{3}}$의 값을 구하시오. [3점]

15 25456-0015 | 2023학년도 6월 고2 학력평가 1번 |

$(3^{2+\sqrt{2}})^{2-\sqrt{2}}$의 값은? [2점]

① 1 ② 3 ③ 9
④ 27 ⑤ 81

16 25456-0016 | 2022학년도 9월 고2 학력평가 1번 |

$27^{\frac{2}{3}}$의 값은? [2점]

① 5 ② 6 ③ 7
④ 8 ⑤ 9

17 25456-0017 | 2020학년도 9월 고2 학력평가 22번 |

$3^4\times 9^{-1}$의 값을 구하시오. [3점]

18 25456-0018 | 2023학년도 9월 고2 학력평가 1번 |

$2\times 16^{\frac{1}{2}}$의 값은? [2점]

① $2\sqrt{2}$ ② 4 ③ $4\sqrt{2}$
④ 8 ⑤ $8\sqrt{2}$

19 25456-0019

| 2022학년도 11월 고2 학력평가 1번 |

$2^{\frac{7}{3}} \times 16^{\frac{2}{3}}$의 값은? [2점]

① 4 ② 8 ③ 16 ④ 32 ⑤ 64

20 25456-0020

| 2021학년도 9월 고2 학력평가 1번 |

$3^{-2} \times 9^{\frac{3}{2}}$의 값은? [2점]

① $\frac{1}{9}$ ② $\frac{1}{3}$ ③ 1 ④ 3 ⑤ 9

21 25456-0021

| 2019학년도 9월 고2 학력평가 가형 2번 |

$(2^3 \times 2)^{\frac{1}{2}}$의 값은? [2점]

① 1 ② 2 ③ 3 ④ 4 ⑤ 5

22 25456-0022

| 2024학년도 6월 고2 학력평가 1번 |

$\sqrt[3]{4} \times 2^{\frac{1}{3}}$의 값은? [2점]

① $\frac{1}{4}$ ② $\frac{1}{2}$ ③ 1 ④ 2 ⑤ 4

23 25456-0023

| 2023학년도 11월 고2 학력평가 1번 |

$8^{-\frac{1}{2}} \div \sqrt{2}$의 값은? [2점]

① $\frac{1}{8}$ ② $\frac{1}{4}$ ③ $\frac{1}{2}$ ④ 1 ⑤ 2

24 25456-0024

| 2023학년도 6월 고2 학력평가 22번 |

$\sqrt[3]{27^2} \times 3^2$의 값을 구하시오. [3점]

25 25456-0025

| 2021학년도 6월 고2 학력평가 22번 |

$5^{\frac{7}{3}} \div 5^{\frac{1}{3}}$의 값을 구하시오. [3점]

유형 4 지수법칙－밑이 다른 경우의 계산

26 25456-0026 | 2017학년도 3월 고2 학력평가 가형 3번 |

$8^{\frac{2}{3}} \times 27^{-\frac{1}{3}}$의 값은? [2점]

① $\frac{7}{6}$ ② $\frac{4}{3}$ ③ $\frac{3}{2}$
④ $\frac{5}{3}$ ⑤ $\frac{11}{6}$

Point

$a>0$, $b>0$이고 m, n이 실수일 때

① $a^m a^n = a^{m+n}$ ② $a^m \div a^n = a^{m-n}$
③ $(a^m)^n = a^{mn}$ ④ $(ab)^n = a^n b^n$
⑤ $\left(\frac{b}{a}\right)^n = \frac{b^n}{a^n}$ ⑥ $a^0 = 1$, $a^{-1} = \frac{1}{a}$

27 25456-0027 | 2018학년도 6월 고2 학력평가 나형 1번 |

6×2^{-1}의 값은? [2점]

① 1 ② 2 ③ 3
④ 4 ⑤ 5

28 25456-0028 | 2016학년도 11월 고2 학력평가 나형 1번 |

$5 \times 9^{\frac{1}{2}}$의 값은? [3점]

① 5 ② 15 ③ 25
④ 35 ⑤ 45

29 25456-0029 | 2015학년도 9월 고2 학력평가 나형 1번 |

$3 \times 8^{\frac{2}{3}}$의 값은? [2점]

① 6 ② 8 ③ 10
④ 12 ⑤ 14

30 25456-0030 | 2016학년도 6월 고2 학력평가 나형 1번 |

$\sqrt[3]{27} \times 2^3$의 값은? [2점]

① 16 ② 18 ③ 20
④ 22 ⑤ 24

31 25456-0031 | 2016학년도 6월 고2 학력평가 가형 1번 |

$\sqrt[3]{27} \times 16^{\frac{1}{2}}$의 값은? [2점]

① 6 ② 9 ③ 12
④ 15 ⑤ 18

유형 5 거듭제곱근이 자연수, 유리수, 실수가 되는 조건

32 25456-0032 | 2018학년도 9월 고2 학력평가 나형 27번 |

$(\sqrt{2\sqrt[3]{4}})^n$이 네 자리 자연수가 되도록 하는 자연수 n의 값을 구하시오. [4점]

Point

a가 소수이고 m, n이 자연수일 때, $a^{\frac{m}{n}}$이 자연수가 되려면 m은 n의 배수(또는 n은 m의 약수)이어야 한다.

33 25456-0033 | 2019학년도 6월 고2 학력평가 나형 6번 |

$1 \le n \le 15$인 자연수 n에 대하여 $(\sqrt[3]{7})^n$이 자연수가 되도록 하는 모든 n의 개수는? [3점]

① 1 ② 2 ③ 3 ④ 4 ⑤ 5

34 25456-0034 | 2017학년도 11월 고2 학력평가 나형 11번 |

$\sqrt[3n]{8^4}$이 자연수가 되도록 하는 모든 자연수 n의 값의 합은? [3점]

① 7 ② 9 ③ 11 ④ 13 ⑤ 15

35 25456-0035 | 2017학년도 6월 고2 학력평가 나형 26번 |

$1 < m < n < 7$인 두 자연수 m, n에 대하여 m^n의 세제곱근이 자연수가 되도록 하는 모든 순서쌍 (m, n)의 개수를 구하시오. [4점]

36 25456-0036 | 2016학년도 9월 고2 학력평가 나형 27번 |

$-2 \le m \le 2$, $1 \le n \le 16$인 두 정수 m, n에 대하여 $\sqrt[4]{n^m}$이 유리수가 되도록 하는 모든 순서쌍 (m, n)의 개수를 구하시오. [4점]

37 25456-0037 | 2023학년도 6월 고2 학력평가 14번 |

등식

$$\left(\frac{\sqrt[6]{5}}{\sqrt[4]{2}}\right)^m \times n = 100$$

을 만족시키는 두 자연수 m, n에 대하여 $m+n$의 값은? [4점]

① 40 ② 42 ③ 44 ④ 46 ⑤ 48

38 25456-0038 | 2018학년도 3월 고2 학력평가 나형 28번 |

등식

$$64^{\frac{1}{m}} = k \times 81^{\frac{1}{n}}$$

을 만족시키는 자연수 k가 존재하도록 하는 두 정수 m, n의 모든 순서쌍 (m, n)의 개수를 구하시오. [4점]

유형 6 거듭제곱근의 대소 비교

39 25456-0039 | 2014학년도 9월 고2 학력평가 A형 10번 |

세 수 $A=2^{\sqrt{3}}$, $B=\sqrt[3]{81}$, $C=\sqrt[4]{256}$의 대소 관계로 옳은 것은? [3점]

① $A<B<C$　② $A<C<B$　③ $B<A<C$
④ $C<A<B$　⑤ $C<B<A$

Point

(1) 두 실수 a, b에 대하여 $a-b>0 \Longleftrightarrow a>b$
(2) 두 양수 a, b에 대하여 $a^n>b^n \Longleftrightarrow a>b$ (단, n은 양수)
(3) 두 양수 a, b에 대하여 $\frac{a}{b}>1 \Longleftrightarrow a>b$

40 25456-0040 | 2010학년도 6월 고2 학력평가 가형 3번 |

세 수 $\sqrt{2}$, $\sqrt[3]{4}$, $\sqrt[9]{8}$의 크기를 비교하면? [2점]

① $\sqrt[9]{8}<\sqrt{2}<\sqrt[3]{4}$　② $\sqrt[9]{8}<\sqrt[3]{4}<\sqrt{2}$
③ $\sqrt[3]{4}<\sqrt{2}<\sqrt[9]{8}$　④ $\sqrt{2}<\sqrt[3]{4}<\sqrt[9]{8}$
⑤ $\sqrt{2}<\sqrt[9]{8}<\sqrt[3]{4}$

41 25456-0041 | 2010학년도 9월 고2 학력평가 나형 7번 |

세 수

$$A=\sqrt[3]{\frac{1}{4}},\ B=\sqrt[4]{\frac{1}{6}},\ C=\sqrt[3]{\sqrt{\frac{1}{15}}}$$

의 대소 관계를 바르게 나타낸 것은? [3점]

① $A<B<C$　② $A<C<B$　③ $B<A<C$
④ $B<C<A$　⑤ $C<A<B$

유형 7 지수법칙의 활용 $-a^x=k$ 꼴이 주어진 경우

42 25456-0042 | 2019학년도 6월 고2 학력평가 가형 14번 |

양수 a와 두 실수 x, y가

$$15^x=8,\ a^y=2,\ \frac{3}{x}+\frac{1}{y}=2$$

를 만족시킬 때, a의 값은? [4점]

① $\frac{1}{15}$　② $\frac{2}{15}$　③ $\frac{1}{5}$
④ $\frac{4}{15}$　⑤ $\frac{1}{3}$

Point

$a^x=k$의 조건이 주어진 문제는 $a=k^{\frac{1}{x}}$으로 변형하여 지수법칙을 이용한다.

43 25456-0043 | 2016학년도 9월 고2 학력평가 나형 4번 |

실수 x에 대하여 $3^x=2$일 때, 3^x+3^{-x}의 값은? [3점]

① $\frac{5}{2}$　② 3　③ $\frac{7}{2}$
④ 4　⑤ $\frac{9}{2}$

44 25456-0044 | 2019학년도 6월 고2 학력평가 가형 4번 |

실수 x가 $5^x=\sqrt{3}$을 만족시킬 때, $5^{2x}+5^{-2x}$의 값은? [3점]

① $\frac{19}{6}$　② $\frac{10}{3}$　③ $\frac{7}{2}$
④ $\frac{11}{3}$　⑤ $\frac{23}{6}$

45 25456-0045
| 2020학년도 11월 고2 학력평가 24번 |

실수 a에 대하여 $4^a=\frac{4}{9}$일 때, 2^{3-a}의 값을 구하시오. [3점]

46 25456-0046
| 2010학년도 9월 고2 학력평가 나형 4번 |

$2^x=3$, $3^y=5$일 때, 2^{xy}의 값은? [3점]

① 5 ② 10 ③ 15 ④ 20 ⑤ 25

47 25456-0047
| 2016학년도 9월 고2 학력평가 나형 8번 |

두 실수 a, b에 대하여 $12^a=16$, $3^b=2$일 때, $2^{\frac{4}{a}-\frac{1}{b}}$의 값은? [3점]

① 1 ② 2 ③ 3 ④ 4 ⑤ 5

48 25456-0048
| 2018학년도 9월 고2 학력평가 나형 17번 |

두 실수 a, b에 대하여

$$2^{\frac{4}{a}}=100,\quad 25^{\frac{2}{b}}=10$$

이 성립할 때, $2a+b$의 값은? [4점]

① 3 ② $\frac{13}{4}$ ③ $\frac{7}{2}$ ④ $\frac{15}{4}$ ⑤ 4

49 25456-0049
| 2016학년도 3월 고2 학력평가 가형 25번 |

실수 a에 대하여 $9^a=8$일 때, $\frac{3^a-3^{-a}}{3^a+3^{-a}}$의 값을 $\frac{q}{p}$라 하자. $p+q$의 값을 구하시오. (단, p와 q는 서로소인 자연수이다.) [3점]

50 25456-0050
| 2017학년도 3월 고2 학력평가 나형 26번 |

두 실수 a, b에 대하여

$$5^{2a+b}=32,\ 5^{a-b}=2$$

일 때, $4^{\frac{a+b}{ab}}$의 값을 구하시오. [4점]

유형 8 지수법칙의 활용 $-a^x=b^y$ 꼴이 주어진 경우

51 25456-0051 | 2017학년도 9월 고2 학력평가 나형 15번 |

두 양수 a, b에 대하여

$2^a=3^b$, $(a-2)(b-2)=4$

일 때, $4^a\times3^{-b}$의 값은? [4점]

① 12 ② 18 ③ 36
④ 54 ⑤ 72

Point

$a^x=b^y=k$가 주어진 경우에는 $a=k^{\frac{1}{x}}$, $b=k^{\frac{1}{y}}$으로 변형하여 지수법칙을 이용한다.

⇨ $a=k^{\frac{1}{x}}$, $b=k^{\frac{1}{y}}$일 때, $ab=k^{\frac{1}{x}+\frac{1}{y}}$, $\frac{a}{b}=k^{\frac{1}{x}-\frac{1}{y}}$

52 25456-0052 | 2012학년도 9월 고2 학력평가 B형 6번 |

세 실수 x, y, z가 $\frac{1}{x}+\frac{1}{y}+\frac{1}{z}=\frac{1}{2}$과 $2^x=3^y=5^z$을 만족시킬 때, $2^x+3^y+5^z$의 값은? [3점]

① 2100 ② 2400 ③ 2700
④ 3000 ⑤ 3300

53 25456-0053 | 2017학년도 6월 고2 학력평가 가형 27번 |

세 실수 a, b, c에 대하여 $3^a=4^b=5^c$이고 $ac=2$일 때, 4^{ab+bc}의 값을 구하시오. [4점]

54 25456-0054 | 2015학년도 11월 고2 학력평가 나형 27번 |

두 양수 a, b에 대하여 $2^a=3^b$, $a+b=\frac{4}{3}ab$일 때, $8^a\times3^b$의 값을 구하시오. [4점]

유형 9 지수법칙의 활용 $-a^x+a^{-x}=k$ 꼴이 주어진 경우

55 25456-0055 | 2011학년도 9월 고2 학력평가 나형 7번 |

양수 a가 $2^a+2^{-a}=3$을 만족시킬 때, $\dfrac{8^a+8^{-a}}{2^a+2^{-a}}$의 값은? [3점]

① 2 ② 3 ③ 4
④ 6 ⑤ 8

Point

$x>0$일 때

(1) $x^3+y^3=(x+y)(x^2-xy+y^2)$

(2) $x^3-y^3=(x-y)(x^2+xy+y^2)$

(3) $x^2+\dfrac{1}{x^2}=\left(x+\dfrac{1}{x}\right)^2-2=\left(x-\dfrac{1}{x}\right)^2+2$

56 25456-0056 | 2018학년도 3월 고2 학력평가 가형 9번 |

두 실수 a, b에 대하여

$$a+b=2,\ 2^{\frac{a}{2}}-2^{\frac{b}{2}}=3$$

일 때, 2^a+2^b의 값은? [3점]

① 9 ② 10 ③ 11
④ 12 ⑤ 13

57 25456-0057 | 2023학년도 6월 고2 학력평가 26번 |

등식

$$(3^a+3^{-a})^2=2(3^a+3^{-a})+8$$

을 만족시키는 실수 a에 대하여 27^a+27^{-a}의 값을 구하시오. [4점]

유형 10 지수법칙의 활용 − 실생활

58 25456-0058 | 2019학년도 6월 고2 학력평가 나형 15번 |

반지름의 길이가 r인 원형 도선에 세기가 I인 전류가 흐를 때, 원형 도선의 중심에서 수직 거리 x만큼 떨어진 지점에서의 자기장의 세기를 B라 하면 다음과 같은 관계식이 성립한다고 한다.

$$B=\frac{kIr^2}{2(x^2+r^2)^{\frac{3}{2}}}\ (\text{단, } k\text{는 상수이다.})$$

전류의 세기가 I_0 $(I_0>0)$으로 일정할 때, 반지름의 길이가 r_1인 원형 도선의 중심에서 수직 거리 x_1만큼 떨어진 지점에서의 자기장의 세기를 B_1, 반지름의 길이가 $3r_1$인 원형 도선의 중심에서 수직 거리 $3x_1$만큼 떨어진 지점에서의 자기장의 세기를 B_2라 하자. $\dfrac{B_2}{B_1}$의 값은?
(단, 전류의 세기의 단위는 A, 자기장의 세기의 단위는 T, 길이와 거리의 단위는 m이다.) [4점]

① $\dfrac{1}{6}$ ② $\dfrac{1}{4}$ ③ $\dfrac{1}{3}$
④ $\dfrac{5}{12}$ ⑤ $\dfrac{1}{2}$

Point

지수로 표현된 여러 변수 사이의 관계식이 주어진 문제는 조건에서 주어진 값들을 관계식의 변수에 적절히 대입하여 해결한다.

59 25456-0059 | 2015학년도 9월 고2 학력평가 나형 12번 |

어떤 펌프의 흡입구경 $D(\mathrm{mm})$, 단위시간 (분) 동안의 유체 배출량 $Q(\mathrm{m}^3/\text{분})$, 흡입구의 유속 $V(\mathrm{m}/\text{분})$ 사이에 다음과 같은 관계가 성립한다고 한다.

$$D=k\left(\frac{Q}{V}\right)^{\frac{1}{2}}\ (\text{단, } V>0,\ k\text{는 양의 상수이다.})$$

두 펌프 A, B의 흡입구경을 각각 D_A, D_B, 단위시간 (분) 동안의 유체배출량을 각각 Q_A, Q_B, 흡입구의 유속을 각각 V_A, V_B라 하자. Q_A가 Q_B의 $\frac{2}{3}$배, V_A가 V_B의 $\frac{8}{27}$배, $D_A-D_B=60$일 때, D_B의 값은? [3점]

① 120 ② 125 ③ 130 ④ 135 ⑤ 140

60 25456-0060 | 2017학년도 6월 고2 학력평가 가형 13번 |

폭약에 의한 수중 폭발이 일어나면 폭발 지점에서 가스버블이 생긴다. 수면으로부터 폭발 지점까지의 깊이가 $D(\mathrm{m})$인 지점에서 무게가 $W(\mathrm{kg})$인 폭약이 폭발했을 때의 가스버블의 최대반경을 $R(\mathrm{m})$라고 하면 다음과 같은 관계식이 성립한다고 한다.

$$R=k\left(\frac{W}{D+10}\right)^{\frac{1}{3}}\ (\text{단, } k\text{는 양의 상수이다.})$$

수면으로부터 깊이가 $d(\mathrm{m})$인 지점에서 무게가 160 kg인 폭약이 폭발했을 때의 가스버블의 최대반경을 $R_1(\mathrm{m})$이라 하고, 같은 폭발 지점에서 무게가 $p(\mathrm{kg})$인 폭약이 폭발했을 때의 가스버블의 최대반경을 $R_2(\mathrm{m})$라 하자.

$\frac{R_1}{R_2}=2$일 때, p의 값은? (단, 폭약의 종류는 같다.) [3점]

① 8 ② 12 ③ 16 ④ 20 ⑤ 24

61 25456-0061 | 2015학년도 6월 고2 학력평가 나형 17번 |

밀도가 균일한 공기 중에서 자유 낙하하는 물체에 작용하는 중력과 공기 저항력이 평형을 이루게 될 때의 물체의 속력을 종단속력이라 한다. 질량이 m이고 단면적이 S인 구형 물체의 종단속력 v(m/초)는 다음 식을 만족시킨다고 한다.

$$v^2=\frac{2mg}{D\rho S}$$

(단, D는 끌림 계수, ρ는 공기 밀도, g는 중력가속도이며, 질량 단위는 kg, 단면적 단위는 m^2이다.)

밀도가 균일한 공기 중에서 자유 낙하하는 구형의 두 물체 A와 B에 작용하는 끌림 계수(D), 공기 밀도(ρ), 중력가속도(g)가 서로 같다. 두 물체 A와 B의 질량의 비는 $1:2\sqrt{2}$이고 단면적의 비는 $1:8$일 때, 두 물체 A, B의 종단속력을 각각 v_A, v_B라 하자. $\left(\frac{v_A}{v_B}\right)^3$의 값은? [4점]

① $2^{\frac{9}{8}}$ ② $2^{\frac{3}{2}}$ ③ $2^{\frac{15}{8}}$ ④ $2^{\frac{9}{4}}$ ⑤ $2^{\frac{21}{8}}$

62 25456-0062 | 2015학년도 11월 고2 학력평가 나형 12번 |

비행기가 항력을 이겨서 등속수평비행하는 데 필요한 동력을 필요마력이라 한다. 필요마력 P(마력)와 비행기의 항력계수 C, 비행속력 V(m/초), 날개의 넓이 $S(\mathrm{m}^2)$ 사이에는 다음과 같은 관계식이 성립한다고 한다.

$$P=\frac{1}{150}kCV^3S \text{ (단, } k\text{는 양의 상수이다.)}$$

날개의 넓이의 비가 $1:3$인 두 비행기 A, B가 동일한 항력계수를 갖고 각각 등속수평비행하고 있을 때, 필요마력의 비는 $1:\sqrt{3}$이고 비행속력은 각각 V_A, V_B이다. $\frac{V_A}{V_B}$의 값은? [3점]

① $3^{\frac{1}{6}}$ ② $3^{\frac{1}{3}}$ ③ $3^{\frac{1}{2}}$ ④ $3^{\frac{2}{3}}$ ⑤ $3^{\frac{5}{6}}$

정답과 풀이 11쪽

$x>0$이고 $x+x^{-1}=7$일 때, $x^{\frac{3}{2}}+x^{-\frac{3}{2}}$의 값을 구하시오.

출제 의도 지수법칙을 이해하고 이를 이용하여 식을 변형한 후 식의 값을 구할 수 있는지를 묻고 있다.

풀이

$x+x^{-1}=7$에서

$\left(x^{\frac{1}{2}}+x^{-\frac{1}{2}}\right)^2=x+2+x^{-1}$

$=7+2=9$ ……… ㉮

이때 $x^{\frac{1}{2}}+x^{-\frac{1}{2}}>0$이므로

$x^{\frac{1}{2}}+x^{-\frac{1}{2}}=3$ ……… ㉯

따라서

$x^{\frac{3}{2}}+x^{-\frac{3}{2}}$

$=\left(x^{\frac{1}{2}}+x^{-\frac{1}{2}}\right)^3-3x^{\frac{1}{2}}\times x^{-\frac{1}{2}}\left(x^{\frac{1}{2}}+x^{-\frac{1}{2}}\right)$ ……… ㉰

$=3^3-3\times3$

$=18$ ……… ㉱

답 18

단계	채점 기준	비율
㉮	곱셈 공식을 이용하여 $\left(x^{\frac{1}{2}}+x^{-\frac{1}{2}}\right)^2$의 값을 구한 경우	20%
㉯	$x^{\frac{1}{2}}+x^{-\frac{1}{2}}>0$임을 이용하여 $x^{\frac{1}{2}}+x^{-\frac{1}{2}}$의 값을 구한 경우	20%
㉰	$x^{\frac{3}{2}}+x^{-\frac{3}{2}}$을 $x^{\frac{1}{2}}+x^{-\frac{1}{2}}$이 포함된 식으로 나타낸 경우	40%
㉱	$x^{\frac{3}{2}}+x^{-\frac{3}{2}}$의 값을 구한 경우	20%

01 25456-0063

$a=\sqrt[8]{2}$일 때,

$$\frac{1}{a-1}-\frac{1}{a+1}-\frac{2}{a^2+1}-\frac{4}{a^4+1}-\frac{8}{a^8+1}$$

의 값을 구하시오.

02 25456-0064

$2^x=(\sqrt{5})^y=\sqrt{10^z}$을 만족시키는 세 실수 x, y, z에 대하여 $\frac{1}{x}+\frac{a}{y}=\frac{2}{z}$가 성립할 때, 정수 a의 값을 구하시오.

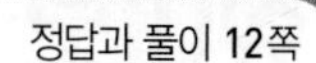

01 25456-0065 | 2019학년도 6월 고2 학력평가 가형 21번 |

자연수 n에 대하여 $f(n)$이 다음과 같다.

$$f(n)=\begin{cases}\sqrt[4]{9\times2^{n+1}} & (n\text{이 홀수})\\ \sqrt[4]{4\times3^{n}} & (n\text{이 짝수})\end{cases}$$

10 이하의 두 자연수 p, q에 대하여 $f(p)\times f(q)$가 자연수가 되도록 하는 모든 순서쌍 (p, q)의 개수는? [4점]

① 36 ② 38 ③ 40 ④ 42 ⑤ 44

02 25456-0066 | 2019학년도 6월 고2 학력평가 가형 30번 |

$2\le k<500$인 자연수 k에 대하여 네 자연수 a, b, c, d가 다음 조건을 만족시킨다.

> (가) a, b, c, d는 2 이상 k 이하이다.
> (나) $a^{\frac{1}{b}}\times c^{\frac{1}{d}}=24^{\frac{1}{5}}$

모든 순서쌍 (a, b, c, d)의 개수가 59가 되도록 하는 k의 최댓값과 최솟값을 각각 M, m이라 할 때, $M+m$의 값을 구하시오. [4점]

개념
짚어보기 | 02 로그

1. 로그의 정의

$a>0$, $a\neq1$일 때, 임의의 양수 N에 대하여 등식 $a^x=N$을 만족시키는 실수 x는 오직 하나 존재함이 알려져 있다. 이 실수 x를 기호로 $\log_a N$과 같이 나타내고, a를 밑으로 하는 N의 로그라 한다. 이때 N을 $\log_a N$의 진수라 한다.

$a^x=N \Longleftrightarrow x=\log_a N$

(참고)
$\log_a x$가 정의되려면
밑 조건: $a>0$, $a\neq1$,
진수 조건: $x>0$
이어야 한다.

2. 로그의 성질

$a>0$, $a\neq1$이고 $M>0$, $N>0$일 때

(1) $\log_a 1=0$, $\log_a a=1$

(2) $\log_a MN=\log_a M+\log_a N$

(3) $\log_a \frac{M}{N}=\log_a M-\log_a N$

(4) $\log_a M^k=k\log_a M$ (단, k는 실수)

(참고)
$a>0$, $a\neq1$, $N>0$일 때
① $\log_a \frac{1}{N}=-\log_a N$
② $\log_a a^k=k$

3. 로그의 밑의 변환 공식

$a>0$, $a\neq1$, $b>0$일 때

(1) $\log_a b=\frac{\log_c b}{\log_c a}$ (단, $c>0$, $c\neq1$)

(2) $\log_a b=\frac{1}{\log_b a}$ (단, $b\neq1$)

4. 로그의 여러 가지 성질

$a>0$, $a\neq1$, $b>0$이고 m, n은 실수일 때

(1) $\log_{a^m} b^n=\frac{n}{m}\log_a b$ (단, $m\neq0$)

(2) $a^{\log_c b}=b^{\log_c a}$ (단, $c>0$, $c\neq1$)

(3) $a^{\log_a b}=b$

(4) $\log_a b\times\log_b a=1$ (단, $b\neq1$)

5. 상용로그

(1) 상용로그

10을 밑으로 하는 로그를 상용로그라 하고, 양수 N의 상용로그 $\log_{10} N$은 보통 밑 10을 생략하여 기호로 $\log N$과 같이 나타낸다.

(2) 상용로그표

상용로그의 값은 상용로그표를 이용하여 구할 수 있다. 상용로그표는 0.01의 간격으로 1.00부터 9.99까지의 수에 대한 상용로그의 값을 반올림하여 소수 넷째 자리까지 나타낸 것이다.

상용로그표에서 $\log 5.16$의 값을 찾으려면 5.1의 가로줄과 6의 세로줄이 만나는 곳에 있는 수 0.7126을 찾으면 된다.

즉, $\log 5.16=0.7126$이다.

수	0	1	⋯	6	7
1.0	.0000	.0043	⋯	0.253	.0294
1.1	.0414	.0453	⋯	.0645	.0682
⋮	⋮	⋮	⋯	⋮	⋮
5.1	.7076	.7084	⋯	.7126	.7135
5.2	.7160	.7168	⋯	.7210	.7218
⋮	⋮	⋮	⋯	⋮	⋮

(참고)
상용로그표와 로그의 성질을 이용하면 상용로그표에 나와 있지 않은 양수의 상용로그의 값도 구할 수 있다.

정답과 풀이 14쪽

01 다음 등식에서 $a^x=N$ 꼴로 나타낸 것은 로그를 사용하여 나타내고, 로그를 사용하여 나타낸 것은 $a^x=N$ 꼴로 나타내시오.

(1) $3^4=81$　　(2) $2^{-3}=\frac{1}{8}$

(3) $\log_{\frac{1}{5}} 125=-3$　　(4) $\log_{10} 0.01=-2$

02 다음이 정의되도록 하는 실수 x의 값의 범위를 구하시오.

(1) $\log_2 (x-4)$　　(2) $\log_{(x-2)} 5$

03 다음 값을 구하시오.

(1) $\log_2 16$　　(2) $\log_5 \sqrt{5}$

(3) $\log_{10} \frac{1}{10000}$　　(4) $\log_{\frac{1}{3}} 81$

04 다음 식을 간단히 하시오.

(1) $\frac{1}{2}\log_3 \frac{9}{5}+\log_3 \sqrt{5}$

(2) $2\log_2 \sqrt{12}-\log_2 \frac{3}{4}+\log_2 \sqrt{2}$

05 다음 값을 구하시오.

(1) $\log_9 27$　　(2) $\log_8 \frac{1}{16}$

06 다음 값을 구하시오.

(1) $\log_2 \frac{2}{3}+\log_2 6$

(2) $\frac{1}{2}\log_3 2-\log_3 (3\sqrt{2})$

(3) $\log_3 \frac{3}{2}+2\log_3 \sqrt{18}$

(4) $\log_2 9-4\log_2 \sqrt{6}$

07 다음 식을 간단히 하시오.

(1) $\frac{1}{2}\log_3 \frac{3}{7}+\log_3 \sqrt{7}$

(2) $\log_3 \sqrt{16}+\frac{1}{2}\log_3 \frac{1}{5}+\frac{3}{2}\log_{27} 20$

08 $\log_{10} 2=a$, $\log_{10} 3=b$일 때, 다음을 a, b로 나타내시오.

(1) $\log_{10} 6$　　(2) $\log_2 36$

09 $\log 3.14=0.4969$임을 이용하여 다음 값을 구하시오.

(1) $\log 314$　　(2) $\log 0.0314$

10 $\log 2=0.3010$, $\log 3=0.4771$일 때, 다음 값을 구하시오.

(1) $\log 12$　　(2) $\log 0.6$

11 두 등식

$\log 156=a+0.1931$,

$\log 0.0156=b+0.1931$

을 만족시키는 두 정수 a, b에 대하여 $a+b$의 값을 구하시오.

12 다음 식의 값을 구하시오.

$$\log\left(1-\frac{1}{2}\right)+\log\left(1-\frac{1}{3}\right)+\log\left(1-\frac{1}{4}\right)+\cdots+\log\left(1-\frac{1}{100}\right)$$

내신+학평 유형 연습

유형 1 로그의 정의

01 25456-0067 | 2019학년도 6월 고2 학력평가 가형 24번 |

$\log_{(a+3)}(-a^2+3a+28)$이 정의되도록 하는 모든 정수 a의 개수를 구하시오. [3점]

Point

(1) $a^x=N \Longleftrightarrow x=\log_a N$

(2) $\log_a N$에서 로그가 정의되기 위한 조건은 다음과 같다.

① 밑 조건: $a>0$, $a\neq1$

② 진수 조건: $N>0$

02 25456-0068 | 2019학년도 6월 고2 학력평가 나형 23번 |

$\log_3(6-x)$가 정의되도록 하는 모든 자연수 x의 값의 합을 구하시오. [3점]

03 25456-0069 | 2016학년도 9월 고2 학력평가 가형 25번 |

$\log_{(x+6)}(49-x^2)$이 정의되도록 하는 모든 정수 x의 값의 합을 구하시오. [3점]

04 25456-0070 | 2015학년도 6월 고2 학력평가 나형 11번 |

$\log_{(x-1)}(-x^2+4x+5)$가 정의되도록 하는 모든 정수 x의 값의 합은? [3점]

① 5 ② 6 ③ 7 ④ 8 ⑤ 9

05 25456-0071 | 2024학년도 6월 고2 학력평가 14번 |

모든 실수 x에 대하여 $\log_a(x^2+ax+a+8)$이 정의되기 위한 모든 정수 a의 값의 합은? [4점]

① 27 ② 29 ③ 31 ④ 33 ⑤ 35

06 25456-0072 | 2023학년도 6월 고2 학력평가 27번 |

자연수 전체의 집합의 두 부분집합

$$A=\{a, b, c\},\ B=\{\log_2 a, \log_2 b, \log_2 c\}$$

에 대하여 $a+b=24$이고 집합 B의 모든 원소의 합이 12일 때, 집합 A의 모든 원소의 합을 구하시오.

(단, a, b, c는 서로 다른 세 자연수이다.) [4점]

유형 2 로그의 성질－계산

07 25456-0073 | 2024학년도 9월 고2 학력평가 6번 |

$\log_2 5 \times \log_5 3 + \log_2 \frac{16}{3}$의 값은? [3점]

① 1　② 2　③ 3　④ 4　⑤ 5

Point

$a>0$, $a\neq1$, $b>0$, $b\neq1$이고 $M>0$, $N>0$일 때

(1) $\log_a 1=0$, $\log_a a=1$

(2) $\log_a MN=\log_a M+\log_a N$

(3) $\log_a \frac{M}{N}=\log_a M-\log_a N$

(4) $\log_{a^m} b^n=\frac{n}{m}\log_a b$ (단, $m\neq0$)

(5) $\log_a b=\frac{\log_c b}{\log_c a}$, $\log_a b=\frac{1}{\log_b a}$ (단, $c>0$, $c\neq1$)

(6) $a^{\log_c b}=b^{\log_c a}$ (단, $c>0$, $c\neq1$)

08 25456-0074 | 2017학년도 11월 고2 학력평가 나형 3번 |

$\log_3 1+\log_3 9$의 값은? [2점]

① 1　② 2　③ 3　④ 4　⑤ 5

09 25456-0075 | 2017학년도 9월 고2 학력평가 나형 4번 |

$\log_3 9+\log_3 \sqrt{3}$의 값은? [3점]

① $\frac{1}{2}$　② 1　③ $\frac{3}{2}$　④ 2　⑤ $\frac{5}{2}$

10 25456-0076 | 2024학년도 6월 고2 학력평가 2번 |

$\log_3 24+\log_3 \frac{3}{8}$의 값은? [2점]

① 1　② 2　③ 3　④ 4　⑤ 5

11 25456-0077 | 2023학년도 9월 고2 학력평가 22번 |

$\log_2 8+\log_2 \frac{1}{2}$의 값을 구하시오. [3점]

12 25456-0078 | 2020학년도 6월 고2 학력평가 2번 |

$\log_4 2+\log_4 8$의 값은? [2점]

① 1　② 2　③ 3　④ 4　⑤ 5

13 25456-0079

| 2019학년도 6월 고2 학력평가 나형 4번 |

$\log_2 \frac{4}{3} + \log_2 12$의 값은? [3점]

① 1 ② 2 ③ 3 ④ 4 ⑤ 5

14 25456-0080

| 2018학년도 9월 고2 학력평가 가형 22번 |

$\log_5 50 + \log_5 \frac{1}{2}$의 값을 구하시오. [3점]

15 25456-0081

| 2021학년도 6월 고2 학력평가 2번 |

$\log_2 \sqrt{2} + \log_2 2\sqrt{2}$의 값은? [2점]

① 1 ② 2 ③ 3 ④ 4 ⑤ 5

16 25456-0082

| 2016학년도 6월 고2 학력평가 가형 23번 |

$\log_2 (3+\sqrt{5}) + \log_2 (3-\sqrt{5})$의 값을 구하시오. [3점]

17 25456-0083

| 2022학년도 6월 고2 학력평가 2번 |

$\log_3 36 - \log_3 4$의 값은? [2점]

① 1 ② 2 ③ 3 ④ 4 ⑤ 5

18 25456-0084

| 2019학년도 6월 고2 학력평가 가형 2번 |

$\log_2 12 - \log_2 3$의 값은? [2점]

① 1 ② 2 ③ 3 ② 4 ⑤ 5

19 25456-0085 | 2016학년도 6월 고2 학력평가 나형 23번 |

$\log_3 18-\frac{1}{2}\log_3 4$의 값을 구하시오. [3점]

20 25456-0086 | 2022학년도 11월 고2 학력평가 3번 |

$\log_{81} 12-\log_{81} 4$의 값은? [2점]

① $\frac{1}{8}$ ② $\frac{1}{4}$ ③ $\frac{3}{8}$
④ $\frac{1}{2}$ ⑤ $\frac{5}{8}$

21 25456-0087 | 2023학년도 6월 고2 학력평가 2번 |

$\frac{\log_4 64}{\log_4 8}$의 값은? [2점]

① 1 ② 2 ③ 3
④ 4 ⑤ 5

22 25456-0088 | 2017학년도 3월 고2 학력평가 가형 22번 |

$\log_2 3\times\log_3 32$의 값을 구하시오. [3점]

23 25456-0089 | 2017학년도 3월 고2 학력평가 나형 6번 |

$\log_2 \frac{1}{3}\times\log_3 \frac{1}{4}$의 값은? [3점]

① $\frac{3}{2}$ ② 2 ③ $\frac{5}{2}$
④ 3 ⑤ $\frac{7}{2}$

24 25456-0090 | 2021학년도 6월 고2 학력평가 7번 |

$(\sqrt{2})^{1+\log_2 3}$의 값은? [3점]

① $\sqrt{6}$ ② $2\sqrt{2}$ ③ $\sqrt{10}$
④ $2\sqrt{3}$ ⑤ $\sqrt{14}$

유형 3 로그의 값이 자연수가 되는 조건

25 25456-0091 | 2019학년도 9월 고2 학력평가 나형 17번 |

2 이상의 자연수 n에 대하여

$\log_n 4 \times \log_2 9$

의 값이 자연수가 되도록 하는 모든 n의 값의 합은? [4점]

① 93 ② 94 ③ 95
④ 96 ⑤ 97

Point

$\log_a b = N$(N은 자연수)이면 $b = a^N$, 즉 b는 a의 N제곱수임을 이용한다.

26 25456-0092 | 2016학년도 6월 고2 학력평가 가형 7번 |

$\log_2 \frac{8}{n}$의 값이 자연수가 되도록 하는 모든 자연수 n의 값의 합은? [3점]

① 5 ② 7 ③ 9
④ 11 ⑤ 13

27 25456-0093 | 2018학년도 6월 고2 학력평가 나형 28번 |

100 이하의 자연수 n에 대하여 $\log_2 \frac{n}{6}$이 자연수가 되는 모든 n의 값의 합을 구하시오. [4점]

28 25456-0094 | 2019학년도 6월 고2 학력평가 나형 19번 |

자연수 n에 대하여 $2^{\frac{1}{n}} = a$, $2^{\frac{1}{n+1}} = b$라 하자.

$\left\{ \frac{3^{\log_2 ab}}{3^{(\log_2 a)(\log_2 b)}} \right\}^5$이 자연수가 되도록 하는 모든 n의 값의 합은? [4점]

① 14 ② 15 ③ 16
④ 17 ⑤ 18

29 25456-0095 | 2020학년도 6월 고2 학력평가 28번 |

자연수 k에 대하여 두 집합

$A = \{\sqrt{a} \mid a$는 자연수, $1 \le a \le k\}$,

$B = \{\log_{\sqrt{3}} b \mid b$는 자연수, $1 \le b \le k\}$

가 있다. 집합 C를

$C = \{x \mid x \in A \cap B$, x는 자연수$\}$

라 할 때, $n(C) = 3$이 되도록 하는 모든 자연수 k의 개수를 구하시오. [4점]

유형 4 로그의 성질 - 문자로 나타내기

30 25456-0096 | 2019학년도 6월 고2 학력평가 가형 9번 |

$\log 2=a$, $\log 3=b$라 할 때, $\log_5 18$을 a, b로 나타낸 것은? [3점]

① $\dfrac{2a+b}{1+a}$　② $\dfrac{a+2b}{1+a}$　③ $\dfrac{a+b}{1-a}$

④ $\dfrac{2a+b}{1-a}$　⑤ $\dfrac{a+2b}{1-a}$

Point

밑이 다른 경우 밑의 변환 공식을 이용하여 밑을 같게 만들고 주어진 식을 문자로 나타낸다.

31 25456-0097 | 2015학년도 9월 고2 학력평가 나형 9번 |

$\log 2=a$, $\log 3=b$라 할 때, $\log \dfrac{12}{5}$를 a, b로 나타낸 것은? [3점]

① $a+b-1$　② $2a-b-1$　③ $2a+b-1$

④ $3a-b-1$　⑤ $3a+b-1$

32 25456-0098 | 2016학년도 3월 고2 학력평가 나형 14번 |

함수 $f(x)=\dfrac{x+1}{2x-1}$에 대하여 다음 물음에 답하시오.

$\log 2=a$, $\log 3=b$라 할 때, $f(\log_3 6)$의 값을 a, b로 나타낸 것은? [4점]

① $\dfrac{a+2b}{a+b}$　② $\dfrac{2a+b}{a+b}$　③ $\dfrac{2a+b}{a+2b}$

④ $\dfrac{a+b}{2a+b}$　⑤ $\dfrac{a+2b}{2a+b}$

유형 5 로그의 성질 - 식의 값 구하기

33 25456-0099 | 2021학년도 6월 고2 학력평가 27번 |

1보다 큰 세 실수 a, b, c가

$$\log_a b=\frac{\log_b c}{2}=\frac{\log_c a}{3}=k \ (k\text{는 상수})$$

를 만족시킬 때, $120k^3$의 값을 구하시오. [4점]

Point

주어진 조건식을 변형하여 로그의 정의와 성질을 이용하여 식의 값을 구한다.

34 25456-0100 | 2023학년도 9월 고2 학력평가 9번 |

두 양수 m, n에 대하여

$$\log_2\left(m^2+\frac{1}{4}\right)=-1,\ \log_2 m=5+3\log_2 n$$

일 때, $m+n$의 값은? [3점]

① $\dfrac{5}{8}$　② $\dfrac{11}{16}$　③ $\dfrac{3}{4}$

④ $\dfrac{13}{16}$　⑤ $\dfrac{7}{8}$

35 25456-0101 | 2019학년도 11월 고2 학력평가 가형 6번 |

두 양수 a, b에 대하여

$$\log_9 a^3b=1+\log_3 ab$$

가 성립할 때, $\dfrac{a}{b}$의 값은? [3점]

① 6　② 7　③ 8

④ 9　⑤ 10

36 25456-0102 | 2022학년도 9월 고2 학력평가 24번 |

$\log_5 2=a$, $\log_2 7=b$일 때, 25^{ab}의 값을 구하시오. [3점]

37 25456-0103 | 2022학년도 6월 고2 학력평가 26번 |

1보다 큰 두 실수 a, b에 대하여

$$\log_{16} a=\frac{1}{\log_b 4},\ \log_6 ab=3$$

이 성립할 때, $a+b$의 값을 구하시오. [4점]

38 25456-0104 | 2020학년도 6월 고2 학력평가 26번 |

다음 조건을 만족시키는 두 실수 a, b에 대하여 $a+b$의 값을 구하시오. [4점]

(가) $\log_2(\log_4 a)=1$
(나) $\log_a 5\times\log_5 b=\frac{3}{2}$

39 25456-0105 | 2024학년도 6월 고2 학력평가 27번 |

1보다 큰 세 실수 a, b, c가

$$\log_a b=81,\ \log_c \sqrt{a}=\log_{\sqrt{b}} c$$

를 만족시킬 때, $\log_c b$의 값을 구하시오. [4점]

40 25456-0106 | 2023학년도 9월 고2 학력평가 16번 |

세 양수 a, b, c가

$$2^a=3^b=c,\ a^2+b^2=2ab(a+b-1)$$

을 만족시킬 때, $\log_6 c$의 값은? [4점]

① $\frac{\sqrt{2}}{4}$ ② $\frac{1}{2}$ ③ $\frac{\sqrt{2}}{2}$
④ 1 ⑤ $\sqrt{2}$

41 25456-0107 | 2023학년도 11월 고2 학력평가 17번 |

1이 아닌 세 양수 a, b, c가

$$-4\log_a b=54\log_b c=\log_c a$$

를 만족시킨다. $b\times c$의 값이 300 이하의 자연수가 되도록 하는 모든 자연수 a의 값의 합은? [4점]

① 91 ② 93 ③ 95
④ 97 ⑤ 99

유형 6 로그의 성질의 활용

42 25456-0108 | 2019학년도 6월 고2 학력평가 가형 28번 |

100 이하의 자연수 k에 대하여 $2 \le \log_n k < 3$을 만족시키는 자연수 n의 개수를 $f(k)$라 하자. 예를 들어 $f(30)=2$이다. $f(k)=4$가 되도록 하는 k의 최댓값을 구하시오. [4점]

Point

연계된 다른 단원의 개념에 로그의 정의와 성질을 적용하여 문제를 해결한다.

43 25456-0109 | 2019학년도 11월 고2 학력평가 가형 9번 |

부등식 $10^n < 24^{10} < 10^{n+1}$을 만족시키는 자연수 n의 값은?

(단, $\log 2 = 0.3010$, $\log 3 = 0.4771$로 계산한다.) [3점]

① 11 ② 13 ③ 15 ④ 17 ⑤ 19

44 25456-0110 | 2017학년도 3월 고2 학력평가 나형 25번 |

좌표평면에서 두 점 $\mathrm{A}(-1, \log_3 a)$, $\mathrm{B}(3, \log_3 b)$를 지나는 직선이 직선 $y=-x+4$에 수직일 때, $\dfrac{b}{a}$의 값을 구하시오. [3점]

45 25456-0111 | 2018학년도 3월 고2 학력평가 나형 16번 |

좌표평면에서 함수 $y=\dfrac{1}{x}$의 그래프가 점 $(\sqrt[3]{a}, \sqrt{b})$를 지날 때, $\log_a b + \log_b a$의 값은? (단, a, b는 1이 아닌 양수이다.) [4점]

① $-\dfrac{17}{6}$ ② $-\dfrac{8}{3}$ ③ $-\dfrac{5}{2}$ ④ $-\dfrac{7}{3}$ ⑤ $-\dfrac{13}{6}$

46 25456-0112 | 2017학년도 6월 고2 학력평가 가형 26번 |

1이 아닌 두 양수 a, b에 대하여 $x=\log_2 a$, $y=\log_2 b$라 하면 $x^2-4xy+y^2=0$이 성립한다. $\log_8 a^{\frac{1}{y}} + \log_8 b^{\frac{1}{x}}$의 값을 k라 할 때, $27k$의 값을 구하시오. [4점]

47 25456-0113 | 2024학년도 9월 고2 학력평가 26번 |

$10 < a < 100$인 실수 a에 대하여 수직선 위의 서로 다른 네 점 $\mathrm{P}(p)$, $\mathrm{Q}(q)$, $\mathrm{R}(r)$, $\mathrm{S}(s)$가 다음 조건을 만족시킨다.

> (가) $p<q<r<s$
> (나) 두 집합
> $A=\{p, q, r, s\}$,
> $B=\left\{\log 10a, \log \dfrac{10}{a}, \log_a 10a, \log_a \dfrac{a}{10}\right\}$
> 에 대하여 $A=B$이다.

$\overline{\mathrm{PS}}=\dfrac{10}{3}$일 때, $30 \times \overline{\mathrm{QR}}$의 값을 구하시오. [4점]

유형 7 상용로그의 값 구하기

48 25456-0114 | 2024학년도 6월 고2 학력평가 5번 |

다음은 상용로그표의 일부이다.

수	⋯	4	5	6	⋯
⋮	⋮	⋮	⋮	⋮	⋮
4.2	⋯	.6274	.6284	.6294	⋯
4.3	⋯	.6375	.6385	.6395	⋯
4.4	⋯	.6474	.6484	.6493	⋯

위의 표를 이용하여 $\log 43.5$의 값을 구한 것은? [3점]

① 1.6385 ② 1.6395 ③ 1.6474
④ 2.6385 ⑤ 2.6395

Point

양수 x에 대하여 $\log x=p$일 때,
$\log x^n=np$, $\log(x\times10^n)=n+p$ (단, n은 자연수)

49 25456-0115 | 2023학년도 6월 고2 학력평가 5번 |

다음은 상용로그표의 일부이다.

수	⋯	7	8	9
⋮	⋮	⋮	⋮	⋮
5.9	⋯	.7760	.7767	.7774
6.0	⋯	.7832	.7839	.7846
6.1	⋯	.7903	.7910	.7917

위의 표를 이용하여 $\log 619$의 값을 구한 것은? [3점]

① 1.7910 ② 1.7917 ③ 2.7903
④ 2.7917 ⑤ 3.7903

50 25456-0116 | 2021학년도 6월 고2 학력평가 5번 |

다음은 상용로그표의 일부이다.

수	⋯	4	5	6	⋯
⋮		⋮	⋮	⋮	
3.1	⋯	.4969	.4983	.4997	⋯
3.2	⋯	.5105	.5119	.5132	⋯
3.3	⋯	.5237	.5250	.5263	⋯

$\log(3.14\times10^{-2})$의 값을 위의 표를 이용하여 구한 것은? [3점]

① -2.5119 ② -2.5031 ③ -2.4737
④ -1.5119 ⑤ -1.5031

51 25456-0117 | 2019학년도 6월 고2 학력평가 가형 7번 |

다음은 상용로그표의 일부이다.

수	⋯	4	5	6	⋯
⋮		⋮	⋮	⋮	
5.9	⋯	.7738	.7745	.7752	⋯
6.0	⋯	.7810	.7818	.7825	⋯
6.1	⋯	.7882	.7889	.7896	⋯

이 표를 이용하여 구한 $\log\sqrt{6.04}$의 값은? [3점]

① 0.3905 ② 0.7810 ③ 1.3905
④ 1.7810 ⑤ 2.3905

유형 8 상용로그의 활용 – 정수 부분과 소수 부분

52 25456-0118 | 2016학년도 9월 고2 학력평가 나형 23번 |

양의 실수 A에 대하여 $\log A=2.1673$일 때, A의 값을 구하시오. (단, $\log 1.47=0.1673$으로 계산한다.) [3점]

Point

임의의 양수 A에 대하여

$\log A=n+\alpha$ (단, n은 정수, $0\le\alpha<1$)

일 때, n을 $\log A$의 정수 부분, α를 $\log A$의 소수 부분이라 한다.

53 25456-0119 | 2016학년도 6월 고3 학력평가 나형 12번 |

$\frac{1}{4}\log 2^{2n}+\frac{1}{2}\log 5^{n}$이 정수가 되도록 하는 50 이하의 자연수 n의 개수는? [3점]

① 28 ② 25 ③ 22
④ 19 ⑤ 16

유형 9 상용로그의 활용 – 실생활

54 25456-0120 | 2020학년도 6월 고2 학력평가 13번 |

별의 밝기를 나타내는 방법으로 절대 등급과 광도가 있다. 임의의 두 별 A, B에 대하여 별 A의 절대 등급과 광도를 각각 M_A, L_A라 하고, 별 B의 절대 등급과 광도를 각각 M_B, L_B라 하면 다음과 같은 관계식이 성립한다고 한다.

$$M_A-M_B=-2.5\log\left(\frac{L_A}{L_B}\right)$$

(단, 광도의 단위는 W이다.)

절대 등급이 4.8인 별의 광도가 L일 때, 절대 등급이 1.3인 별의 광도는 kL이다. 상수 k의 값은? [3점]

① $10^{\frac{11}{10}}$ ② $10^{\frac{6}{5}}$ ③ $10^{\frac{13}{10}}$
④ $10^{\frac{7}{5}}$ ⑤ $10^{\frac{3}{2}}$

Point

실생활과 관련된 소재에 로그로 표현된 관계식이 주어지면 조건에서 주어진 값을 관계식의 변수에 적절히 대입하여 문제를 해결한다.

55 25456-0121 | 2016학년도 3월 고2 학력평가 나형 9번 |

어떤 알고리즘에서 N개의 자료를 처리할 때의 시간복잡도를 T라 하면 다음과 같은 관계식이 성립한다고 한다.

$$\frac{T}{N}=\log N$$

100개의 자료를 처리할 때의 시간복잡도를 T_1, 1000개의 자료를 처리할 때의 시간복잡도를 T_2라 할 때, $\frac{T_2}{T_1}$의 값은? [3점]

① 15 ② 20 ③ 25
④ 30 ⑤ 35

56 25456-0122 | 2016학년도 6월 고2 학력평가 가형 12번 |

음파가 서로 다른 매질의 경계를 투과하면서 잃어버리는 음파의 에너지의 정도를 나타내는 투과손실을 TL(dB), 입사되는 음파의 에너지를 I, 투과된 음파의 에너지를 T라 하면 다음과 같은 관계식이 성립한다고 한다.

$$TL=10\log\frac{I}{T}$$

어떤 음파를 매질 A에서 매질 B로 투과시킬 때, 입사되는 음파의 에너지가 투과된 음파의 에너지의 a배일 때의 투과손실을 TL_1이라 하고, 매질 A에서 매질 C로 투과시킬 때, 입사되는 음파의 에너지가 투과된 음파의 에너지의 4배일 때의 투과손실을 TL_2라 하자. $\frac{TL_1}{TL_2}=\frac{5}{2}$일 때, a의 값은? [3점]

① 8 ② 16 ③ 24 ④ 32 ⑤ 40

57 25456-0123 | 2014학년도 9월 고2 학력평가 A형 14번 |

어느 해상에서 태풍의 최대 풍속은 중심 기압에 따라 변한다. 태풍의 중심 기압이 P(hPa)일 때 최대 풍속 V(m/초)는 다음 식을 만족시킨다고 한다.

$$V=4.86(1010-P)^{0.5}$$

이 해상에서 태풍의 중심 기압이 900(hPa)과 960(hPa)일 때, 최대 풍속이 각각 V_A(m/초), V_B(m/초)이었다. $\frac{V_A}{V_B}$의 값은?
(단, $\log 1.1=0.0414$, $\log 1.472=0.1679$, $\log 1.483=0.1712$, $\log 2=0.3010$으로 계산한다.) [4점]

① 1.301 ② 1.414 ③ 1.472 ④ 1.483 ⑤ 1.679

58 25456-0124 | 2016학년도 11월 고2 학력평가 나형 16번 |

우물에서 단위 시간당 끌어올리는 물의 양을 양수량이라 한다. 양수량이 일정하면 우물의 수위는 일정한 높이를 유지하게 된다.
우물의 영향권의 반지름의 길이가 $R(\text{m})$인 어느 지역에 반지름의 길이가 $r(\text{m})$인 우물의 양수량을 $Q(\text{m}^3/\text{분})$, 원지하수의 두께를 $H(\text{m})$, 양수 중 유지되는 우물의 수심을 $h(\text{m})$라고 할 때, 다음 관계식이 성립한다고 한다.

$$Q=\frac{k(H^2-h^2)}{\log\left(\frac{R}{r}\right)} \text{ (단, } k\text{는 양의 상수이다.)}$$

우물의 영향권의 반지름의 길이가 512m로 일정한 어느 지역에 두 우물 A, B가 있다. 반지름의 길이가 1m인 우물 A와 반지름의 길이가 2m인 우물 B의 양수량을 각각 $Q_A(\text{m}^3/\text{분})$, $Q_B(\text{m}^3/\text{분})$이라 하자.
우물 A, B의 원지하수의 두께가 모두 8m일 때, 양수 중 두 우물의 수심이 모두 6m를 유지하였다. $\frac{Q_A}{Q_B}$의 값은? [4점]

① $\frac{4}{5}$ ② $\frac{5}{6}$ ③ $\frac{6}{7}$
④ $\frac{7}{8}$ ⑤ $\frac{8}{9}$

59 25456-0125 | 2016학년도 3월 고2 학력평가 가형 17번 |

약물을 투여한 후 약물의 흡수율을 K, 배설률을 E, 약물의 혈중농도가 최고치에 도달하는 시간을 T(시간)라 할 때, 다음과 같은 관계식이 성립한다고 한다.

$$T=c\times\frac{\log K-\log E}{K-E} \text{ (단, } c\text{는 양의 상수이다.)}$$

흡수율이 같은 두 약물 A, B의 배설률은 각각 흡수율의 $\frac{1}{2}$배, $\frac{1}{4}$배이다. 약물 A를 투여한 후 약물 A의 혈중농도가 최고치에 도달하는 시간이 3시간일 때, 약물 B를 투여한 후 약물 B의 혈중농도가 최고치에 도달하는 시간은 a(시간)이다. a의 값은? [4점]

① 3 ② 4 ③ 5
④ 6 ⑤ 7

정답과 풀이 20쪽

이차방정식 $x^2-5x+2=0$의 두 근이 $\log a$, $\log b$일 때, $\log_a b+\log_b a$의 값을 구하시오.

출제 의도 이차방정식의 근과 계수의 관계와 로그의 성질을 이용하여 로그의 값을 계산할 수 있는지를 묻고 있다.

풀이

이차방정식 $x^2-5x+2=0$의 두 근이 $\log a$, $\log b$이므로 근과 계수의 관계에 의하여

$\log a+\log b=5$,

$\log a\log b=2$ ······ ㉮

따라서

$\log_a b+\log_b a$

$=\dfrac{\log b}{\log a}+\dfrac{\log a}{\log b}$ ······ ㉯

$=\dfrac{(\log a)^2+(\log b)^2}{\log a\log b}$

$=\dfrac{(\log a+\log b)^2-2\log a\log b}{\log a\log b}$ ······ ㉰

$=\dfrac{5^2-2\times 2}{2}$

$=\dfrac{21}{2}$ ······ ㉱

답 $\dfrac{21}{2}$

단계	채점 기준	비율
㉮	이차방정식의 근과 계수의 관계를 이용하여 두 근 $\log a$와 $\log b$의 합과 곱의 값을 구한 경우	20%
㉯	$\log_a b+\log_b a$를 밑의 변환 공식을 이용하여 상용로그로 변형한 경우	30%
㉰	곱셈 공식의 변형을 이용하여 $\log_a b+\log_b a$를 $\log a$, $\log b$의 합과 곱의 형태가 포함된 식으로 나타낸 경우	30%
㉱	$\log_a b+\log_b a$의 값을 구한 경우	20%

01 25456-0126

다음이 정의되도록 하는 실수 x의 값의 범위를 구하시오.

$$\log_{(2x-1)}(x^2+x-2)$$

02 25456-0127

동물의 에너지 사용량의 한 지표인 표준 대사량 E는 그 동물의 몸무게를 W라 할 때,

$$E=kW^{\frac{3}{4}}\ (\text{단, } k\text{는 상수})$$

로 나타낼 수 있다. 동물 A의 몸무게가 동물 B의 몸무게의 10배일 때, 동물 A의 표준 대사량은 동물 B의 표준 대사량의 몇 배인지 구하시오. (단, $\log 5.62=0.75$로 계산한다.)

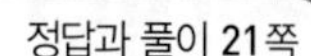

01 25456-0128 | 2019학년도 11월 고2 학력평가 나형 21번 |

$4<a<b<200$인 두 자연수 a, b에 대하여
집합 $A=\{k \mid k=\log_a b,\ k$는 유리수$\}$라 하자. $n(A)$의 값은? [4점]

① 11　② 13　③ 15
④ 17　⑤ 19

02 25456-0129 | 2022학년도 6월 고2 학력평가 29번 |

자연수 $m\ (m\geq 2)$에 대하여 집합 A_m을

$$A_m=\{\log_m x \mid x\text{는 100 이하의 자연수}\}$$

라 하고, 집합 B를

$$B=\{2^k \mid k\text{는 10 이하의 자연수}\}$$

라 하자. 집합 B의 원소 b에 대하여 $n(A_4\cap A_b)=4$가 되도록 하는 모든 b의 값의 합을 구하시오. [4점]

03 25456-0130 | 2017학년도 11월 고2 학력평가 나형 30번 |

자연수 m에 대하여 집합 A_m을

$$A_m=\{ab \mid \log_2 a+\log_4 b\text{는 100 이하의 자연수},\ a(1\leq a\leq m)\text{은 자연수},\ b=2^k(k\text{는 정수})\}$$

라 하자. $n(A_m)=205$가 되도록 하는 m의 최댓값을 구하시오. [4점]

04 25456-0131 | 2013학년도 9월 고2 학력평가 B형 30번 |

2보다 큰 자연수 n에 대하여 다음 조건을 만족시키는 자연수 m 중 최솟값을 $f(n)$이라 하자.

> (가) $m\geq 2$
> (나) 두 점 $(m, \log_n m)$, $(m+1, \log_n (m+1))$을 지나는 직선의 기울기는 $\frac{1}{3}$보다 작다.

이때 $f(3)+f(4)+f(5)+f(6)$의 값을 구하시오. [4점]

짚어보기 | 03 지수함수와 로그함수

1. 지수함수 $y=a^x$ $(a>0, a\neq1)$의 그래프

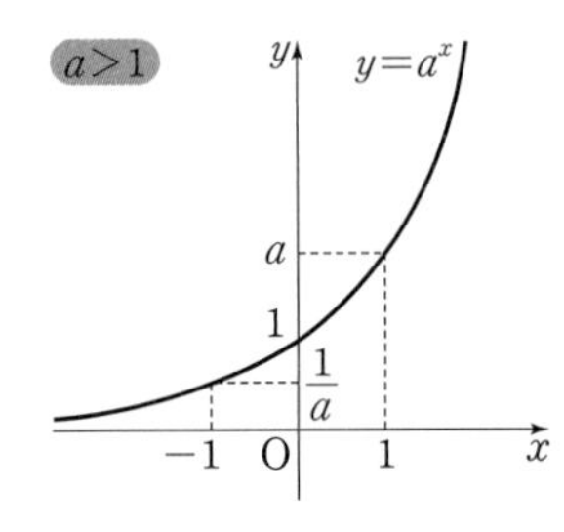

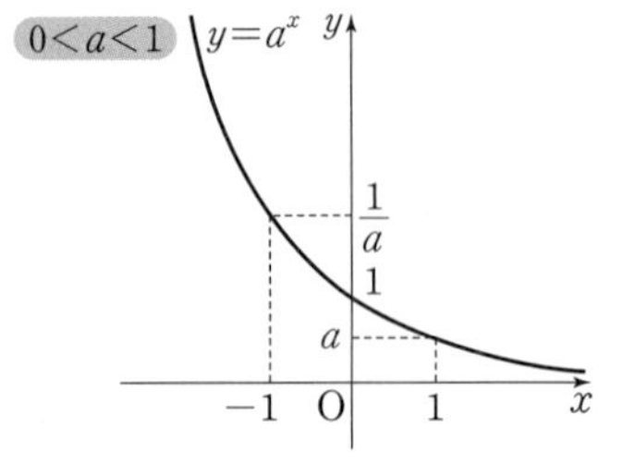

2. 지수함수의 성질

(1) 정의역은 실수 전체의 집합이고, 치역은 양의 실수 전체의 집합이다.

(2) 일대일함수이다.

(3) $a>1$일 때, x의 값이 증가하면 y의 값도 증가한다.
$0<a<1$일 때, x의 값이 증가하면 y의 값은 감소한다.

(4) 그래프는 점 $(0, 1)$을 지나고, 그래프의 점근선은 x축이다.

3. 로그함수 $y=\log_a x$ $(a>0, a\neq1)$의 그래프

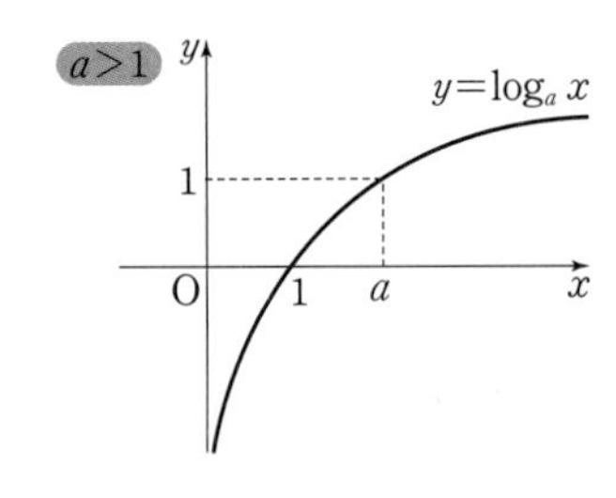

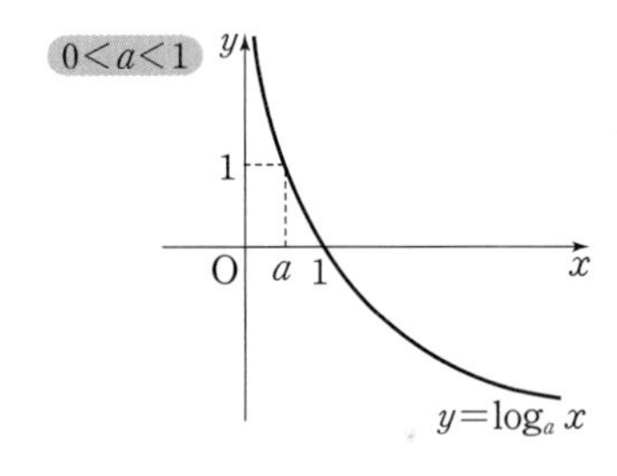

4. 로그함수의 성질

(1) 정의역은 양의 실수 전체의 집합이고, 치역은 실수 전체의 집합이다.

(2) 일대일함수이다.

(3) $a>1$일 때, x의 값이 증가하면 y의 값도 증가한다.
$0<a<1$일 때, x의 값이 증가하면 y의 값은 감소한다.

(4) 그래프는 점 $(1, 0)$을 지나고, 그래프의 점근선은 y축이다.

5. 지수함수 $y=a^x$과 로그함수 $y=\log_a x$ 사이의 관계 $(a>0, a\neq1)$

지수함수 $y=a^x$ $(a>0, a\neq1)$의 그래프와 로그함수 $y=\log_a x$ $(a>0, a\neq1)$의 그래프는 직선 $y=x$에 대하여 대칭이므로 다음 그림과 같고 서로 역함수 관계이다.

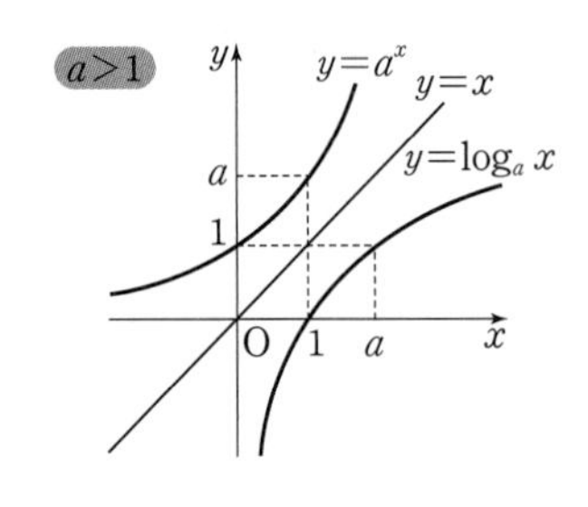

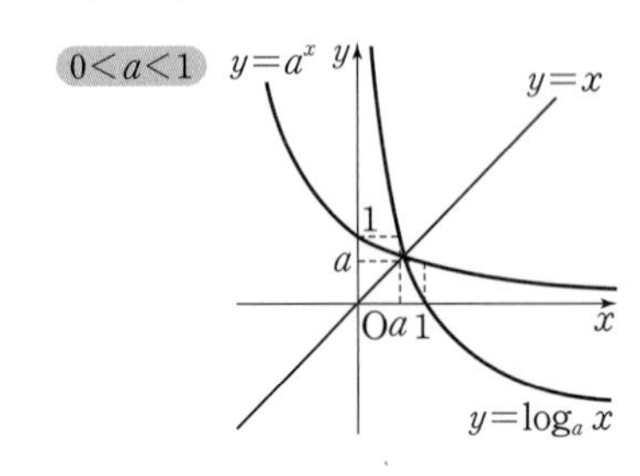

지수함수 $y=a^x$ $(a>0, a\neq1)$의 그래프를

(1) x축의 방향으로 m만큼, y축의 방향으로 n만큼 평행이동
⇨ $y=a^{x-m}+n$

(2) x축에 대하여 대칭이동
⇨ $y=-a^x$

(3) y축에 대하여 대칭이동
⇨ $y=a^{-x}=\left(\frac{1}{a}\right)^x$

(4) 원점에 대하여 대칭이동
⇨ $y=-a^{-x}=-\left(\frac{1}{a}\right)^x$

참고

함수 $y=a^x$에서 실수인 지수의 정의에 따라 $a>0$이다. 또 $a=1$인 경우는 상수함수이므로 $a\neq1$이다.

주의

(1) 함수 $y=10^x$은 10을 밑으로 하는 지수함수이다.

(2) 함수 $y=x^{10}$은 지수함수가 아니고 다항함수이다.

로그함수 $y=\log_a x$ $(a>0, a\neq1)$의 그래프를

(1) x축의 방향으로 m만큼, y축의 방향으로 n만큼 평행이동
⇨ $y=\log_a(x-m)+n$

(2) x축에 대하여 대칭이동
⇨ $y=-\log_a x$

(3) y축에 대하여 대칭이동
⇨ $y=\log_a(-x)$

(4) 원점에 대하여 대칭이동
⇨ $y=-\log_a(-x)$

주의

(1) 함수 $y=\log_5 x$는 5를 밑으로 하는 로그함수이다.

(2) 함수 $y=\log_2 10^x=x\times\log_2 10$은 로그함수가 아니고 일차함수이다.

정답과 풀이 24쪽

01 다음 지수함수의 치역과 점근선의 방정식을 각각 구하시오.

(1) $y=5^x$ (2) $y=3^{-x}$

(3) $y=2^{x-1}-2$ (4) $y=-\left(\frac{1}{3}\right)^{-x}+1$

02 지수함수의 성질을 이용하여 다음 두 수의 크기를 비교하시오.

(1) $\sqrt[3]{2}$, $\sqrt[5]{4}$ (2) $\sqrt[3]{0.2}$, $\sqrt[5]{0.04}$

(3) $\sqrt[3]{9}$, $\sqrt[5]{27}$ (4) $(0.4)^{\sqrt{2}}$, $(0.16)^{\frac{\sqrt{2}}{3}}$

03 정의역이 $\{x|-2\le x\le 1\}$인 함수 $y=2^{x-2}$의 최댓값과 최솟값을 각각 구하시오.

04 정의역이 $\{x|-1\le x\le 4\}$인 함수 $y=\left(\frac{1}{2}\right)^{x-3}-2$의 최댓값과 최솟값을 각각 구하시오.

05 지수함수 $y=(a^2+a-1)^x$은 x의 값이 증가하면 y의 값도 증가한다. 이때 실수 a의 값의 범위를 구하시오.

06 다음 로그함수의 정의역과 점근선의 방정식을 각각 구하시오.

(1) $y=\log_2 x$ (2) $y=\log_{\frac{1}{2}} x$

(3) $y=\log_2 (x-1)+2$ (4) $y=-\log_{\frac{1}{2}} x+1$

07 로그함수의 성질을 이용하여 다음 두 수의 크기를 비교하시오.

(1) $\log_3 5$, $\log_3 2$ (2) $\log_{\frac{1}{3}} \frac{1}{2}$, $\log_{\frac{1}{3}} \frac{1}{5}$

(3) $\log_{\frac{1}{4}} 3$, $\log_{\frac{1}{2}} 3$ (4) $\log_{\frac{1}{3}} \sqrt{2}$, $\log_{\frac{1}{9}} 2$

08 정의역이 $\{x|1\le x\le 7\}$인 함수 $y=\log_2 (x+1)-2$의 최댓값과 최솟값을 각각 구하시오.

09 정의역이 $\{x|3\le x\le 9\}$인 함수 $y=\log_{\frac{1}{2}} (x-1)+1$의 최댓값과 최솟값을 각각 구하시오.

10 다음 그림은 로그함수 $y=\log_2 x$의 그래프와 직선 $y=x$이다. 실수 a, b가 $1<a<b$를 만족시킬 때, $\log_2 ab$의 값을 구하시오. (단, 점선은 x축 또는 y축에 평행하다.)

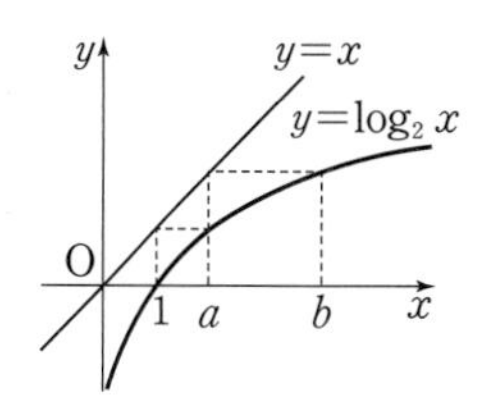

11 두 함수 $y=\left(\frac{1}{3}\right)^x$, $y=9\left(\frac{1}{3}\right)^x$의 그래프와 두 직선 $y=1$, $y=3$으로 둘러싸인 부분의 넓이를 구하시오.

12 $10<x<100$이고 $\log\sqrt{x}$와 $\log x^2$의 차가 정수일 때, $\log x$의 값을 구하시오.

13 함수 $y=f(x)$의 그래프는 함수 $y=\log_2 (x-1)$의 그래프와 직선 $y=x$에 대하여 대칭이다. 점 $P(2, b)$는 곡선 $y=f(x)$ 위에, 점 $Q(a, b)$는 곡선 $y=\log_2 (x-1)$ 위에 있을 때, $a+b$의 값을 구하시오.

14 $x>0$에서 정의된 함수 $f(x)=\log_3 (2x^2+1)$에 대하여 $(f^{-1}\circ f^{-1})(2)$의 값을 구하시오.

내신+학평 유형 연습

유형 1 지수함수의 성질과 그래프의 이해

01 25456-0132 | 2023학년도 6월 고2 학력평가 7번 |

두 상수 a, b에 대하여 함수 $y=2^{x+a}+b$의 그래프가 그림과 같을 때, $a+b$의 값은? (단, 직선 $y=3$은 함수의 그래프의 점근선이다.) [3점]

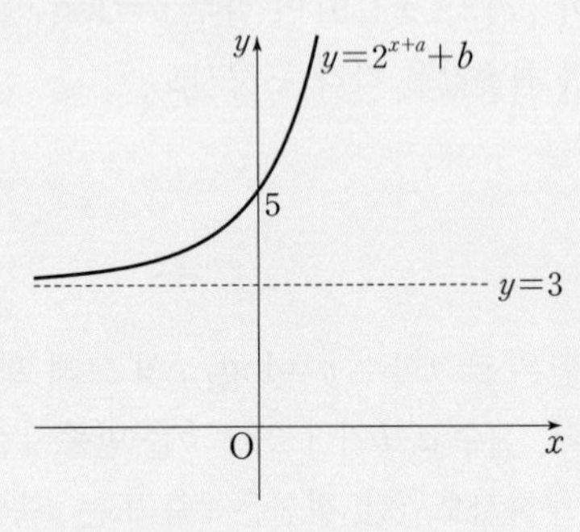

① 2 ② 4 ③ 6
④ 8 ⑤ 10

Point

(1) 지수함수 $y=a^x$ $(a>0, a\neq1)$의 성질은 다음과 같다.

① $a>1$일 때, x의 값이 증가하면 y의 값도 증가한다.
즉, $x_1<x_2$이면 $a^{x_1}<a^{x_2}$이다.

② $0<a<1$일 때, x의 값이 증가하면 y의 값은 감소한다.
즉, $x_1<x_2$이면 $a^{x_1}>a^{x_2}$이다.

③ 그래프는 점 $(0, 1)$, $(1, a)$를 지난다.

④ 점근선은 x축$(y=0)$이다.

⑤ 두 함수 $y=a^x$과 $y=\left(\frac{1}{a}\right)^x$의 그래프는 y축에 대하여 대칭이다.

(2) 지수함수 $y=a^x$의 그래프가 점 (p, q)를 지나면 $q=a^p$이다.

02 25456-0133 | 2022학년도 6월 고2 학력평가 9번 |

두 상수 a, b에 대하여 함수 $y=3^x+a$의 그래프가 점 $(2, b)$를 지나고 점근선이 직선 $y=5$일 때, $a+b$의 값은? [3점]

① 15 ② 16 ③ 17
④ 18 ⑤ 19

03 25456-0134 | 2019학년도 11월 고2 학력평가 나형 11번 |

그림과 같이 곡선 $y=\frac{2^x}{3}$이 두 직선 $y=1$, $y=4$와 만나는 점을 각각 A, B라 할 때, 직선 AB의 기울기는? [3점]

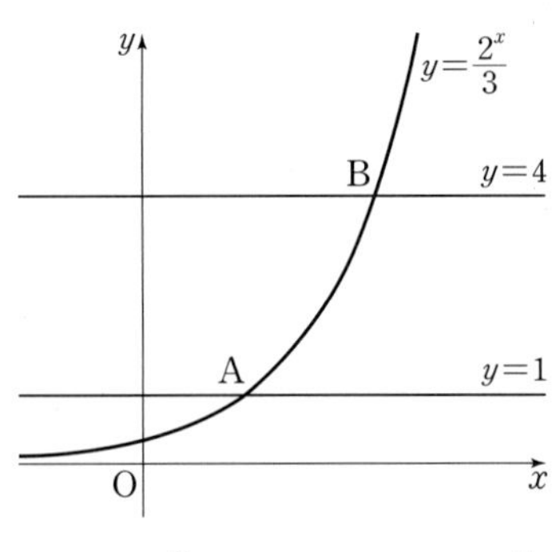

① $\frac{5}{4}$ ② $\frac{3}{2}$ ③ $\frac{7}{4}$
④ 2 ⑤ $\frac{9}{4}$

04 25456-0135 | 2023학년도 11월 고2 학력평가 8번 |

곡선 $y=\frac{1}{16}\times\left(\frac{1}{2}\right)^{x-m}$이 곡선 $y=2^x+1$과 제1사분면에서 만나도록 하는 자연수 m의 최솟값은? [3점]

① 2 ② 4 ③ 6
④ 8 ⑤ 10

유형 2 지수함수의 그래프의 평행이동과 대칭이동

05 25456-0136 | 2020학년도 9월 고2 학력평가 26번 |

지수함수 $y=5^x$의 그래프를 x축의 방향으로 a만큼, y축의 방향으로 b만큼 평행이동하면 함수 $y=\frac{1}{9}\times 5^{x-1}+2$의 그래프와 일치한다. 5^a+b의 값을 구하시오.

(단, a, b는 상수이다.) [4점]

Point

지수함수 $y=a^x$ $(a>0, a\neq 1)$의 그래프를

(1) x축의 방향으로 m만큼, y축의 방향으로 n만큼 평행이동
⇨ $y=a^{x-m}+n$

(2) x축에 대하여 대칭이동 ⇨ $y=-a^x$

(3) y축에 대하여 대칭이동 ⇨ $y=a^{-x}=\left(\frac{1}{a}\right)^x$

(4) 원점에 대하여 대칭이동 ⇨ $y=-a^{-x}=-\left(\frac{1}{a}\right)^x$

06 25456-0137 | 2024학년도 6월 고2 학력평가 11번 |

함수 $y=4^x-6$의 그래프를 x축의 방향으로 a만큼, y축의 방향으로 b만큼 평행이동한 그래프가 원점을 지나고 점근선이 직선 $y=-2$일 때, ab의 값은? (단, a, b는 상수이다.) [3점]

① -5 ② -4 ③ -3
④ -2 ⑤ -1

07 25456-0138 | 2021학년도 9월 고2 학력평가 8번 |

함수 $y=3^x$의 그래프를 x축의 방향으로 m만큼, y축의 방향으로 n만큼 평행이동한 그래프는 점 $(7, 5)$를 지나고, 점근선의 방정식이 $y=2$이다. $m+n$의 값은? (단, m, n은 상수이다.)

[3점]

① 6 ② 8 ③ 10
④ 12 ⑤ 14

08 25456-0139 | 2013학년도 11월 고2 학력평가 A형 15번 |

좌표평면에서 지수함수 $f(x)=a^x$에 대하여 함수 $y=f(x)$의 그래프를 y축에 대하여 대칭이동시킨 후, x축의 방향으로 m만큼 평행이동시키면 지수함수 $y=g(x)$의 그래프가 된다. 이때 두 함수 $f(x)$, $g(x)$는 다음 조건을 만족시킨다.

(가) 함수 $y=f(x)$의 그래프와 함수 $y=g(x)$의 그래프는 직선 $x=1$에 대하여 대칭이다.
(나) $f(3)=16g(3)$

두 양수 a, m에 대하여 $a+m$의 값은? [4점]

① 3 ② 4 ③ 5
④ 6 ⑤ 7

09 25456-0140 | 2011학년도 11월 고2 학력평가 나형 10번 |

지수함수 $f(x)=2^{x+k}$에 대하여 옳은 것만을 〈보기〉에서 있는 대로 고른 것은? (단, $0<k<1$인 상수이다.) [4점]

보기

ㄱ. $1<f(0)<2$

ㄴ. $\frac{f(1)}{f(-1)}=4$

ㄷ. 함수 $y=f(x)$의 그래프를 평행이동하여 함수 $y=3\cdot 2^x+1$의 그래프를 얻을 수 있다.

① ㄱ ② ㄷ ③ ㄱ, ㄴ
④ ㄴ, ㄷ ⑤ ㄱ, ㄴ, ㄷ

유형 3 지수함수의 최대 · 최소 – 지수가 일차식인 경우

10 25456-0141 | 2022학년도 6월 고2 학력평가 6번 |

$-3 \le x \le -1$에서 함수 $f(x)=2^{-x}+5$의 최솟값은? [3점]

① 6 ② 7 ③ 8 ④ 9 ⑤ 10

Point

지수함수 $y=a^x$ $(a>0,\ a\ne 1)$의 정의역이 $\{x \mid \alpha \le x \le \beta\}$일 때

(1) $a>1$이면 $x=\alpha$에서 최솟값 a^α을 갖고 $x=\beta$에서 최댓값 a^β을 갖는다.

(2) $0<a<1$이면 $x=\alpha$에서 최댓값 a^α을 갖고 $x=\beta$에서 최솟값 a^β을 갖는다.

11 25456-0142 | 2020학년도 6월 고2 학력평가 7번 |

$-1 \le x \le 2$에서 함수 $f(x)=2+\left(\frac{1}{3}\right)^{2x}$의 최댓값은? [3점]

① 11 ② 13 ③ 15 ④ 17 ⑤ 19

12 25456-0143 | 2019학년도 9월 고2 학력평가 나형 8번 |

정의역이 $\{x \mid 1 \le x \le 3\}$인 함수 $f(x)=5^{x-2}+3$의 최댓값은? [3점]

① 4 ② 5 ③ 6 ④ 7 ⑤ 8

13 25456-0144 | 2019학년도 6월 고2 학력평가 가형 11번 |

$-2 \le x \le 4$에서 정의된 함수 $f(x)=\left(\frac{1}{2}\right)^{x+a}$의 최솟값이 $\frac{1}{8}$일 때, 함수 $f(x)$의 최댓값은? (단, a는 상수이다.) [3점]

① 1 ② 2 ③ 4 ④ 8 ⑤ 16

14 25456-0145 | 2021학년도 6월 고2 학력평가 8번 |

$-1 \le x \le 2$에서 함수 $f(x)=a\times 2^{2-x}+b$의 최댓값이 5, 최솟값이 -2일 때, $f(0)$의 값은?

(단, $a>0$이고, a와 b는 상수이다.) [3점]

① 1 ② $\frac{3}{2}$ ③ 2 ④ $\frac{5}{2}$ ⑤ 3

15 25456-0146 | 2024학년도 9월 고2 학력평가 15번 |

함수 $f(x)=4^{x-a}-8\times 2^{x-a}$가 $x=5$에서 최솟값 b를 가질 때, $a+b$의 값은? (단, a는 상수이다.) [4점]

① -13 ② -11 ③ -9 ④ -7 ⑤ -5

유형 4 지수함수의 최대 · 최소－지수가 이차식인 경우

16 25456-0147 | 2019학년도 6월 고2 학력평가 나형 13번 |

함수 $f(x)=\left(\frac{1}{5}\right)^{x^2-4x+1}$은 $x=a$에서 최댓값 M을 갖는다. $a+M$의 값은? [3점]

① 127 ② 129 ③ 131
④ 133 ⑤ 135

Point

지수가 이차식인 지수함수 $y=a^{f(x)}$의 최대 · 최소

(1) $a>1$이면 지수 $f(x)$가 최대일 때 $y=a^{f(x)}$은 최댓값을 갖고
지수 $f(x)$가 최소일 때 $y=a^{f(x)}$은 최솟값을 갖는다.

(2) $0<a<1$이면 지수 $f(x)$가 최대일 때 $y=a^{f(x)}$은 최솟값을 갖고
지수 $f(x)$가 최소일 때 $y=a^{f(x)}$은 최댓값을 갖는다.

17 25456-0148 | 2014학년도 6월 고2 학력평가 A형 25번 |

정의역이 $\{x\,|\,-1\le x\le 4\}$인 함수 $y=5^{x^2-4x-2}$의 최댓값을 구하시오. [3점]

18 25456-0149 | 2022학년도 9월 고2 학력평가 27번 |

두 함수

$$f(x)=\left(\frac{1}{2}\right)^{x-a},\ g(x)=(x-1)(x-3)$$

에 대하여 합성함수 $h(x)=(f\circ g)(x)$라 하자.
함수 $h(x)$가 $0\le x\le 5$에서 최솟값 $\frac{1}{4}$, 최댓값 M을 갖는다.
M의 값을 구하시오. (단, a는 상수이다.) [4점]

유형 5 지수함수의 그래프에서의 도형의 길이와 넓이

19 25456-0150 | 2019학년도 9월 고2 학력평가 가형 11번 |

두 곡선 $y=\left(\frac{1}{3}\right)^x$, $y=\left(\frac{1}{9}\right)^x$이 직선 $y=9$와 만나는 점을 각각 A, B라 할 때, 삼각형 OAB의 넓이는?
(단, O는 원점이다.) [3점]

① $\frac{9}{2}$ ② 5 ③ $\frac{11}{2}$
④ 6 ⑤ $\frac{13}{2}$

Point

두 지수함수 $y=a^x$, $y=b^x$ $(a>0,\ a\ne1,\ b>0,\ b\ne1)$의 그래프가 직선 $y=k$와 만나는 두 점을 각각 A, B라 하면 이 두 점의 y좌표는 모두 k로 같으므로 선분 AB의 길이는 두 점 A, B의 x좌표의 차와 같다.

20 25456-0151 | 2019학년도 9월 고2 학력평가 가형 13번 |

상수 a $(a>1)$에 대하여 함수 $y=|a^x-a|$의 그래프가 x축, y축과 만나는 점을 각각 A, B, 직선 $y=a$와 만나는 점을 C라 하고, 점 C에서 x축에 내린 수선의 발을 H라 하자.
$\overline{AH}=1$일 때, 선분 BC의 길이는? [3점]

① 2 ② $\sqrt{5}$ ③ $\sqrt{6}$
④ $\sqrt{7}$ ⑤ $2\sqrt{2}$

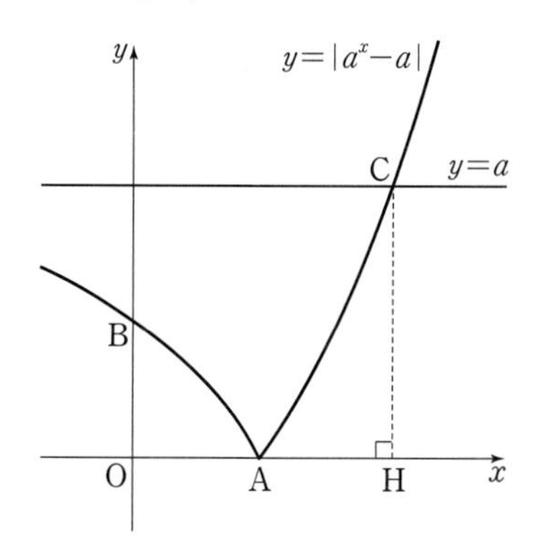

21 25456-0152 | 2024학년도 6월 고2 학력평가 19번 |

두 상수 a, k $(1<a<4,\ 0<k<1)$에 대하여 직선 $y=4$가 두 곡선 $y=a^{1-x}$, $y=4^{1-x}$과 만나는 두 점을 각각 A, B라 하고, 직선 $y=k$가 두 곡선 $y=a^{1-x}$, $y=4^{1-x}$과 만나는 두 점을 각각 C, D라 하자. 사각형 ADCB가 넓이가 $\frac{15}{2}$인 평행사변형일 때, $4ak$의 값은? [4점]

① $2^{\frac{1}{3}}$ ② $2^{\frac{5}{12}}$ ③ $2^{\frac{1}{2}}$
④ $2^{\frac{7}{12}}$ ⑤ $2^{\frac{2}{3}}$

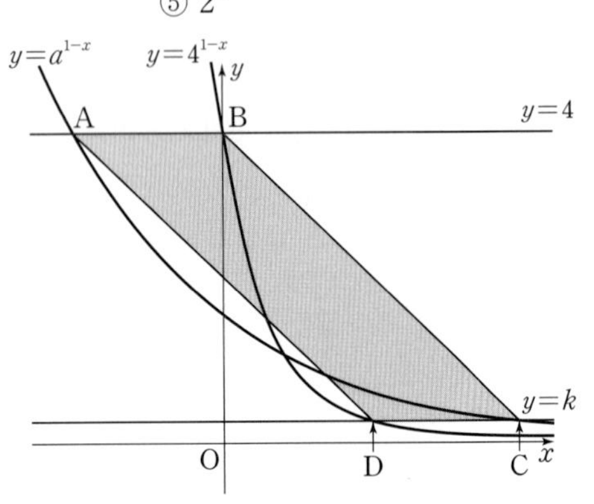

22 25456-0153 | 2020학년도 11월 고2 학력평가 18번 |

그림과 같이 두 곡선 $y=2^{x-3}+1$과 $y=2^{x-1}-2$가 만나는 점을 A라 하자. 상수 k에 대하여 직선 $y=-x+k$가 두 곡선 $y=2^{x-3}+1$, $y=2^{x-1}-2$와 만나는 점을 각각 B, C라 할 때, 선분 BC의 길이는 $\sqrt{2}$이다. 삼각형 ABC의 넓이는?

(단, 점 B의 x좌표는 점 A의 x좌표보다 크다.) [4점]

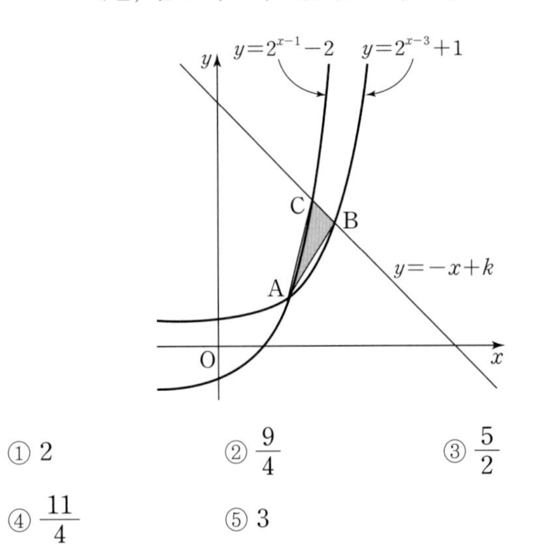

① 2 ② $\frac{9}{4}$ ③ $\frac{5}{2}$
④ $\frac{11}{4}$ ⑤ 3

23 25456-0154 | 2016학년도 11월 고2 학력평가 가형 28번 |

그림과 같이 $a>b>c>1$인 세 상수 a, b, c에 대하여 두 곡선 $y=a^x$, $y=b^x$과 직선 $y=8$이 만나는 점을 각각 A, B라 하고, 두 곡선 $y=b^x$, $y=c^x$과 직선 $y=4$가 만나는 점을 각각 C, D라 하자. 사각형 ACDB가 정사각형일 때, $abc=2^{\frac{q}{p}}$이다. $p+q$의 값을 구하시오.

(단, p와 q는 서로소인 자연수이다.) [4점]

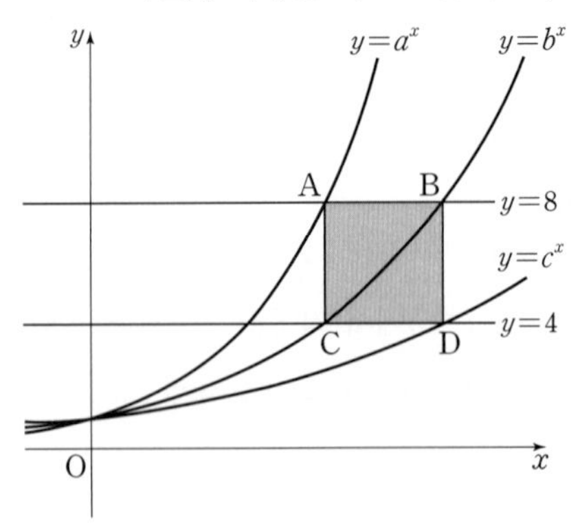

24 25456-0155 | 2014학년도 6월 고2 학력평가 A형 18번 |

곡선 $y=2^x$ 위의 한 점 P에서 x축, y축에 내린 수선의 발을 각각 A, B라 하자. 그림과 같이 x축 위의 점 C와 y축 위의 점 D에 대하여 두 사각형 PACE와 PFDB가 각각 직사각형이 되도록 점 E와 점 F를 잡는다.

(단, 세 점 P, E, F는 제1사분면 위의 점이다.)

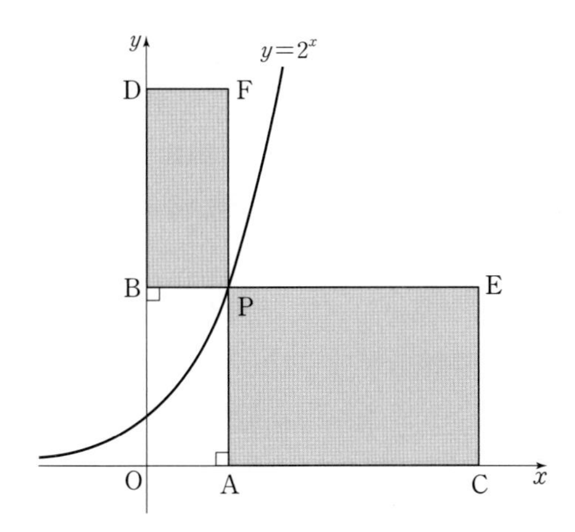

두 직사각형 PACE, PFDB가 다음 조건을 만족시킨다.

> (가) $\overline{\mathrm{BP}}:\overline{\mathrm{PE}}=1:3$이고, $\overline{\mathrm{PF}}=3\sqrt{2}$이다.
> (나) 직사각형 PACE의 넓이는 직사각형 PFDB의 넓이의 2배이다.

점 E의 x좌표는? [4점]

① 5 ② $\frac{11}{2}$ ③ 6 ④ $\frac{13}{2}$ ⑤ 7

유형 6 로그함수의 성질과 그래프의 이해

25 25456-0156 | 2024학년도 6월 고2 학력평가 8번 |

함수 $y=\log_3(x+a)+b$의 그래프가 점 $(5, 0)$을 지나고 점근선이 직선 $x=-4$일 때, $a+b$의 값은?

(단, a, b는 상수이다.) [3점]

① 2 ② 4 ③ 6 ④ 8 ⑤ 10

Point

(1) 로그함수 $y=\log_a x\ (a>0, a\neq1)$의 성질은 다음과 같다.
① $a>1$일 때, x의 값이 증가하면 y의 값도 증가한다.
즉, $x_1<x_2$이면 $\log_a x_1<\log_a x_2$이다.
② $0<a<1$일 때, x의 값이 증가하면 y의 값은 감소한다.
즉, $x_1<x_2$이면 $\log_a x_1>\log_a x_2$이다.
③ 그래프는 점 $(1, 0)$, $(a, 1)$을 지나고, 점근선은 y축이다.
④ 함수 $y=a^x$의 그래프와 직선 $y=x$에 대하여 대칭이고 서로 역함수 관계에 있다.
(2) 로그함수 $y=\log_a x$의 그래프가 점 (p, q)를 지나면 $q=\log_a p$이다.

26 25456-0157 | 2012학년도 9월 고2 학력평가 A형 22번 |

로그함수 $y=\log_7(x+a)$의 그래프가 점 $(1, 2)$를 지날 때, 상수 a의 값을 구하시오. [3점]

27 25456-0158 | 2021학년도 6월 고2 학력평가 9번 |

두 상수 a, b에 대하여 함수 $y=\log_2(x-a)+1$의 그래프가 점 $(7, b)$를 지나고 점근선이 직선 $x=3$일 때, $a+b$의 값은?

[3점]

① 3 ② 4 ③ 5 ④ 6 ⑤ 7

28 25456-0159 | 2020학년도 6월 고2 학력평가 9번 |

함수 $y=2^x-1$의 그래프의 점근선과 함수 $y=\log_2(x+k)$의 그래프가 만나는 점이 y축 위에 있을 때, 상수 k의 값은? [3점]

① $\frac{1}{4}$ ② $\frac{1}{2}$ ③ $\frac{3}{4}$
④ 1 ⑤ $\frac{5}{4}$

29 25456-0160 | 2021학년도 6월 고2 학력평가 14번 |

$x>0$에서 정의된 함수

$$f(x)=\begin{cases} 0 & (0<x\le 1) \\ \log_3 x & (x>1) \end{cases}$$

에 대하여 $f(t)+f\left(\frac{1}{t}\right)=2$를 만족시키는 모든 양수 t의 값의 합은? [4점]

① $\frac{76}{9}$ ② $\frac{79}{9}$ ③ $\frac{82}{9}$
④ $\frac{85}{9}$ ⑤ $\frac{88}{9}$

30 25456-0161 | 2024학년도 9월 고2 학력평가 18번 |

함수

$$f(x)=\begin{cases} -2^x+2 & (x<1) \\ \log_2 x & (x\ge 1) \end{cases}$$

에 대하여 $a-1\le x\le a+1$에서 함수 $f(x)$의 최댓값과 최솟값의 차가 1이 되도록 하는 모든 실수 a의 값의 합은? [4점]

① 3 ② $\log_2\frac{32}{3}$ ③ $\log_2\frac{40}{3}$
④ 4 ⑤ $\log_2\frac{56}{3}$

유형 7 로그함수의 그래프의 평행이동과 대칭이동

31 25456-0162 | 2022학년도 6월 고2 학력평가 7번 |

함수 $y=\log_3 x$의 그래프를 x축의 방향으로 2만큼, y축의 방향으로 5만큼 평행이동한 그래프가 점 $(5,\ a)$를 지날 때, 상수 a의 값은? [3점]

① 6 ② 7 ③ 8
④ 9 ⑤ 10

Point

로그함수 $y=\log_a x\ (a>0,\ a\ne 1)$의 그래프를
(1) x축의 방향으로 m만큼, y축의 방향으로 n만큼 평행이동
⇨ $y=\log_a(x-m)+n$
(2) x축에 대하여 대칭이동 ⇨ $y=-\log_a x$
(3) y축에 대하여 대칭이동 ⇨ $y=\log_a(-x)$
(4) 원점에 대하여 대칭이동 ⇨ $y=-\log_a(-x)$

32 25456-0163 | 2019학년도 6월 고2 학력평가 가형 12번 |

함수 $y=2+\log_2 x$의 그래프를 x축의 방향으로 -8만큼, y축의 방향으로 k만큼 평행이동한 그래프가 제4사분면을 지나지 않도록 하는 실수 k의 최솟값은? [3점]

① -1 ② -2 ③ -3
④ -4 ⑤ -5

33 25456-0164 | 2018학년도 11월 고2 학력평가 가형 15번 |

함수 $y=\log_3 x$의 그래프 위에 두 점 $\mathrm{A}(a,\ 1)$, $\mathrm{B}(27,\ b)$가 있다. 함수 $y=\log_3 x$의 그래프를 x축의 방향으로 m만큼 평행이동한 그래프가 두 점 A, B의 중점을 지날 때, 상수 m의 값은? [4점]

① 6 ② 7 ③ 8
④ 9 ⑤ 10

34 25456-0165 | 2019학년도 6월 고2 학력평가 나형 28번 |

곡선 $y=\log_2 x$를 원점에 대하여 대칭이동한 후 x축의 방향으로 $\frac{5}{2}$만큼 평행이동한 곡선을 $y=f(x)$라 하자. 두 곡선 $y=\log_2 x$와 $y=f(x)$의 두 교점을 A, B라 할 때, 직선 AB의 기울기는 $\frac{q}{p}$이다. $10p+q$의 값을 구하시오.

(단, p와 q는 서로소인 자연수이다.) [4점]

35 25456-0166 | 2014학년도 11월 고2 학력평가 A형 13번 |

그림은 함수 $y=\log_2 x$, $y=\log_{\frac{1}{2}} x$의 그래프이다.

함수 $y=\log_2 x$의 그래프를 x축의 방향으로 3만큼, y축의 방향으로 -2만큼 평행이동시킨 그래프가 함수 $y=\log_{\frac{1}{2}} x$의 그래프와 점 (p, q)에서 만날 때, $p+q$의 값은? [3점]

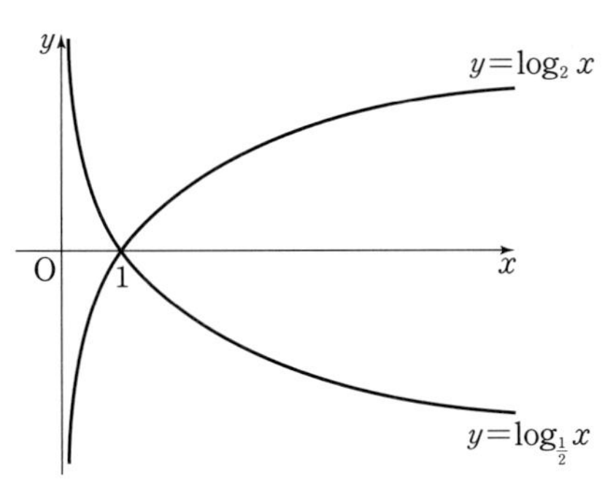

① $\frac{1}{2}$ ② 1 ③ $\frac{3}{2}$

④ 2 ⑤ $\frac{5}{2}$

유형 8 로그함수의 최대·최소 – 진수가 일차식 또는 이차식인 경우

36 25456-0167 | 2023학년도 9월 고2 학력평가 24번 |

집합 $\{x \mid 1 \le x \le 25\}$에서 정의된 함수 $y=6\log_3(x+2)$의 최댓값을 M, 최솟값을 m이라 할 때, $M+m$의 값을 구하시오. [3점]

Point

로그함수 $y=\log_a f(x)$의 최대 · 최소는 다음과 같다.

(1) $a>1$이면 $\begin{cases} f(x)\text{가 최대일 때} \Rightarrow y\text{가 최대} \\ f(x)\text{가 최소일 때} \Rightarrow y\text{가 최소} \end{cases}$

(2) $0<a<1$이면 $\begin{cases} f(x)\text{가 최소일 때} \Rightarrow y\text{가 최대} \\ f(x)\text{가 최대일 때} \Rightarrow y\text{가 최소} \end{cases}$

37 25456-0168 | 2024학년도 6월 고2 학력평가 24번 |

$0 \le x \le 6$에서 함수 $y=\log_{\frac{1}{3}}(x+3)+30$의 최댓값을 구하시오. [3점]

38 25456-0169 | 2020학년도 11월 고2 학력평가 23번 |

$1 \le x \le 7$에서 정의된 함수 $y=\log_2(x+1)+2$의 최댓값을 구하시오. [3점]

39 25456-0170 | 2019학년도 9월 고2 학력평가 가형 10번 |

$-3\le x\le 3$에서 함수 $f(x)=\log_2(x^2-4x+20)$의 최솟값은? [3점]

① 3 ② 4 ③ 5
④ 6 ⑤ 7

40 25456-0171 | 2024학년도 9월 고2 학력평가 9번 |

집합 $\{x\mid -3\le x\le 3\}$에서 정의된 함수

$y=\log_{\frac{1}{3}}(x+m)$

이 최댓값 -2를 가질 때, 상수 m의 값은? [3점]

① 11 ② 12 ③ 13
④ 14 ⑤ 15

41 25456-0172 | 2021학년도 9월 고2 학력평가 14번 |

$0\le x\le 5$에서 함수

$f(x)=\log_3(x^2-6x+k)$ $(k>9)$

의 최댓값과 최솟값의 합이 $2+\log_3 4$가 되도록 하는 상수 k의 값은? [4점]

① 11 ② 12 ③ 13
④ 14 ⑤ 15

유형 9 로그함수의 그래프에서의 도형의 길이와 넓이

42 25456-0173 | 2023학년도 9월 고2 학력평가 18번 |

그림과 같이 두 곡선 $y=\log_2 x$, $y=\log_2(x-p)+q$가 점 $(4, 2)$에서 만난다. 두 곡선 $y=\log_2 x$, $y=\log_2(x-p)+q$가 x축과 만나는 점을 각각 A, B라 하고, 직선 $y=3$과 만나는 점을 각각 C, D라 하자. $\overline{CD}-\overline{BA}=\frac{3}{4}$일 때, $p+q$의 값은?

(단, $0<p<4$, $q>0$) [4점]

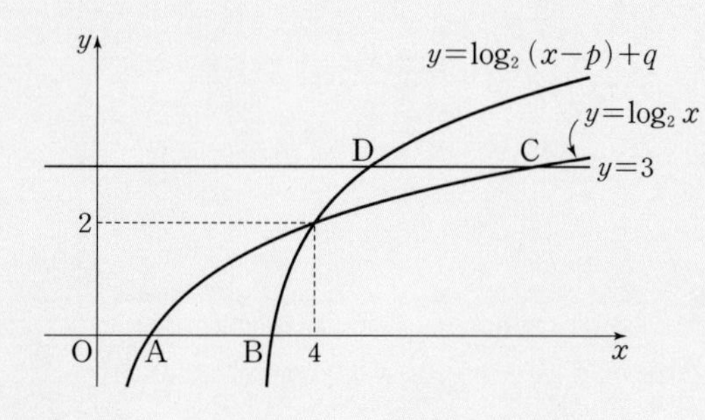

① $\frac{7}{2}$ ② 4 ③ $\frac{9}{2}$
④ 5 ⑤ $\frac{11}{2}$

Point

(1) 두 로그함수 $y=\log_a x$, $y=\log_b x$ $(a>0,\ a\ne 1,\ b>0,\ b\ne 1)$의 그래프의 교점의 좌표는 $(1, 0)$이다.

(2) 로그함수와 그 역함수의 그래프의 교점이 존재한다면 두 그래프는 직선 $y=x$에 대하여 대칭이므로 교점은 직선 $y=x$ 위에 있고 교점의 좌표는 (m, m)으로 놓을 수 있다.

43 25456-0174 | 2022학년도 9월 고2 학력평가 11번 |

그림과 같이 곡선 $y=\log_4 x$ 위의 점 A와 곡선 $y=-\log_4(x+1)$ 위의 점 B가 있다. 점 A의 y좌표가 1이고, x축이 삼각형 OAB의 넓이를 이등분할 때, 선분 OB의 길이는? (단, O는 원점이다.) [3점]

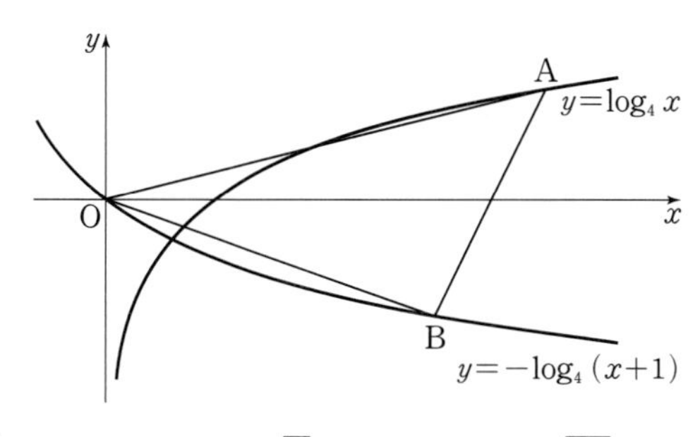

① $\sqrt{6}$ ② $2\sqrt{2}$ ③ $\sqrt{10}$
④ $2\sqrt{3}$ ⑤ $\sqrt{14}$

44 25456-0175 | 2024학년도 6월 고2 학력평가 28번 |

두 양수 a, b에 대하여 $x\geq 0$에서 정의된 함수 $f(x)$는

$$f(x)=\begin{cases} a(4-x^2) & (0\leq x<3) \\ b\log_2 \dfrac{x}{3}-5a & (x\geq 3) \end{cases}$$

이다. 함수 $y=f(x)$의 그래프가 x축과 만나는 두 점을 각각 A, B라 하자. $\overline{\text{AB}}=10$이고 $f(b)=2b$일 때, $5a+b$의 값을 구하시오. [4점]

45 25456-0176 | 2023학년도 6월 고2 학력평가 16번 |

0이 아닌 실수 t에 대하여 두 곡선 $y=\log_2 x$, $y=\log_4 x$와 직선 $y=t$가 만나는 점을 각각 P, Q라 하자.
삼각형 OPQ의 넓이를 $S(t)$라 할 때, 〈보기〉에서 옳은 것만을 있는 대로 고른 것은? (단, O는 원점이다.) [4점]

■ 보기 ■

ㄱ. $S(1)=1$
ㄴ. $S(2)=64\times S(-2)$
ㄷ. $t>0$일 때, t의 값이 증가하면 $\dfrac{S(t)}{S(-t)}$의 값도 증가한다.

① ㄱ ② ㄴ ③ ㄱ, ㄴ
④ ㄴ, ㄷ ⑤ ㄱ, ㄴ, ㄷ

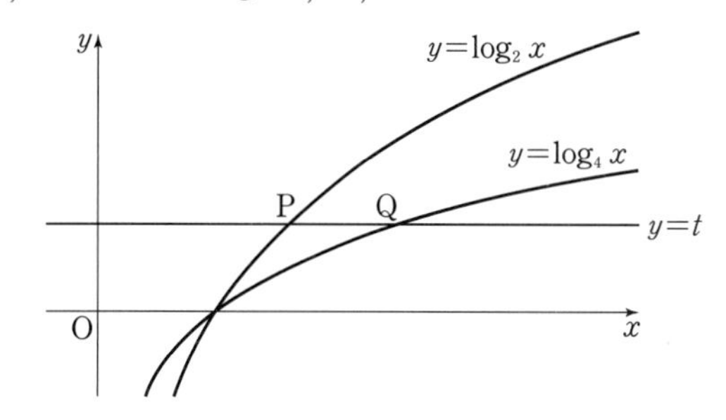

46 25456-0177 | 2019학년도 9월 고2 학력평가 나형 16번 |

그림과 같이 두 함수 $f(x)=\log_2 x$, $g(x)=\log_2 3x$의 그래프 위에 네 점 $\text{A}(1, f(1))$, $\text{B}(3, f(3))$, $\text{C}(3, g(3))$, $\text{D}(1, g(1))$이 있다. 두 함수 $y=f(x)$, $y=g(x)$의 그래프와 선분 AD, 선분 BC로 둘러싸인 부분의 넓이는? [4점]

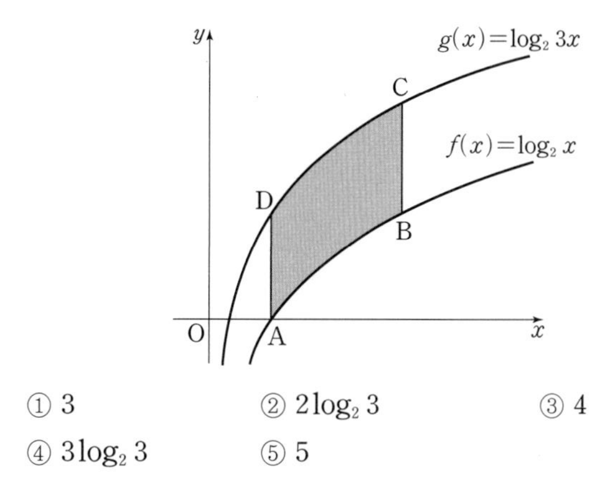

① 3 ② $2\log_2 3$ ③ 4
④ $3\log_2 3$ ⑤ 5

유형 10 지수함수와 로그함수의 관계

47 25456-0178 | 2024학년도 6월 고2 학력평가 10번 |

함수 $y=5^x+1$의 역함수의 그래프가 점 $(4, \log_5 a)$를 지날 때, a의 값은? [3점]

① 1 ② 2 ③ 3
④ 4 ⑤ 5

Point

두 함수 $f(x)=a^x$과 $g(x)=\log_a x$에 대하여

(1) 두 함수는 서로 역함수 관계에 있다.

(2) $g(f(x))=x$, $f(g(x))=x$

(3) 함수 $y=f(x)$의 그래프가 점 (p, q)를 지나면 함수 $y=g(x)$의 그래프는 점 (q, p)를 지난다.

(4) 두 함수 $y=f(x)$와 $y=g(x)$의 그래프는 직선 $y=x$에 대하여 대칭이다.

48 25456-0179 | 2023학년도 6월 고2 학력평가 8번 |

함수 $y=\log_2 x+1$의 그래프를 x축의 방향으로 a만큼 평행이동한 후 직선 $y=x$에 대하여 대칭이동하였더니 함수 $y=2^{x-1}+5$의 그래프와 일치하였다. 상수 a의 값은? [3점]

① 1 ② 2 ③ 3
④ 4 ⑤ 5

49 25456-0180 | 2022학년도 11월 고2 학력평가 24번 |

함수 $y=2^x$의 그래프를 x축의 방향으로 a만큼, y축의 방향으로 3만큼 평행이동한 그래프가 함수 $y=\log_2(4x-b)$의 그래프와 직선 $y=x$에 대하여 대칭일 때, $a+b$의 값을 구하시오. (단, a와 b는 상수이다.) [3점]

50 25456-0181 | 2019학년도 9월 고2 학력평가 나형 19번 |

실수 k에 대하여 지수함수 $y=a^x$ $(a>0, a\neq1)$의 그래프를 x축의 방향으로 k만큼 평행이동한 그래프가 나타내는 함수를 $y=f(x)$라 하자. 함수 $f(x)$가 다음 조건을 만족시킨다.

> 모든 실수 x에 대하여 $f(2+x)f(2-x)=1$이다.

〈보기〉에서 옳은 것만을 있는 대로 고른 것은? [4점]

보기

ㄱ. $f(2)=1$

ㄴ. 함수 $y=f(x)$의 그래프와 역함수 $y=f^{-1}(x)$의 그래프의 교점의 개수는 2이다.

ㄷ. 모든 실수 t에 대하여 $f(t+1)-f(t)<f(t+2)-f(t+1)$이다.

① ㄱ ② ㄴ ③ ㄱ, ㄷ
④ ㄴ, ㄷ ⑤ ㄱ, ㄴ, ㄷ

유형 11 지수함수와 로그함수의 그래프에서의 도형의 길이와 넓이

51 25456-0182 | 2024학년도 9월 고2 학력평가 20번 |

상수 k $(k>3)$에 대하여 직선 $y=-x+2k$가 두 함수

$$f(x)=\log_2(x-k),\ \ g(x)=2^{x+1}+k+1$$

의 그래프와 만나는 점을 각각 A, B라 하자.
$\overline{\mathrm{AB}}=7\sqrt{2}$일 때, k의 값은? [4점]

① $\log_2 21$ ② $\log_2 22$ ③ $\log_2 23$
④ $\log_2 24$ ⑤ $\log_2 25$

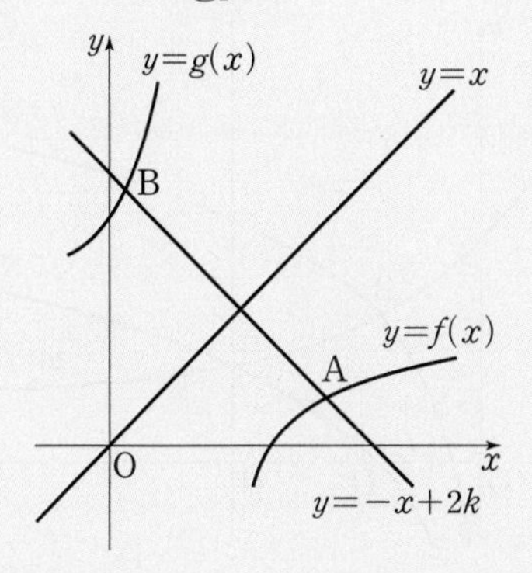

Point

(1) 두 함수 $y=a^x$, $y=\log_a x$는 서로 역함수 관계이므로 두 함수의 그래프는 직선 $y=x$에 대하여 대칭이다.

(2) 두 함수 $y=a^x$, $y=\log_a x$의 그래프의 교점은 직선 $y=x$ 위에 있고 교점의 좌표는 (m, m)으로 놓을 수 있다.

52 25456-0183 | 2021학년도 9월 고2 학력평가 11번 |

양수 p에 대하여 두 함수

$$f(x)=\log_2(x-p),\ g(x)=2^x+1$$

이 있다. 곡선 $y=f(x)$의 점근선이 곡선 $y=g(x)$, x축과 만나는 점을 각각 A, B라 하고, 곡선 $y=g(x)$의 점근선이 곡선 $y=f(x)$와 만나는 점을 C라 하자. 삼각형 ABC의 넓이가 6일 때, p의 값은? [3점]

① 2 ② $\log_2 5$ ③ $\log_2 6$
④ $\log_2 7$ ⑤ 3

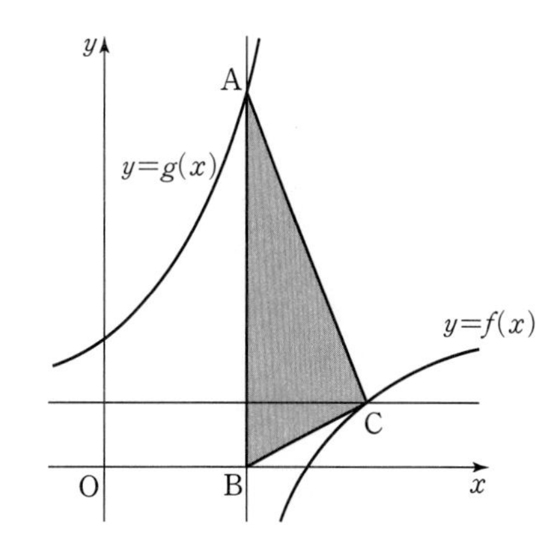

53 25456-0184 | 2024학년도 6월 고2 학력평가 17번 |

그림과 같이 상수 $k\ (5<k<6)$에 대하여 직선 $y=-x+k$가 두 곡선

$y=-\log_3 x+4,\ y=3^{-x+4}$

과 만나는 네 점을 x좌표가 작은 점부터 차례로 A, B, C, D 라 하자. $\overline{AD}-\overline{BC}=4\sqrt{2}$일 때, k의 값은? [4점]

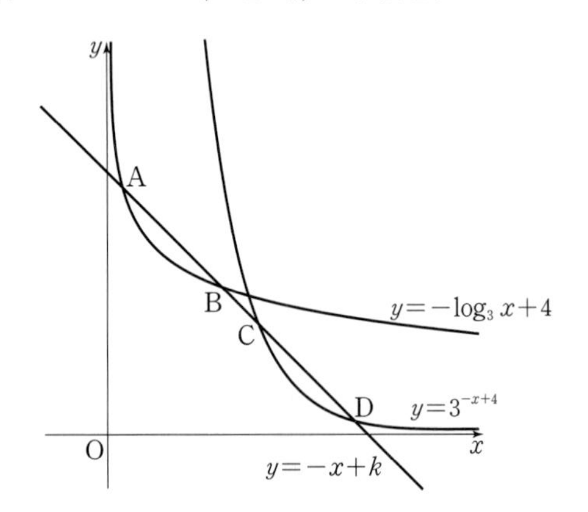

① $\frac{19}{4}+\log_3 2$ ② $\frac{17}{4}+2\log_3 2$ ③ $\frac{17}{4}+\log_3 5$

④ $\frac{9}{2}+2\log_3 2$ ⑤ $\frac{9}{2}+\log_3 5$

54 25456-0185 | 2019학년도 6월 고2 학력평가 가형 19번 |

그림과 같이 함수 $f(x)=2^{1-x}+a-1$의 그래프가 두 함수 $g(x)=\log_2 x,\ h(x)=a+\log_2 x$의 그래프와 만나는 점을 각각 A, B라 하자. 점 A를 지나고 x축에 수직인 직선이 함수 $h(x)$의 그래프와 만나는 점을 C, x축과 만나는 점을 H라 하고, 함수 $g(x)$의 그래프가 x축과 만나는 점을 D라 하자. 〈보기〉에서 옳은 것만을 있는 대로 고른 것은? (단, $a>0$)

[4점]

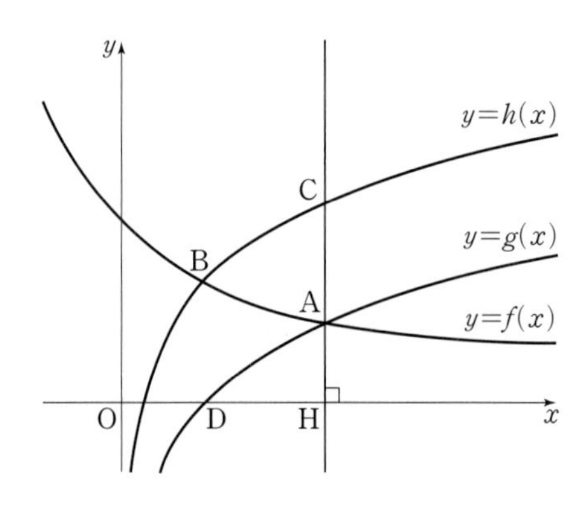

보기

ㄱ. 점 B의 좌표는 $(1,\ a)$이다.

ㄴ. 점 A의 x좌표가 4일 때, 사각형 ACBD의 넓이는 $\frac{69}{8}$이다.

ㄷ. $\overline{CA}:\overline{AH}=3:2$이면 $0<a<3$이다.

① ㄱ ② ㄷ ③ ㄱ, ㄴ

④ ㄴ, ㄷ ⑤ ㄱ, ㄴ, ㄷ

함수 $y=\left(\frac{1}{3}\right)^{x-1}-n$의 그래프가 제3사분면을 지나지 않도록 하는 정수 n의 최댓값을 구하시오.

출제 의도 지수함수의 그래프를 이용하여 조건에 맞는 정수 n의 값을 구할 수 있는지를 묻고 있다.

풀이

함수 $y=\left(\frac{1}{3}\right)^{x-1}-n$의 그래프는 함수 $y=\left(\frac{1}{3}\right)^{x}$의 그래프를 x축의 방향으로 1만큼, y축의 방향으로 $-n$만큼 평행이동시킨 것이므로 함수 $y=\left(\frac{1}{3}\right)^{x-1}-n$의 그래프의 개형은 다음 그림과 같다.

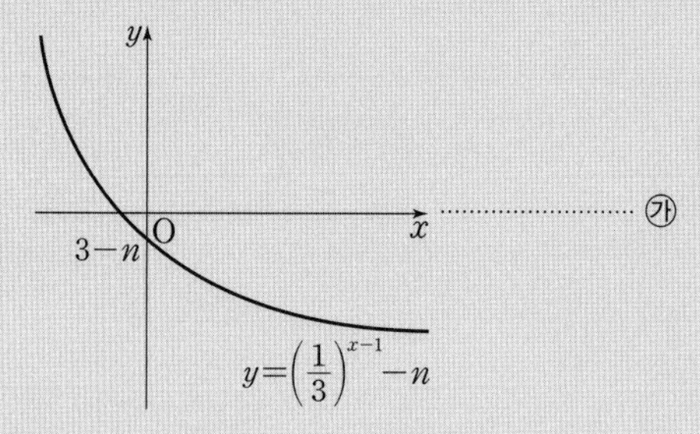

······ ㉮

함수 $y=\left(\frac{1}{3}\right)^{x-1}-n$의 그래프가 제3사분면을 지나지 않으려면 $x=0$일 때 함숫값이 0 이상이어야 한다. ······ ㉯

$x=0$일 때, $y=\left(\frac{1}{3}\right)^{0-1}-n=3-n$

$3-n\geq 0$, 즉 $n\leq 3$ ······ ㉰

따라서 구하는 정수 n의 최댓값은 3이다. ······ ㉱

답 3

단계	채점 기준	비율
㉮	함수 $y=\left(\frac{1}{3}\right)^{x}$의 그래프를 이용하여 함수 $y=\left(\frac{1}{3}\right)^{x-1}-n$의 그래프를 그린 경우	30%
㉯	주어진 함수의 그래프가 제3사분면을 지나지 않도록 하는 조건을 파악한 경우	30%
㉰	조건에 맞는 부등식을 세운 경우	30%
㉱	구하는 정수 n의 최댓값을 구한 경우	10%

01 25456-0186

함수 $y=\log_2 k(x+1)$의 그래프가 제4사분면을 지나지 않을 때, 양수 k의 최솟값을 구하시오.

02 25456-0187

함수 $f(x)=2^{x-m}+n$의 그래프와 그 역함수 $y=g(x)$의 그래프가 두 점에서 만나고, 두 교점의 x좌표가 각각 1, 2일 때, $f(n)+g(m)$의 값을 구하시오. (단, m, n은 상수이다.)

01 25456-0188

| 2019학년도 11월 고2 학력평가 나형 20번 |

그림과 같이 자연수 n에 대하여 곡선 $y=|\log_2 x-n|$이 직선 $y=1$과 만나는 두 점을 각각 A_n, B_n이라 하고 곡선 $y=|\log_2 x-n|$이 직선 $y=2$와 만나는 두 점을 각각 C_n, D_n이라 하자. 〈보기〉에서 옳은 것만을 있는 대로 고른 것은? [4점]

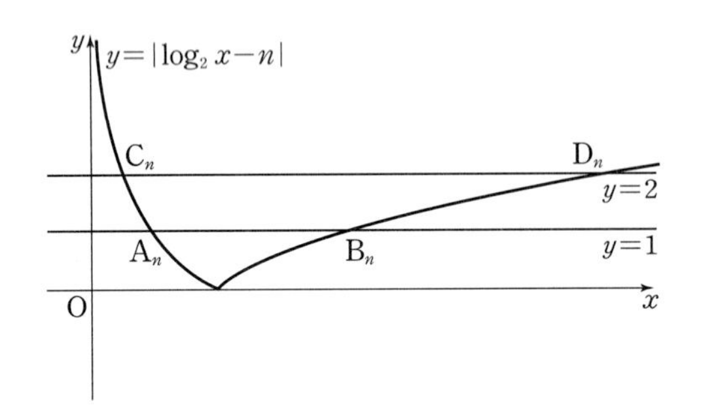

보기

ㄱ. $\overline{A_1B_1}=3$

ㄴ. $\overline{A_nB_n}:\overline{C_nD_n}=2:5$

ㄷ. 사각형 $A_nB_nD_nC_n$의 넓이를 S_n이라 할 때, $21\le S_k\le 210$을 만족시키는 모든 자연수 k의 합은 25이다.

① ㄱ ② ㄱ, ㄴ ③ ㄱ, ㄷ ④ ㄴ, ㄷ ⑤ ㄱ, ㄴ, ㄷ

02 25456-0189

| 2020학년도 6월 고2 학력평가 20번 |

1보다 큰 실수 a에 대하여 두 곡선 $y=\log_a x$, $y=\log_{a+2} x$가 직선 $y=2$와 만나는 점을 각각 A, B라 하자. 점 A를 지나고 y축에 평행한 직선이 곡선 $y=\log_{a+2} x$와 만나는 점을 C, 점 B를 지나고 y축에 평행한 직선이 곡선 $y=\log_a x$와 만나는 점을 D라 할 때, 〈보기〉에서 옳은 것만을 있는 대로 고른 것은? [4점]

보기

ㄱ. 점 A의 x좌표는 a^2이다.

ㄴ. $\overline{AC}=1$이면 $a=2$이다.

ㄷ. 삼각형 ACB와 삼각형 ABD의 넓이를 각각 S_1, S_2라 할 때, $\frac{S_2}{S_1}=\log_a (a+2)$이다.

① ㄱ ② ㄷ ③ ㄱ, ㄴ ④ ㄴ, ㄷ ⑤ ㄱ, ㄴ, ㄷ

03 25456-0190

| 2024학년도 6월 고2 학력평가 21번 |

2 이상의 자연수 n에 대하여 함수

$$f(x)=3^x-n$$

의 그래프가 함수 $y=f^{-1}(x)$의 그래프와 만나는 두 점의 x좌표 중 큰 값을 $g(n)$이라 하자. $k\le g(n)<k+1$을 만족시키는 자연수 k를 $h(n)$이라 할 때, $h(n)<h(n+1)$을 만족시키는 100 이하의 모든 n의 값의 합은? [4점]

① 103 ② 105 ③ 107 ④ 109 ⑤ 111

04 25456-0191

| 2023학년도 6월 고2 학력평가 30번 |

함수 $f(x)=|x-k|-4$ (k는 실수)와 양의 실수 a ($a\neq1$)에 대하여 함수 $g(x)$를

$$g(x)=\begin{cases} a^{-f(x)} & (f(x)<0) \\ a^{f(x)} & (f(x)\geq0) \end{cases}$$

이라 하자. 함수 $y=g(x)$의 그래프와 직선 $y=16$의 교점의 개수가 3이고 $g(1)=16$일 때, 모든 $f(a-2)$의 값의 합을 구하시오. [4점]

05 25456-0192

| 2022학년도 11월 고2 학력평가 30번 |

양의 실수 a에 대하여 함수 $f(x)$를

$$f(x)=\begin{cases} 2^{x}+2^{-a}-2 & (x<a) \\ 2^{-x}+2^{a}-2 & (x\geq a) \end{cases}$$

라 할 때, 함수 $f(x)$가 다음 조건을 만족시키도록 하는 a의 최댓값을 M, 최솟값을 m이라 하자.

> 함수 $y=|f(x)|$의 그래프와 직선 $y=k$가 서로 다른 두 점에서 만나도록 하는 양수 k는 오직 하나뿐이다.

$2^{M+m}=p+\sqrt{q}$일 때, $p+q$의 값을 구하시오.

(단, p와 q는 자연수이다.) [4점]

개념

짚어보기 | 04 지수함수와 로그함수의 활용

1. 지수방정식의 풀이

(1) 밑을 같게 할 수 있는 경우

$a^{f(x)}=a^{g(x)}$ $(a>0,\ a\neq 1)$ 꼴로 만든 후, $f(x)=g(x)$를 푼다.

(2) a^x 꼴이 반복되는 경우

① $a^x=t$로 치환한 후, t에 대한 방정식을 푼다. 이때 $t>0$임에 주의한다.

② $a^x=t$를 만족시키는 x의 값을 구한다.

2. 지수부등식의 풀이

(1) 밑을 같게 할 수 있는 경우

① $a>1$일 때, $a^{f(x)}<a^{g(x)} \iff f(x)<g(x)$를 이용하여 푼다.

② $0<a<1$일 때, $a^{f(x)}<a^{g(x)} \iff f(x)>g(x)$를 이용하여 푼다.

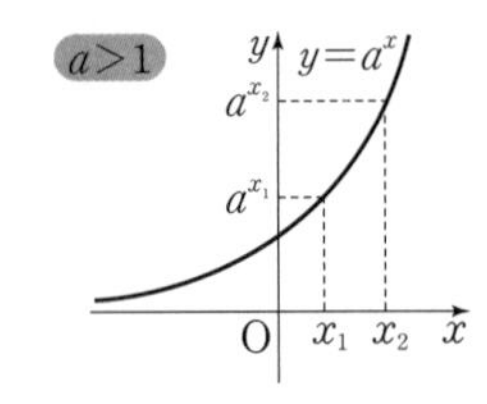

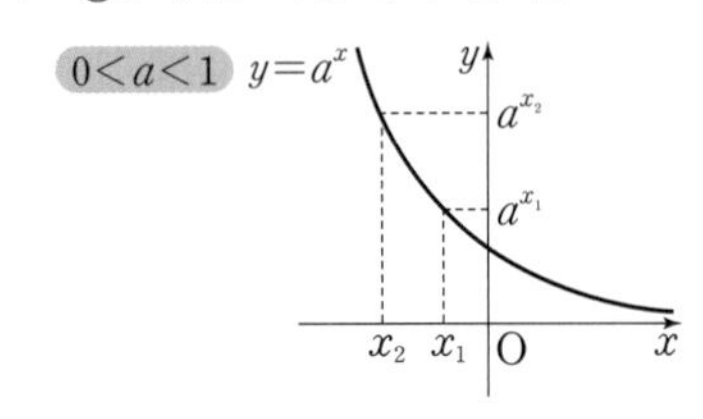

(2) a^x 꼴이 반복되는 경우

(i) $a^x=t$로 치환한 후, t에 대한 부등식을 푼다. 이때 $t>0$임에 주의한다.

(ii) t의 값의 범위에 해당하는 x의 값의 범위를 구한다.

주의
지수에 미지수를 포함한 부등식을 풀 때, 밑이 1보다 큰지 작은지에 따라 부등호의 방향이 달라지는 것에 주의한다.

3. 로그방정식의 풀이

(1) 밑을 같게 할 수 있는 경우

$\log_a f(x)=\log_a g(x)$ $(a>0,\ a\neq 1)$ 꼴로 만든 후, $f(x)=g(x)$, $f(x)>0$, $g(x)>0$을 푼다.

(2) $\log_a x$ 꼴이 반복되는 경우

(i) $\log_a x=t$로 치환한 후, t에 대한 방정식을 푼다.

(ii) $\log_a x=t$를 만족시키는 x의 값을 구한다.

(3) 지수에 로그가 포함된 경우

양변에 로그를 취한 후, (1) 또는 (2)의 방법으로 푼다.

4. 로그부등식의 풀이

(1) 밑을 같게 할 수 있는 경우

① $a>1$일 때, $\log_a f(x)<\log_a g(x) \iff 0<f(x)<g(x)$를 이용하여 푼다.

② $0<a<1$일 때, $\log_a f(x)<\log_a g(x) \iff f(x)>g(x)>0$을 이용하여 푼다.

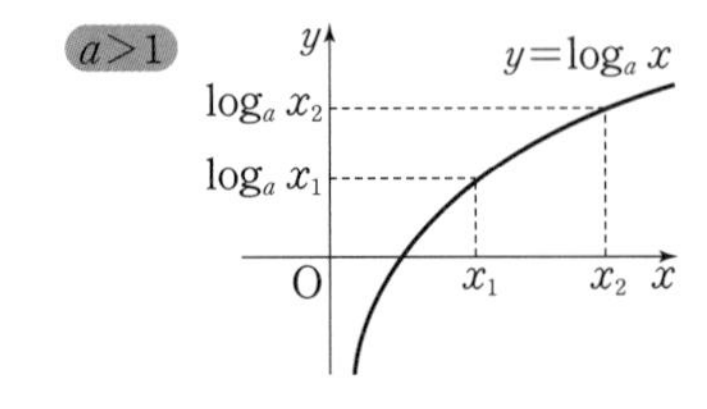

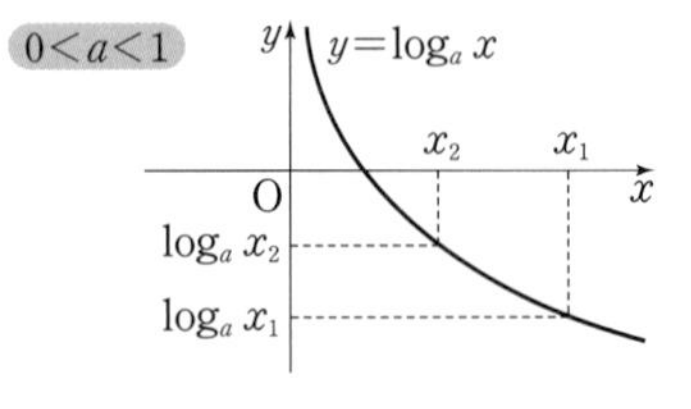

(2) $\log_a x$ 꼴이 반복되는 경우

(i) $\log_a x=t$로 치환한 후, t에 대한 부등식을 푼다.

(ii) t의 값의 범위에 해당하는 x의 값의 범위를 구한다.

(3) 지수에 로그가 포함된 경우

양변에 로그를 취한 후, (1) 또는 (2)의 방법으로 푼다.

주의
로그의 진수에 미지수를 포함한 부등식을 풀 때, 밑에 따라 부등호의 방향이 달라진다는 것과 로그의 진수가 양수임에 유의한다.

정답과 풀이 37쪽

01 다음 방정식을 푸시오.

(1) $\left(\frac{1}{2}\right)^{2x-1}=64$

(2) $3^{3x-1}=9^{2x+1}$

(3) $(\sqrt{5})^{x+1}=\left(\frac{1}{5}\right)^{x}$

02 다음 부등식을 푸시오.

(1) $\left(\frac{1}{2}\right)^{2x-1}>\frac{1}{8\sqrt{2}}$

(2) $4^{x-1}\le 8^{2}$

(3) $\left(\frac{2}{3}\right)^{x}<\left(\frac{4}{9}\right)^{2x-3}$

03 다음 방정식을 푸시오.

(1) $\log_{27}(x-4)=\frac{1}{3}$

(2) $\log_{\frac{1}{2}}(3x-2)=\log_{\frac{1}{2}}(5-2x)$

(3) $\log_{2}(x^{2}+x+2)=\log_{2}x^{2}+1$

04 다음 부등식을 푸시오.

(1) $\log_{\frac{1}{2}}(x-4)-1\ge\log_{\frac{1}{2}}(x-2)$

(2) $\log_{\frac{1}{2}}(x^{2}-2x)\ge -3$

(3) $2\log_{3}(x+1)\ge 1+\log_{3}(x-7)$

05 방정식 $3^{2x}-2\times 3^{x}-3=0$의 해를 구하시오.

06 부등식 $3^{2x+1}-26\times 3^{x}-9\le 0$을 만족시키는 모든 자연수 x의 값의 합을 구하시오.

07 방정식 $(\log x)^{2}+2\log x-3=0$의 해를 구하시오.

08 어느 박테리아 한 마리가 x시간 후에 a^{x}마리로 증식된다고 한다. 처음에 한 마리였던 박테리아가 2시간 후에 16마리가 된다고 할 때, 1024마리 이상이 되는 것은 최소 몇 시간 후인지 구하시오. (단, $a>0$)

09 함수 $f(x)=\log_{2}\left(1+\frac{1}{x}\right)$에서

$$f(1)+f(2)+f(3)+\cdots+f(n)=5$$

를 만족시키는 자연수 n의 값을 구하시오.

10 금속에 열을 가했을 때, 금속의 온도는 시간이 흐름에 따라 변한다. 어느 금속의 처음 온도를 T_{0}°C, 열을 가한 지 t분 후 온도를 T°C라 하면

$$3^{T-T_{0}}=(7t+6)^{k}\ (k\text{는 상수})$$

이라 한다. 이 금속의 처음 온도가 30°C이고 열을 가한 지 3분 후 온도가 300°C일 때, 570°C가 되는 것은 열을 가한 지 몇 분 후인지 구하시오.

11 뉴턴(Newton. I., 1642~1727)은 시간에 따른 물체의 온도 변화가 그 물체의 온도와 주위의 온도의 차에 비례한다는 것을 발견하였다. 주위의 온도를 T_{S}라 하고, 처음 물체의 온도와 주위의 온도의 차를 D라 하면 t분이 지난 후의 물체의 온도 $T(t)$는

$$T(t)=T_{S}+D\times 10^{-kt}\ (k\text{는 상수})$$

으로 나타낼 수 있고 이것을 뉴턴의 냉각법칙이라 한다. 이때 k의 값은 물체에 따라 달라지는 양의 상수이다.
처음 물체의 온도가 100°C, 주위의 온도가 25°C일 때, 10분 후 물체의 온도가 50°C가 되었다. k의 값을 구하시오. (단, $\log 3=0.301$로 계산한다.)

내신+학평 유형 연습

유형 1 지수방정식 $-a^{f(x)}=a^{g(x)}$ 꼴인 경우

01 25456-0193 | 2024학년도 9월 고2 학력평가 22번 |

방정식 $3^{2x-1}=27$을 만족시키는 실수 x의 값을 구하시오. [3점]

Point

밑을 같게 할 수 있는 지수방정식의 풀이

⇨ $a^{f(x)}=a^{g(x)}$ $(a>0, a\neq1)$ 꼴로 변형한 후, 방정식 $f(x)=g(x)$를 푼다.

02 25456-0194 | 2014학년도 9월 고2 학력평가 A형 4번 |

지수방정식 $\left(\frac{9}{4}\right)^x=\left(\frac{2}{3}\right)^{1+x}$의 해는? [3점]

① $-\frac{2}{3}$ ② $-\frac{1}{3}$ ③ 0 ④ $\frac{1}{3}$ ⑤ $\frac{2}{3}$

03 25456-0195 | 2017학년도 4월 고3 학력평가 가형 6번 |

방정식 $\left(\frac{1}{8}\right)^{2-x}=2^{x+4}$을 만족시키는 실수 x의 값은? [3점]

① 1 ② 2 ③ 3 ④ 4 ⑤ 5

04 25456-0196 | 2021학년도 6월 고2 학력평가 11번 |

방정식 $2^{x-6}=\left(\frac{1}{4}\right)^{x^2}$의 모든 해의 합은? [3점]

① $-\frac{9}{2}$ ② $-\frac{7}{2}$ ③ $-\frac{5}{2}$ ④ $-\frac{3}{2}$ ⑤ $-\frac{1}{2}$

유형 2 지수방정식 − 치환

05 25456-0197 | 2022학년도 9월 고2 학력평가 23번 |

방정식 $4^x-15\times2^{x+1}-64=0$을 만족시키는 실수 x의 값을 구하시오. [3점]

Point

a^x 꼴이 반복되는 지수방정식은 다음과 같이 푼다.

(i) $a^x=t$ $(t>0)$로 치환한 후, t에 대한 방정식을 푼다.
이때 $t>0$임에 주의한다.

(ii) $a^x=t$를 만족시키는 x의 값을 구한다.

06 25456-0198 | 2023학년도 9월 고2 학력평가 25번 |

방정식 $9^x-10\times3^{x+1}+81=0$의 서로 다른 두 실근을 α, β라 할 때, $\alpha^2+\beta^2$의 값을 구하시오. [3점]

07 25456-0199 | 2019학년도 9월 고2 학력평가 가형 24번 |

방정식 $3^x-3^{4-x}=24$를 만족시키는 실수 x의 값을 구하시오. [3점]

08 25456-0200 | 2014학년도 11월 고2 학력평가 A형 24번 |

지수방정식 $2^{2x+1}+8=17\times2^x$의 모든 실근의 합을 구하시오. [3점]

09 25456-0201 | 2019학년도 10월 고3 학력평가 가형 6번 |

x에 대한 방정식

$4^x-k\times2^{x+1}+16=0$

이 오직 하나의 실근 α를 가질 때, $k+\alpha$의 값은? (단, k는 상수이다.) [3점]

① 3 ② 4 ③ 5 ④ 6 ⑤ 7

10 25456-0202 | 2013학년도 9월 고2 학력평가 A형 8번 |

지수방정식 $3^{2x}-2\cdot3^{x+1}-3k=0$이 서로 다른 두 실근을 갖도록 하는 상수 k의 값의 범위는? [3점]

① $-6<k<-3$ ② $-5<k<-2$ ③ $-4<k<-1$ ④ $-3<k<0$ ⑤ $-2<k<1$

유형 3 지수부등식 $-a^{f(x)}<a^{g(x)}$ 꼴인 경우

11 25456-0203 | 2019학년도 11월 고2 학력평가 가형 23번 |

부등식 $4^{x-2}\le32$를 만족시키는 모든 자연수 x의 값의 합을 구하시오. [3점]

Point

밑을 같게 할 수 있는 지수부등식 $a^{f(x)}<a^{g(x)}$은 다음을 이용하여 푼다.

(i) $a>1$일 때, $f(x)<g(x)$

(ii) $0<a<1$일 때, $f(x)>g(x)$

12 25456-0204 | 2021학년도 11월 고2 학력평가 5번 |

부등식 $\left(\frac{1}{3}\right)^{x-7}\ge9$를 만족시키는 모든 자연수 x의 개수는? [3점]

① 4 ② 5 ③ 6 ④ 7 ⑤ 8

13 25456-0205 | 2022학년도 6월 고2 학력평가 24번 |

부등식 $\left(\frac{1}{5}\right)^{x-1} \leq 5^{7-2x}$을 만족시키는 모든 자연수 x의 개수를 구하시오. [3점]

14 25456-0206 | 2023학년도 6월 고2 학력평가 13번 |

부등식

$$(2^x-8)\left(\frac{1}{3^x}-9\right) \geq 0$$

을 만족시키는 정수 x의 개수는? [3점]

① 6　② 7　③ 8　④ 9　⑤ 10

15 25456-0207 | 2021학년도 6월 고2 학력평가 19번 |

부등식

$$(\sqrt{2}-1)^m \geq (3-2\sqrt{2})^{5-n}$$

을 만족시키는 자연수 m, n의 모든 순서쌍 (m, n)의 개수는? [4점]

① 17　② 18　③ 19　④ 20　⑤ 21

유형 4 지수부등식-치환

16 25456-0208 | 2024학년도 6월 고2 학력평가 13번 |

부등식 $2^{2x+3}+2 \leq 17 \times 2^x$을 만족시키는 정수 x의 개수는? [3점]

① 1　② 3　③ 5　④ 7　⑤ 9

Point

a^x 꼴이 반복되는 지수부등식은 다음과 같이 푼다.

(i) $a^x=t$ $(t>0)$로 치환한 후, t에 대한 부등식을 푼다.
　이때 $t>0$임에 주의한다.

(ii) t의 값의 범위에 해당하는 x의 값의 범위를 구한다.

17 25456-0209 | 2020학년도 6월 고2 학력평가 12번 |

부등식 $4^x-10 \times 2^x+16 \leq 0$을 만족시키는 모든 자연수 x의 값의 합은? [3점]

① 3　② 4　③ 5　④ 6　⑤ 7

18 25456-0210 | 2020학년도 9월 고2 학력평가 28번 |

x에 대한 부등식

$$\left(\frac{1}{4}\right)^x-(3n+16) \times \left(\frac{1}{2}\right)^x+48n \leq 0$$

을 만족시키는 정수 x의 개수가 2가 되도록 하는 모든 자연수 n의 개수를 구하시오. [4점]

유형 5 로그방정식 $-\log_a f(x)=\log_a g(x)$ 꼴인 경우

19 25456-0211 | 2024학년도 6월 고2 학력평가 23번 |

방정식 $\log_4 (x-1)=3$의 해를 구하시오. [3점]

Point

(1) $\log_a f(x)=b$ 꼴인 로그방정식의 풀이

$\log_a f(x)=b \Longleftrightarrow f(x)=a^b$임을 이용하여 푼다.

(2) 밑을 같게 할 수 있는 로그방정식의 풀이

(i) $\log_a f(x)=\log_a g(x)$ $(a>0, a\neq1)$ 꼴로 변형한다.

(ii) 방정식 $f(x)=g(x)$를 푼다.

20 25456-0212 | 2023학년도 6월 고2 학력평가 23번 |

방정식 $\log_{\frac{1}{2}} (x+3)=-4$의 해를 구하시오. [3점]

21 25456-0213 | 2022학년도 6월 고2 학력평가 23번 |

방정식 $\log_5 (x+1)=2$의 해를 구하시오. [3점]

22 25456-0214 | 2021학년도 11월 고2 학력평가 24번 |

방정식 $2\log_4 (x-3)+\log_2 (x-10)=3$을 만족시키는 실수 x의 값을 구하시오. [3점]

유형 6 로그방정식 - 치환

23 25456-0215 | 2023학년도 11월 고2 학력평가 25번 |

방정식 $\log_2 x-3=\log_x 16$을 만족시키는 모든 실수 x의 값의 곱을 구하시오. [3점]

Point

로그방정식 $p(\log_a x)^2+q\log_a x+r=0$과 같이 $\log_a x$ 꼴이 반복되는 경우 $\log_a x=t$로 치환하여 t에 대한 이차방정식의 해를 구한다.

24 25456-0216 | 2012학년도 11월 고2 학력평가 A형 4번 |

로그방정식 $(\log_3 x)^2-4\log_3 x+3=0$의 두 근을 α, β라 할 때, $\alpha+\beta$의 값은? [3점]

① 24 ② 27 ③ 30 ④ 33 ⑤ 36

25 25456-0217 | 2015학년도 4월 고3 학력평가 B형 5번 |

방정식 $(\log_3 x)^2+4\log_9 x-3=0$의 모든 실근의 곱은? [3점]

① $\frac{1}{9}$ ② $\frac{1}{3}$ ③ $\frac{5}{9}$ ④ $\frac{7}{9}$ ⑤ 1

26 25456-0218 | 2019학년도 6월 고2 학력평가 나형 26번 |

방정식

$$\left(\log_2 \frac{x}{2}\right)(\log_2 4x)=4$$

의 서로 다른 두 실근 α, β에 대하여 $64\alpha\beta$의 값을 구하시오. [4점]

27 25456-0219 | 2012학년도 9월 고2 학력평가 A형 9번 |

로그방정식 $(\log_4 x)^2+\log_4 \frac{1}{x^3}-1=0$의 두 실근을 α, β라 할 때, $\alpha\beta$의 값은? [3점]

① 8 ② 16 ③ 32
④ 64 ⑤ 128

28 25456-0220 | 2014학년도 9월 고2 학력평가 A형 9번 |

다항식 x^2+2x+3을 두 일차식 $x-\log_2 a$와 $x-\log_2 2a$로 각각 나눈 나머지가 서로 같을 때, 상수 a의 값은? [3점]

① $\frac{\sqrt{2}}{4}$ ② $\frac{1}{2}$ ③ $\frac{\sqrt{2}}{2}$
④ 1 ⑤ $\sqrt{2}$

29 25456-0221 | 2022학년도 11월 고2 학력평가 18번 |

1이 아닌 양의 실수 전체의 집합에서 정의된 함수 $f(x)$를 $f(x)=2^{\frac{1}{\log_2 x}}$이라 하자.
다음은 방정식 $8\times f(f(x))=f(x^2)$의 모든 해의 곱을 구하는 과정이다.

> $x\neq1$인 모든 양의 실수 x에 대하여
> $f(f(x))=2^{\frac{1}{\log_2 f(x)}}$에서
> $8\times f(f(x))=2^{\left(\boxed{(가)}+\frac{1}{\log_2 f(x)}\right)}$이고,
> $f(x)=2^{\frac{1}{\log_2 x}}$에서 $\log_2 f(x)=\frac{1}{\boxed{(나)}}$이다.
> 방정식 $8\times f(f(x))=f(x^2)$에서
> $2^{\left(\boxed{(가)}+\boxed{(나)}\right)}=2^{\frac{1}{2\log_2 x}}$
> $\boxed{(가)}+\boxed{(나)}=\frac{1}{2\log_2 x}$
> 그러므로 방정식 $8\times f(f(x))=f(x^2)$의 모든 해는
> 방정식 $\left(\boxed{(가)}+\boxed{(나)}\right)\times 2\log_2 x=1$의
> 모든 해와 같다.
> 따라서 방정식 $8\times f(f(x))=f(x^2)$의 모든 해의 곱은
> $\boxed{(다)}$이다.

위의 (가), (다)에 알맞은 수를 각각 p, q라 하고, (나)에 알맞은 식을 $g(x)$라 할 때, $p\times q\times g(4)$의 값은? [4점]

① $\frac{1}{4}$ ② $\frac{3}{8}$ ③ $\frac{1}{2}$
④ $\frac{5}{8}$ ⑤ $\frac{3}{4}$

유형 7 로그부등식－$\log_a f(x)<\log_a g(x)$ 꼴인 경우

30 25456-0222 | 2019학년도 6월 고2 학력평가 가형 13번 |

부등식

$$\log_4(x+3)-\log_2(x-3)\ge 0$$

을 만족시키는 모든 자연수 x의 값의 합은? [3점]

① 13 ② 14 ③ 15 ④ 16 ⑤ 17

Point

로그의 밑을 같게 할 수 있는 경우

(i) $a>1$일 때, $\log_a f(x)<\log_a g(x) \Longleftrightarrow 0<f(x)<g(x)$

(ii) $0<a<1$일 때, $\log_a f(x)<\log_a g(x) \Longleftrightarrow 0<g(x)<f(x)$

이때 구한 해는 진수 조건 $(f(x)>0,\ g(x)>0)$과 밑 조건 $(a>0,\ a\ne 1)$을 만족시켜야 한다.

31 25456-0223 | 2022학년도 6월 고2 학력평가 12번 |

부등식

$$\log_3(x+5)<8\log_9 2$$

를 만족시키는 정수 x의 최댓값과 최솟값의 합은? [3점]

① 6 ② 7 ③ 8 ④ 9 ⑤ 10

32 25456-0224 | 2018학년도 11월 고2 학력평가 가형 9번 |

부등식 $2-\log_{\frac{1}{2}}(x-2)<\log_2(3x+4)$를 만족시키는 정수 x의 개수는? [3점]

① 6 ② 7 ③ 8 ④ 9 ⑤ 10

33 25456-0225 | 2017학년도 11월 고2 학력평가 가형 7번 |

부등식 $1+\log_2 x\le\log_2(x+5)$를 만족시키는 모든 정수 x의 값의 합은? [3점]

① 15 ② 16 ③ 17 ④ 18 ⑤ 19

34 25456-0226 | 2021학년도 9월 고2 학력평가 27번 |

부등식

$$\log|x-1|+\log(x+2)\le 1$$

을 만족시키는 모든 정수 x의 값의 합을 구하시오. [4점]

35 25456-0227 | 2020학년도 9월 고2 학력평가 15번 |

$-1\le x\le 1$에서 정의된 함수 $f(x)=-\log_3(mx+5)$에 대하여 $f(-1)<f(1)$이 되도록 하는 모든 정수 m의 개수는? [4점]

① 1 ② 2 ③ 3 ④ 4 ⑤ 5

유형 8 로그부등식－치환

36 25456-0228 | 2013학년도 11월 고2 학력평가 A형 9번 |

로그부등식 $(\log_2 x)^2 - \log_2 x^6 + 8 \le 0$을 만족시키는 자연수 x의 개수는? [3점]

① 11 ② 13 ③ 15
④ 17 ⑤ 19

Point

$\log_a x$ 꼴이 반복되는 로그부등식은 다음과 같이 푼다.
(i) $\log_a x = t$로 치환한 후, t에 대한 부등식을 푼다.
(ii) t의 값의 범위에 해당하는 x의 값의 범위를 구한다.

37 25456-0229 | 2011학년도 11월 고2 학력평가 나형 14번 |

로그부등식 $\left(\log_{\frac{1}{9}} x\right)\left(\log_3 \frac{x}{9}\right) \ge a$의 해가 $\frac{1}{9} \le x \le 81$일 때, 상수 a의 값은? [3점]

① -4 ② -3 ③ -2
④ -1 ⑤ 0

38 25456-0230 | 2012학년도 11월 고2 학력평가 A형 26번 |

x에 대한 로그부등식

$$\left(\log_2 \frac{x}{a}\right)\left(\log_2 \frac{x^2}{a}\right) + 2 \ge 0$$

이 모든 양의 실수 x에 대하여 성립할 때, 양의 실수 a의 최댓값을 M, 최솟값을 m이라 하자. 이때 $M+16m$의 값을 구하시오. [4점]

유형 9 지수 · 로그방정식의 활용

39 25456-0231 | 2020학년도 9월 고2 학력평가 18번 |

그림과 같이 2보다 큰 실수 t에 대하여 두 곡선 $y=2^x$과 $f(x) = -\left(\frac{1}{2}\right)^x + t$가 만나는 점을 각각 A, B라 하고, 두 곡선 $y=2^x$, $y=-\left(\frac{1}{2}\right)^x+t$가 y축과 만나는 점을 각각 C, D라 하자. 〈보기〉에서 옳은 것만을 있는 대로 고른 것은? (단, O는 원점이다.) [4점]

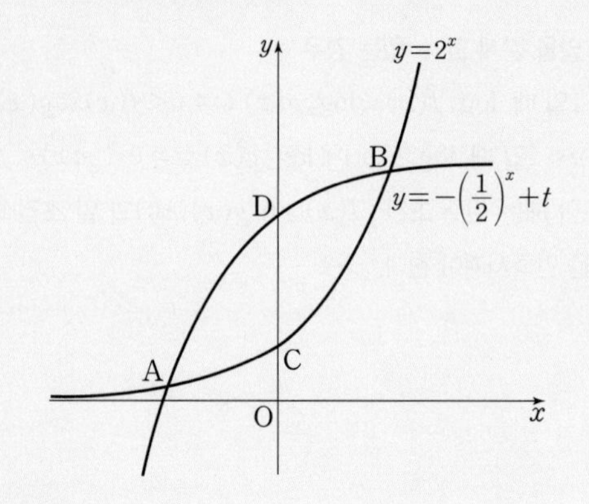

보기

ㄱ. $\overline{CD} = t-2$
ㄴ. $\overline{AC} = \overline{DB}$
ㄷ. 삼각형 ABD의 넓이는 삼각형 AOB의 넓이의 $\frac{t-2}{t}$배이다.

① ㄱ ② ㄷ ③ ㄱ, ㄴ
④ ㄱ, ㄷ ⑤ ㄱ, ㄴ, ㄷ

Point

(1) 방정식 $f(x)=0$의 실근은 곡선 $y=f(x)$와 x축의 교점의 x좌표이다.
(2) 방정식 $f(x)=g(x)$의 실근은 두 곡선 $y=f(x)$와 $y=g(x)$의 교점의 x좌표이다.

40 25456-0232 | 2010학년도 6월 고2 학력평가 가형 9번 |

x, y에 대한 연립방정식 $\begin{cases} 2^{x+3} - 3^{y-1} = k \\ 2^{x-1} + 3^{y+2} = 2 \end{cases}$가 근을 갖기 위한 정수 k의 최댓값은? [3점]

① 25 ② 27 ③ 29
④ 31 ⑤ 33

41 25456-0233 | 2012학년도 9월 고2 학력평가 A형 24번 |

연립방정식 $\begin{cases} \log_2 x + \log_2 y = 7 \\ \log_2 x^2 - \log_2 y = -1 \end{cases}$ 의 해를 $x=\alpha$, $y=\beta$라 할 때, $\alpha+\beta$의 값을 구하시오. [3점]

42 25456-0234 | 2023학년도 6월 고2 학력평가 18번 |

그림과 같이 두 곡선 $y=2^{x+1}$, $y=2^{-x+1}$과 세 점 A$(-1, 1)$, B$(1, 1)$, C$(0, 2)$가 있다. 실수 k $(1<k<2)$에 대하여 두 곡선

$y=2^{x+1}$, $y=2^{-x+1}$

과 직선 $y=k$가 만나는 점을 각각 D, E, 직선 $y=2k$가 만나는 점을 각각 F, G라 하자. 사각형 ABED의 넓이와 삼각형 CFG의 넓이가 같을 때, k의 값은? [4점]

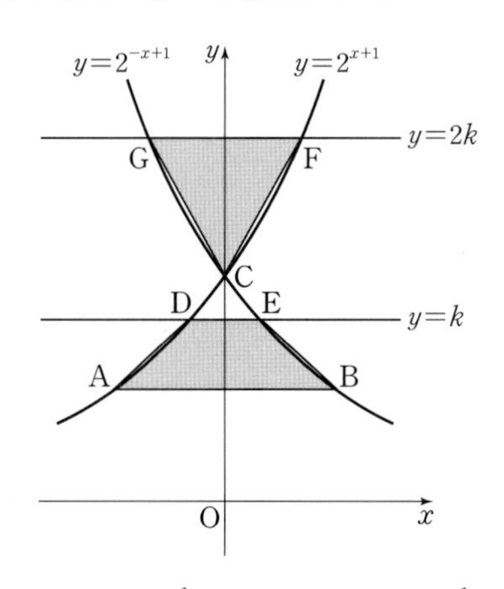

① $2^{\frac{1}{6}}$ ② $2^{\frac{1}{3}}$ ③ $2^{\frac{1}{2}}$
④ $2^{\frac{2}{3}}$ ⑤ $2^{\frac{5}{6}}$

43 25456-0235 | 2022학년도 9월 고2 학력평가 19번 |

그림과 같이 곡선 $y=\log_2 x$ 위의 한 점 A(x_1, y_1)을 지나고 기울기가 -1인 직선이 곡선 $y=2^x$과 만나는 점을 B(x_2, y_2)라 하고, 두 점 B, O를 지나는 직선 l이 곡선 $y=\left(\frac{1}{2}\right)^x$과 만나는 점을 C$(x_3, y_3)$이라 하자. 삼각형 OAB의 넓이가 삼각형 OAC의 넓이의 2배일 때, 〈보기〉에서 옳은 것만을 있는 대로 고른 것은? (단, $x_1>1$이고, O는 원점이다.) [4점]

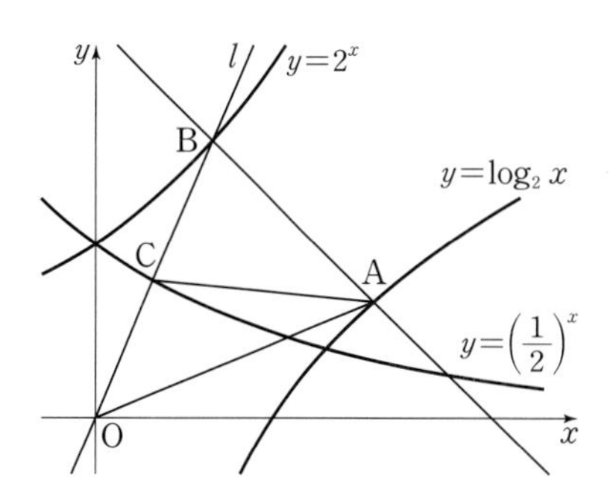

보기

ㄱ. $\overline{OC}=\frac{1}{2}\overline{OA}$

ㄴ. $x_2+y_1=4x_3$

ㄷ. 직선 l의 기울기는 $3\times\left(\frac{1}{2}\right)^{\frac{1}{3}}$이다.

① ㄱ ② ㄱ, ㄴ ③ ㄱ, ㄷ
④ ㄴ, ㄷ ⑤ ㄱ, ㄴ, ㄷ

44 25456-0236 | 2019학년도 9월 고2 학력평가 가형 27번 |

곡선 $y=\log_3(5x-3)$ 위의 서로 다른 두 점 A, B가 다음 조건을 만족시킨다.

> (가) 세 점 O, A, B는 한 직선 위에 있다.
> (나) $\overline{OA}:\overline{OB}=1:2$

직선 AB의 기울기가 $\frac{q}{p}$일 때, $p+q$의 값을 구하시오.

(단, O는 원점이고, p와 q는 서로소인 자연수이다.) [4점]

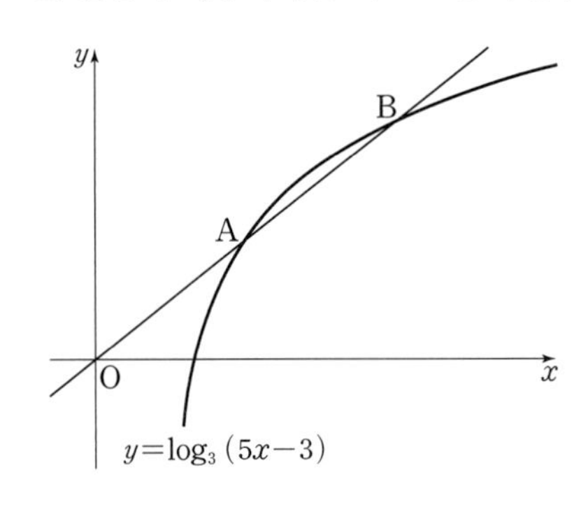

유형 10 지수 · 로그부등식의 활용

45 25456-0237 | 2019학년도 6월 고2 학력평가 가형 27번 |

함수 $f(x)=\begin{cases}-3x+6 & (x<3)\\ 3x-12 & (x\geq 3)\end{cases}$의 그래프가 그림과 같다.

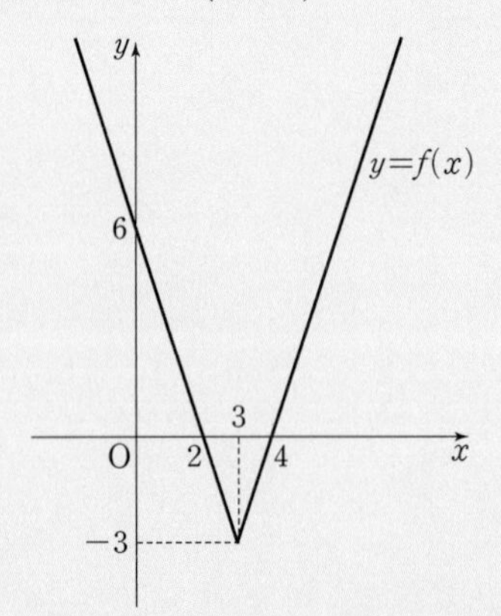

부등식 $2^{f(x)}\leq 4^x$을 만족시키는 x의 최댓값과 최솟값을 각각 M, m이라 할 때, $M+m=\frac{q}{p}$이다. $p+q$의 값을 구하시오. (단, p와 q는 서로소인 자연수이다.) [4점]

Point
그래프를 이용하는 문제나 연립부등식 문제가 출제될 수 있다.

46 25456-0238 | 2015학년도 11월 고2 학력평가 가형 11번 |

두 집합

$A=\{x\,|\,\log_4(\log_2 x)\leq 1\}$,

$B=\{x\,|\,x^2-5ax+4a^2<0\}$

에 대하여 $A\cap B=B$를 만족시키는 자연수 a의 개수는? [3점]

① 4 ② 5 ③ 6
④ 7 ⑤ 8

47 25456-0239 | 2024학년도 9월 고2 학력평가 11번 |

x에 대한 연립부등식

$$\begin{cases}4^x-2^x-2<0\\ \log_a x+1>0\end{cases}$$

을 만족시키는 모든 x의 값의 범위가 $\frac{1}{5}<x<b$일 때, 두 상수 a, b에 대하여 $a+b$의 값은? (단, $a>1$) [3점]

① 6 ② 7 ③ 8
④ 9 ⑤ 10

48 25456-0240 | 2021학년도 6월 고2 학력평가 28번 |

두 자연수 a, b에 대하여 좌표평면 위에 두 점 $\mathrm{A}(a, \log_4 b)$, $\mathrm{B}(1, \log_8 \sqrt[4]{27})$이 있다. 선분 AB를 2 : 1로 외분하는 점이 곡선 $y=-\log_4(3-x)$ 위에 있고, 집합 $\{n\,|\,b<2^n\times a\leq 32b,\ n\text{은 정수}\}$의 모든 원소의 합은 25이다. $a+b$의 최댓값을 구하시오. [4점]

유형 11 지수함수와 로그함수의 활용 – 실생활

49 25456-0241 | 2015학년도 11월 고2 학력평가 가형 12번 |

점토 A의 압축지수 C_c는 어느 압밀시험 장치에서 일정하고 다음과 같이 계산된다고 한다.

$$C_c=\frac{e_1-e_2}{\log p_2-\log p_1}$$

(단, 하중강도가 $p_1(\mathrm{kg/cm^2})$과 $p_2(\mathrm{kg/cm^2})$일 때의 간극비는 각각 e_1, e_2이다.)
이 압밀시험 장치에서 점토 A의 하중강도가 $3.2\ \mathrm{kg/cm^2}$와 $6.4\ \mathrm{kg/cm^2}$일 때의 간극비는 각각 0.5, 0.3이었고, 하중강도가 $x\ \mathrm{kg/cm^2}$일 때 간극비가 0.1이 되었다. x의 값은? [3점]

① 9.6 ② 11.2 ③ 12.8
④ 14.4 ⑤ 16

Point
주어진 관계식과 문자의 의미를 정확히 파악하여 조건으로 주어진 것을 관계식에 대입하여 해결한다.

50 25456-0242 | 2013학년도 9월 고2 학력평가 A형 9번 |

철수는 마라톤 대회에 출전하기 위해 매주 일요일마다 달리기를 하기로 하였다. 첫 번째 일요일에 5 km를 달리기로 하고, 달릴 거리를 매주 일주일 전 보다 10 %씩 늘려 나갈 계획이다. 이때 하루 동안 달릴 거리가 처음으로 20 km 이상이 되는 날은 몇 번째 일요일인가?
(단, $\log 2=0.3010$, $\log 1.1=0.0414$로 계산한다.) [3점]

① 14 ② 16 ③ 18
④ 20 ⑤ 22

51 25456-0243 | 2016학년도 11월 고2 학력평가 가형 12번 |

지진의 세기를 나타내는 수정머칼리진도가 x이고 km당 매설관 파괴 발생률을 n이라 하면 다음과 같은 관계식이 성립한다고 한다.

$$n=C_d\,C_g10^{\frac{4}{5}(x-9)}$$

(단, C_d는 매설관의 지름에 따른 상수이고, C_g는 지반 조건에 따른 상수이다.)
C_g가 2인 어느 지역에 C_d가 $\frac{1}{4}$인 매설관이 묻혀 있다. 이 지역에 수정머칼리진도가 a인 지진이 일어났을 때, km당 매설관 파괴 발생률이 $\frac{1}{200}$이었다. a의 값은? [3점]

① 5 ② $\frac{11}{2}$ ③ 6
④ $\frac{13}{2}$ ⑤ 7

52 25456-0244 | 2021학년도 6월 고2 학력평가 12번 |

주어진 채널을 통해 신뢰성 있게 전달할 수 있는 최대 정보량을 채널용량이라 한다. 채널용량을 C, 대역폭을 W, 신호전력을 S, 잡음전력을 N이라 하면 다음과 같은 관계식이 성립한다고 한다.

$$C=W\log_2\left(1+\frac{S}{N}\right)$$

대역폭이 15, 신호전력이 186, 잡음전력이 a인 채널용량이 75일 때, 상수 a의 값은? (단, 채널용량의 단위는 bps, 대역폭의 단위는 Hz, 신호전력과 잡음전력의 단위는 모두 Watt이다.) [3점]

① 3 ② 4 ③ 5
④ 6 ⑤ 7

정답과 풀이 45쪽

x에 대한 이차방정식

$$x^2-2(2-\log_2 a)x+1=0$$

이 실근을 갖도록 하는 실수 a의 값의 범위를 구하시오.

출제 의도 $\log_2 a$ 꼴이 반복되는 부등식에서 $\log_2 a=t$로 치환한 후 t에 대한 부등식을 풀고 t의 값의 범위에 해당하는 a의 값의 범위를 구할 수 있는지를 묻고 있다.

풀이

이차방정식 $x^2-2(2-\log_2 a)x+1=0$의 판별식을 D라 하면 이차방정식이 실근을 갖도록 하기 위해서는

$\frac{D}{4}=(2-\log_2 a)^2-1\geq 0$이어야 하므로

$(\log_2 a)^2-4\log_2 a+3\geq 0$ ······ ㉮

이때 $\log_2 a=t$로 놓으면

$t^2-4t+3\geq 0$

$(t-1)(t-3)\geq 0$

$t\leq 1$ 또는 $t\geq 3$ ······ ㉯

즉, $\log_2 a\leq 1$ 또는 $\log_2 a\geq 3$

밑이 1보다 크므로

$a\leq 2$ 또는 $a\geq 8$ ······ ㉰

이때 진수 조건에서 $a>0$

따라서 $0<a\leq 2$ 또는 $a\geq 8$ ······ ㉱

답 $0<a\leq 2$ 또는 $a\geq 8$

단계	채점 기준	비율
㉮	이차방정식이 실근을 갖기 위한 판별식의 조건을 구한 경우	20%
㉯	$\log_2 a=t$로 치환한 후, t에 대한 부등식을 푼 경우	20%
㉰	t의 값의 범위에 해당하는 a의 값의 범위를 구한 경우	40%
㉱	진수 조건을 이용하여 최종적인 a의 값의 범위를 구한 경우	20%

01 25456-0245

1이 아닌 서로 다른 두 양수 a, b가 $\log_a b=\log_b a$를 만족시킬 때, $(2a+1)(b+2)$의 최솟값을 구하시오.

02 25456-0246

방정식 $x^{\log x}-\frac{1}{100}x^3=0$의 서로 다른 두 실근의 합을 구하시오.

정답과 풀이 46쪽

01 25456-0247

| 2023학년도 6월 고2 학력평가 20번 |

1이 아닌 두 자연수 a, b가 다음 조건을 만족시킨다.

(가) $a<b<a^2$
(나) $\log_a b$는 유리수이다.

$\log a<\frac{3}{2}$일 때, $a+b$의 최댓값은? [4점]

① 250 ② 270 ③ 290
④ 310 ⑤ 330

02 25456-0248

| 2020학년도 6월 고2 학력평가 29번 |

자연수 k $(k\le 39)$에 대하여 함수
$f(x)=2\log_{\frac{1}{2}}(x-7+k)+2$의 그래프와 원 $x^2+y^2=64$가 만나는 서로 다른 두 점의 x좌표를 a, b라 하자.
다음 조건을 만족시키는 k의 최댓값과 최솟값을 각각 M, m이라 할 때, $M+m$의 값을 구하시오. [4점]

(가) $ab<0$
(나) $f(a)f(b)<0$

03 25456-0249

| 2014학년도 6월 고2 학력평가 A형 30번 |

지수함수 $f(x)=a^x$, $g(x)=b^x$에 대하여 다음 조건을 만족시키는 a, b의 모든 순서쌍 (a, b)의 개수를 구하시오.
(단, a, b는 1보다 큰 자연수이다.) [4점]

(가) $f(2)\times g(11)=2^{2015}$
(나) $f(2)<g(4)$

04 25456-0250

| 2019학년도 6월 고2 학력평가 나형 30번 |

두 양수 a, k $(k\neq 1)$에 대하여 함수

$$f(x)=\begin{cases} 2\log_k(x-k+1)+2^{-a} & (x\ge k) \\ 2\log_{\frac{1}{k}}(-x+k+1)+2^{-a} & (x<k) \end{cases}$$

가 있다. $f(x)$의 역함수를 $g(x)$라 할 때,
방정식 $f(x)=g(x)$의 해는 $-\frac{3}{4}$, t, $\frac{5}{4}$이다.
$30(a+k+t)$의 값을 구하시오. (단, $0<t<1$) [4점]

개념

짚어보기 | 05 삼각함수

1. 일반각과 호도법

(1) **일반각**: 시초선 OX와 동경 OP가 나타내는 ∠XOP의 크기 중에서 하나를 $\alpha°$라 할 때, 동경 OP가 나타내는 각의 크기는 다음과 같은 꼴로 나타낼 수 있다.

$360°\times n+\alpha°$ (단, n은 정수)

이것을 동경 OP가 나타내는 일반각이라 한다.

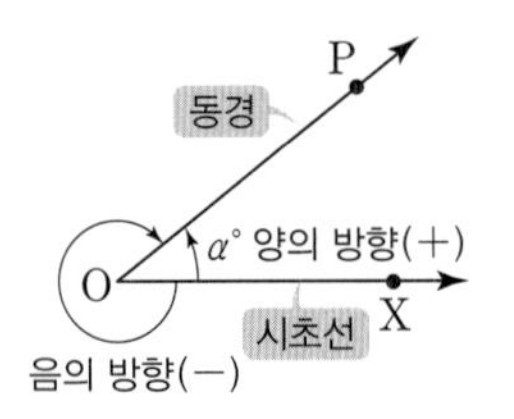

|참고|

각의 크기는 회전하는 방향이 양의 방향이면 양의 부호 +를, 음의 방향이면 음의 부호 −를 붙여서 나타낸다. 이때 양의 부호 +는 보통 생략한다.

(2) **호도법**: 반지름의 길이가 r인 원에서 길이가 r인 호 AB에 대한 중심각 ∠AOB의 크기를 1라디안(radian)이라 하고, 이것을 단위로 각의 크기를 나타내는 방법을 호도법이라 한다.

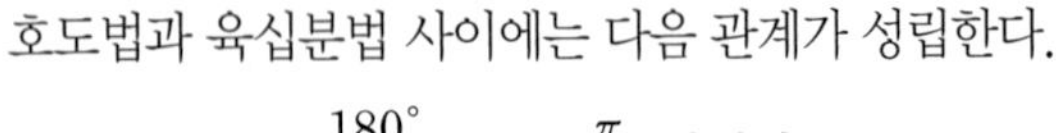
호도법과 육십분법 사이에는 다음 관계가 성립한다.

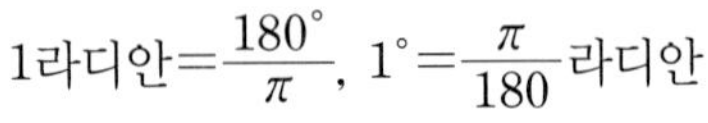
$$1\text{라디안}=\frac{180°}{\pi},\ 1°=\frac{\pi}{180}\text{라디안}$$

|참고|

각의 크기를 호도법으로 나타낼 때는 보통 각의 단위인 라디안을 생략한다.

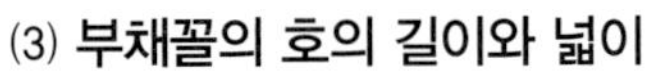
(3) **부채꼴의 호의 길이와 넓이**

반지름의 길이가 r, 중심각의 크기가 θ(라디안)인 부채꼴의 호의 길이를 l, 넓이를 S라 하면

$$l=r\theta,\ S=\frac{1}{2}r^2\theta=\frac{1}{2}rl$$

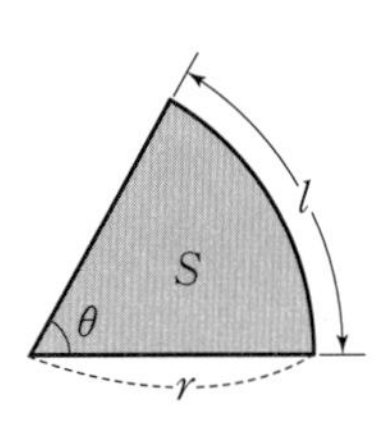

> (참고) 일반각으로 나타낼 때 $\alpha°$는 보통 $0°\leq\alpha°<360°$인 것을 택한다.
>
> (참고) 도(°)를 단위로 각의 크기를 나타내는 방법을 육십분법이라 한다.
>
> (참고) 각의 크기를 호도법으로 나타낼 때 단위인 라디안은 보통 생략하고 실수로 나타낸다.

2. 삼각함수

(1) **삼각함수의 정의**

좌표평면의 원점 O에서 x축의 양의 방향으로 시초선을 잡을 때, 일반각 θ를 나타내는 동경과 원점 O를 중심으로 하고 반지름의 길이가 r인 원의 교점을 $\mathrm{P}(x,\ y)$라 할 때, θ에 대한 삼각함수는 다음과 같이 정의한다.

$$\sin\theta=\frac{y}{r},\ \cos\theta=\frac{x}{r},\ \tan\theta=\frac{y}{x}\ (x\neq0)$$

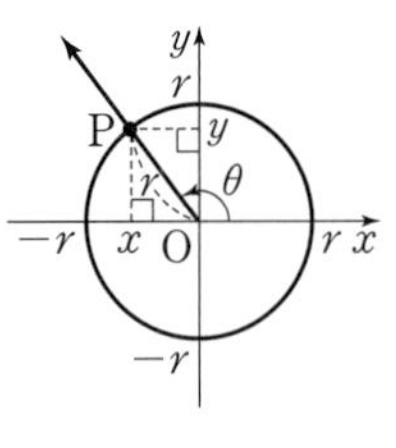

이때 $\sin\theta$, $\cos\theta$, $\tan\theta$를 각각 사인함수, 코사인함수, 탄젠트함수라 하고, 이와 같이 정의한 함수를 통틀어 삼각함수라 한다.

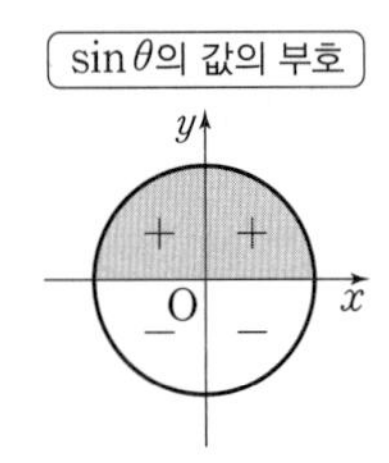

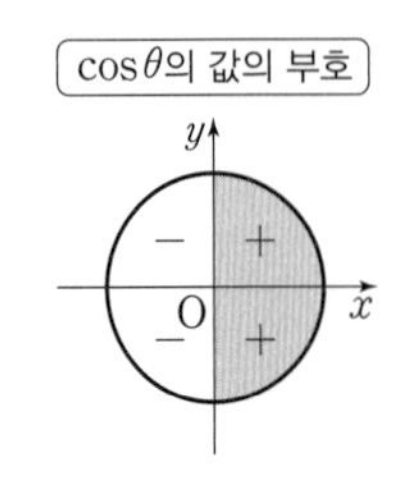

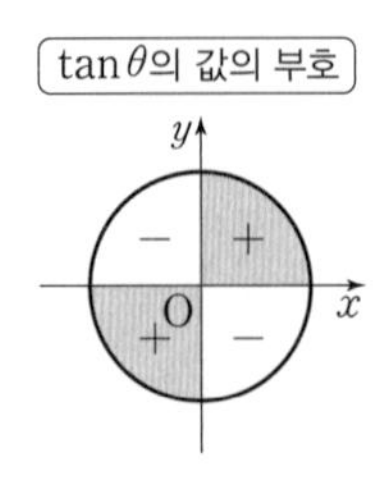

(2) **삼각함수 사이의 관계**

① $\tan\theta=\dfrac{\sin\theta}{\cos\theta}$　② $\sin^2\theta+\cos^2\theta=1$　③ $1+\tan^2\theta=\dfrac{1}{\cos^2\theta}$

> (참고) $(\sin\theta)^2=\sin^2\theta$
> $(\cos\theta)^2=\cos^2\theta$
> $(\tan\theta)^2=\tan^2\theta$
> 로 나타낸다.

개념 확인문제

정답과 풀이 48쪽

01 다음에서 육십분법으로 나타낸 각은 호도법으로, 호도법으로 나타낸 각은 육십분법으로 나타내시오.

(1) $135°$　　(2) $-60°$

(3) $780°$　　(4) $\frac{2}{3}\pi$

(5) $\frac{7}{4}\pi$　　(6) $-\frac{\pi}{10}$

02 다음 각이 제몇 사분면의 각인지 말하시오.

(1) $\frac{14}{9}\pi$　　(2) $-\frac{6}{5}\pi$

(3) $1020°$　　(4) $-1320°$

(5) $740°$　　(6) $-1200°$

03 반지름의 길이가 r, 중심각의 크기가 θ인 부채꼴의 호의 길이 l과 넓이 S를 구하시오.

(1) $r=\frac{1}{2}$, $\theta=\frac{\pi}{2}$

(2) $r=\frac{1}{3}$, $\theta=\frac{2}{3}\pi$

04 반지름의 길이가 3, 호의 길이가 3π인 부채꼴의 중심각의 크기 θ와 넓이 S를 구하시오.

05 반지름의 길이가 r, 넓이가 S인 부채꼴의 호의 길이 l과 중심각의 크기 θ를 구하시오.

(1) $r=12$, $S=54\pi$

(2) $r=24$, $S=48\pi$

06 둘레의 길이가 52인 부채꼴 중에서 넓이가 최대인 부채꼴의 반지름의 길이와 중심각의 크기를 구하시오.

07 각 θ의 크기가 다음과 같을 때, $\sin\theta$, $\cos\theta$, $\tan\theta$의 값을 구하시오.

(1) $\frac{5}{6}\pi$　　(2) $-\frac{\pi}{3}$

(3) $\frac{5}{4}\pi$　　(4) $-\frac{11}{6}\pi$

08 원점 O와 점 P(5, -12)를 지나는 동경 OP가 나타내는 각을 θ라 할 때, 다음 값을 구하시오.

(1) $\sin\theta$

(2) $\cos\theta$

(3) $\tan\theta$

09 다음을 만족시키는 각 θ는 제몇 사분면의 각인지 말하시오.

(1) $\sin\theta<0$, $\cos\theta<0$

(2) $\cos\theta<0$, $\tan\theta<0$

(3) $\sin\theta\cos\theta<0$

(4) $\cos\theta\tan\theta>0$

10 각 θ가 제3사분면의 각이고 $\cos\theta=-\frac{3}{5}$일 때, $\sin\theta$, $\tan\theta$의 값을 구하시오.

11 각 θ가 제4사분면의 각이고 $\sin\theta=-\frac{1}{3}$일 때, $\cos\theta$, $\tan\theta$의 값을 구하시오.

12 $\sin\theta+\cos\theta=-\frac{1}{2}$일 때, $\sin\theta\cos\theta$의 값을 구하시오.

13 $0<\theta<\frac{\pi}{2}$이고 $\sin\theta\cos\theta=\frac{1}{2}$일 때, $\sin^3\theta+\cos^3\theta$의 값을 구하시오.

내신+학평 유형 연습

유형 1 호도법, 부채꼴의 호의 길이와 넓이

01 25456-0251 | 2024학년도 9월 고2 학력평가 7번 |

중심각의 크기가 $\frac{\pi}{4}$이고 넓이가 18π인 부채꼴의 호의 길이는? [3점]

① 2π ② 3π ③ 4π
④ 5π ⑤ 6π

Point

반지름의 길이가 r이고 중심각의 크기가 θ인 부채꼴의 호의 길이를 l, 넓이를 S라 하면

$l=r\theta$, $S=\frac{1}{2}r^2\theta=\frac{1}{2}rl$

02 25456-0252 | 2024학년도 6월 고2 학력평가 3번 |

중심각의 크기가 $\frac{3}{4}\pi$이고 호의 길이가 $\frac{2}{3}\pi$인 부채꼴의 반지름의 길이는? [2점]

① $\frac{4}{9}$ ② $\frac{5}{9}$ ③ $\frac{2}{3}$
④ $\frac{7}{9}$ ⑤ $\frac{8}{9}$

03 25456-0253 | 2023학년도 11월 고2 학력평가 23번 |

중심각의 크기가 $\frac{4}{5}\pi$이고 호의 길이가 12π인 부채꼴의 반지름의 길이를 구하시오. [3점]

04 25456-0254 | 2023학년도 9월 고2 학력평가 23번 |

호의 길이가 2π이고 넓이가 6π인 부채꼴의 반지름의 길이를 구하시오. [3점]

05 25456-0255 | 2023학년도 6월 고2 학력평가 3번 |

반지름의 길이가 4이고 중심각의 크기가 $\frac{5}{12}\pi$인 부채꼴의 넓이는? [2점]

① $\frac{10}{3}\pi$ ② $\frac{11}{3}\pi$ ③ 4π
④ $\frac{13}{3}\pi$ ⑤ $\frac{14}{3}\pi$

06 25456-0256 | 2022학년도 6월 고2 학력평가 3번 |

반지름의 길이가 6이고 호의 길이가 4π인 부채꼴의 중심각의 크기는? [2점]

① $\frac{\pi}{6}$ ② $\frac{\pi}{3}$ ③ $\frac{\pi}{2}$
④ $\frac{2}{3}\pi$ ⑤ $\frac{5}{6}\pi$

07 25456-0257 | 2021학년도 6월 고2 학력평가 3번 |

반지름의 길이가 6이고 넓이가 15π인 부채꼴의 중심각의 크기는? [2점]

① $\frac{\pi}{6}$ ② $\frac{\pi}{3}$ ③ $\frac{\pi}{2}$
④ $\frac{2}{3}\pi$ ⑤ $\frac{5}{6}\pi$

08 25456-0258 | 2022학년도 9월 고2 학력평가 7번 |

중심각의 크기가 $\frac{\pi}{6}$이고 호의 길이가 π인 부채꼴의 넓이는? [3점]

① π ② 2π ③ 3π
④ 4π ⑤ 5π

09 25456-0259 | 2019학년도 11월 고2 학력평가 가형 10번 |

그림과 같이 중심각의 크기가 $\frac{\pi}{3}$인 부채꼴 OAB의 호의 길이가 π일 때, 삼각형 OAB의 넓이는? [3점]

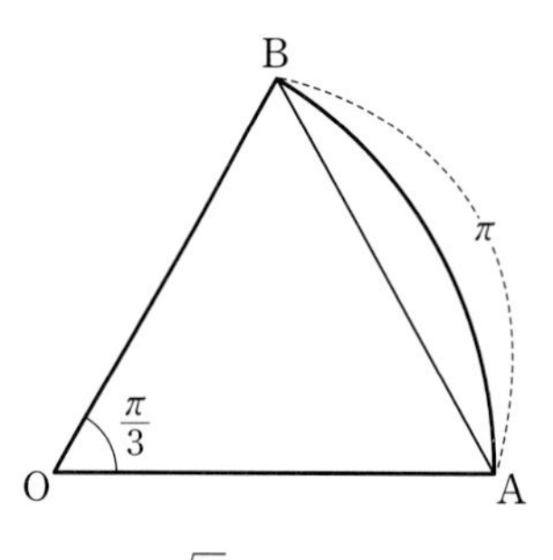

① $2\sqrt{3}$ ② $\frac{9\sqrt{3}}{4}$ ③ $\frac{5\sqrt{3}}{2}$
④ $\frac{11\sqrt{3}}{4}$ ⑤ $3\sqrt{3}$

10 25456-0260 | 2022학년도 11월 고2 학력평가 25번 |

선분 AB를 지름으로 하는 반원의 호 AB 위에 점 C가 있다. 선분 AB의 중점을 O라 할 때, 호 AC의 길이가 π이고 부채꼴 OBC의 넓이가 15π이다. 선분 OA의 길이를 구하시오.
(단, 점 C는 점 A도 아니고 점 B도 아니다.) [3점]

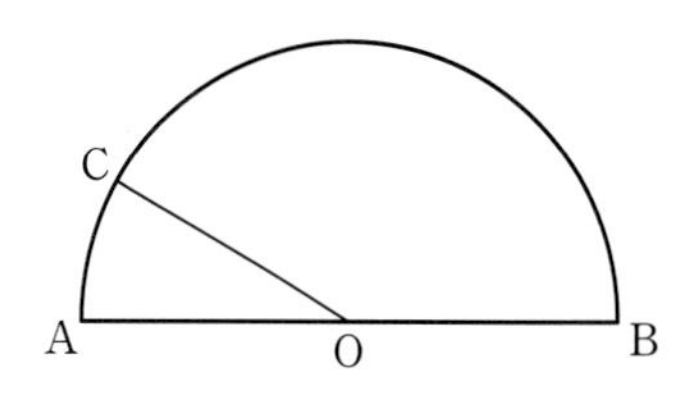

11 25456-0261 | 2021학년도 9월 고2 학력평가 13번 |

반지름의 길이가 2이고 중심각의 크기가 θ인 부채꼴이 있다. θ가 다음 조건을 만족시킬 때, 이 부채꼴의 넓이는? [3점]

> (가) $0<\theta<\frac{\pi}{2}$
>
> (나) 각의 크기 θ를 나타내는 동경과 각의 크기 8θ를 나타내는 동경이 일치한다.

① $\frac{3}{7}\pi$ ② $\frac{\pi}{2}$ ③ $\frac{4}{7}\pi$
④ $\frac{9}{14}\pi$ ⑤ $\frac{5}{7}\pi$

12 25456-0262 | 2019학년도 6월 고2 학력평가 가형 17번 |

그림과 같이 반지름의 길이가 4이고 중심각의 크기가 $\frac{\pi}{6}$인 부채꼴 OAB가 있다. 선분 OA 위의 점 P에 대하여 선분 PA를 지름으로 하고 선분 OB에 접하는 반원을 C라 할 때, 부채꼴 OAB의 넓이를 S_1, 반원 C의 넓이를 S_2라 하자. S_1-S_2의 값은? [4점]

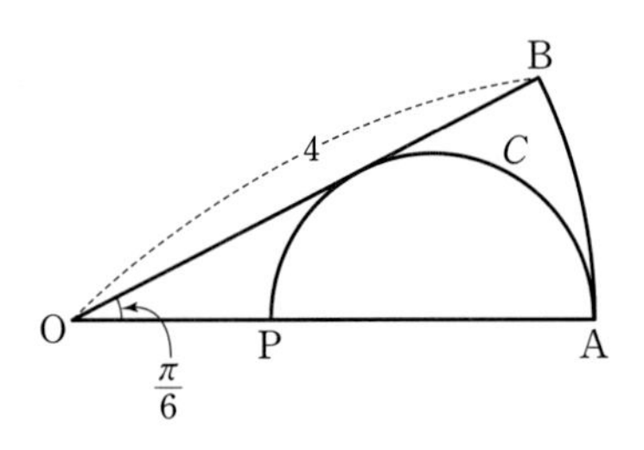

① $\frac{\pi}{9}$ ② $\frac{2}{9}\pi$ ③ $\frac{\pi}{3}$
④ $\frac{4}{9}\pi$ ⑤ $\frac{5}{9}\pi$

13 25456-0263 | 2020학년도 6월 고2 학력평가 18번 |

그림과 같이 $\overline{OA}=\overline{OB}=1$, $\angle AOB=\theta$인 이등변삼각형 OAB가 있다. 선분 AB를 지름으로 하는 반원이 선분 OA와 만나는 점 중 A가 아닌 점을 P, 선분 OB와 만나는 점 중 B가 아닌 점을 Q라 하자. 선분 AB의 중점을 M이라 할 때, 다음은 부채꼴 MPQ의 넓이 $S(\theta)$를 구하는 과정이다.

$\left(\text{단, } 0<\theta<\frac{\pi}{2}\right)$

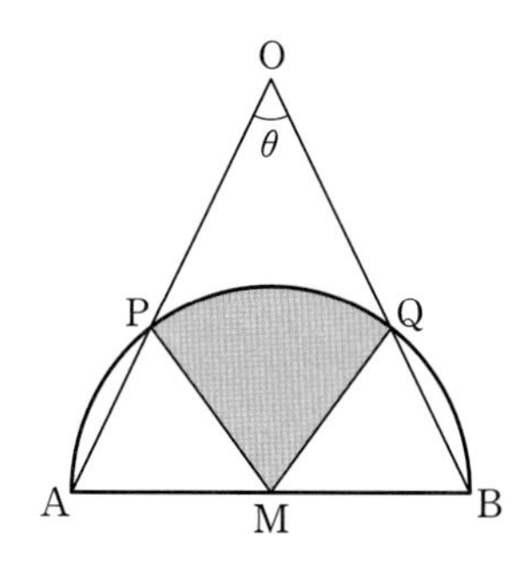

삼각형 OAM에서

$\angle OMA=\frac{\pi}{2}$, $\angle AOM=\frac{\theta}{2}$이므로

$\overline{MA}=$ (가)

이다. 한편, $\angle OAM=\frac{\pi}{2}-\frac{\theta}{2}$이고 $\overline{MA}=\overline{MP}$이므로

$\angle AMP=$ (나)

이다. 같은 방법으로

$\angle OBM=\frac{\pi}{2}-\frac{\theta}{2}$이고 $\overline{MB}=\overline{MQ}$이므로

$\angle BMQ=$ (나)

이다. 따라서 부채꼴 MPQ의 넓이 $S(\theta)$는

$S(\theta)=\frac{1}{2}\times($ (가) $)^2\times$ (다)

이다.

위의 (가), (나), (다)에 알맞은 식을 각각 $f(\theta)$, $g(\theta)$, $h(\theta)$라 할 때, $\dfrac{f\left(\frac{\pi}{3}\right)\times g\left(\frac{\pi}{6}\right)}{h\left(\frac{\pi}{4}\right)}$의 값은? [4점]

① $\frac{5}{12}$ ② $\frac{1}{3}$ ③ $\frac{1}{4}$ ④ $\frac{1}{6}$ ⑤ $\frac{1}{12}$

유형 2 삼각함수의 정의

14 25456-0264 | 2022학년도 11월 고2 학력평가 13번 |

좌표평면 위에 두 점 $P(a, b)$, $Q(a^2, -2b^2)$ $(a>0, b>0)$이 있다. 두 동경 OP, OQ가 나타내는 각의 크기를 각각 θ_1, θ_2라 하자. $\tan\theta_1+\tan\theta_2=0$일 때, $\sin\theta_1$의 값은? (단, O는 원점이고, x축의 양의 방향을 시초선으로 한다.) [3점]

① $\frac{2}{5}$ ② $\frac{\sqrt{5}}{5}$ ③ $\frac{\sqrt{6}}{5}$ ④ $\frac{\sqrt{7}}{5}$ ⑤ $\frac{2\sqrt{2}}{5}$

Point

반지름의 길이가 r인 원 O 위의 임의의 점 $P(x, y)$에 대하여 동경 OP가 x축의 양의 방향과 이루는 일반각의 크기를 θ(라디안)라 할 때,

$\sin\theta=\frac{y}{r}$, $\cos\theta=\frac{x}{r}$, $\tan\theta=\frac{y}{x}$

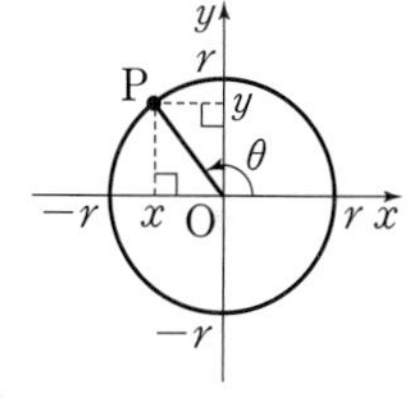

15 25456-0265 | 2024학년도 6월 고2 학력평가 15번 |

좌표평면에서 원 $x^2+y^2=r^2$ $(r>2)$와 직선 $x=-2$가 만나는 두 점 중 y좌표가 양수인 점을 A, y좌표가 음수인 점을 B라 하고, 두 동경 OA, OB가 나타내는 각의 크기를 각각 α, β라 하자. $2\cos\alpha=3\sin\beta$일 때, $r(\sin\alpha+\cos\beta)$의 값은? (단, O는 원점이고, x축의 양의 방향을 시초선으로 한다.) [4점]

① $-\frac{8}{3}$ ② $-\frac{5}{3}$ ③ $-\frac{2}{3}$ ④ $\frac{1}{3}$ ⑤ $\frac{4}{3}$

16 25456-0266 | 2023학년도 6월 고2 학력평가 17번 |

좌표평면에서 곡선 $y=\sqrt{x}$ $(x>0)$ 위의 점 P에 대하여 동경 OP가 나타내는 각의 크기를 θ라 하자.
$\cos^2\theta-2\sin^2\theta=-1$일 때, 선분 OP의 길이는?
(단, O는 원점이고, x축의 양의 방향을 시초선으로 한다.) [4점]

① $\frac{1}{2}$ ② $\frac{\sqrt{2}}{2}$ ③ $\frac{\sqrt{3}}{2}$
④ 1 ⑤ $\frac{\sqrt{5}}{2}$

17 25456-0267 | 2019학년도 11월 고2 학력평가 나형 15번 |

그림과 같이 좌표평면에서 직선 $y=2$가 두 원 $x^2+y^2=5$, $x^2+y^2=9$와 제2사분면에서 만나는 점을 각각 A, B라 하자. 점 C(3, 0)에 대하여 $\angle COA=\alpha$, $\angle COB=\beta$라 할 때, $\sin\alpha\times\cos\beta$의 값은?

$\left(\text{단, O는 원점이고, } \frac{\pi}{2}<\alpha<\beta<\pi\right)$ [4점]

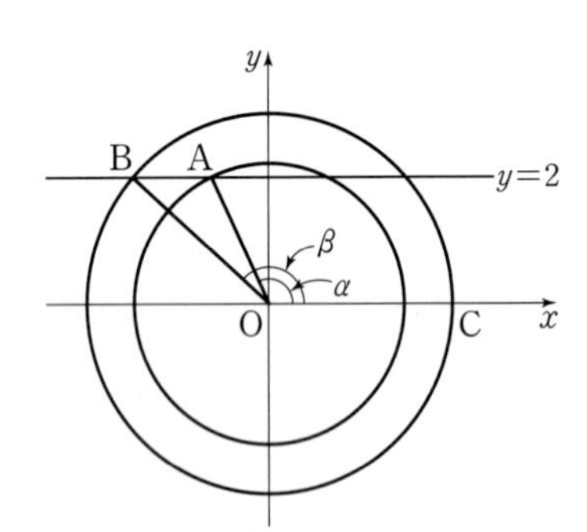

① $\frac{1}{3}$ ② $\frac{1}{12}$ ③ $-\frac{1}{6}$
④ $-\frac{5}{12}$ ⑤ $-\frac{2}{3}$

유형 3 삼각함수 사이의 관계

18 25456-0268 | 2023학년도 6월 고2 학력평가 9번 |

$\pi<\theta<\frac{3}{2}\pi$인 θ에 대하여 $\sin\theta=-\frac{1}{3}$일 때, $\tan\theta$의 값은? [3점]

① $-\frac{\sqrt{3}}{4}$ ② $-\frac{\sqrt{2}}{4}$ ③ $\frac{1}{4}$
④ $\frac{\sqrt{2}}{4}$ ⑤ $\frac{\sqrt{3}}{4}$

Point

(1) $\tan\theta=\frac{\sin\theta}{\cos\theta}$

(2) $\sin^2\theta+\cos^2\theta=1$

(3) $1+\tan^2\theta=\frac{1}{\cos^2\theta}$

19 25456-0269 | 2024학년도 6월 고2 학력평가 7번 |

$\frac{\pi}{2}<\theta<\pi$인 θ에 대하여 $\cos\theta=-\frac{3}{4}$일 때, $\sin\theta$의 값은? [3점]

① $-\frac{\sqrt{7}}{4}$ ② $-\frac{\sqrt{3}}{4}$ ③ $\frac{1}{4}$
④ $\frac{\sqrt{3}}{4}$ ⑤ $\frac{\sqrt{7}}{4}$

20 25456-0270 | 2024학년도 9월 고2 학력평가 4번 |

$\frac{\pi}{2}<\theta<\pi$인 θ에 대하여 $\sin\theta=-3\cos\theta$일 때, $\cos\theta$의 값은? [3점]

① $-\frac{3\sqrt{10}}{10}$　② $-\frac{\sqrt{10}}{5}$　③ $-\frac{\sqrt{10}}{10}$
④ $\frac{\sqrt{10}}{10}$　⑤ $\frac{\sqrt{10}}{5}$

21 25456-0271 | 2023학년도 9월 고2 학력평가 6번 |

$\pi<\theta<\frac{3}{2}\pi$인 θ에 대하여 $\tan\theta=2$일 때, $\cos\theta$의 값은? [3점]

① $-\frac{2\sqrt{5}}{5}$　② $-\frac{\sqrt{5}}{5}$　③ $-\frac{1}{5}$
④ $\frac{1}{5}$　⑤ $\frac{\sqrt{5}}{5}$

22 25456-0272 | 2021학년도 9월 고2 학력평가 6번 |

$0<\theta<\frac{\pi}{2}$인 θ에 대하여 $\cos\theta\times\tan\theta=\frac{3}{5}$이 성립할 때, $\cos\theta$의 값은? [3점]

① $\frac{1}{2}$　② $\frac{3}{5}$　③ $\frac{7}{10}$
④ $\frac{4}{5}$　⑤ $\frac{9}{10}$

23 25456-0273 | 2020학년도 6월 고2 학력평가 24번 |

$2\cos^2\theta-\sin^2\theta=1$일 때, $60\sin^2\theta$의 값을 구하시오. [3점]

24 25456-0274 | 2019학년도 11월 고2 학력평가 가형 5번 |

$\sin\theta+\cos\theta=\frac{\sqrt{6}}{2}$일 때, $\sin\theta\cos\theta$의 값은? [3점]

① $\frac{1}{6}$　② $\frac{1}{5}$　③ $\frac{1}{4}$
④ $\frac{1}{3}$　⑤ $\frac{1}{2}$

25 25456-0275 | 2021학년도 11월 고2 학력평가 16번 |

$\frac{\pi}{2}<\theta<\pi$인 θ에 대하여 $\sin^4\theta+\cos^4\theta=\frac{23}{32}$일 때, $\sin\theta-\cos\theta$의 값은? [4점]

① $\frac{\sqrt{3}}{2}$　② 1　③ $\frac{\sqrt{5}}{2}$
④ $\frac{\sqrt{6}}{2}$　⑤ $\frac{\sqrt{7}}{2}$

정답과 풀이 52쪽

각 θ가 제3사분면의 각이고 $\sin\theta=-\frac{5}{13}$일 때, $24\tan\theta-13\cos\theta$의 값을 구하시오.

출제 의도 삼각함수 사이의 관계를 이용하여 삼각함수의 값을 계산할 수 있는지를 묻고 있다.

풀이

각 θ가 제3사분면의 각이므로

$\cos\theta<0$ ······ ㉮

$\sin^2\theta+\cos^2\theta=1$이므로

$$\cos\theta=-\sqrt{1-\sin^2\theta}=-\sqrt{1-\left(-\frac{5}{13}\right)^2}=-\sqrt{\frac{144}{169}}=-\frac{12}{13}$$ ······ ㉯

$$\tan\theta=\frac{\sin\theta}{\cos\theta}=\frac{-\frac{5}{13}}{-\frac{12}{13}}=\frac{5}{12}$$ ······ ㉰

따라서

$$24\tan\theta-13\cos\theta=24\times\frac{5}{12}-13\times\left(-\frac{12}{13}\right)=10+12=22$$ ······ ㉱

답 22

단계	채점 기준	비율
㉮	각 θ가 제3사분면의 각임을 이용하여 $\cos\theta$의 부호를 구한 경우	20%
㉯	$\sin^2\theta+\cos^2\theta=1$임을 이용하여 $\cos\theta$의 값을 구한 경우	30%
㉰	$\tan\theta=\frac{\sin\theta}{\cos\theta}$임을 이용하여 $\tan\theta$의 값을 구한 경우	20%
㉱	$24\tan\theta-13\cos\theta$의 값을 구한 경우	30%

01 25456-0276

$\sin\theta-\cos\theta=\frac{1}{3}$일 때, $\sin^3\theta-\cos^3\theta$의 값을 구하시오.

02 25456-0277

x에 대한 이차방정식

$$4x^2-2(1-a)x-a=0$$

의 두 근이 $\sin\theta$, $\cos\theta$일 때, 양수 a의 값을 구하시오.

정답과 풀이 52쪽

01 25456-0278

| 2019학년도 9월 고2 학력평가 나형 29번 |

그림과 같이 반지름의 길이가 6인 원 O_1이 있다. 원 O_1 위에 서로 다른 두 점 A, B를 $\overline{AB}=6\sqrt{2}$가 되도록 잡고, 원 O_1의 내부에 점 C를 삼각형 ACB가 정삼각형이 되도록 잡는다. 정삼각형 ACB의 외접원을 O_2라 할 때, 원 O_1과 원 O_2의 공통부분의 넓이는 $p+q\sqrt{3}+r\pi$이다. $p+q+r$의 값을 구하시오. (단, p, q, r는 유리수이다.) [4점]

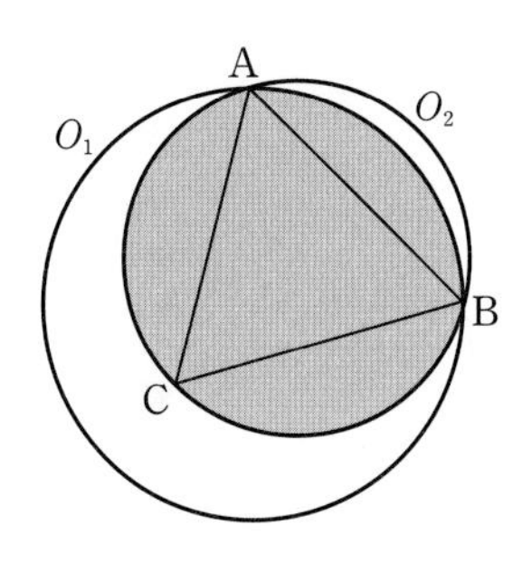

02 25456-0279

| 2019학년도 9월 고2 학력평가 나형 20번 |

그림과 같이 길이가 2인 선분 AB를 지름으로 하고 중심이 O인 반원이 있다. 호 AB 위에 점 P를 $\cos(\angle\text{BAP})=\frac{4}{5}$가 되도록 잡는다. 부채꼴 OBP에 내접하는 원의 반지름의 길이가 r_1, 호 AP를 이등분하는 점과 선분 AP의 중점을 지름의 양 끝점으로 하는 원의 반지름의 길이가 r_2일 때, r_1r_2의 값은? [4점]

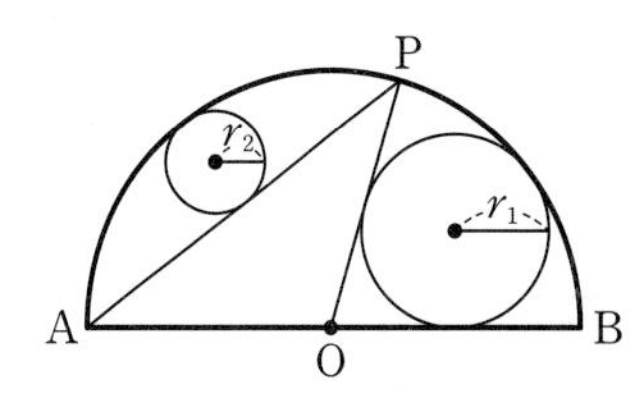

① $\frac{3}{40}$ ② $\frac{1}{10}$ ③ $\frac{1}{8}$

④ $\frac{3}{20}$ ⑤ $\frac{7}{40}$

개념

짚어보기 | 06 삼각함수의 그래프

1. 삼각함수의 그래프

(1) **함수 $y=\sin x$의 성질**

① 정의역은 실수 전체의 집합이고, 치역은 $\{y\mid -1\le y\le 1\}$이다.
② 그래프는 원점에 대하여 대칭이다.
③ 주기가 2π인 주기함수이다.

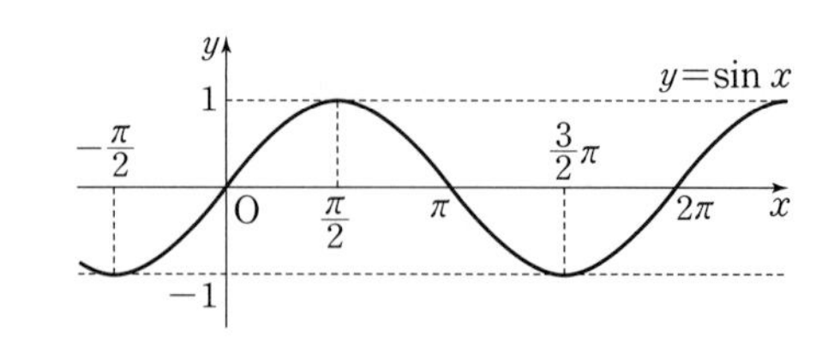

(2) **함수 $y=\cos x$의 성질**

① 정의역은 실수 전체의 집합이고, 치역은 $\{y\mid -1\le y\le 1\}$이다.
② 그래프는 y축에 대하여 대칭이다.
③ 주기가 2π인 주기함수이다.

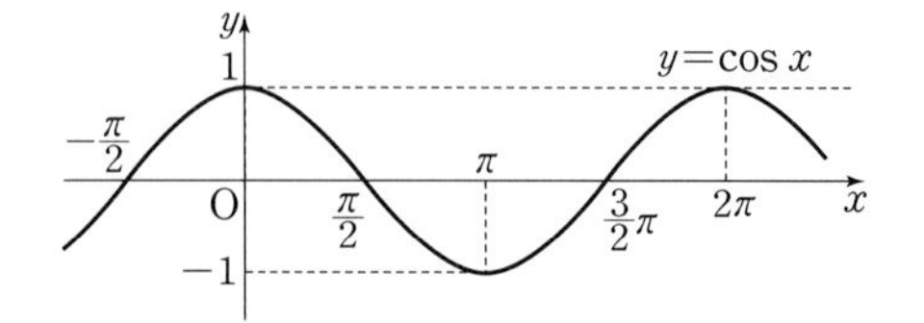

(3) **함수 $y=\tan x$의 성질**

① 정의역은 $n\pi+\frac{\pi}{2}$(n은 정수)를 제외한 실수 전체의 집합이고, 치역은 실수 전체의 집합이다.
② 그래프의 점근선은 직선 $x=n\pi+\frac{\pi}{2}$(n은 정수)이다.
③ 그래프는 원점에 대하여 대칭이다.
④ 주기가 π인 주기함수이다.

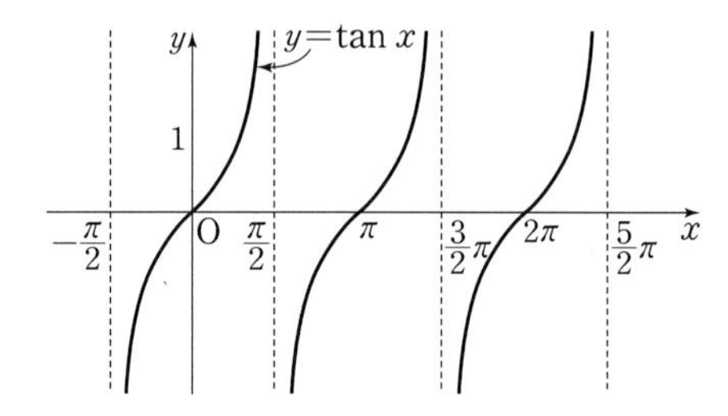

2. 삼각함수의 성질

(1) **$\pi+x$, $\pi-x$의 삼각함수**

① $\sin(\pi+x)=-\sin x$ ② $\cos(\pi+x)=-\cos x$ ③ $\tan(\pi+x)=\tan x$
④ $\sin(\pi-x)=\sin x$ ⑤ $\cos(\pi-x)=-\cos x$ ⑥ $\tan(\pi-x)=-\tan x$

(2) **$\frac{\pi}{2}+x$, $\frac{\pi}{2}-x$의 삼각함수**

① $\sin\left(\frac{\pi}{2}+x\right)=\cos x$ ② $\cos\left(\frac{\pi}{2}+x\right)=-\sin x$ ③ $\tan\left(\frac{\pi}{2}+x\right)=-\frac{1}{\tan x}$
④ $\sin\left(\frac{\pi}{2}-x\right)=\cos x$ ⑤ $\cos\left(\frac{\pi}{2}-x\right)=\sin x$ ⑥ $\tan\left(\frac{\pi}{2}-x\right)=\frac{1}{\tan x}$

3. 삼각방정식과 삼각부등식

(1) **삼각방정식**

① 방정식 $\sin x=k$($\cos x=k$, $\tan x=k$)$(0\le x<2\pi)$의 해는 함수 $y=\sin x$($y=\cos x$, $y=\tan x$)의 그래프와 직선 $y=k$의 교점의 x좌표로부터 구한다.
② $\sin x$와 $\cos x$를 모두 포함한 삼각방정식은 $\sin^2 x+\cos^2 x=1$임을 이용하여 $\sin x$ 또는 $\cos x$만의 식으로 변형한 후 ①의 방법으로 푼다.

(2) **삼각부등식**

① 부등식 $\sin x>k$($\cos x>k$, $\tan x>k$)$(0\le x<2\pi)$의 해는 함수 $y=\sin x$($y=\cos x$, $y=\tan x$)의 그래프가 직선 $y=k$보다 위쪽에 있는 x의 값의 범위로부터 구한다.
② $\sin x$와 $\cos x$를 모두 포함한 삼각부등식은 $\sin^2 x+\cos^2 x=1$임을 이용하여 $\sin x$ 또는 $\cos x$만의 식으로 변형한 후 ①의 방법으로 푼다.

중요
$y=a\sin(bx+c)+d$,
$y=a\cos(bx+c)+d$에서
① 최댓값: $|a|+d$
② 최솟값: $-|a|+d$
③ 주기: $\frac{2\pi}{|b|}$

참고
함수 $y=\sin x$의 그래프는 원점에 대하여 대칭이므로 $\sin(-x)=-\sin x$이다.

참고
함수 $y=\cos x$의 그래프는 y축에 대하여 대칭이므로 $\cos(-x)=\cos x$이다.

중요
$y=a\tan(bx+c)+d$에서
① 최댓값과 최솟값은 없다.
② 주기: $\frac{\pi}{|b|}$

참고
함수 $y=\tan x$의 그래프는 원점에 대하여 대칭이므로 $\tan(-x)=-\tan x$이다.

중요
$\frac{n}{2}\pi\pm x$의 삼각함수의 변환
① n이 짝수이면 그대로, n이 홀수이면 $\sin\to\cos$, $\cos\to\sin$, $\tan\to\frac{1}{\tan}$로 바꾼다.
② x를 예각으로 생각하고 $\frac{n}{2}\pi\pm x$를 나타내는 동경이 존재하는 사분면에서의 원래 삼각함수의 부호를 따른다.

참고
두 종류 이상의 삼각함수를 포함한 방정식과 부등식의 경우에는 한 종류의 삼각함수에 대한 방정식과 부등식으로 변형하여 푼다.

정답과 풀이 53쪽

01 다음 함수의 주기와 치역을 구하시오.

(1) $y=2\sin 2x$　(2) $y=\frac{1}{2}\cos\frac{x}{2}$

(3) $y=-\frac{1}{3}\tan 2x$　(4) $y=-\frac{1}{2}\sin\frac{1}{3}x$

(5) $y=3\cos 2x$　(6) $y=2\tan\frac{x}{2}$

02 함수 $y=a\sin bx+1$의 최댓값이 6이고 주기가 $\frac{2}{3}\pi$일 때, 두 양수 a, b의 값을 각각 구하시오.

03 다음 삼각함수의 값을 구하시오.

(1) $\sin\frac{4}{3}\pi$　(2) $\cos\frac{5}{4}\pi$

(3) $\tan\frac{5}{6}\pi$　(4) $\sin\left(-\frac{5}{6}\pi\right)$

(5) $\cos\left(-\frac{3}{4}\pi\right)$　(6) $\tan\left(-\frac{2}{3}\pi\right)$

04 다음 식을 간단히 하시오.

(1) $\sin\left(\frac{\pi}{2}+x\right)+\cos(\pi-x)-\tan x\tan\left(\frac{\pi}{2}+x\right)$

(2) $\sin^2\left(\frac{\pi}{2}-x\right)+\cos^2\left(\frac{\pi}{2}+x\right)$

05 다음 방정식을 푸시오. (단, $0\le x<2\pi$)

(1) $\sin x=\frac{1}{2}$

(2) $\cos x=-\frac{\sqrt{3}}{2}$

(3) $\tan x=1$

06 다음 부등식을 푸시오. (단, $0\le x<2\pi$)

(1) $\sin x>\frac{\sqrt{3}}{2}$

(2) $2\cos x-\sqrt{2}<0$

(3) $\sqrt{3}\tan x\le 1$

07 다음 방정식의 해를 구하시오. (단, $0\le x<2\pi$)

(1) $2\sin^2 x+5\cos x-4=0$

(2) $2\cos^2 x=3\sin x$

08 다음 부등식의 해를 구하시오. (단, $0\le x<2\pi$)

(1) $2\cos^2 x+3\sin x-3<0$

(2) $2\sin^2 x>3\cos x$

09 다음 식의 값을 구하시오.

(1) $\sin\frac{\pi}{19}+\sin\frac{2}{19}\pi+\sin\frac{3}{19}\pi+\cdots+\sin\frac{37}{19}\pi+\sin\frac{38}{19}\pi$

(2) $\cos\frac{\pi}{19}+\cos\frac{2}{19}\pi+\cos\frac{3}{19}\pi+\cdots+\cos\frac{18}{19}\pi+\cos\frac{19}{19}\pi$

(3) $\sin^2\frac{\pi}{18}+\sin^2\frac{2}{18}\pi+\sin^2\frac{3}{18}\pi+\cdots+\sin^2\frac{7}{18}\pi+\sin^2\frac{8}{18}\pi$

(4) $\cos^2\frac{\pi}{18}+\cos^2\frac{2}{18}\pi+\cos^2\frac{3}{18}\pi+\cdots+\cos^2\frac{7}{18}\pi+\cos^2\frac{8}{18}\pi$

10 어떤 야구 선수가 배트로 야구공을 쳤을 때, 야구공의 처음 속력을 v m/s, 야구공이 배트에 맞는 순간 지면과 이루는 각의 크기를 θ, 야구공이 날아간 거리를 $f(\theta)$ m라 하면

$$f(\theta)=\frac{v^2}{10}\sin 2\theta$$

가 성립한다고 한다. 야구공의 처음 속력이 30 m/s일 때, 야구공이 날아간 거리가 $45\sqrt{2}$ m 이상이 되게 하는 각 θ의 값의 범위를 구하시오. $\left(\text{단, } 0\le\theta\le\frac{\pi}{2}\text{이고, 공기의 저항은 고려하지 않는다.}\right)$

내신+학평 유형 연습

유형 1 삼각함수의 그래프

01 25456-0280 | 2024학년도 6월 고2 학력평가 25번 |

함수 $f(x)=6\cos\left(x+\frac{\pi}{2}\right)+k$의 그래프가 점 $\left(\frac{5}{6}\pi,\ 9\right)$를 지날 때, 상수 k의 값을 구하시오. [3점]

Point

미지수의 값을 포함한 삼각함수의 그래프가 점 $(p,\ q)$를 지나면 $x=p$, $y=q$를 대입하여 미지수의 값을 구한다.

02 25456-0281 | 2024학년도 9월 고2 학력평가 12번 |

함수 $f(x)=a\tan\frac{\pi}{4}x$에 대하여 함수 $y=f(x)$의 그래프 위의 점 $\mathrm{A}(3,\ -2)$를 x축의 방향으로 6만큼, y축의 방향으로 b만큼 평행이동한 점을 A'이라 하자. 점 A'이 함수 $y=f(x)$의 그래프 위의 점일 때, $a+b$의 값은? (단, a, b는 상수이다.) [3점]

① 4 ② 6 ③ 8
④ 10 ⑤ 12

유형 2 삼각함수의 주기와 최대 · 최소

03 25456-0282 | 2023학년도 6월 고2 학력평가 10번 |

세 상수 a, b, c에 대하여 함수 $y=a\sin bx+c$의 그래프가 그림과 같을 때, $a\times b\times c$의 값은?

(단, $a>0$, $b>0$) [3점]

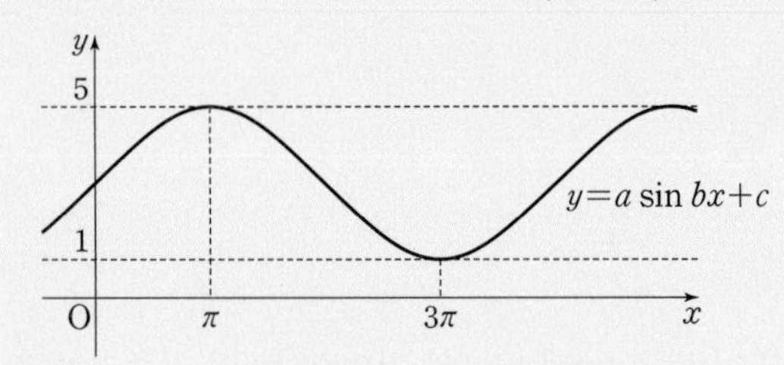

① 1 ② $\frac{3}{2}$ ③ 2
④ $\frac{5}{2}$ ⑤ 3

Point

삼각함수의 주기와 최대 · 최소

삼각함수	최댓값	최솟값	주기
$y=a\sin(bx+c)+d$	$\lvert a\rvert+d$	$-\lvert a\rvert+d$	$\frac{2\pi}{\lvert b\rvert}$
$y=a\cos(bx+c)+d$	$\lvert a\rvert+d$	$-\lvert a\rvert+d$	$\frac{2\pi}{\lvert b\rvert}$
$y=a\tan(bx+c)+d$	없다.	없다.	$\frac{\pi}{\lvert b\rvert}$

04 25456-0283 | 2023학년도 6월 고2 학력평가 24번 |

두 함수 $y=\cos\frac{2}{3}x$와 $y=\tan\frac{3}{a}x$의 주기가 같을 때, 양수 a의 값을 구하시오. [3점]

05 25456-0284 | 2017학년도 3월 고3 학력평가 가형 6번 |

함수 $y=a\sin\frac{\pi}{2b}x$의 최댓값은 2이고 주기는 2이다. 두 양수 a, b의 합 $a+b$의 값은? [3점]

① 2 ② $\frac{17}{8}$ ③ $\frac{9}{4}$
④ $\frac{19}{8}$ ⑤ $\frac{5}{2}$

06 25456-0285 | 2024학년도 6월 고2 학력평가 9번 |

함수 $y=\tan ax+b$의 그래프가 그림과 같을 때, ab의 값은? (단, a, b는 상수이다.) [3점]

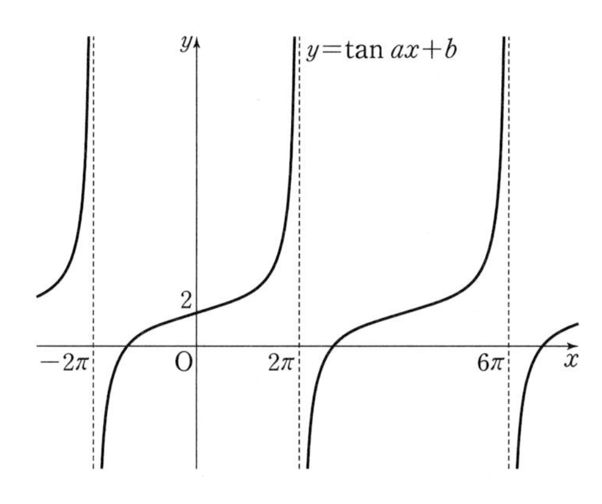

① $\frac{1}{4}$ ② $\frac{1}{2}$ ③ $\frac{3}{4}$
④ 1 ⑤ $\frac{5}{4}$

07 25456-0286 | 2022학년도 6월 고2 학력평가 10번 |

세 상수 a, b, c에 대하여 함수 $y=a\cos bx+c$의 그래프가 그림과 같을 때, $a\times b\times c$의 값은? (단, $a>0$, $b>0$) [3점]

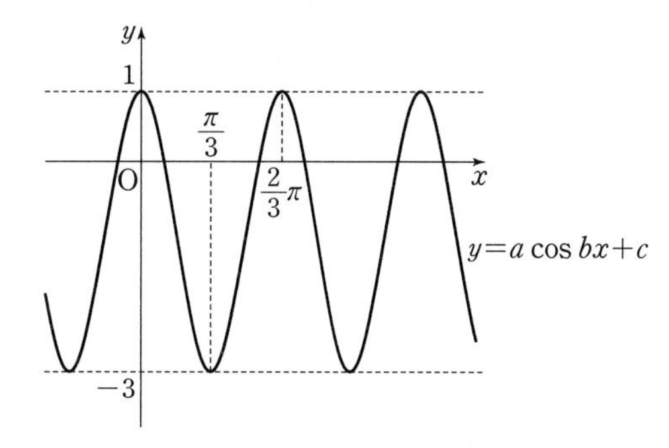

① -10 ② -8 ③ -6
④ -4 ⑤ -2

08 25456-0287 | 2019학년도 11월 고2 학력평가 나형 27번 |

함수 $f(x)=3\sin\frac{\pi(x+a)}{2}+b$의 그래프가 그림과 같다. 두 양수 a, b에 대하여 $a\times b$의 최솟값을 구하시오. [4점]

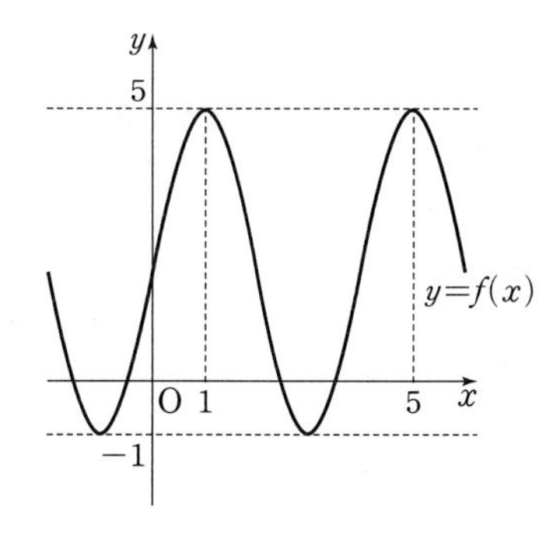

유형 3 삼각함수의 성질

09 25456-0288 | 2020학년도 11월 고2 학력평가 12번 |

$\cos\theta=\frac{1}{4}$일 때, $3\sin\left(\frac{\pi}{2}+\theta\right)+\cos(\pi-\theta)$의 값은? [3점]

① 0 ② $\frac{1}{4}$ ③ $\frac{1}{2}$ ④ $\frac{3}{4}$ ⑤ 1

Point

(1) $\sin(-\theta)=-\sin\theta$, $\cos(-\theta)=\cos\theta$, $\tan(-\theta)=-\tan\theta$

(2) $\sin(\pi\pm\theta)=\mp\sin\theta$, $\cos(\pi\pm\theta)=-\cos\theta$, $\tan(\pi\pm\theta)=\pm\tan\theta$ (복호동순)

(3) $\sin\left(\frac{\pi}{2}\pm\theta\right)=\cos\theta$, $\cos\left(\frac{\pi}{2}\pm\theta\right)=\mp\sin\theta$, $\tan\left(\frac{\pi}{2}\pm\theta\right)=\mp\frac{1}{\tan\theta}$ (복호동순)

10 25456-0289 | 2019학년도 6월 고2 학력평가 나형 8번 |

$\sin\frac{5}{6}\pi+\cos\left(-\frac{8}{3}\pi\right)$의 값은? [3점]

① $-\sqrt{3}$ ② -1 ③ 0 ④ 1 ⑤ $\sqrt{3}$

11 25456-0290 | 2023학년도 11월 고2 학력평가 9번 |

$2\sin\left(\frac{\pi}{2}-\theta\right)=\sin\theta\times\tan(\pi+\theta)$일 때, $\sin^2\theta$의 값은? [3점]

① $\frac{1}{3}$ ② $\frac{4}{9}$ ③ $\frac{5}{9}$ ④ $\frac{2}{3}$ ⑤ $\frac{7}{9}$

12 25456-0291 | 2020학년도 9월 고2 학력평가 25번 |

$\frac{\pi}{2}<\theta<\pi$인 θ에 대하여 $\tan\theta=-\frac{4}{3}$일 때,
$5\sin(\pi+\theta)+10\cos\left(\frac{\pi}{2}-\theta\right)$의 값을 구하시오. [3점]

13 25456-0292 | 2021학년도 11월 고2 학력평가 10번 |

좌표평면 위의 점 P(4, -3)에 대하여 동경 OP가 나타내는 각의 크기를 θ라 할 때, $\sin\left(\frac{\pi}{2}+\theta\right)-\sin\theta$의 값은?
(단, O는 원점이고, x축의 양의 방향을 시초선으로 한다.) [3점]

① -1 ② $-\frac{2}{5}$ ③ $\frac{1}{5}$ ④ $\frac{4}{5}$ ⑤ $\frac{7}{5}$

유형 4 삼각함수의 최대 · 최소 – 이차식 꼴

14 25456-0293 | 2024학년도 6월 고2 학력평가 12번 |

실수 k에 대하여 함수

$$f(x)=2\cos^2 x+2\sin x+k$$

의 최댓값이 $\frac{15}{2}$일 때, 함수 $f(x)$의 최솟값은? [3점]

① 1 ② 2 ③ 3
④ 4 ⑤ 5

Point

주어진 삼각함수가 이차식 꼴일 때, 다음과 같은 방법으로 푼다.
(i) $\sin^2 x+\cos^2 x=1$임을 이용하여 삼각함수를 한 종류로 통일한다.
(ii) 삼각함수를 t로 치환한다.
(iii) t에 대한 이차함수의 최대 · 최소를 구한다.

15 25456-0294 | 2018학년도 3월 고3 학력평가 가형 25번 |

함수 $f(x)=\sin^2 x+\sin\left(x+\frac{\pi}{2}\right)+1$의 최댓값을 M이라 할 때, $4M$의 값을 구하시오. [3점]

16 25456-0295 | 2020학년도 6월 고2 학력평가 19번 |

그림과 같이 두 점 A$(-1, 0)$, B$(1, 0)$과 원 $x^2+y^2=1$이 있다. 원 위의 점 P에 대하여 $\angle\text{PAB}=\theta\left(0<\theta<\frac{\pi}{2}\right)$라 할 때, 반직선 PB 위에 $\overline{\text{PQ}}=3$인 점 Q를 정한다.
점 Q의 x좌표가 최대가 될 때, $\sin^2\theta$의 값은? [4점]

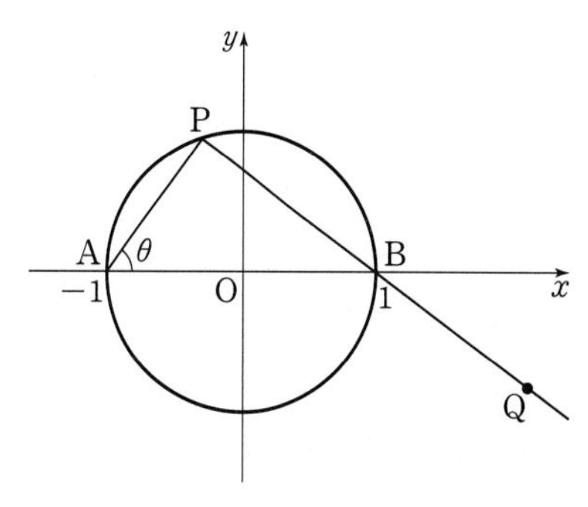

① $\frac{7}{16}$ ② $\frac{1}{2}$ ③ $\frac{9}{16}$
④ $\frac{5}{8}$ ⑤ $\frac{11}{16}$

유형 5 삼각함수의 그래프의 활용

17 25456-0296 | 2020학년도 6월 고2 학력평가 15번 |

$0\le x\le 2$에서 함수 $y=\tan \pi x$의 그래프와 직선 $y=-\frac{10}{3}x+n$이 서로 다른 세 점에서 만나도록 하는 자연수 n의 최댓값은? [4점]

① 2　② 3　③ 4　④ 5　⑤ 6

Point

삼각함수의 그래프와 직선의 교점에 대한 문제는 그래프가 반복될 때의 규칙을 발견하여 이용한다.
또한 주기, 최댓값과 최솟값, 그래프의 대칭성 등으로 삼각함수의 그래프의 특징을 파악하여 문제를 해결한다.

18 25456-0297 | 2023학년도 11월 고2 학력평가 5번 |

$0<x<5\pi$에서 함수 $y=\tan x$의 그래프와 직선 $y=2$가 만나는 점의 개수는? [3점]

① 3　② 4　③ 5　④ 6　⑤ 7

19 25456-0298 | 2019학년도 9월 고2 학력평가 가형 15번 |

그림과 같이 두 양수 a, b에 대하여 함수

$$f(x)=a\sin bx\left(0\le x\le \frac{\pi}{b}\right)$$

의 그래프가 직선 $y=a$와 만나는 점을 A, x축과 만나는 점 중에서 원점이 아닌 점을 B라 하자. $\angle \text{OAB}=\frac{\pi}{2}$인 삼각형 OAB의 넓이가 4일 때, $a+b$의 값은? (단, O는 원점이다.) [4점]

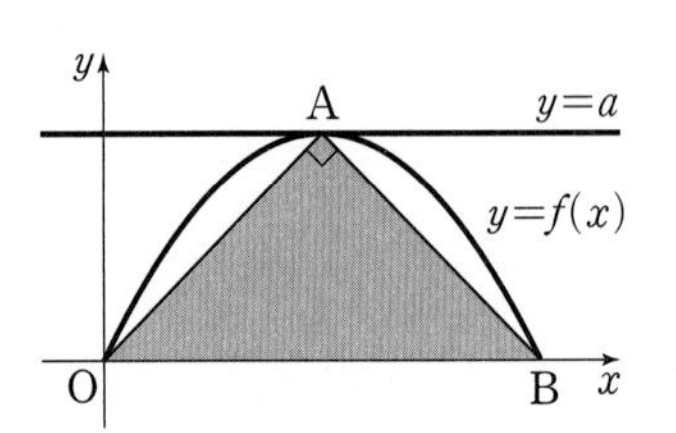

① $1+\frac{\pi}{6}$　② $2+\frac{\pi}{6}$　③ $2+\frac{\pi}{4}$　④ $3+\frac{\pi}{4}$　⑤ $3+\frac{\pi}{3}$

20 25456-0299 | 2024학년도 9월 고2 학력평가 19번 |

함수 $f(x)=3\sin\frac{\pi}{2}x\ (0\le x\le 7)$과 실수 $t\ (0<t<3)$에 대하여 한 변의 길이가 4인 정삼각형 ABC의 세 꼭짓점 A, B, C가 다음 조건을 만족시킬 때, t의 값은? [4점]

> (가) 두 점 A, B는 곡선 $y=f(x)$와 직선 $y=-t$가 만나는 점이다.
> (나) 점 C는 곡선 $y=f(x)$ 위의 점이다.

① $\frac{\sqrt{3}}{2}$　② $\frac{3\sqrt{3}}{4}$　③ $\sqrt{3}$　④ $\frac{5\sqrt{3}}{4}$　⑤ $\frac{3\sqrt{3}}{2}$

21 25456-0300 | 2022학년도 6월 고2 학력평가 18번 |

자연수 n에 대하여 $-\frac{\pi}{2n}<x<\frac{\pi}{2n}$에서 정의된 함수 $f(x)=3\sin 2nx$가 있다. 원점 O를 지나고 기울기가 양수인 직선과 함수 $y=f(x)$의 그래프가 서로 다른 세 점 O, A, B에서 만날 때, 점 $\text{C}\left(\frac{\pi}{2n},\ 0\right)$에 대하여 넓이가 $\frac{\pi}{12}$인 삼각형 ABC가 존재하도록 하는 n의 최댓값은? [4점]

① 12　② 14　③ 16　④ 18　⑤ 20

22 25456-0301 | 2019학년도 6월 고2 학력평가 나형 29번 |

함수 $y=k\sin\left(2x+\frac{\pi}{3}\right)+k^2-6$의 그래프가 제1사분면을 지나지 않도록 하는 모든 정수 k의 개수를 구하시오. [4점]

23 25456-0302 | 2013학년도 3월 고2 학력평가 A형 21번 |

함수 $f(x)$가 다음 세 조건을 만족시킨다.

> (가) 모든 실수 x에 대하여 $f(x+\pi)=f(x)$이다.
> (나) $0\le x\le\frac{\pi}{2}$일 때, $f(x)=\sin 4x$
> (다) $\frac{\pi}{2}<x\le\pi$일 때, $f(x)=-\sin 4x$

이때 함수 $f(x)$의 그래프와 직선 $y=\frac{x}{\pi}$가 만나는 점의 개수는? [4점]

① 4 ② 5 ③ 6
④ 7 ⑤ 8

24 25456-0303 | 2023학년도 11월 고2 학력평가 29번 |

두 상수 a, b $(0\le b\le\pi)$에 대하여 닫힌구간 $\left[\frac{\pi}{2},\ a\right]$에서 함수 $f(x)=2\cos(3x+b)$의 최댓값은 1이고 최솟값은 $-\sqrt{3}$이다. $a\times b=\frac{q}{p}\pi^2$일 때, $p+q$의 값을 구하시오.

(단, p와 q는 서로소인 자연수이다.) [4점]

유형 6 삼각방정식

25 25456-0304 | 2024학년도 6월 고2 학력평가 4번 |

$0\le x\le\pi$일 때, 방정식 $2\cos x+1=0$의 해는? [3점]

① $\frac{\pi}{6}$ ② $\frac{\pi}{4}$ ③ $\frac{\pi}{3}$
④ $\frac{2}{3}\pi$ ⑤ $\frac{5}{6}\pi$

Point

삼각방정식은 다음과 같은 방법으로 푼다.

(i) 주어진 방정식을 $\sin x=k$(또는 $\cos x=k$ 또는 $\tan x=k$)꼴로 변형한다.

(ii) 함수 $y=\sin x$(또는 $y=\cos x$ 또는 $y=\tan x$)의 그래프와 직선 $y=k$의 교점의 x좌표를 구한다.

26 25456-0305 | 2023학년도 6월 고2 학력평가 4번 |

$-\frac{\pi}{2}<x<\frac{\pi}{2}$일 때, 방정식 $2\sin x-1=0$의 해는? [3점]

① $-\frac{\pi}{3}$ ② $-\frac{\pi}{6}$ ③ 0
④ $\frac{\pi}{6}$ ⑤ $\frac{\pi}{3}$

27 25456-0306 | 2022학년도 6월 고2 학력평가 4번 |

$\frac{\pi}{2}<x<\frac{3}{2}\pi$일 때, 방정식 $\tan x=1$의 해는? [3점]

① $\frac{2}{3}\pi$ ② $\frac{3}{4}\pi$ ③ $\frac{5}{6}\pi$
④ $\frac{5}{4}\pi$ ⑤ $\frac{4}{3}\pi$

28 25456-0307 | 2019학년도 6월 고2 학력평가 나형 3번 |

방정식 $\sin\left(x-\frac{\pi}{6}\right)=\frac{1}{2}$의 해는? $\left(단, 0\le x\le\frac{\pi}{2}\right)$ [2점]

① 0 ② $\frac{\pi}{6}$ ③ $\frac{\pi}{4}$ ④ $\frac{\pi}{3}$ ⑤ $\frac{\pi}{2}$

29 25456-0308 | 2017학년도 11월 고2 학력평가 가형 11번 |

$0\le x<2\pi$일 때, 방정식 $\sin x\cos\left(\frac{\pi}{2}-x\right)=\frac{1}{3}$의 모든 해의 합은? [3점]

① π ② 2π ③ 3π ④ 4π ⑤ 5π

30 25456-0309 | 2024학년도 9월 고2 학력평가 8번 |

$0<x\le 2\pi$일 때, 방정식

$$\cos^2 x-1=2\sin x$$

의 모든 해의 합은? [3점]

① $\frac{3}{2}\pi$ ② 2π ③ $\frac{5}{2}\pi$ ④ 3π ⑤ $\frac{7}{2}\pi$

31 25456-0310 | 2023학년도 9월 고2 학력평가 8번 |

$0\le x\le 2\pi$일 때, 방정식 $2\sin^2 x+3\sin x-2=0$의 모든 해의 합은? [3점]

① $\frac{\pi}{2}$ ② $\frac{3}{4}\pi$ ③ π ④ $\frac{5}{4}\pi$ ⑤ $\frac{3}{2}\pi$

32 25456-0311 | 2020학년도 9월 고2 학력평가 14번 |

$0\le x<\pi$일 때, x에 대한 방정식

$$\sin nx=\frac{1}{5}\ (n\text{은 자연수})$$

의 모든 해의 합을 $f(n)$이라 하자. $f(2)+f(5)$의 값은? [4점]

① $\frac{3}{2}\pi$ ② 2π ③ $\frac{5}{2}\pi$ ④ 3π ⑤ $\frac{7}{2}\pi$

33 25456-0312 | 2019학년도 9월 고2 학력평가 가형 28번 |

방정식

$$\frac{2}{\sqrt{3}}\sin\left(x+\frac{\pi}{3}\right)-\frac{7}{8}=0$$

의 모든 실근의 합이 $\frac{q}{p}\pi$일 때, $p+q$의 값을 구하시오.

(단, $0\le x\le 2\pi$이고, p와 q는 서로소인 자연수이다.) [4점]

34 25456-0313 | 2020학년도 11월 고2 학력평가 27번 |

이차방정식 $x^2-k=0$이 서로 다른 두 실근 $6\cos\theta$, $5\tan\theta$를 가질 때, 상수 k의 값을 구하시오. [4점]

35 25456-0314 | 2019학년도 11월 고2 학력평가 가형 16번 |

$0\le t\le 3$인 실수 t와 상수 k에 대하여 $t\le x\le t+1$에서 방정식 $\sin\frac{\pi}{2}x=k$의 모든 해의 개수를 $f(t)$라 하자.

함수 $f(t)$가

$$f(t)=\begin{cases}1 & (0\le t<a \text{ 또는 } a<t\le b)\\ 2 & (t=a)\\ 0 & (b<t\le 3)\end{cases}$$

일 때, $a^2+b^2+k^2$의 값은?

(단, a, b는 $0<a<b<3$인 상수이다.) [4점]

① 2 ② $\frac{5}{2}$ ③ 3 ④ $\frac{7}{2}$ ⑤ 4

36 25456-0315 | 2020학년도 6월 고2 학력평가 17번 |

상수 $k\,(0<k<1)$에 대하여 $0\le x<2\pi$일 때, 방정식 $\sin x=k$의 두 근을 α, $\beta\,(\alpha<\beta)$라 하자.

$\sin\frac{\beta-\alpha}{2}=\frac{5}{7}$일 때, k의 값은? [4점]

① $\frac{2\sqrt{6}}{7}$ ② $\frac{\sqrt{26}}{7}$ ③ $\frac{2\sqrt{7}}{7}$ ④ $\frac{\sqrt{30}}{7}$ ⑤ $\frac{4\sqrt{2}}{7}$

37 25456-0316 | 2023학년도 6월 고2 학력평가 28번 |

자연수 n에 대하여 $0\le x\le 4$일 때, x에 대한 방정식

$$\sin\pi x-\frac{(-1)^{n+1}}{n}=0$$

의 모든 실근의 합을 $f(n)$이라 하자.

$f(1)+f(2)+f(3)+f(4)+f(5)$의 값을 구하시오. [4점]

유형 7 삼각부등식

38 25456-0317 | 2021학년도 6월 고2 학력평가 13번 |

$0\le x<2\pi$일 때, 부등식 $3\sin x-2>0$의 해가 $\alpha<x<\beta$이다. $\cos(\alpha+\beta)$의 값은? [3점]

① -1 ② $-\frac{1}{2}$ ③ 0

④ $\frac{1}{2}$ ⑤ 1

Point

삼각부등식을 풀 때에는 먼저 부등호를 등호로 바꾸어 삼각방정식을 푼 후 그래프를 이용한다.

(1) $\sin x>k$(또는 $\cos x>k$ 또는 $\tan x>k$)인 경우

⇨ $y=\sin x$(또는 $y=\cos x$ 또는 $y=\tan x$)의 그래프가 직선 $y=k$보다 위쪽에 있는 부분의 x의 값의 범위

(2) $\sin x<k$(또는 $\cos x<k$ 또는 $\tan x<k$)인 경우

⇨ $y=\sin x$(또는 $y=\cos x$ 또는 $y=\tan x$)의 그래프가 직선 $y=k$보다 아래쪽에 있는 부분의 x의 값의 범위

39 25456-0318 | 2024학년도 9월 고2 학력평가 25번 |

$0<x\le 10$일 때, 부등식

$$\cos\frac{\pi}{5}x<\sin\frac{\pi}{5}x$$

를 만족시키는 모든 자연수 x의 값의 합을 구하시오. [3점]

40 25456-0319 | 2024학년도 6월 고2 학력평가 18번 |

실수 k $(0\le k\le 2\pi)$에 대하여 $-\pi\le x\le k$에서 부등식

$$\sin x+\cos\frac{\pi}{8}<0$$

을 만족시키는 모든 x의 값의 범위가 $-\pi-\alpha<x<\alpha$가 되도록 하는 k의 최댓값은? [4점]

① $\frac{5}{8}\pi$ ② $\frac{7}{8}\pi$ ③ $\frac{9}{8}\pi$

④ $\frac{11}{8}\pi$ ⑤ $\frac{13}{8}\pi$

유형 8 삼각방정식과 삼각부등식의 활용

41 25456-0320 | 2023학년도 6월 고2 학력평가 15번 |

$-\frac{3}{2}\pi\le x\le\frac{3}{2}\pi$에서 정의된 함수

$$f(x)=a\cos\frac{2}{3}x+a\ (a>0)$$

이 있다. 함수 $y=f(x)$의 그래프가 y축과 만나는 점을 A, 직선 $y=\frac{a}{2}$와 만나는 두 점을 각각 B, C라 하자. 삼각형 ABC가 정삼각형일 때, a의 값은? [4점]

① $\frac{\sqrt{3}}{3}\pi$ ② $\frac{5\sqrt{3}}{12}\pi$ ③ $\frac{\sqrt{3}}{2}\pi$

④ $\frac{7\sqrt{3}}{12}\pi$ ⑤ $\frac{2\sqrt{3}}{3}\pi$

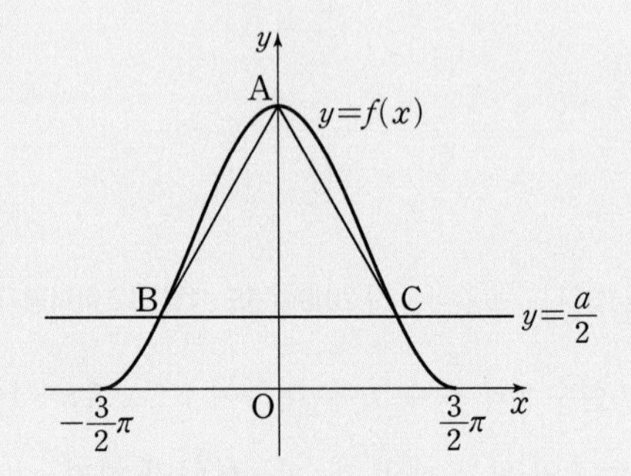

Point

방정식 $f(x)=g(x)$의 실근은 두 함수 $y=f(x)$, $y=g(x)$의 그래프의 교점의 x좌표이다. 따라서 방정식 $f(x)=g(x)$의 서로 다른 실근의 개수는 두 함수 $y=f(x)$, $y=g(x)$의 그래프의 교점의 개수와 같다.

42 25456-0321 | 2019학년도 11월 고2 학력평가 가형 18번 |

$x \geq 0$에서 정의된 함수 $f(x)=a\cos bx+c$의 최댓값이 3, 최솟값이 -1이다. 그림과 같이 함수 $y=f(x)$의 그래프와 직선 $y=3$이 만나는 점 중에서 x좌표가 가장 작은 점과 두 번째로 작은 점을 각각 A, B라 하고, 함수 $y=f(x)$의 그래프와 x축이 만나는 점 중에서 x좌표가 가장 작은 점과 두 번째로 작은 점을 각각 C, D라 하자.
사각형 ACDB의 넓이가 6π일 때, $0 \leq x \leq 4\pi$에서 방정식 $f(x)=2$의 모든 해의 합은? (단, a, b, c는 양수이다.) [4점]

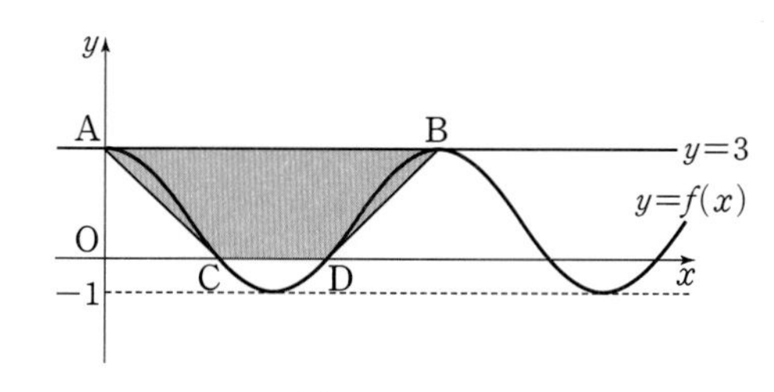

① 6π ② $\frac{13}{2}\pi$ ③ 7π
④ $\frac{15}{2}\pi$ ⑤ 8π

43 25456-0322 | 2014학년도 3월 고2 학력평가 A형 25번/B형 24번 |

그림과 같이 어떤 용수철에 질량이 m g인 추를 매달아 아래쪽으로 L cm만큼 잡아당겼다가 놓으면 추는 지면과 수직인 방향으로 진동한다. 추를 놓은 지 t초가 지난 후의 추의 높이를 h cm라 하면 다음 관계식이 성립한다.

$$h=20-L\cos\frac{2\pi t}{\sqrt{m}}$$

이 용수철에 질량이 144 g인 추를 매달아 아래쪽으로 10 cm만큼 잡아당겼다가 놓은 지 2초가 지난 후의 추의 높이와, 질량이 a g인 추를 매달아 아래쪽으로 $5\sqrt{2}$ cm만큼 잡아당겼다가 놓은 지 2초가 지난 후의 추의 높이가 같을 때, a의 값을 구하시오. (단, $L<20$이고 $a \geq 100$이다.) [3점]

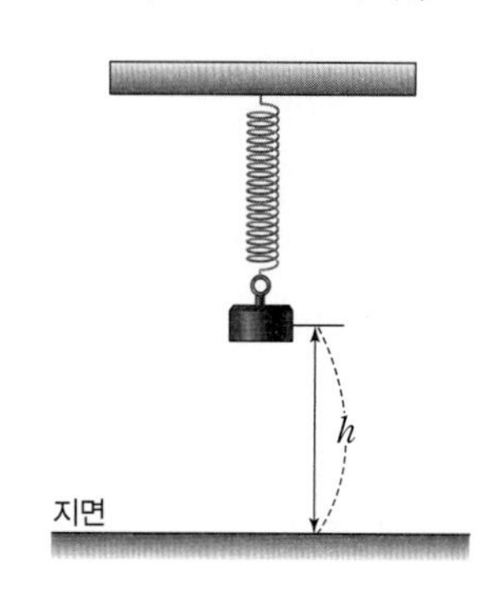

정답과 풀이 62쪽

함수 $f(x)=a\sin bx+c$의 주기가 4π이고 $f\left(\frac{\pi}{2}\right)=\sqrt{2}-1$일 때, 세 유리수 a, b, c의 곱 abc의 값을 구하시오. (단, $b>0$)

출제 의도 삼각함수의 주기와 함숫값을 이용하여 미정계수를 구할 수 있는지를 묻고 있다.

풀이

$b>0$이므로 함수 $f(x)=a\sin bx+c$의 주기는

$\frac{2\pi}{b}=4\pi$

이므로 $b=\frac{1}{2}$ ······ ㉮

$f\left(\frac{\pi}{2}\right)=a\sin\frac{\pi}{4}+c$

$=\frac{\sqrt{2}}{2}a+c$

이므로 $f\left(\frac{\pi}{2}\right)=\sqrt{2}-1$에서

$\frac{\sqrt{2}}{2}a+c=\sqrt{2}-1$ ······ ㉯

이때 a, c가 유리수이므로

$a=2$, $c=-1$ ······ ㉰

따라서

$abc=2\times\frac{1}{2}\times(-1)$

$=-1$ ······ ㉱

답 -1

단계	채점 기준	비율
㉮	사인함수의 주기를 이용하여 b의 값을 구한 경우	30%
㉯	함수 $f(x)=a\sin bx+c$의 x에 $\frac{\pi}{2}$를 대입하여 a와 c의 관계식을 구한 경우	30%
㉰	a, c가 유리수임을 이용하여 a, c의 값을 구한 경우	30%
㉱	a, b, c의 값을 이용하여 abc의 값을 구한 경우	10%

01 25456-0323

연립부등식

$$\begin{cases}\sqrt{3}+2\sin x<0\\ 2\cos x-\sqrt{3}<0\end{cases}$$

의 해를 구하시오. (단, $0\le x<2\pi$)

02 25456-0324

모든 실수 x에 대하여 부등식

$$x^2-2\sqrt{2}x\sin\theta+1\ge 0$$

이 항상 성립할 때, θ의 값의 범위를 구하시오.

(단, $0\le\theta<2\pi$)

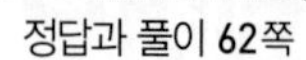

01 25456-0325 | 2024학년도 6월 고2 학력평가 30번 |

1보다 큰 실수 k에 대하여 함수

$$f(x)=\left|2\sin\frac{\pi}{k}x+\frac{1}{2}\right|$$

이 다음 조건을 만족시킨다.

> 실수 t $(0\leq t\leq 2k)$에 대하여 $t\leq x\leq t+1$에서 함수 $f(x)$의 최댓값이 $\frac{1}{2}$이 되도록 하는 t의 값은 α와 β뿐이다.

$k\alpha+\beta$의 값을 구하시오. (단, $\alpha<\beta$) [4점]

02 25456-0326 | 2023학년도 6월 고2 학력평가 21번 |

자연수 n에 대하여 $\frac{n-1}{6}\pi\leq x\leq\frac{n+2}{6}\pi$에서 함수

$$f(x)=\left|\sin x-\frac{1}{2}\right|$$

의 최댓값을 $g(n)$이라 하자. 40 이하의 자연수 k에 대하여 $g(k)$가 무리수가 되도록 하는 모든 k의 값의 합은? [4점]

① 115 ② 117 ③ 119 ④ 121 ⑤ 123

03 25456-0327 | 2022학년도 6월 고2 학력평가 30번 |

두 실수 a, b와 두 함수

$$f(x)=\sin x,\ g(x)=a\cos x+b$$

에 대하여 $0\leq x\leq 2\pi$에서 정의된 함수

$$h(x)=\frac{|f(x)-g(x)|+f(x)+g(x)}{2}$$

가 다음 조건을 만족시킨다.

> (가) 함수 $h(x)$의 최솟값은 $-\frac{\sqrt{3}}{2}$이다.
> (나) $0<c<\frac{\pi}{2}$인 어떤 실수 c에 대하여
> $h(c)=h(c+\pi)=\frac{1}{2}$이다.

상수 k $\left(k>\frac{1}{2}\right)$에 대하여 방정식 $h(x)=k$가 서로 다른 세 실근을 가질 때, $a+20\left(\frac{k}{b}\right)^2$의 값을 구하시오. [4점]

짚어보기 | 07 삼각함수의 활용

1. 사인법칙

(1) **사인법칙**: 삼각형 ABC의 외접원의 반지름의 길이를 R이라 하면

$$\frac{a}{\sin A}=\frac{b}{\sin B}=\frac{c}{\sin C}=2R$$

가 성립한다. 이와 같이 삼각형의 세 변의 길이와 세 각의 크기에 대한 사인함숫값 사이의 관계를 사인법칙이라 한다.

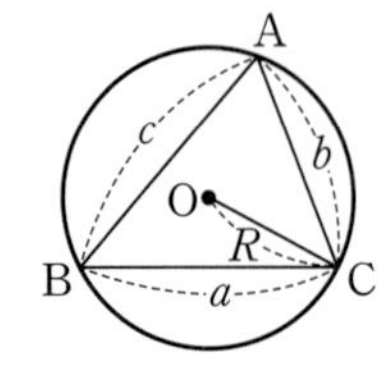

(2) **사인법칙의 활용**

① $\sin A=\frac{a}{2R}$, $\sin B=\frac{b}{2R}$, $\sin C=\frac{c}{2R}$

② $a=2R\sin A$, $b=2R\sin B$, $c=2R\sin C$

③ $a:b:c=\sin A:\sin B:\sin C$

> **참고**
> 삼각형 ABC에서 ∠A, ∠B, ∠C의 크기를 각각 A, B, C로 나타내고, 이들의 대변의 길이를 각각 a, b, c로 나타낸다.

> **참고**
> 사인법칙이 유용한 경우
> ① 삼각형의 외접원의 반지름의 길이를 알 때
> ② 한 변의 길이와 두 각의 크기를 알 때
> ③ 두 변의 길이와 그 끼인각이 아닌 한 각의 크기를 알 때

2. 코사인법칙

(1) **코사인법칙**: 삼각형 ABC에서

$a^2=b^2+c^2-2bc\cos A$, $b^2=c^2+a^2-2ca\cos B$,

$c^2=a^2+b^2-2ab\cos C$

가 성립한다. 이와 같이 삼각형의 세 변의 길이와 세 각의 크기에 대한 코사인함숫값 사이의 관계를 코사인법칙이라 한다.

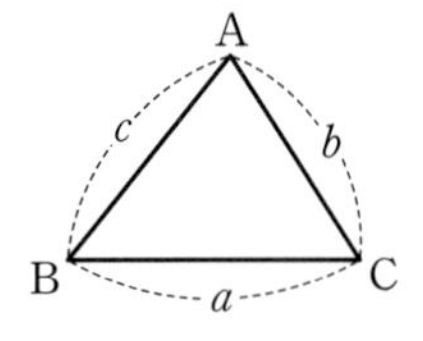

(2) **코사인법칙의 활용**

$$\cos A=\frac{b^2+c^2-a^2}{2bc},\ \cos B=\frac{c^2+a^2-b^2}{2ca},\ \cos C=\frac{a^2+b^2-c^2}{2ab}$$

> **참고**
> 코사인법칙이 유용한 경우
> ① 두 변의 길이와 그 끼인각의 크기를 알 때
> ② 세 변의 길이를 알 때

> **참고**
> 삼각형 ABC에서 세 변의 길이 a, b, c를 알면 세 내각의 크기 A, B, C를 구할 수 있다.

3. 삼각형의 넓이

삼각형 ABC의 넓이를 S라 하면

(1) 두 변의 길이와 그 끼인각의 크기가 주어질 때

$$S=\frac{1}{2}bc\sin A=\frac{1}{2}ca\sin B=\frac{1}{2}ab\sin C$$

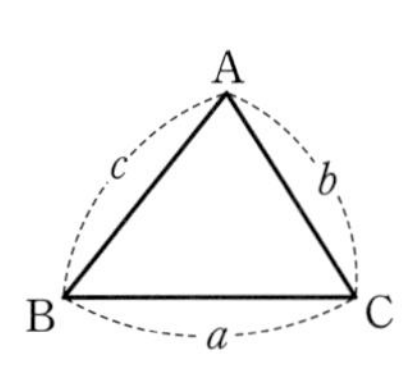

(2) 세 변의 길이 a, b, c와 외접원의 반지름의 길이 R이 주어질 때,

$$S=\frac{abc}{4R}$$

(3) 세 내각 A, B, C와 외접원의 반지름의 길이 R이 주어질 때,

$$S=2R^2\sin A\sin B\sin C$$

(4) 세 변의 길이 a, b, c와 내접원의 반지름의 길이 r이 주어질 때,

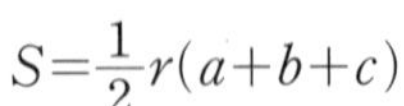

$$S=\frac{1}{2}r(a+b+c)$$

4. 사각형의 넓이

(1) 이웃하는 두 변의 길이가 a, b이고 그 끼인각의 크기가 θ인 평행사변형의 넓이 S는

$$S=ab\sin\theta$$

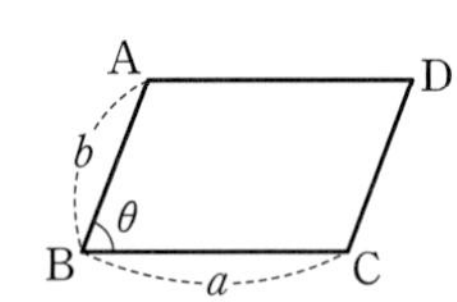

(2) 두 대각선의 길이가 a, b이고 두 대각선이 이루는 각의 크기가 θ일 때, 사각형 ABCD의 넓이 S는

$$S=\frac{1}{2}ab\sin\theta$$

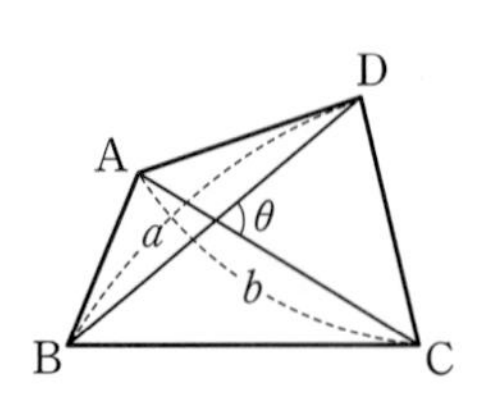

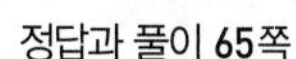
정답과 풀이 65쪽

01 삼각형 ABC에서 $A=60°$, $B=45°$, $b=6\sqrt{2}$일 때, 외접원의 반지름의 길이 R과 a의 값을 구하시오.

02 삼각형 ABC에서 $A=30°$, $C=60°$, $a=2$일 때, 외접원의 반지름의 길이 R과 c의 값을 구하시오.

03 삼각형 ABC에서 $B=30°$, $C=45°$, $c=6$일 때, 외접원의 반지름의 길이 R과 b의 값을 구하시오.

04 다음 식을 만족시키는 삼각형 ABC는 어떤 삼각형인지 구하시오.

(1) $a\sin A=b\sin B$
(2) $\sin A:\sin B:\sin C=3:4:5$
(3) $\sin^2 A=\sin^2 B+\sin^2 C$
(4) $a\sin A+b\sin B=c\sin C$

05 삼각형 ABC에서 다음을 구하시오.

(1) $b=3$, $c=4$, $A=60°$일 때, a의 값
(2) $a=3$, $b=2\sqrt{3}$, $C=30°$일 때, c의 값
(3) $a=7$, $b=8$, $c=13$일 때, C의 크기
(4) $a=\sqrt{17}$, $b=\sqrt{2}$, $c=3$일 때, A의 크기

06 삼각형 ABC에서 다음을 구하시오.

(1) $a=5$, $b=4$, $C=60°$일 때, 넓이 S
(2) $a=2\sqrt{2}$, $c=2\sqrt{3}$, $B=135°$일 때, 넓이 S
(3) $a=5$, $b=8$, 넓이가 10일 때, C의 크기 $\left(단,\ 0<C<\frac{\pi}{2}\right)$
(4) $b=2\sqrt{3}$, $c=6$, 넓이가 9일 때, A의 크기 $\left(단,\ 0<A<\frac{\pi}{2}\right)$

07 삼각형 ABC에서 $A=30°$, $a=6$, $b=6\sqrt{3}$일 때, $\sin B\cos C$의 값을 구하시오. $\left(단,\ \frac{\pi}{2}<B<\pi\right)$

08 세 변의 길이가 5, 7, 8인 삼각형의 넓이를 구하시오.

09 $\overline{AB}=2$, $\overline{AD}=3$, $A=120°$인 평행사변형 ABCD의 넓이를 구하시오.

10 $\overline{AB}=2$, $\overline{AD}=3$인 평행사변형 ABCD에서 넓이가 5일 때, $\cos B$의 값을 구하시오. $\left(단,\ 0<B<\frac{\pi}{2}\right)$

11 $\overline{AB}=3$, $\overline{AC}=4$, $A=\frac{\pi}{3}$인 삼각형 ABC에서 각 A의 이등분선이 선분 BC와 만나는 점을 D라 할 때, 선분 AD의 길이를 구하시오.

유형 1 사인법칙

01 25456-0328 | 2024학년도 6월 고2 학력평가 6번 |

반지름의 길이가 6인 원에 내접하는 삼각형 ABC에서 $\sin A=\frac{1}{4}$일 때, $\overline{BC}$의 값은? [3점]

① 2 ② $\frac{5}{2}$ ③ 3 ④ $\frac{7}{2}$ ⑤ 4

Point

(1) 사인법칙

삼각형 ABC에서 그 외접원의 반지름의 길이를 R이라 하면

$\frac{a}{\sin A}=\frac{b}{\sin B}=\frac{c}{\sin C}=2R$

(2) 사인법칙의 활용

① $\sin A=\frac{a}{2R}$, $\sin B=\frac{b}{2R}$, $\sin C=\frac{c}{2R}$

② $a=2R\sin A$, $b=2R\sin B$, $c=2R\sin C$

③ $a:b:c=\sin A:\sin B:\sin C$

02 25456-0329 | 2019학년도 9월 고2 학력평가 가형 7번 |

반지름의 길이가 5인 원에 내접하는 삼각형 ABC에 대하여 $\angle BAC=\frac{\pi}{4}$일 때, 선분 BC의 길이는? [3점]

① $3\sqrt{2}$ ② $\frac{7\sqrt{2}}{2}$ ③ $4\sqrt{2}$ ④ $\frac{9\sqrt{2}}{2}$ ⑤ $5\sqrt{2}$

03 25456-0330 | 2019학년도 9월 고2 학력평가 나형 12번 |

선분 BC의 길이가 5이고, $\angle BAC=\frac{\pi}{6}$인 삼각형 ABC의 외접원의 반지름의 길이는? [3점]

① 3 ② $\frac{7}{2}$ ③ 4 ④ $\frac{9}{2}$ ⑤ 5

04 25456-0331 | 2023학년도 6월 고2 학력평가 11번 |

반지름의 길이가 4인 원에 내접하는 삼각형 ABC가 있다.
이 삼각형의 둘레의 길이가 12일 때,
$\sin A+\sin B+\sin(A+B)$의 값은? [3점]

① $\frac{3}{2}$ ② $\frac{8}{5}$ ③ $\frac{17}{10}$ ④ $\frac{9}{5}$ ⑤ $\frac{19}{10}$

05 25456-0332 | 2011학년도 3월 고2 학력평가 25번 |

그림과 같이 한 원에 내접하는 두 삼각형 ABC, ABD에서 $\overline{AB}=16\sqrt{2}$, $\angle ABD=45°$, $\angle BCA=30°$일 때, 선분 AD의 길이를 구하시오. [3점]

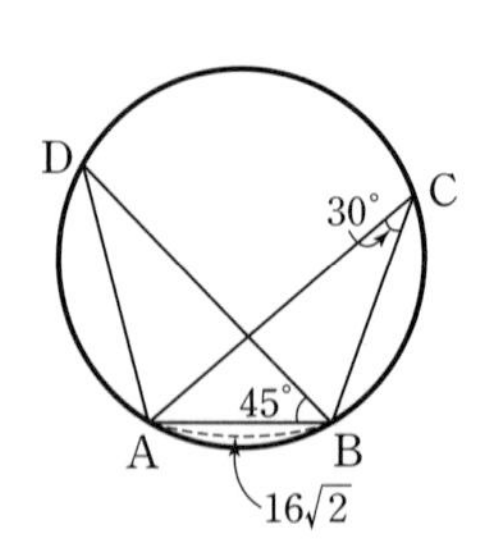

06 25456-0333 | 2005학년도 3월 고2 학력평가 20번 |

등식 $a\sin A=b\sin B+c\sin C$를 만족하는 삼각형 ABC의 넓이는? (단, a, b, c는 각각 ∠A, ∠B, ∠C의 대변의 길이이다.) [4점]

① $\frac{\sqrt{2}}{2}ab$ ② $\frac{1}{2}ab$ ③ $\frac{1}{2}ac$
④ $\frac{\sqrt{3}}{2}bc$ ⑤ $\frac{1}{2}bc$

07 25456-0334 | 2019학년도 11월 고2 학력평가 가형 28번 |

그림과 같이 반지름의 길이가 6인 원에 내접하는 사각형 ABCD에 대하여 $\overline{AB}=\overline{CD}=3\sqrt{3}$, $\overline{BD}=8\sqrt{2}$일 때, 사각형 ABCD의 넓이를 S라 하자. $\frac{S^2}{13}$의 값을 구하시오. [4점]

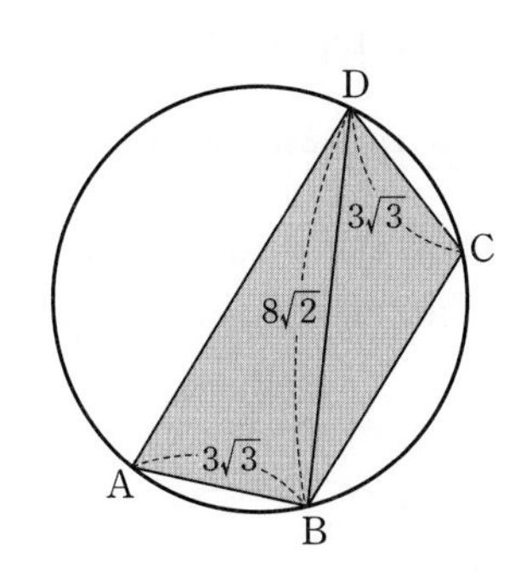

유형 2 코사인법칙

08 25456-0335 | 2023학년도 6월 고2 학력평가 6번 |

$\overline{AB}=3$, $\overline{AC}=6$이고 $\cos A=\frac{5}{9}$인 삼각형 ABC에서 선분 BC의 길이는? [3점]

① 4 ② $\frac{9}{2}$ ③ 5
④ $\frac{11}{2}$ ⑤ 6

Point

(1) 코사인법칙
① $a^2=b^2+c^2-2bc\cos A$
② $b^2=c^2+a^2-2ca\cos B$
③ $c^2=a^2+b^2-2ab\cos C$

(2) 코사인법칙의 활용
① $\cos A=\frac{b^2+c^2-a^2}{2bc}$
② $\cos B=\frac{c^2+a^2-b^2}{2ca}$
③ $\cos C=\frac{a^2+b^2-c^2}{2ab}$

09 25456-0336 | 2019학년도 11월 고2 학력평가 나형 10번 |

$\overline{AB}=4$, $\overline{BC}=5$, $\overline{CA}=\sqrt{11}$인 삼각형 ABC에서 ∠ABC$=\theta$라 할 때, $\cos\theta$의 값은? [3점]

① $\frac{2}{3}$ ② $\frac{3}{4}$ ③ $\frac{4}{5}$
④ $\frac{5}{6}$ ⑤ $\frac{6}{7}$

10 25456-0337 | 2022학년도 9월 고2 학력평가 9번 |

$\overline{AB}=3$, $\overline{BC}=6$인 삼각형 ABC가 있다. $\angle ABC=\theta$에 대하여 $\sin\theta=\frac{2\sqrt{14}}{9}$일 때, 선분 AC의 길이는?

$\left(단, 0<\theta<\frac{\pi}{2}\right)$ [3점]

① 4 ② $\frac{13}{3}$ ③ $\frac{14}{3}$

④ 5 ⑤ $\frac{16}{3}$

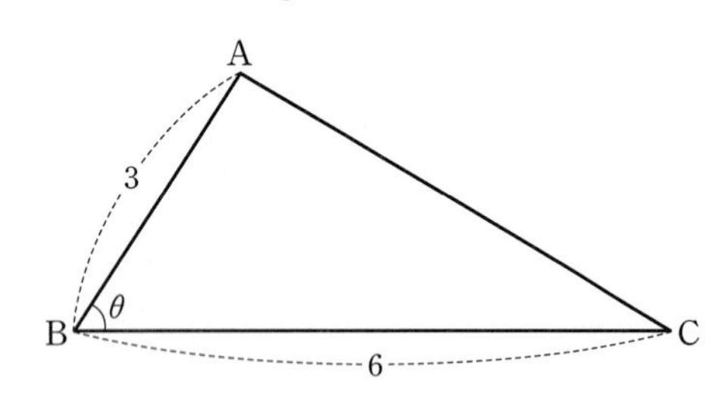

11 25456-0338 | 2019학년도 9월 고2 학력평가 나형 27번 |

그림과 같이 $\overline{AB}=3$, $\overline{BC}=6$인 직사각형 ABCD에서 선분 BC를 1 : 5로 내분하는 점을 E라 하자. $\angle EAC=\theta$라 할 때, $50\sin\theta\cos\theta$의 값을 구하시오. [4점]

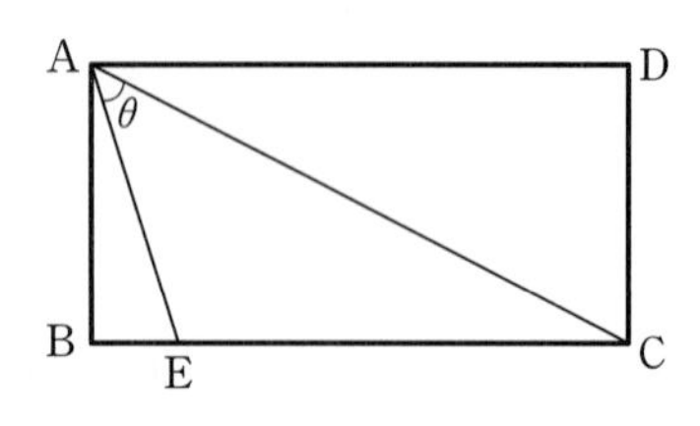

12 25456-0339 | 2024학년도 6월 고2 학력평가 20번 |

그림과 같이 중심이 O이고 길이가 2인 선분 AB를 지름으로 하는 반원이 있다. 호 AB 위의 세 점 C, D, E가

$$\overline{DE}=\overline{EB},\ \overline{CD}:\overline{DE}=1:\sqrt{2},\ \angle COE=\frac{\pi}{2}$$

를 만족시킨다. $\cos(\angle OBE)$의 값은? (단, 점 D는 점 B가 아니다.) [4점]

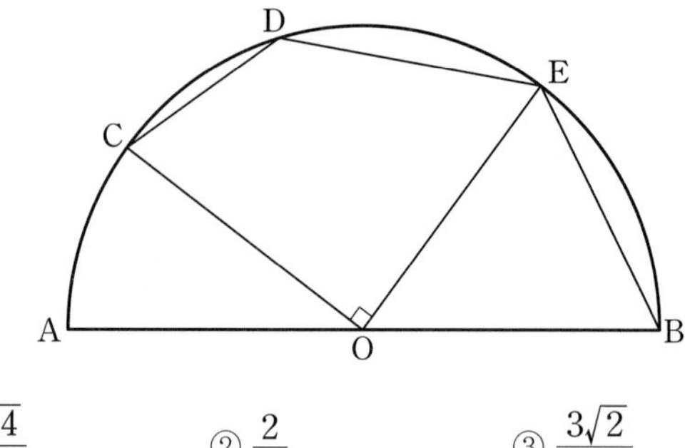

① $\frac{\sqrt{14}}{10}$ ② $\frac{2}{5}$ ③ $\frac{3\sqrt{2}}{10}$

④ $\frac{\sqrt{5}}{5}$ ⑤ $\frac{\sqrt{22}}{10}$

13 25456-0340 | 2020학년도 9월 고2 학력평가 27번 |

그림과 같이 반지름의 길이가 2이고 중심각의 크기가 $\frac{3}{2}\pi$인 부채꼴 OBA가 있다. 호 BA 위에 점 P를 $\angle BAP=\frac{\pi}{6}$가 되도록 잡고, 점 B에서 선분 AP에 내린 수선의 발을 H라 할 때, $\overline{OH}^2$의 값은 $m+n\sqrt{3}$이다. m^2+n^2의 값을 구하시오.

(단, m, n은 유리수이다.) [4점]

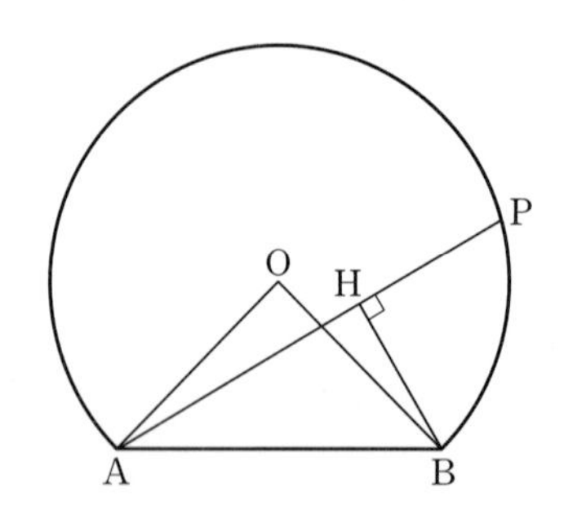

유형 3 사인법칙 ⊕ 코사인법칙

14 25456-0341 | 2024학년도 6월 고2 학력평가 29번 |

그림과 같이 $\overline{AC}>2\sqrt{7}$인 삼각형 ABC에 대하여 선분 AC 위의 점 D가 $\overline{CD}=2\sqrt{7}$, $\cos(\angle BDA)=\frac{\sqrt{7}}{4}$을 만족시킨다. 삼각형 ABC와 삼각형 ABD의 외접원의 반지름의 길이를 각각 R_1, R_2라 하자. $R_1:R_2=4:3$일 때, $\overline{BC}+\overline{BD}$의 값을 구하시오. [4점]

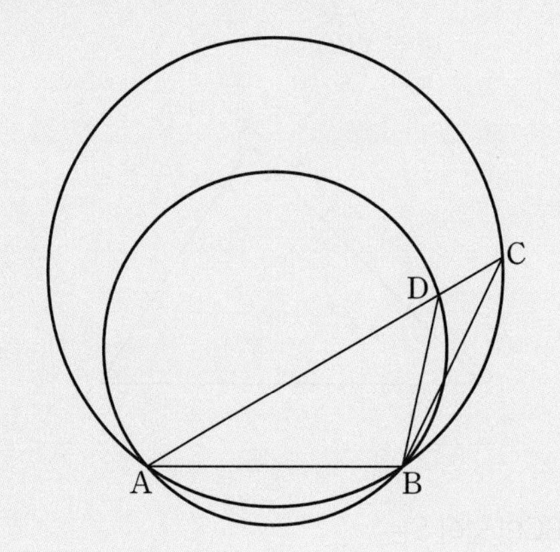

Point

주어진 삼각형의 조건을 확인하고 사인법칙과 코사인법칙 중 알맞은 공식을 택하여 적용한다.

(1) 두 변의 길이와 그 끼인각의 크기가 주어지면 사인법칙과 코사인법칙을 이용한다.

(2) 세 변의 길이가 주어지면 코사인법칙의 활용을 이용한다.

15 25456-0342 | 2020학년도 9월 고2 학력평가 10번 |

삼각형 ABC에서

$$\frac{2}{\sin A}=\frac{3}{\sin B}=\frac{4}{\sin C}$$

일 때, $\cos C$의 값은? [3점]

① $-\frac{1}{2}$ ② $-\frac{1}{4}$ ③ 0

④ $\frac{1}{4}$ ⑤ $\frac{1}{2}$

16 25456-0343 | 2024학년도 9월 고2 학력평가 27번 |

그림과 같이 둘레의 길이가 20이고 $\cos(\angle ABC)=\frac{1}{4}$인 평행사변형 ABCD가 있다. 삼각형 ABC의 외접원의 넓이가 $\frac{32}{3}\pi$일 때, 삼각형 ABD의 외접원의 넓이는 $\frac{q}{p}\pi$이다. $p+q$의 값을 구하시오. (단, $\overline{AB}<\overline{AD}$이고, p와 q는 서로소인 자연수이다.) [4점]

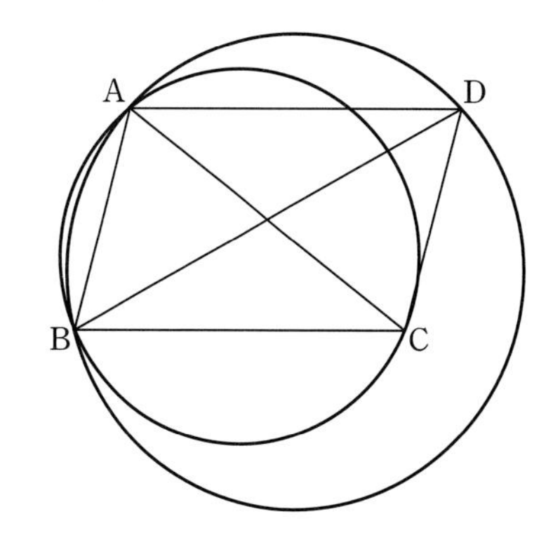

17 25456-0344 | 2023학년도 9월 고2 학력평가 28번 |

그림과 같이 $\overline{AB}=2$, $\cos(\angle BAC)=\frac{\sqrt{3}}{6}$인 삼각형 ABC가 있다. 선분 AC 위의 한 점 D에 대하여 직선 BD가 삼각형 ABC의 외접원과 만나는 점 중 B가 아닌 점을 E라 하자. $\overline{DE}=5$, $\overline{CD}+\overline{CE}=5\sqrt{3}$일 때, 삼각형 ABC의 외접원의 넓이는 $\frac{q}{p}\pi$이다. $p+q$의 값을 구하시오.

(단, p와 q는 서로소인 자연수이다.) [4점]

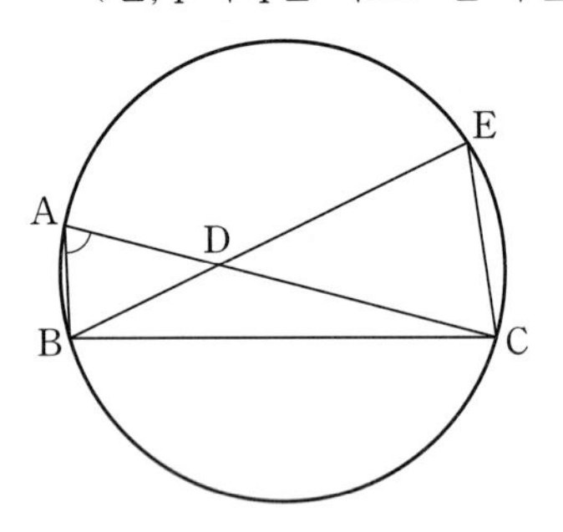

18 25456-0345 | 2022학년도 9월 고2 학력평가 14번 |

그림과 같이 중심이 O이고 반지름의 길이가 6인 부채꼴 OAB가 있다. $\overline{AB}=8\sqrt{2}$이고 부채꼴 OAB의 호 AB 위의 한 점 P에 대하여 $\angle BPA>90°$, $\overline{AP}:\overline{BP}=3:1$일 때, 선분 BP의 길이는? [4점]

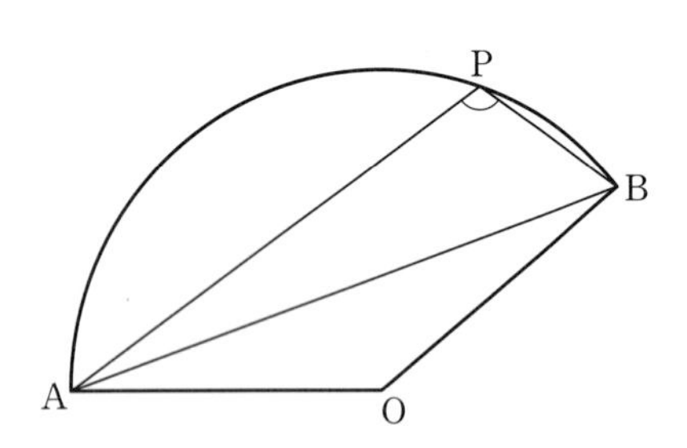

① $\frac{2\sqrt{6}}{3}$ ② $\frac{5\sqrt{6}}{6}$ ③ $\sqrt{6}$
④ $\frac{7\sqrt{6}}{6}$ ⑤ $\frac{4\sqrt{6}}{3}$

유형 4 삼각형의 넓이

19 25456-0346 | 2023학년도 9월 고2 학력평가 10번 |

$\overline{AB}=6$, $\overline{BC}=7$인 삼각형 ABC가 있다.
삼각형 ABC의 넓이가 15일 때, $\cos(\angle ABC)$의 값은?

$\left(단, 0<\angle ABC<\frac{\pi}{2}\right)$ [3점]

① $\frac{\sqrt{21}}{7}$ ② $\frac{2\sqrt{6}}{7}$ ③ $\frac{3\sqrt{3}}{7}$
④ $\frac{\sqrt{30}}{7}$ ⑤ $\frac{\sqrt{33}}{7}$

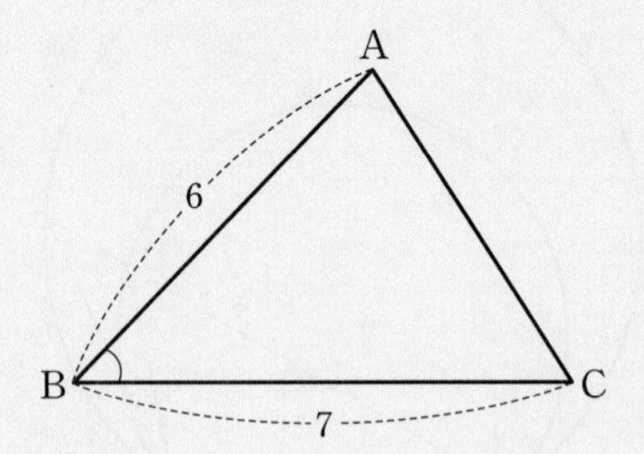

Point

삼각형 ABC의 넓이 S는

(1) 두 변의 길이와 그 끼인각의 크기가 주어질 때

$$S=\frac{1}{2}bc\sin A=\frac{1}{2}ca\sin B=\frac{1}{2}ab\sin C$$

(2) 세 변의 길이 a, b, c와 외접원의 반지름의 길이 R이 주어질 때

$$S=\frac{abc}{4R}$$

(3) 세 내각 A, B, C와 외접원의 반지름의 길이 R이 주어질 때

$$S=2R^2\sin A\sin B\sin C$$

(4) 세 변의 길이 a, b, c와 내접원의 반지름의 길이 r이 주어질 때

$$S=\frac{1}{2}r(a+b+c)$$

20 25456-0347 | 2021학년도 9월 고2 학력평가 9번 |

$\overline{AB}=\overline{AC}=2$인 삼각형 ABC에서 $\angle BAC=\theta$ $(0<\theta<\pi)$라 하자. 삼각형 ABC의 넓이가 1보다 크도록 하는 모든 θ의 값의 범위가 $\alpha<\theta<\beta$일 때, $2\alpha+\beta$의 값은? [3점]

① $\frac{7}{6}\pi$ ② $\frac{4}{3}\pi$ ③ $\frac{3}{2}\pi$
④ $\frac{5}{3}\pi$ ⑤ $\frac{11}{6}\pi$

21 25456-0348 | 2024학년도 6월 고2 학력평가 16번 |

그림과 같이 사각형 ABCD가 한 원에 내접하고

$\overline{AB}=4$, $\overline{AD}=5$, $\overline{BD}=\sqrt{33}$

이다. 삼각형 BCD의 넓이가 $2\sqrt{6}$일 때, $\overline{BC}\times\overline{CD}$의 값은? [4점]

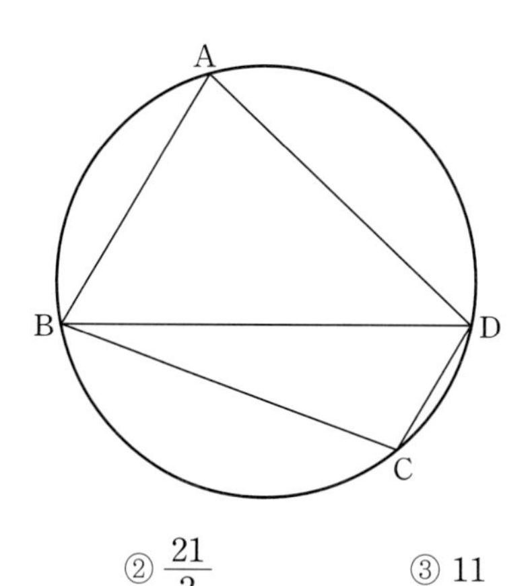

① 10 ② $\frac{21}{2}$ ③ 11
④ $\frac{23}{2}$ ⑤ 12

22 25456-0349 | 2022학년도 6월 고2 학력평가 16번 |

그림과 같이 반지름의 길이가 2이고 중심각의 크기가 $\frac{\pi}{2}$인 부채꼴 OAB가 있다. 호 AB 위에 점 C를 $\overline{AC}=1$이 되도록 잡는다. 선분 OC 위의 점 O가 아닌 점 D에 대하여 삼각형 BOD의 넓이가 $\frac{7}{6}$일 때, 선분 OD의 길이는? [4점]

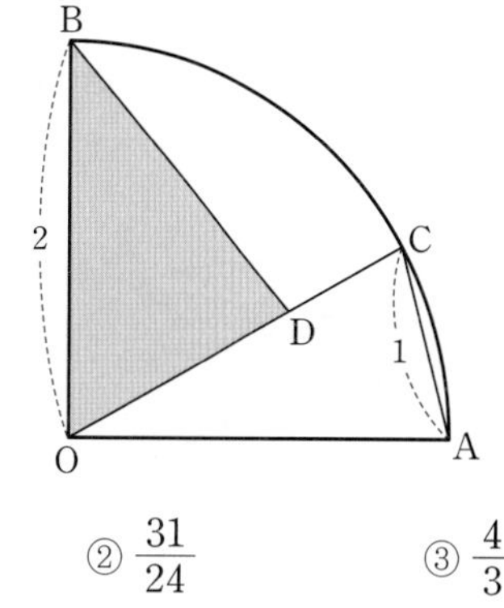

① $\frac{5}{4}$ ② $\frac{31}{24}$ ③ $\frac{4}{3}$
④ $\frac{11}{8}$ ⑤ $\frac{17}{12}$

23 25456-0350 | 2023학년도 11월 고2 학력평가 18번 |

그림과 같이 $2\overline{AB}=\overline{AC}$인 삼각형 ABC에 대하여 선분 AB의 중점을 M, 선분 AC를 3 : 5로 내분하는 점을 N이라 하자. $\overline{MN}=\overline{AB}$이고, 삼각형 AMN의 외접원의 넓이가 16π일 때, 삼각형 ABC의 넓이는? [4점]

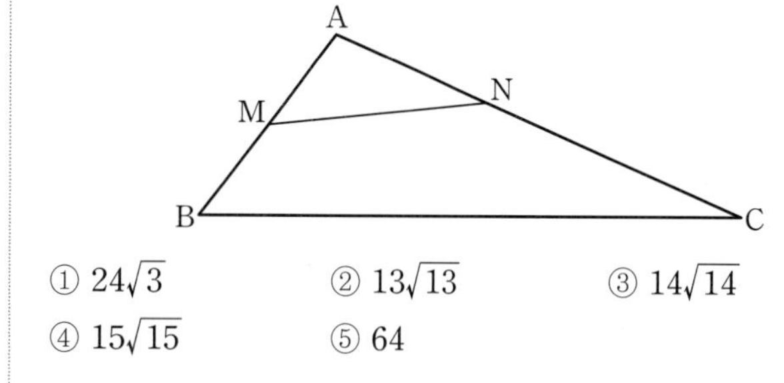

① $24\sqrt{3}$ ② $13\sqrt{13}$ ③ $14\sqrt{14}$
④ $15\sqrt{15}$ ⑤ 64

24 25456-0351 | 2023학년도 6월 고2 학력평가 19번 |

그림과 같이 길이가 4인 선분 AB를 지름으로 하는 반원이 있다. 선분 AB의 중점을 O라 하고, 호 AB 위의 점 C에 대하여 점 A를 지나고 선분 OC와 평행한 직선과 호 AB의 교점을 P, 선분 OC와 선분 BP의 교점을 Q라 하자.
점 Q를 지나고 선분 PO와 평행한 직선과 선분 OB의 교점을 D라 하자. $\angle CAB=\theta$라 할 때, 삼각형 QDB의 넓이를 $S(\theta)$, 삼각형 PQC의 넓이를 $T(\theta)$라 하자. 다음은 $S(\theta)$와 $T(\theta)$를 구하는 과정이다. $\left(\text{단, } 0<\theta<\dfrac{\pi}{4}\right)$

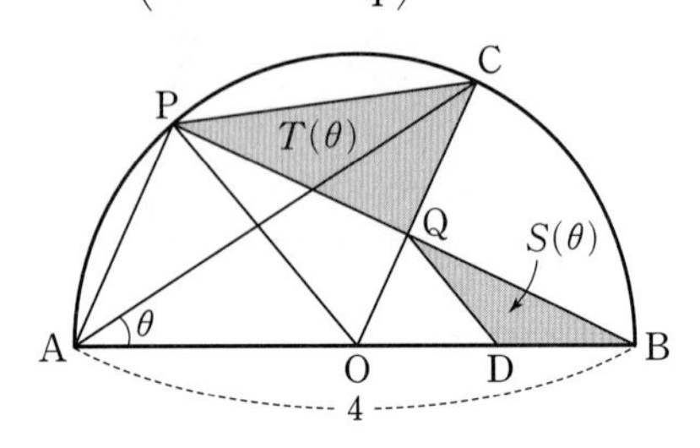

> $\angle CAB=\theta$이므로 $\angle COB=2\theta$이다.
> 삼각형 POB가 이등변삼각형이고 $\angle OQB=\dfrac{\pi}{2}$이므로
> 점 Q는 선분 PB의 중점이고 $\angle POQ=2\theta$이다.
> 선분 PO와 선분 QD가 평행하므로
> 삼각형 POB와 삼각형 QDB는 닮음이다.
> 따라서 $\overline{QD}=$ (가) 이고 $\angle QDB=$ (나) 이므로
> $$S(\theta)=\frac{1}{2}\times \boxed{(가)}\times 1\times \sin(\boxed{(나)})$$
> 이다. $\overline{CQ}=\overline{CO}-\overline{QO}$이므로
> $$T(\theta)=\frac{1}{2}\times\overline{PQ}\times\overline{CQ}=\sin 2\theta\times(2-\boxed{(다)})$$
> 이다.

위의 (가)에 알맞은 수를 p라 하고, (나), (다)에 알맞은 식을 각각 $f(\theta)$, $g(\theta)$라 할 때, $p\times f\left(\dfrac{\pi}{16}\right)\times g\left(\dfrac{\pi}{8}\right)$의 값은? [4점]

① $\dfrac{\sqrt{2}}{4}\pi$ ② $\dfrac{\sqrt{2}}{5}\pi$ ③ $\dfrac{\sqrt{2}}{6}\pi$ ④ $\dfrac{\sqrt{2}}{7}\pi$ ⑤ $\dfrac{\sqrt{2}}{8}\pi$

25 25456-0352 | 2022학년도 9월 고2 학력평가 20번 |

그림과 같이 양수 a에 대하여 $\overline{AB}=4$, $\overline{BC}=a$, $\overline{CA}=8$인 삼각형 ABC가 있다. $\angle BAC$의 이등분선이 선분 BC와 만나는 점을 P라 하자. $a(\sin B+\sin C)=6\sqrt{3}$일 때, 선분 AP의 길이는? (단, $\angle BAC>90^\circ$) [4점]

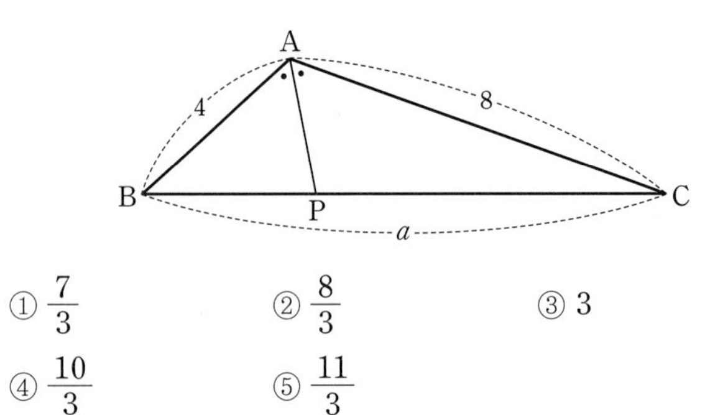

① $\dfrac{7}{3}$ ② $\dfrac{8}{3}$ ③ 3 ④ $\dfrac{10}{3}$ ⑤ $\dfrac{11}{3}$

26 25456-0353 | 2021학년도 9월 고2 학력평가 19번 |

중심이 O이고 길이가 10인 선분 AB를 지름으로 하는 반원의 호 위에 점 P가 있다. 그림과 같이 선분 PB의 연장선 위에 $\overline{PA}=\overline{PC}$인 점 C를 잡고, 선분 PO의 연장선 위에 $\overline{PA}=\overline{PD}$인 점 D를 잡는다. $\angle PAB=\theta$에 대하여 $4\sin\theta=3\cos\theta$일 때, 삼각형 ADC의 넓이는? [4점]

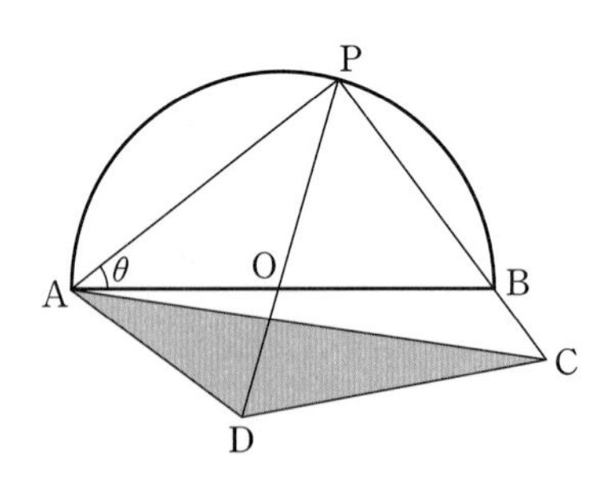

① $\dfrac{63}{5}$ ② $\dfrac{127}{10}$ ③ $\dfrac{64}{5}$ ④ $\dfrac{129}{10}$ ⑤ 13

정답과 풀이 71쪽

$\overline{AB}=5$, $\overline{BC}=8$, $\overline{CD}=\overline{DA}=3$, $C=\frac{\pi}{3}$인 사각형 ABCD의 넓이를 구하시오.

출제 의도 코사인법칙을 이용하여 선분의 길이를 구한 후 사각형의 넓이를 구할 수 있는지를 묻고 있다.

풀이

삼각형 BCD에서 코사인법칙에 의하여

$\overline{BD}^2=8^2+3^2-2\times8\times3\times\cos\frac{\pi}{3}$

$=64+9-24=49$

이므로 $\overline{BD}=7$ ······ ㉮

삼각형 ABD에서 코사인법칙의 활용에 의하여

$\cos A=\frac{5^2+3^2-7^2}{2\times5\times3}=-\frac{1}{2}$

이때 $0<A<\pi$이므로 $A=\frac{2}{3}\pi$ ······ ㉯

따라서 사각형 ABCD의 넓이를 S, 두 삼각형 ABD, BCD의 넓이를 각각 S_1, S_2라 하면

$S_1=\frac{1}{2}\times5\times3\times\sin\frac{2}{3}\pi$

$=\frac{1}{2}\times5\times3\times\frac{\sqrt{3}}{2}=\frac{15\sqrt{3}}{4}$

$S_2=\frac{1}{2}\times8\times3\times\sin\frac{\pi}{3}$

$=\frac{1}{2}\times8\times3\times\frac{\sqrt{3}}{2}=6\sqrt{3}$ ······ ㉰

따라서

$S=S_1+S_2=\frac{15\sqrt{3}}{4}+6\sqrt{3}=\frac{39\sqrt{3}}{4}$ ······ ㉱

답 $\frac{39\sqrt{3}}{4}$

단계	채점 기준	비율
㉮	삼각형 BCD에서 코사인법칙을 이용하여 $\overline{BD}$의 길이를 구한 경우	20%
㉯	삼각형 ABD에서 코사인법칙을 이용하여 ∠A의 크기를 구한 경우	30%
㉰	삼각형의 넓이 공식을 이용하여 두 삼각형 ABD, BCD의 넓이를 구한 경우	40%
㉱	사각형 ABCD의 넓이를 구한 경우	10%

01 25456-0354

삼각형 ABC에서 $A=45^\circ$, $B=60^\circ$, $\overline{BC}=10$일 때, 삼각형 ABC의 넓이를 구하시오.

02 25456-0355

반지름의 길이가 4인 원 위의 세 점 A, B, C가

$\overset{\frown}{AB}:\overset{\frown}{BC}:\overset{\frown}{CA}=3:4:5$

를 만족시킬 때, 삼각형 ABC의 넓이를 구하시오.

01 25456-0356 | 2023학년도 6월 고2 학력평가 29번 |

그림과 같이 $\overline{AB}=\overline{AC}=1$, $\angle BAC=\frac{\pi}{2}$인 삼각형 ABC 모양의 종이가 있다. 선분 BC 위의 점 D, 선분 AB 위의 점 E, 선분 AC 위의 점 F에 대하여 선분 EF를 접는 선으로 하여 점 A가 점 D와 겹쳐지도록 접었다. 삼각형 BDE와 삼각형 DCF의 외접원의 반지름의 길이의 비가 $2:1$일 때, 선분 DF의 길이는 $\frac{q}{p}$이다. $p+q$의 값을 구하시오. (단, 종이의 두께는 고려하지 않으며, p와 q는 서로소인 자연수이다.) [4점]

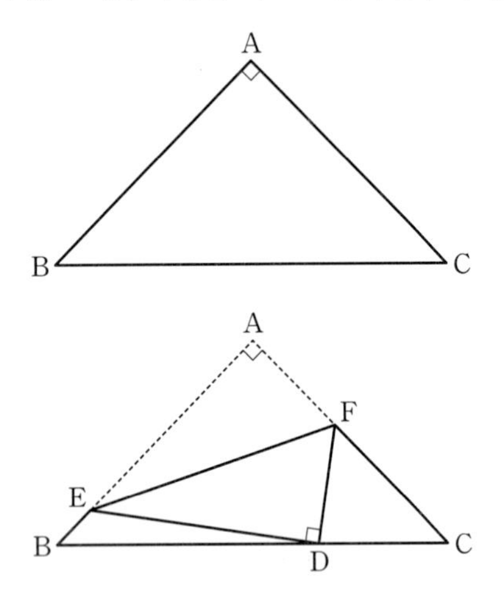

02 25456-0357 | 2022학년도 11월 고2 학력평가 20번 |

반지름의 길이가 $\sqrt{3}$인 원 C에 내접하는 삼각형 ABC에 대하여 $\angle BAC$의 이등분선이 원 C와 만나는 점 중 A가 아닌 점을 D라 하고, 두 선분 BC, AD의 교점을 E라 하자.
$\overline{BD}=\sqrt{3}$일 때, 〈보기〉에서 옳은 것만을 있는 대로 고른 것은? [4점]

보기

ㄱ. $\sin(\angle DBE)=\frac{1}{2}$

ㄴ. $\overline{AB}^2+\overline{AC}^2=\overline{AB}\times\overline{AC}+9$

ㄷ. 삼각형 ABC의 넓이가 삼각형 BDE의 넓이의 4배가 되도록 하는 모든 $\overline{BE}$의 값의 합은 $\frac{9}{4}$이다.

① ㄱ　② ㄷ　③ ㄱ, ㄴ　④ ㄴ, ㄷ　⑤ ㄱ, ㄴ, ㄷ

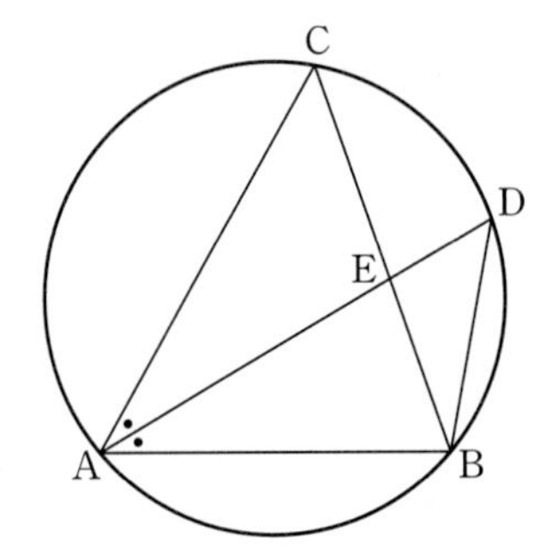

03 25456-0358 | 2020학년도 11월 고2 학력평가 21번 |

그림과 같이 한 변의 길이가 1인 정삼각형 ABC가 있다.
선분 AB 위의 점 P, 선분 BC 위의 점 Q, 선분 CA 위의 점 R에 대하여 세 점 P, Q, R가

$\overline{AP}+\overline{BQ}+\overline{CR}=1$, $\overline{PQ}=\overline{PR}$

를 만족시킬 때, 〈보기〉에서 옳은 것만을 있는 대로 고른 것은? (단, 세 점 P, Q, R는 각각 점 A, 점 B, 점 C가 아니다.) [4점]

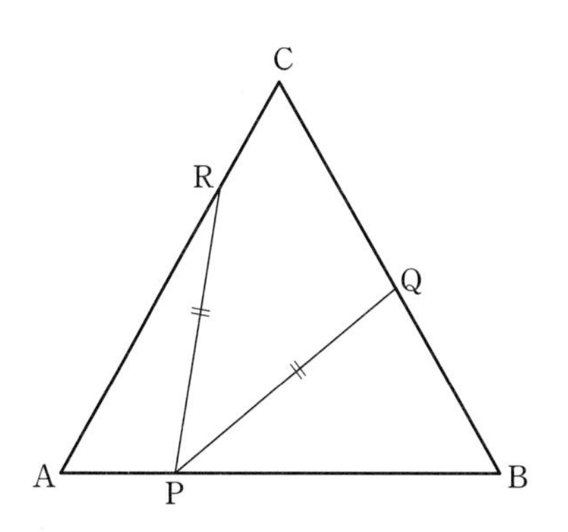

보기

ㄱ. $3\overline{AP}+2\overline{BQ}=2$

ㄴ. $\overline{QR}=\sqrt{3}\times\overline{AP}$

ㄷ. 삼각형 PBQ의 외접원의 넓이가 삼각형 CRQ의 외접원의 넓이의 2배일 때, $\overline{AP}=\frac{\sqrt{21}-3}{6}$이다.

① ㄱ ② ㄴ ③ ㄷ
④ ㄴ, ㄷ ⑤ ㄱ, ㄴ, ㄷ

04 25456-0359 | 2020학년도 9월 고2 학력평가 29번 |

그림과 같이 1보다 큰 두 실수 a, t에 대하여
직선 $y=-x+t$가 두 곡선 $y=a^x$, $y=\log_a x$와 만나는 점을 각각 A, B라 하자. 점 A에서 x축에 내린 수선의 발을 H라 할 때, 세 점 A, B, H는 다음 조건을 만족시킨다.

(가) $\overline{OH}:\overline{AB}=1:2$

(나) 삼각형 AOB의 외접원의 반지름의 길이는 $\frac{\sqrt{2}}{2}$이다.

$200(t-a)$의 값을 구하시오. (단, O는 원점이다.) [4점]

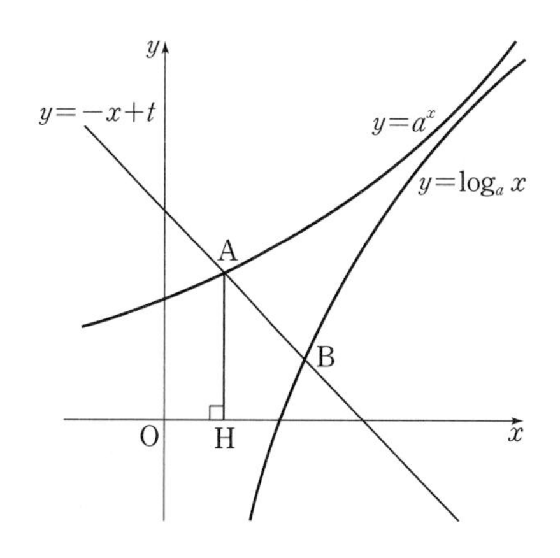

개념

짚어보기 | 08 등차수열과 등비수열

1. 수열

(1) **수열**: 차례로 늘어놓은 수의 열

예 1, 4, 9, 16, 25, ⋯

(2) **항**: 수열을 이루고 있는 각각의 수

(3) **일반항**: 수열에서 제n항 a_n

2. 등차수열

(1) **등차수열**: 첫째항에 차례로 일정한 수를 더하여 만든 수열

(2) **공차**: 등차수열에서 더하는 일정한 수

(3) 첫째항이 a, 공차가 d인 등차수열 $\{a_n\}$의 일반항 a_n은

$$a_n=a+(n-1)d\ (n=1,\ 2,\ 3,\ \cdots)$$

|참고| 등차수열의 일반항 a_n은 n에 관한 일차식이다.
수열의 일반항 a_n이 $a_n=pn+q$이면 첫째항은 $p+q$, 공차는 p(n의 계수)이다.

(4) 세 수 a, b, c가 이 순서대로 등차수열을 이룰 때, b를 a와 c의 등차중항이라 하며

$b=\frac{a+c}{2}$가 성립한다.

|참고| 세 수 a, b, c가 이 순서대로 등차수열을 이룰 때, 등차중항 b는 두 수 a와 c의 산술평균이다.

(5) 등차수열의 첫째항부터 제n항까지의 합 S_n은

① 첫째항이 a, 제n항이 l일 때, $S_n=\frac{n(a+l)}{2}$

② 첫째항이 a, 공차가 d일 때, $S_n=\frac{n\{2a+(n-1)d\}}{2}$

3. 등비수열

(1) **등비수열**: 첫째항에 차례로 일정한 수를 곱하여 만든 수열

(2) **공비**: 등비수열에서 곱하는 일정한 수

(3) 첫째항이 a, 공비가 $r\ (r\neq0)$인 등비수열 $\{a_n\}$의 일반항은

$$a_n=ar^{n-1}\ (n=1,\ 2,\ 3,\ \cdots)$$

(4) 0이 아닌 세 수 a, b, c가 이 순서대로 등비수열을 이룰 때, b를 a와 c의 등비중항이라 하며 $b^2=ac$가 성립한다.

(5) 첫째항이 a, 공비가 $r\ (r\neq0)$인 등비수열의 첫째항부터 제n항까지의 합 S_n은

① $r\neq1$일 때, $S_n=\frac{a(1-r^n)}{1-r}=\frac{a(r^n-1)}{r-1}$

② $r=1$일 때, $S_n=na$

4. 수열의 합 S_n과 일반항 a_n 사이의 관계

수열 $\{a_n\}$의 첫째항부터 제n항까지의 합을 S_n이라 하면

$$a_1=S_1,\ a_n=S_n-S_{n-1}\ (n\geq2)$$

|참고| 등차수열 $\{a_n\}$의 첫째항부터 제n항까지의 합 S_n은 상수항이 0인 n에 대한 이차식이다.

(참고)
수열은 자연수 전체의 집합 N에서 실수 전체의 집합 R로의 함수
$f: N \longrightarrow R,\ f(n)=a_n$
으로 생각할 수 있다.

(참고)
일반항 a_n이 n에 대한 식으로 주어지면 n에 1, 2, 3, ⋯을 차례대로 대입하여 수열 $\{a_n\}$의 모든 항을 구할 수 있다.

(참고)
등차수열의 공차는 영어로 common difference이므로 첫 글자 d를 공차로 표현한다.

중요
등차수열 $\{a_n\}$의 공차를 d라 할 때
(1) $d>0$이면 $\{a_n\}$은 증가하는 수열
(2) $d<0$이면 $\{a_n\}$은 감소하는 수열

(참고)
등비수열의 공비는 영어로 common ratio이므로 ratio의 첫 글자 r를 공비로 표현한다.

등비수열의 합을 구할 때,
$r>1$이면 $S_n=\frac{a(r^n-1)}{r-1}$,
$r<1$이면 $S_n=\frac{a(1-r^n)}{1-r}$
을 이용하는 것이 계산이 편리하다.

개념 확인문제

정답과 풀이 74쪽

01 다음 수열 $\{a_n\}$의 일반항과 제8항을 구하시오.

(1) 5, 10, 15, 20, 25, ⋯

(2) $\frac{1}{2}, \frac{3}{4}, \frac{5}{6}, \frac{7}{8}, \frac{9}{10}, \cdots$

(3) 1, 4, 9, 16, 25, ⋯

(4) $\frac{1}{3}, \frac{1}{6}, \frac{1}{12}, \frac{1}{24}, \frac{1}{48}, \cdots$

02 수열 $\{a_n\}$의 일반항이

$a_n=(n$을 4로 나눈 나머지)

일 때, 이 수열의 첫째항부터 제 20항까지의 합을 구하시오.

03 첫째항이 2, 공차가 3인 등차수열 $\{a_n\}$에서 a_{10}의 값을 구하시오.

04 다음을 만족시키는 등차수열 $\{a_n\}$의 일반항을 구하시오.

(1) 제3항이 10, 제7항이 18

(2) 제2항이 5, 제10항이 -19

(3) $a_3=5$, $a_8=20$

(4) $a_4=2$, $a_{10}=-10$

05 1과 31 사이에 두 개의 수를 넣어 네 개의 수가 차례로 등차수열을 이룰 때, 이 두 개의 수를 구하시오.

06 다음을 구하시오.

(1) 첫째항이 4, 공차가 -3인 등차수열의 첫째항부터 제10항까지의 합

(2) 첫째항이 3, 제8항이 17인 등차수열의 첫째항부터 제10항까지의 합

07 다음 등비수열 $\{a_n\}$의 일반항을 구하시오.

(1) 첫째항이 -1, 공비가 2

(2) 첫째항이 -2, 공비가 3

(3) $\frac{3}{2}, -\frac{3}{4}, \frac{3}{8}, -\frac{3}{16}, \cdots$

(4) $1, -\frac{3}{2}, \frac{9}{4}, -\frac{27}{8}, \cdots$

08 제4항이 1, 제7항이 $-\frac{1}{8}$인 등비수열 $\{a_n\}$의 일반항을 구하시오. (단, 공비는 실수이다.)

09 제2항이 -6, 제5항이 48인 등비수열 $\{a_n\}$에서 a_{10}을 구하시오. (단, 공비는 실수이다.)

10 다음 등비수열의 첫째항부터 제10항까지의 합을 구하시오.

(1) 3, 9, 27, 81, ⋯

(2) 2, -4, 8, -16, ⋯

11 세 수 4, a, b는 이 순서대로 등차수열을 이루고, 세 수 a, 4, b는 이 순서대로 등비수열을 이룰 때, $a-b$의 값을 구하시오. (단, $a>b$)

12 수열 $\{a_n\}$의 첫째항부터 제n항까지의 합 S_n이

$S_n=n^2-2n$

일 때, 이 수열의 일반항 a_n을 구하시오.

13 수열 $\{a_n\}$의 첫째항부터 제n항까지의 합 S_n이 다음과 같을 때, 이 수열의 일반항 a_n을 구하시오.

(1) $S_n=2^{n-1}+1$

(2) $S_n=3^{n+1}-1$

내신+학평 유형 연습

유형 1 등차수열의 일반항

01 25456-0360 | 2024학년도 9월 고2 학력평가 3번 |

등차수열 $\{a_n\}$에 대하여

$a_4=10,\ a_7-a_5=6$

일 때, a_1의 값은? [2점]

① 1 ② 2 ③ 3
④ 4 ⑤ 5

Point

(1) 첫째항이 a, 공차가 d인 등차수열의 일반항 a_n은

$a_n=a+(n-1)d$

(2) 등차수열의 일반항은 n에 대한 일차식이다.

(3) 등차수열 $\{a_n\}$에서 같은 간격의 항들을 차례로 나열하면 이 또한 등차수열을 이룬다.

예를 들어 a_1, a_2, a_3, $\cdots$이 등차수열이면 a_1, a_3, a_5, $\cdots$도 등차수열을 이룬다.

02 25456-0361 | 2022학년도 11월 고2 학력평가 2번 |

공차가 3인 등차수열 $\{a_n\}$에 대하여 a_7-a_2의 값은? [2점]

① 6 ② 9 ③ 12
④ 15 ⑤ 18

03 25456-0362 | 2023학년도 11월 고2 학력평가 3번 |

네 수 2, a, b, 14가 이 순서대로 등차수열을 이룰 때, $a+b$의 값은? [2점]

① 8 ② 10 ③ 12
④ 14 ⑤ 16

04 25456-0363 | 2018학년도 6월 고2 학력평가 가형 23번 |

등차수열 $\{a_n\}$에 대하여

$a_1=4,\ a_4-a_2=6$

일 때, a_5의 값을 구하시오. [3점]

05 25456-0364 | 2024학년도 9월 고2 학력평가 23번 |

등차수열 $\{a_n\}$에 대하여 $a_3+a_5+a_7=18$일 때, a_4+a_6의 값을 구하시오. [3점]

06 25456-0365 | 2021학년도 9월 고2 학력평가 7번 |

등차수열 $\{a_n\}$에 대하여

$a_3+a_6=25$, $a_8=23$

일 때, a_4의 값은? [3점]

① 11 ② 12 ③ 13 ④ 14 ⑤ 15

07 25456-0366 | 2020학년도 11월 고3 학력평가 25번 |

첫째항이 양수인 등차수열 $\{a_n\}$에 대하여

$a_5=3a_1$, $a_1^2+a_3^2=20$

일 때, a_5의 값을 구하시오. [3점]

08 25456-0367 | 2017학년도 3월 고2 학력평가 나형 10번 |

첫째항이 a이고 공차가 -2인 등차수열 $\{a_n\}$에 대하여

$a_3\neq0$, $(a_2+a_4)^2=16a_3$

일 때, a의 값은? [3점]

① 5 ② 6 ③ 7 ④ 8 ⑤ 9

09 25456-0368 | 2018학년도 11월 고2 학력평가 나형 14번 |

등차수열 $\{a_n\}$에 대하여 $a_6-a_2=a_4$, $a_1+a_3=20$일 때, a_{10}의 값은? [4점]

① 30 ② 35 ③ 40 ④ 45 ⑤ 50

10 25456-0369 | 2018학년도 3월 고2 학력평가 가형 13번 |

첫째항이 20인 등차수열 $\{a_n\}$에 대하여 수열 $\{b_n\}$을

$b_n=a_n+a_{n+1}$ $(n=1, 2, 3, \cdots)$

이라 하자. $a_{10}=b_{10}$일 때, b_8의 값은? [3점]

① 6 ② 8 ③ 10 ④ 12 ⑤ 14

11 25456-0370 | 2023학년도 11월 고2 학력평가 27번 |

공차가 d인 등차수열 $\{a_n\}$이 다음 조건을 만족시키도록 하는 모든 자연수 d의 값의 합을 구하시오. [4점]

(가) $a_8=2a_5+10$
(나) 모든 자연수 n에 대하여 $a_n\times a_{n+1}\geq0$이다.

유형 2 등차중항

12 25456-0371 | 2023학년도 9월 고2 학력평가 4번 |

네 수 a, 4, b, 10이 이 순서대로 등차수열을 이룰 때, $a+2b$의 값은? [3점]

① 11 ② 13 ③ 15
④ 17 ⑤ 19

Point

세 수 a, b, c가 이 순서대로 등차수열을 이룰 때, b를 등차중항이라 하고 $b=\frac{a+c}{2}$가 성립한다.

⇨ $b-a=c-b$에서 $2b=a+c$, $b=\frac{a+c}{2}$

13 25456-0372 | 2019학년도 9월 고2 학력평가 나형 24번 |

이차방정식 $x^2-24x+10=0$의 두 근 α, β에 대하여 세 수 α, k, β가 이 순서대로 등차수열을 이룬다. 상수 k의 값을 구하시오. [3점]

14 25456-0373 | 2017학년도 9월 고2 학력평가 가형 14번 |

1보다 큰 세 자연수 a, b, c에 대하여 세 수

$\log a$, $\log b$, $\log c$

가 이 순서대로 공차가 자연수인 등차수열을 이룬다.

$\log abc=15$일 때, $\log \frac{ac^2}{b}$의 최댓값은? [4점]

① 11 ② 12 ③ 13
④ 14 ⑤ 15

15 25456-0374 | 2017학년도 6월 고2 학력평가 나형 29번 |

함수 $f(x)=\frac{1}{x}$에 대하여 두 실수 a, b는 다음 조건을 만족시킨다.

(가) $ab>0$
(나) $f(a)$, $f(2)$, $f(b)$는 이 순서대로 등차수열을 이룬다.

$a+25b$의 최솟값을 구하시오. [4점]

유형 3 등차수열의 합

16 25456-0375 | 2016학년도 11월 고1 학력평가 7번 |

첫째항이 2, 공차가 4인 등차수열 $\{a_n\}$의 첫째항부터 제n항까지의 합을 S_n이라 할 때, S_{10}의 값은? [3점]

① 170 ② 180 ③ 190
④ 200 ⑤ 210

Point

등차수열의 첫째항부터 제n항까지의 합 S_n은

(1) 첫째항 a, 공차 d가 주어질 때

$$S_n=\frac{n\{2a+(n-1)d\}}{2}$$

(2) 첫째항 a, 제n항 l이 주어질 때

$$S_n=\frac{n(a+l)}{2}$$

17 25456-0376 | 2017학년도 11월 고1 학력평가 24번 |

등차수열 $\{a_n\}$에 대하여

$a_3+a_5=14$, $a_4+a_6=18$

일 때, 수열 $\{a_n\}$의 첫째항부터 제10항까지의 합을 구하시오. [3점]

18 25456-0377 | 2022학년도 9월 고2 학력평가 15번 |

첫째항이 양수이고 공차가 2인 등차수열 $\{a_n\}$의 첫째항부터 제n항까지의 합을 S_n이라 하자.
$a_k=31$, $S_{k+10}=640$을 만족시키는 자연수 k에 대하여 S_k의 값은? [4점]

① 200 ② 205 ③ 210
④ 215 ⑤ 220

19 25456-0378 | 2013학년도 11월 고2 학력평가 A형 28번 |

첫째항이 1인 등차수열 $\{a_n\}$이 다음 조건을 만족시킨다.

(가) $a_2+a_6+a_{10}=8$
(나) $a_1+a_2+a_3+\cdots+a_n=25$

이때 n의 값을 구하시오. [4점]

20 25456-0379 | 2015학년도 3월 고2 학력평가 가형 28번 |

등차수열 $\{a_n\}$에서

$a_{11}+a_{21}=82$, $a_{11}-a_{21}=6$

일 때, 집합 $A=\{a_n \mid a_n$은 자연수$\}$의 모든 원소의 합을 구하시오. [4점]

21 25456-0380 | 2017학년도 9월 고2 학력평가 가형 28번 |

등차수열 $\{a_n\}$의 첫째항부터 제n항까지의 합을 S_n이라 할 때, 수열 $\{a_n\}$과 S_n이 다음 조건을 만족시킨다.

(가) $S_k>S_{k+1}$을 만족시키는 가장 작은 자연수 k에 대하여 $S_k=102$이다.
(나) $a_8=-\frac{5}{4}a_5$이고 $a_5a_6a_7<0$이다.

a_2의 값을 구하시오. [4점]

유형 4 등차수열의 여러 가지 활용

22 25456-0381 | 2015학년도 6월 고2 학력평가 가형 10번 |

어느 공장에서 생산하는 직원뿔대 모양의 유리컵의 높이는 a(cm)이고 크기와 모양은 모두 일정하다. [그림 1]과 같이 유리컵 두 개를 밑면이 지면과 평행하도록 지면 위에 포개어 쌓으면 유리컵 한 개의 높이의 $\frac{2}{3}$만큼 항상 겹치게 된다. [그림 2]와 같이 유리컵 3개를 이와 같은 방법으로 쌓을 때, 지면으로부터 마지막으로 쌓은 유리컵의 밑면까지의 높이가 20(cm)이다. 유리컵 6개를 이와 같은 방법으로 쌓을 때, 지면으로부터 마지막으로 쌓은 유리컵의 밑면까지의 높이는 k(cm)이다. k의 값은?

(단, 유리컵을 쌓은 지면은 평평하다.) [3점]

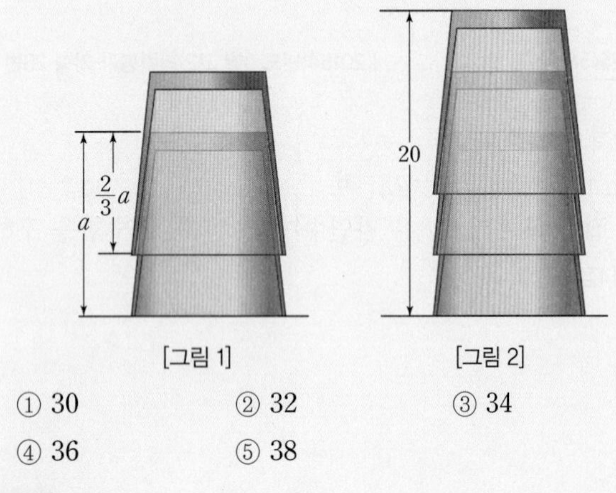

[그림 1] [그림 2]

① 30 ② 32 ③ 34 ④ 36 ⑤ 38

Point

직접 몇 개 항의 값을 구하여 등차수열임을 파악하거나 등차수열에 대한 성질을 이용하여 해결한다.

23 25456-0382 | 2012학년도 6월 고2 학력평가 B형 27번 |

높이가 서로 같은 원판을 나무통 위에 올려 놓으려고 한다. 그림과 같이 원판을 1개 올려 놓았을 때의 전체 높이를 h_1, 2개 올려 놓았을 때의 전체 높이를 h_2, 3개 올려 놓았을 때의 전체 높이를 h_3이라 하자. 이와 같은 방법으로 n개 올려 놓았을 때의 전체 높이를 h_n이라 하자.

$h_{15}=6$일 때, $h_5+h_{13}+h_{17}+h_{25}$의 값을 구하시오. [4점]

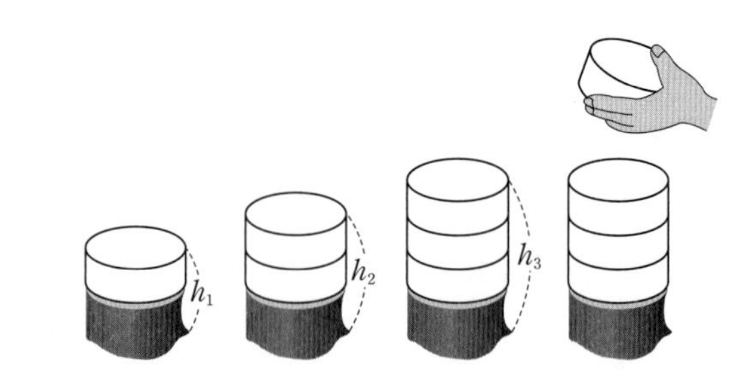

24 25456-0383 | 2013학년도 9월 고2 학력평가 B형 12번 |

실수 전체의 집합에서 정의된 함수 $f(x)$가 다음 조건을 만족시킨다.

> (가) $0\le x\le 2$일 때, $f(x)=2^x$
> (나) 모든 실수 x에 대하여 $f(x)=f(-x)$
> (다) 모든 실수 x에 대하여 $f(x)=f(x+4)$

자연수 n에 대하여 세 점 $(0,\ 2)$, $(2n,\ 4)$, $(-2n,\ 4)$를 꼭짓점으로 하는 삼각형의 둘레와 함수 $y=f(x)$의 그래프의 교점의 개수를 a_n이라 하자. 예를 들어 $a_2=6$이다. 이때, a_9+a_{10}의 값은? [4점]

① 52　② 56　③ 60　④ 64　⑤ 68

25 25456-0384 | 2016학년도 9월 고2 학력평가 나형 28번 |

그림과 같이 점 $\mathrm{P}(2,\ 0)$에서 원 $x^2+y^2=2$에 그은 두 접선이 y축과 만나는 서로 다른 두 점을 각각 A, B라 하고, 직선 $y=kx$가 직선 AP와 만나는 점을 Q라 하자. 삼각형 OQA의 넓이를 S_1, 삼각형 OPQ의 넓이를 S_2, 삼각형 OBP의 넓이를 S_3이라 하자. S_1, S_2, S_3이 이 순서대로 등차수열을 이룰 때, 상수 k에 대하여 $100k$의 값을 구하시오.

(단, O는 원점, $k>1$이고, 점 A의 y좌표는 양수이다.) [4점]

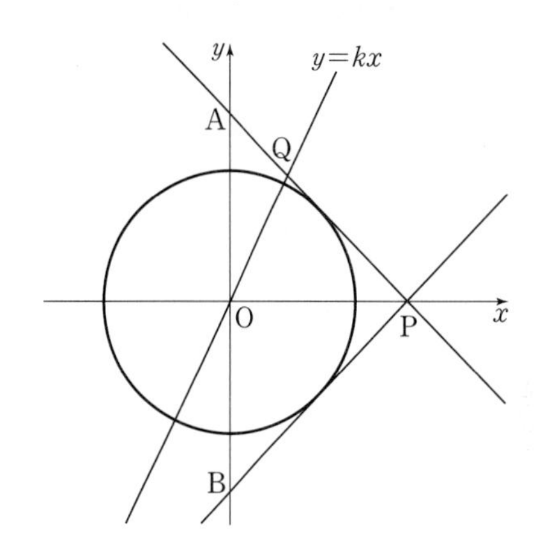

유형 5 등비수열의 일반항

26 25456-0385 | 2022학년도 9월 고2 학력평가 4번 |

모든 항이 양수인 등비수열 $\{a_n\}$에 대하여 $a_3=6$, $a_6=3a_4$일 때, a_9의 값은? [3점]

① 153 ② 156 ③ 159
④ 162 ⑤ 165

Point

(1) 첫째항이 a, 공비가 r인 등비수열의 일반항 a_n은

$a_n=ar^{n-1}$

(2) 등비수열 $\{a_n\}$에서 같은 간격의 항들을 차례로 나열하면 이 또한 등비수열을 이룬다.

예를 들어 a_1, a_2, a_3, $\cdots$이 등비수열이면 a_1, a_3, a_5, $\cdots$도 등비수열을 이룬다.

27 25456-0386 | 2020학년도 11월 고2 학력평가 3번 |

공비가 3인 등비수열 $\{a_n\}$에 대하여 $a_4=24$일 때, a_3의 값은? [2점]

① 6 ② 7 ③ 8
④ 9 ⑤ 10

28 25456-0387 | 2017학년도 6월 고2 학력평가 가형 5번 |

등비수열 $\{a_n\}$에 대하여 $a_2=2$, $a_3=4$일 때, a_6의 값은? [3점]

① 26 ② 28 ③ 30
④ 32 ⑤ 34

29 25456-0388 | 2018학년도 9월 고2 학력평가 나형 25번 |

공비가 양수인 등비수열 $\{a_n\}$이

$a_1=\frac{1}{2}$, $a_3\times a_4=a_5$

를 만족시킬 때, a_7의 값을 구하시오. [3점]

30 25456-0389 | 2019학년도 9월 고2 학력평가 나형 14번 |

등비수열 $\{a_n\}$에 대하여

$a_1a_9=16$

일 때, $a_3a_7+a_4a_6$의 값은? [4점]

① 16 ② 20 ③ 24
④ 28 ⑤ 32

31 25456-0390 | 2023학년도 11월 고2 학력평가 11번 |

$a_3=6$이고 공비가 양수인 등비수열 $\{a_n\}$에 대하여 $a_4+a_5=2(a_6+a_7)+3(a_8+a_9)$일 때, a_1의 값은? [3점]

① 10 ② 12 ③ 14
④ 16 ⑤ 18

32 25456-0391 | 2020학년도 9월 고2 학력평가 9번 |

모든 항이 양수인 등비수열 $\{a_n\}$에 대하여

$$a_3=4a_1+3a_2$$

일 때, $\frac{a_6}{a_4}$의 값은? [3점]

① 10 ② 12 ③ 14
④ 16 ⑤ 18

33 25456-0392 | 2017학년도 9월 고2 학력평가 나형 9번 |

모든 항이 양수인 등비수열 $\{a_n\}$에 대하여

$$a_2=2\sqrt{2},\ a_4 : a_7=1 : 2\sqrt{2}$$

일 때, a_8의 값은? [3점]

① 8 ② $8\sqrt{2}$ ③ 16
④ $16\sqrt{2}$ ⑤ 32

34 25456-0393 | 2024학년도 9월 고2 학력평가 13번 |

첫째항이 음수인 등비수열 $\{a_n\}$에 대하여

$$a_3\,a_5=8a_8,\quad a_1+|a_2|+|2a_3|=0$$

일 때, a_2의 값은? [3점]

① -1 ② $-\frac{1}{2}$ ③ $\frac{1}{2}$
④ 1 ⑤ 2

35 25456-0394 | 2019학년도 11월 고2 학력평가 가형 27번 |

$\frac{1}{4}$과 16 사이에 n개의 수를 넣어 만든 공비가 양수 r인 등비수열

$$\frac{1}{4},\ a_1,\ a_2,\ a_3,\ \cdots,\ a_n,\ 16$$

의 모든 항의 곱이 1024일 때, r^9의 값을 구하시오. [4점]

36 25456-0395 | 2016학년도 11월 고1 학력평가 27번 |

세 실수 a, b, c에 대하여 a, b, c가 이 순서대로 등비수열을 이룰 때, $\frac{b-c}{a}$의 최댓값을 k라 하자. $100k$의 값을 구하시오. (단, $a \neq 0$) [4점]

유형 6 등비중항

37 25456-0396 | 2019학년도 9월 고2 학력평가 가형 14번 |

첫째항과 공차가 모두 0이 아닌 등차수열 $\{a_n\}$에 대하여 세 항 a_2, a_5, a_{14}가 이 순서대로 등비수열을 이룰 때, $\frac{a_{23}}{a_3}$의 값은? [4점]

① 6 ② 7 ③ 8 ④ 9 ⑤ 10

Point

세 수 a, b, c가 이 순서대로 등비수열을 이루면 b를 등비중항이라 하고 $b^2=ac$가 성립한다.

⇨ $\frac{b}{a}=\frac{c}{b}$에서 $b^2=ac$

38 25456-0397 | 2022학년도 11월 고2 학력평가 23번 |

등비수열 $\{a_n\}$에 대하여 $a_2=2$, $a_6=9$일 때, $a_3 \times a_5$의 값을 구하시오. [3점]

39 25456-0398 | 2021학년도 9월 고2 학력평가 4번 |

모든 항이 양수인 등비수열 $\{a_n\}$에 대하여 $a_4 \times a_6 = 64$일 때, a_5의 값은? [3점]

① 6 ② 7 ③ 8
④ 9 ⑤ 10

40 25456-0399 | 2018학년도 9월 고2 학력평가 나형 14번 |

x에 대한 다항식 $x^3 - ax + b$를 $x-1$로 나눈 나머지가 57이다. 세 수 1, a, b가 이 순서대로 공비가 양수인 등비수열을 이룰 때, $\frac{b}{a}$의 값은? (단, a와 b는 상수이다.) [4점]

① 2 ② 4 ③ 8
④ 16 ⑤ 32

41 25456-0400 | 2017학년도 3월 고2 학력평가 나형 15번 |

유리함수 $f(x) = \frac{k}{x}$와 $a < b < 12$인 두 자연수 a, b에 대하여 $f(a)$, $f(b)$, $f(12)$가 이 순서대로 등비수열을 이룬다. $f(a) = 3$일 때, $a+b+k$의 값은? (단, k는 상수이다.) [4점]

① 10 ② 12 ③ 14
④ 16 ⑤ 18

42 25456-0401 | 2019학년도 11월 고2 학력평가 나형 14번 |

서로 다른 두 실수 a, b에 대하여 세 수 a, b, 6이 이 순서대로 등차수열을 이루고, 세 수 a, 6, b가 이 순서대로 등비수열을 이룬다. $a+b$의 값은? [4점]

① -15 ② -8 ③ -1
④ 6 ⑤ 13

43 25456-0402 | 2017학년도 11월 고2 학력평가 나형 18번 |

다섯 개의 실수 a, x, y, z, b는 이 순서대로 등차수열을 이룬다. 다섯 개의 실수 a, p, q, r, b는 이 순서대로 등비수열을 이룬다. 〈보기〉에서 옳은 것만을 있는 대로 고른 것은?

(단, $ab\neq0$) [4점]

보기

ㄱ. $a+b=2y$

ㄴ. $aprb=q^3$

ㄷ. $(x+z)^2\geq4pr$

① ㄱ ② ㄴ ③ ㄱ, ㄷ
④ ㄴ, ㄷ ⑤ ㄱ, ㄴ, ㄷ

44 25456-0403 | 2016학년도 3월 고2 학력평가 가형 28번 |

두 함수 $f(x)=k(x-1)$, $g(x)=2x^2-3x+1$에 대하여 함수

$$h(x)=\begin{cases} f(x) & (f(x)\geq g(x)) \\ g(x) & (f(x)<g(x)) \end{cases}$$

가 다음 조건을 만족시킬 때, 상수 k의 값을 구하시오. [4점]

(가) 세 수 $h(2)$, $h(3)$, $h(4)$는 이 순서대로 등차수열을 이룬다.
(나) 세 수 $h(3)$, $h(4)$, $h(5)$는 이 순서대로 등비수열을 이룬다.

유형 7 등비수열의 합

45 25456-0404 | 2024학년도 9월 고2 학력평가 10번 |

공비가 양수인 등비수열 $\{a_n\}$의 첫째항부터 제n항까지의 합을 S_n이라 하자.

$a_2=2$, $S_6=9S_3$

일 때, a_4의 값은? [3점]

① 6 ② 8 ③ 10
④ 12 ⑤ 14

Point

첫째항이 a, 공비가 r인 등비수열의 첫째항부터 제n항까지의 합 S_n은

(1) $r\neq1$이면 $S_n=\dfrac{a(1-r^n)}{1-r}=\dfrac{a(r^n-1)}{r-1}$

(2) $r=1$이면 $S_n=na$

46 25456-0405 | 2023학년도 9월 고2 학력평가 11번 |

첫째항이 3이고 공비가 1보다 큰 등비수열 $\{a_n\}$의 첫째항부터 제n항까지의 합을 S_n이라 하자.

$$\frac{S_4}{S_2}=\frac{6a_3}{a_5}$$

일 때, a_7의 값은? [3점]

① 24 ② 27 ③ 30
④ 33 ⑤ 36

47 25456-0406 | 2021학년도 11월 고2 학력평가 14번 |

모든 항이 양수인 등비수열 $\{a_n\}$의 첫째항부터 제n항까지의 합을 S_n이라 하자.

$$a_1=3,\ \frac{S_6}{S_5-S_2}=\frac{a_2}{2}$$

일 때, a_4의 값은? [4점]

① 6 ② 9 ③ 12
④ 15 ⑤ 18

48 25456-0407 | 2019학년도 11월 고2 학력평가 나형 17번 |

첫째항이 양수이고 공비가 음수인 등비수열 $\{a_n\}$의 첫째항부터 제n항까지의 합 S_n에 대하여

$$a_2a_6=1,\ S_3=3a_3$$

일 때, a_7의 값은? [4점]

① $\frac{1}{32}$ ② $\frac{1}{16}$ ③ $\frac{1}{8}$
④ $\frac{1}{4}$ ⑤ $\frac{1}{2}$

유형 8 등비수열의 여러 가지 활용

49 25456-0408 | 2015학년도 6월 고2 학력평가 나형 25번 |

어느 음악 사이트에서는 매달 말에 그 달 A노래의 다운로드 건수를 발표한다. 2015년 1월부터 5월까지 이 사이트에서 발표한 A노래의 다운로드 건수는 매달 일정한 비율로 감소하였다. 2015년 발표한 A노래의 '1월 다운로드 건수'는 480건이었고, '5월 다운로드 건수'가 30건이었다. 2015년 '3월 다운로드 건수'를 구하시오. [3점]

Point

처음 양을 a, 매시간 일정한 증가율을 r, 일정한 감소율을 s라 할 때, n시간 후의 양은

(1) 증가할 때: $a(1+r)^n$

(2) 감소할 때: $a(1-s)^n$

50 25456-0409 | 2013학년도 9월 고2 학력평가 A형 9번/B형 14번 |

철수는 마라톤 대회에 출전하기 위해 매주 일요일마다 달리기를 하기로 하였다. 첫 번째 일요일에 5 km를 달리기로 하고, 달릴 거리를 매주 일주일 전 보다 10 %씩 늘려 나갈 계획이다. 이때, 달릴 거리의 총합이 처음으로 200 km 이상이 되는 날은 몇 번째 일요일인가? (단, $\log 2=0.3010$, $\log 1.1=0.0414$로 계산한다.) [4점]

① 15 ② 17 ③ 19
④ 21 ⑤ 23

유형 9 수열의 합과 일반항 사이의 관계

51 25456-0410 | 2020학년도 11월 고2 학력평가 5번 |

수열 $\{a_n\}$의 첫째항부터 제n항까지의 합을 S_n이라 하자.

$S_n=n^3+n$

일 때, a_4의 값은? [3점]

① 32 ② 34 ③ 36
④ 38 ⑤ 40

Point
수열 $\{a_n\}$의 첫째항부터 제n항까지의 합을 S_n이라 하면
$a_1=S_1$, $a_n=S_n-S_{n-1}$ $(n\geq 2)$

52 25456-0411 | 2019학년도 11월 고2 학력평가 가형 24번 |

수열 $\{a_n\}$의 첫째항부터 제n항까지의 합을 S_n이라 하자.

$S_n=n^2+n+1$

일 때, a_1+a_4의 값을 구하시오. [3점]

53 25456-0412 | 2014학년도 11월 고2 학력평가 A형 10번 |

수열 $\{a_n\}$의 첫째항부터 제n항까지의 합 S_n이 $S_n=5^n-1$일 때, $\dfrac{a_5}{a_3}$의 값은? [3점]

① 10 ② 15 ③ 20
④ 25 ⑤ 30

54 25456-0413 | 2023학년도 11월 고2 학력평가 15번 |

수열 $\{a_n\}$의 첫째항부터 제n항까지의 합을 S_n이라 할 때, 두 수열 $\{a_n\}$, $\{S_n\}$과 상수 k가 다음 조건을 만족시킨다.

> 모든 자연수 n에 대하여 $a_n+S_n=k$이다.

$S_6=189$일 때, k의 값은? [4점]

① 192 ② 196 ③ 200
④ 204 ⑤ 208

55 25456-0414 | 2021학년도 9월 고2 학력평가 28번 |

수열 $\{a_n\}$의 첫째항부터 제n항까지의 합을 S_n이라 할 때, 수열 $\{a_n\}$이 모든 자연수 n에 대하여 다음 조건을 만족시킨다.

> (가) $S_{2n-1}=1$
> (나) 수열 $\{a_na_{n+1}\}$은 등비수열이다.

$S_{10}=33$일 때, S_{18}의 값을 구하시오. [4점]

정답과 풀이 82쪽

제3항이 45, 제6항이 36인 등차수열 $\{a_n\}$에서 처음으로 음수가 되는 항은 제몇 항인지 구하시오.

출제 의도 주어진 두 개의 항을 이용하여 등차수열의 일반항을 구한 후 처음으로 음수가 되는 항이 제몇 항인지를 구할 수 있는지 묻고 있다.

풀이

공차를 d라 하면

$a_3=a_1+2d=45$

$a_6=a_1+5d=36$ ······ ㉮

두 식을 연립하여 풀면

$a_1=51,\ d=-3$ ······ ㉯

이므로 주어진 등차수열 $\{a_n\}$의 일반항은

$a_n=51+(n-1)\times(-3)$

$=-3n+54$ ······ ㉰

$-3n+54<0$에서

$-3n<-54$

$n>18$

따라서 등차수열 $\{a_n\}$에서 처음으로 음수가 되는 항은 제19항이다. ······ ㉱

답 제19항

단계	채점 기준	비율
㉮	제3항과 제6항을 첫째항과 공차를 이용하여 나타낸 경우	30%
㉯	두 식을 연립하여 첫째항과 공차를 구한 경우	20%
㉰	첫째항과 공차를 이용하여 등차수열 $\{a_n\}$의 일반항을 구한 경우	30%
㉱	등차수열 $\{a_n\}$에서 처음으로 음수가 되는 항을 구한 경우	20%

01 25456-0415

두 자리의 자연수 중에서 4의 배수의 합을 구하시오.

02 25456-0416

첫째항부터 제3항까지의 합이 18, 첫째항부터 제6항까지의 합이 -126인 등비수열의 첫째항부터 제9항까지의 합을 구하시오. (단, 공비는 실수이다.)

01 25456-0417 | 2024학년도 9월 고2 학력평가 29번 |

자연수 p와 실수 q $(q \geq 0)$에 대하여 함수 $f(x)$는

$$f(x) = |p \sin x - q|$$

이다. $f(a) = q$인 서로 다른 모든 양수 a를 작은 수부터 크기 순으로 나열할 때, n번째 수를 $\{a_n\}$이라 하자. 수열 $\{a_n\}$과 함수 $f(x)$가 다음 조건을 만족시킨다.

(가) 세 항 a_1, a_4, a_7은 이 순서대로 등차수열을 이룬다.
(나) 함수 $f(x)$의 최댓값은 15이다.

두 수 p, q의 모든 순서쌍 (p, q)의 개수를 구하시오. [4점]

02 25456-0418 | 2019학년도 9월 고2 학력평가 가형 20번 |

두 수 2와 4 사이에 n개의 수 $a_1, a_2, a_3, \cdots, a_n$을 넣어 만든 $(n+2)$개의 수 $2, a_1, a_2, a_3, \cdots, a_n, 4$가 이 순서대로 등차수열을 이룬다. 집합 $A_n = \{2, a_1, a_2, a_3, \cdots, a_n, 4\}$에 대하여 〈보기〉에서 옳은 것만을 있는 대로 고른 것은?

(단, n은 자연수이다.) [4점]

보기

ㄱ. n이 홀수이면 $3 \in A_n$
ㄴ. 모든 자연수 n에 대하여 $A_n \subset A_{2n+1}$
ㄷ. 집합 $A_{2n+1} - A_n$의 모든 원소의 합을 S_n이라 할 때, $S_6 + S_{13} = 63$이다.

① ㄱ ② ㄷ ③ ㄱ, ㄴ
④ ㄴ, ㄷ ⑤ ㄱ, ㄴ, ㄷ

03 25456-0419

| 2022학년도 11월 고2 학력평가 21번 |

공차가 음수인 등차수열 $\{a_n\}$이 다음 조건을 만족시킬 때, 모든 a_1의 값의 합은? [4점]

> $|a_m|=2|a_{m+2}|$이면서
> S_m, S_{m+1}, S_{m+2} 중에서 가장 큰 값이 460이고
> 가장 작은 값이 450이 되도록 하는 자연수 m이 존재한다.
> (단, S_n은 수열 $\{a_n\}$의 첫째항부터 제n항까지의 합이다.)

① 144 ② 148 ③ 152
④ 156 ⑤ 160

04 25456-0420

| 2018학년도 3월 고2 학력평가 가형 30번 |

공차가 양수인 등차수열 $\{a_n\}$이 다음 조건을 만족시킨다.

> (가) 수열 $\{a_n\}$의 모든 항은 정수이다.
> (나) a_7, a_8, a_k가 이 순서대로 등비수열을 이루도록 하는 8보다 큰 자연수 k가 존재한다.

$a_k=144$가 되도록 하는 모든 k의 값의 합을 구하시오. [4점]

개념

짚어보기 | 09 수열의 합

1. 합의 기호 $\sum$의 뜻

수열 $\{a_n\}$의 첫째항부터 제n항까지의 합을 기호 $\sum$를 사용하여

$$a_1+a_2+a_3+\cdots+a_n=\sum_{k=1}^{n}a_k$$

와 같이 나타낸다.

|참고|

① k 대신에 다른 문자를 사용해도 된다. ⇨ $\sum_{k=1}^{n}a_k=\sum_{l=1}^{n}a_l=\sum_{i=1}^{n}a_i=\sum_{j=1}^{n}a_j=\cdots$

② $2<m\le n$일 때, 제m항부터 제n항까지의 합은 $\sum_{k=m}^{n}a_k$로 나타낸다.

⇨ $\sum_{k=m}^{n}a_k=\sum_{k=1}^{n}a_k-\sum_{k=1}^{m-1}a_k$

기호 $\sum$는 규칙이 있는 수들을 더하는 식을 간단하게 나타내는 기호이며 Sum(합)의 첫 글자 S에 해당하는 그리스 문자이고, '시그마(sigma)'라고 읽는다.

2. 합의 기호 $\sum$의 성질

(1) $\sum_{k=1}^{n}(a_k+b_k)=\sum_{k=1}^{n}a_k+\sum_{k=1}^{n}b_k$

(2) $\sum_{k=1}^{n}(a_k-b_k)=\sum_{k=1}^{n}a_k-\sum_{k=1}^{n}b_k$

(3) $\sum_{k=1}^{n}ca_k=c\sum_{k=1}^{n}a_k$ (단, c는 상수)

(4) $\sum_{k=1}^{n}c=cn$ (단, c는 상수)

주의

$\sum_{k=1}^{n}a_kb_k\ne\left(\sum_{k=1}^{n}a_k\right)\left(\sum_{k=1}^{n}b_k\right)$

$\sum_{k=1}^{n}c\ne c$

$\sum_{k=1}^{n}k^3\ne\sum_{k=1}^{n}k\sum_{k=1}^{n}k^2$

3. 자연수의 거듭제곱의 합

(1) $1+2+3+\cdots+n=\sum_{k=1}^{n}k=\dfrac{n(n+1)}{2}$

(2) $1^2+2^2+3^2+\cdots+n^2=\sum_{k=1}^{n}k^2=\dfrac{n(n+1)(2n+1)}{6}$

(3) $1^3+2^3+3^3+\cdots+n^3=\sum_{k=1}^{n}k^3=\left\{\dfrac{n(n+1)}{2}\right\}^2$

4. 여러 가지 수열의 합

(1) $\sum_{k=1}^{n}\dfrac{1}{k(k+1)}=\sum_{k=1}^{n}\left(\dfrac{1}{k}-\dfrac{1}{k+1}\right)$

(2) $\sum_{k=1}^{n}\dfrac{1}{(k+a)(k+b)}=\dfrac{1}{b-a}\sum_{k=1}^{n}\left(\dfrac{1}{k+a}-\dfrac{1}{k+b}\right)$ (단, $a\ne b$)

(3) $\sum_{k=1}^{n}\dfrac{1}{\sqrt{k+1}+\sqrt{k}}=\sum_{k=1}^{n}(\sqrt{k+1}-\sqrt{k})$

참고

$\dfrac{1}{AB}=\dfrac{1}{B-A}\left(\dfrac{1}{A}-\dfrac{1}{B}\right)$

(단, $A\ne B$)

정답과 풀이 84쪽

01 다음을 합의 기호 $\sum$를 사용하여 표현하시오.

(1) $5+10+15+\cdots+100$

(2) $1+3+5+\cdots+19$

(3) $1+2+2^2+\cdots+2^9$

(4) $\frac{1}{5}+\frac{1}{5^2}+\frac{1}{5^3}+\cdots+\frac{1}{5^{10}}$

02 $\sum_{k=1}^{10} a_k=10$, $\sum_{k=1}^{10} b_k=-5$일 때, 다음 식의 값을 구하시오.

(1) $\sum_{k=1}^{10} (-2a_k)$

(2) $\sum_{k=1}^{10} (3b_k)$

(3) $\sum_{k=1}^{10} (6a_k-5b_k)$

(4) $\sum_{k=1}^{10} (7a_k-2b_k+1)$

03 $\sum_{k=1}^{10} a_k=10$, $\sum_{k=1}^{10} a_k^{\ 2}=20$일 때, 다음 식의 값을 구하시오.

(1) $\sum_{k=1}^{10} \{(a_k+1)(a_k-1)\}$

(2) $\sum_{k=1}^{10} \{(2a_k-1)^2\}$

04 $\sum_{k=1}^{10} a_{2k}=30$, $\sum_{k=1}^{10} a_{2k-1}=-15$일 때, 다음 식의 값을 구하시오.

(1) $\sum_{k=1}^{20} a_k$

(2) $\sum_{k=1}^{20} \{(-1)^k a_k\}$

05 다음 식의 값을 구하시오.

(1) $\sum_{k=1}^{10} (k^2+k)$

(2) $\sum_{k=1}^{10} \left(\frac{1}{5}k^3-6k\right)$

(3) $\sum_{k=1}^{10} (3k^2-2k+1)$

(4) $\sum_{k=1}^{10} (k^4+k) - \sum_{k=1}^{10} (k^4-k)$

06 $\sum_{k=1}^{10} a_k=10$, $\sum_{k=1}^{10} a_k^{\ 2}=20$, $\sum_{k=1}^{10} a_k^{\ 3}=30$일 때, $\sum_{k=1}^{10} \{(2a_k-1)^3\}$의 값을 구하시오.

07 다음 수열 $\{a_n\}$의 첫째항부터 제10항까지의 합을 구하시오.

(1) $a_n=1+2+3+\cdots+n$

(2) $a_n=n(n-1)$

(3) $a_n=10^n-1$

08 다음 식의 값을 구하시오.

(1) $\frac{1}{1\times2}+\frac{1}{2\times3}+\frac{1}{3\times4}+\cdots+\frac{1}{9\times10}$

(2) $\frac{1}{1\times3}+\frac{1}{3\times5}+\frac{1}{5\times7}+\cdots+\frac{1}{19\times21}$

(3) $\frac{1}{1\times3}+\frac{1}{2\times4}+\frac{1}{3\times5}+\cdots+\frac{1}{8\times10}$

(4) $\frac{1}{\sqrt{2}+1}+\frac{1}{\sqrt{3}+\sqrt{2}}+\frac{1}{\sqrt{4}+\sqrt{3}}+\cdots+\frac{1}{\sqrt{16}+\sqrt{15}}$

09 다음 식의 값을 구하시오.

(1) $\sum_{k=3}^{10} k^2$

(2) $\sum_{k=3}^{10} \{k(k+2)\}$

(3) $\sum_{k=4}^{10} \frac{1}{(k+1)(k+2)}$

(4) $\sum_{k=5}^{10} \frac{1}{2+4+6+\cdots+2k}$

10 $\sum_{k=1}^{n} \frac{3}{9k^2-3k-2}=\frac{30}{31}$을 만족시키는 자연수 n의 값을 구하시오.

내신+학평 유형 연습

유형 1 Σ의 정의와 성질

01 25456-0421 | 2022학년도 11월 고2 학력평가 12번 |

수열 $\{a_n\}$에 대하여 $a_1=1$, $a_{10}=4$이고

$\sum_{k=1}^{9}(a_k+a_{k+1})=25$일 때, $\sum_{k=1}^{10}a_k$의 값은? [3점]

① 11 ② 12 ③ 13
④ 14 ⑤ 15

Point

(1) $\sum_{k=1}^{n}ca_k=c\sum_{k=1}^{n}a_k$ (단, c는 상수)

(2) $\sum_{k=1}^{n}(a_k+b_k)=\sum_{k=1}^{n}a_k+\sum_{k=1}^{n}b_k$

(3) $\sum_{k=1}^{n}(a_k-b_k)=\sum_{k=1}^{n}a_k-\sum_{k=1}^{n}b_k$

(4) $\sum_{k=1}^{n}c=cn$ (단, c는 상수)

02 25456-0422 | 2021학년도 11월 고2 학력평가 6번 |

두 수열 $\{a_n\}$, $\{b_n\}$에 대하여 $\sum_{k=1}^{10}a_k=5$, $\sum_{k=1}^{10}b_k=20$일 때,

$\sum_{k=1}^{10}(a_k+2b_k-1)$의 값은? [3점]

① 25 ② 30 ③ 35
④ 40 ⑤ 45

03 25456-0423 | 2022학년도 9월 고2 학력평가 25번 |

수열 $\{a_n\}$에 대하여

$$\sum_{k=1}^{10}(a_k)^2=20,\ \sum_{k=1}^{10}(a_k+1)^2=50$$

일 때, $\sum_{k=1}^{10}a_k$의 값을 구하시오. [3점]

04 25456-0424 | 2020학년도 9월 고2 학력평가 24번 |

두 수열 $\{a_n\}$, $\{b_n\}$에 대하여

$$\sum_{n=1}^{5}(a_n-b_n)=10,\ \sum_{n=1}^{6}(2a_n-2b_n)=56$$

일 때, a_6-b_6의 값을 구하시오. [3점]

05 25456-0425 | 2019학년도 9월 고2 학력평가 나형 9번 |

두 수열 $\{a_n\}$, $\{b_n\}$에 대하여

$$\sum_{n=1}^{10}(2a_n-b_n)=7,\ \sum_{n=1}^{10}(a_n+b_n)=5$$

일 때, $\sum_{n=1}^{10}(a_n-2b_n)$의 값은? [3점]

① 1 ② 2 ③ 3
④ 4 ⑤ 5

06 25456-0426 | 2023학년도 9월 고2 학력평가 7번 |

수열 $\{a_n\}$에 대하여

$$\sum_{k=1}^{5}(2a_k-1)^2=61,\ \sum_{k=1}^{5}a_k(a_k-4)=11$$

일 때, $\sum_{k=1}^{5}a_k^2$의 값은? [3점]

① 12 ② 13 ③ 14
④ 15 ⑤ 16

07 25456-0427 | 2021학년도 9월 고2 학력평가 25번 |

두 수열 $\{a_n\}$, $\{b_n\}$에 대하여

$$\sum_{n=1}^{10}a_n^2=10,\ \sum_{n=1}^{10}a_n(2b_n-3a_n)=16$$

일 때, $\sum_{n=1}^{10}a_n(6a_n+7b_n)$의 값을 구하시오. [3점]

08 25456-0428 | 2019학년도 11월 고2 학력평가 가형 14번 |

수열 $\{a_n\}$이 모든 자연수 n에 대하여

$$\sum_{k=1}^{n}a_{2k-1}=3n^2-n,\ \sum_{k=1}^{2n}a_k=6n^2+n$$

을 만족시킬 때, $\sum_{k=1}^{24}(-1)^k a_k$의 값은? [4점]

① 18 ② 24 ③ 30
④ 36 ⑤ 42

09 25456-0429 | 2024학년도 9월 고2 학력평가 17번 |

수열 $\{a_n\}$이 다음 조건을 만족시킨다.

(가) $a_{12}-a_{10}=5$
(나) 모든 자연수 n에 대하여
$\sum_{k=1}^{n}a_{2k}=\sum_{k=1}^{n}a_{2k-1}+n^2$이다.

$a_9=16$일 때, a_{11}의 값은? [4점]

① 17 ② 18 ③ 19
④ 20 ⑤ 21

10 25456-0430 | 2018학년도 11월 고2 학력평가 나형 18번 |

다음은 $\sum_{k=1}^{14}\log_2\{\log_{k+1}(k+2)\}$의 값을 구하는 과정이다.

자연수 n에 대하여
$\log_{n+1}(n+2)=\dfrac{\boxed{(가)}}{\log_2(n+1)}$이므로
$\sum_{k=1}^{14}\log_2\{\log_{k+1}(k+2)\}$
$=\log_2\left(\dfrac{\boxed{(나)}}{\log_2 2}\right)$
따라서
$\sum_{k=1}^{14}\log_2\{\log_{k+1}(k+2)\}=\boxed{(다)}$

위의 (가)에 알맞은 식을 $f(n)$이라 하고, (나), (다)에 알맞은 수를 각각 p, q라 할 때, $f(p+q)$의 값은? [4점]

① 3 ② 4 ③ 5
④ 6 ⑤ 7

유형 2 자연수의 거듭제곱의 합

11 25456-0431 | 2017학년도 6월 고2 학력평가 나형 14번 |

$\sum_{k=1}^{10} \frac{k^3}{k+1} + \sum_{k=1}^{10} \frac{1}{k+1}$의 값은? [4점]

① 340 ② 360 ③ 380
④ 400 ⑤ 420

Point

자연수의 거듭제곱의 합

(1) $1+2+3+\cdots+n=\sum_{k=1}^{n} k=\frac{n(n+1)}{2}$

(2) $1^2+2^2+3^2+\cdots+n^2=\sum_{k=1}^{n} k^2=\frac{n(n+1)(2n+1)}{6}$

(3) $1^3+2^3+3^3+\cdots+n^3=\sum_{k=1}^{n} k^3=\left\{\frac{n(n+1)}{2}\right\}^2$

12 25456-0432 | 2017학년도 9월 고2 학력평가 나형 5번 |

$\sum_{k=1}^{5} (k+1)^2 - \sum_{k=1}^{5} (k^2+k)$의 값은? [3점]

① 12 ② 14 ③ 16
④ 18 ⑤ 20

13 25456-0433 | 2020학년도 11월 고2 학력평가 26번 |

두 수열 $\{a_n\}$, $\{b_n\}$에 대하여

$$\sum_{k=1}^{10} a_k=3,\ \sum_{k=1}^{10} (a_k+b_k)=9$$

일 때, $\sum_{k=1}^{10} (b_k+k)$의 값을 구하시오. [4점]

14 25456-0434 | 2014학년도 11월 고2 학력평가 A형 9번 |

$\sum_{k=1}^{n+1} (k+2)^2 - \sum_{k=1}^{n} (k^2+4)=389$일 때, 자연수 n의 값은? [3점]

① 6 ② 7 ③ 8
④ 9 ⑤ 10

15 25456-0435 | 2024학년도 9월 고2 학력평가 24번 |

수열 $\{a_n\}$이 모든 자연수 n에 대하여

$$a_n=\begin{cases} n^2-1 & (n\text{이 홀수인 경우}) \\ n^2+1 & (n\text{이 짝수인 경우}) \end{cases}$$

를 만족시킬 때, $\sum_{k=1}^{10} a_k$의 값을 구하시오. [3점]

16 25456-0436 | 2023학년도 11월 고2 학력평가 13번 |

두 수열 $\{a_n\}$, $\{b_n\}$이 모든 자연수 n에 대하여 $a_n+b_n=n$을 만족시킨다. $\sum_{k=1}^{10} (3a_k+1)=40$일 때, $\sum_{k=1}^{10} b_k$의 값은? [3점]

① 30 ② 35 ③ 40
④ 45 ⑤ 50

17 25456-0437 | 2018학년도 9월 고2 학력평가 가형 17번 |

첫째항이 3이고 공비가 r $(r>1)$인 등비수열 $\{a_n\}$에 대하여 수열 $\{b_n\}$의 각 항이

$$b_1=\log_{a_1} a_2$$
$$b_2=(\log_{a_1} a_2)\times(\log_{a_2} a_3)$$
$$b_3=(\log_{a_1} a_2)\times(\log_{a_2} a_3)\times(\log_{a_3} a_4)$$
$$\vdots$$
$$b_n=(\log_{a_1} a_2)\times(\log_{a_2} a_3)\times(\log_{a_3} a_4)\times\cdots\times(\log_{a_n} a_{n+1})$$
$$\vdots$$

일 때, $\sum_{k=1}^{10} b_k=120$이다. $\log_3 r$의 값은? [4점]

① $\frac{1}{2}$ ② 1 ③ $\frac{3}{2}$
④ 2 ⑤ $\frac{5}{2}$

18 25456-0438 | 2018학년도 6월 고2 학력평가 나형 19번 |

자연수 n에 대하여 두 실수 a와 b가

$$2^a=5^b=10^n$$

을 만족시킬 때, 〈보기〉에서 옳은 것만을 있는 대로 고른 것은? [4점]

보기

ㄱ. $n=1$이면 $a-1=\log_2 5$이다.
ㄴ. $n=2$이면 $(a-2)(b-2)=4$이다.
ㄷ. $\sum_{n=1}^{20} \frac{(a-n)(b-n)}{n}=210$이다.

① ㄱ ② ㄱ, ㄴ ③ ㄱ, ㄷ
④ ㄴ, ㄷ ⑤ ㄱ, ㄴ, ㄷ

유형 3 Σ와 등차수열 · 등비수열

19 25456-0439 | 2020학년도 9월 고2 학력평가 11번 |

첫째항이 $\frac{1}{5}$이고 공비가 양수인 등비수열 $\{a_n\}$에 대하여 $a_4=4a_2$일 때, $\sum_{k=1}^{n} a_k=\frac{3}{13}\sum_{k=1}^{n} a_k^2$을 만족시키는 자연수 n의 값은? [3점]

① 5 ② 6 ③ 7
④ 8 ⑤ 9

Point

(1) 첫째항이 a, 공차가 d인 등차수열 $\{a_n\}$의 첫째항부터 제n항까지의 합은

$$\sum_{k=1}^{n} a_k=\frac{n\{2a+(n-1)d\}}{2}=\frac{n(a+a_n)}{2}$$

(2) 첫째항이 a, 공비가 r인 등비수열 $\{a_n\}$의 첫째항부터 제n항까지의 합은

$$\sum_{k=1}^{n} ar^{k-1}=\frac{a(r^n-1)}{r-1}=\frac{a(1-r^n)}{1-r}\ (\text{단, } r\neq 1)$$

20 25456-0440 | 2022학년도 9월 고2 학력평가 6번 |

등차수열 $\{a_n\}$에 대하여

$\sum_{k=1}^{5} a_k=30$일 때, a_2+a_4의 값은? [3점]

① 12 ② 14 ③ 16
④ 18 ⑤ 20

21 25456-0441 | 2021학년도 11월 고2 학력평가 27번 |

공차가 2인 등차수열 $\{a_n\}$과 자연수 m이

$$\sum_{k=1}^{m} a_{k+1}=240,\ \sum_{k=1}^{m} (a_k+m)=360$$

을 만족시킬 때, a_m의 값을 구하시오. [4점]

22 25456-0442 | 2019학년도 9월 고2 학력평가 가형 26번 |

첫째항과 공비가 모두 자연수인 등비수열 $\{a_n\}$에 대하여 $5 \le a_2 \le 6$, $42 \le a_4 \le 96$일 때, $\sum_{n=1}^{5} a_n$의 값을 구하시오. [4점]

23 25456-0443 | 2018학년도 11월 고2 학력평가 나형 27번 |

모든 항이 양수인 등비수열 $\{a_n\}$이 다음 조건을 만족시킬 때, a_3의 값을 구하시오. [4점]

> (가) $a_1 \times a_2 = 2a_3$
>
> (나) $\sum_{k=1}^{20} a_k = \frac{a_{21}-a_1}{3}$

24 25456-0444 | 2020학년도 9월 고2 학력평가 17번 |

공차가 정수인 등차수열 $\{a_n\}$이 다음 조건을 만족시킨다.

> (가) $a_7=37$
>
> (나) 모든 자연수 n에 대하여 $\sum_{k=1}^{n} a_k \le \sum_{k=1}^{13} a_k$이다.

$\sum_{k=1}^{21} |a_k|$의 값은? [4점]

① 681 ② 683 ③ 685 ④ 687 ⑤ 689

25 25456-0445 | 2020학년도 11월 고2 학력평가 19번 |

다음은 공차가 1보다 크고 $a_3+a_5=2$인 등차수열 $\{a_n\}$에 대하여 $\sum_{k=1}^{5} (a_k^2-5|a_k|)$의 값이 최소가 되도록 하는 수열 $\{a_n\}$의 공차를 구하는 과정이다.

> $a_3+a_5=2$에서 $a_4=$ (가)
>
> 등차수열 $\{a_n\}$의 공차를 d라 하고
>
> $\sum_{k=1}^{5} a_k^2$과 $\sum_{k=1}^{5} |a_k|$를 각각 d에 대한 식으로 나타내면
>
> $\sum_{k=1}^{5} a_k^2 = 15d^2-10d+5$
>
> $\sum_{k=1}^{5} |a_k| =$ (나)
>
> 따라서 $\sum_{k=1}^{5} (a_k^2-5|a_k|)$의 값이 최소가 되도록 하는 수열 $\{a_n\}$의 공차는 (다)이다.

위의 (가), (다)에 알맞은 수를 각각 p, q라 하고, (나)에 알맞은 식을 $f(d)$라 할 때, $f(p+2q)$의 값은? [4점]

① 21 ② 23 ③ 25 ④ 27 ⑤ 29

26 25456-0446 | 2019학년도 11월 고2 학력평가 나형 28번 |

첫째항이 자연수이고 공차가 음수인 등차수열 $\{a_n\}$이 다음 조건을 만족시킬 때, a_1의 값을 구하시오. [4점]

(가) $|a_5|+|a_6|=|a_5+a_6|+2$
(나) $\sum_{n=1}^{6}|a_n|=37$

27 25456-0447 | 2023학년도 9월 고2 학력평가 19번 |

수열 $\{a_n\}$이 다음 조건을 만족시킨다.

(가) 네 수 a_1, a_3, a_5, a_7은 이 순서대로 공비가 양수인 등비수열을 이룬다.
(나) 8 이하의 모든 자연수 n에 대하여 $a_n \times a_{9-n}=75$이다.

$a_1+a_2=\frac{10}{3}$, $\sum_{k=1}^{8}a_k=\frac{400}{3}$일 때, a_3+a_8의 값은? [4점]

① $\frac{110}{3}$ ② 40 ③ $\frac{130}{3}$
④ $\frac{140}{3}$ ⑤ 50

28 25456-0448 | 2020학년도 11월 고2 학력평가 17번 |

$a_3=1$인 등차수열 $\{a_n\}$이 $\sum_{k=1}^{20}a_{2k}-\sum_{k=1}^{12}a_{2k+8}=48$을 만족시킬 때, a_{39}의 값은? [4점]

① 11 ② 12 ③ 13
④ 14 ⑤ 15

29 25456-0449 | 2018학년도 6월 고2 학력평가 나형 20번 |

첫째항이 -36이고 공차가 d인 등차수열 $\{a_n\}$이 있다. 다음 조건을 만족시키는 모든 자연수 d의 값의 합은? [4점]

(가) 모든 자연수 n에 대하여 $a_n \neq 0$이다.
(나) $\sum_{k=1}^{m}a_k=0$인 m이 존재한다.

① 100 ② 104 ③ 108
④ 112 ⑤ 116

30 25456-0450 | 2019학년도 9월 고2 학력평가 나형 21번 |

공차가 0이 아닌 등차수열 $\{a_n\}$이 다음 조건을 만족시킨다.

(가) $\sum_{n=1}^{5}a_n=2\left|\sum_{n=1}^{10}a_n\right|$
(나) $a_3a_6>0$

$\frac{a_{21}}{a_1}$의 값은? [4점]

① -5 ② $-\frac{17}{4}$ ③ $-\frac{7}{2}$
④ $-\frac{11}{4}$ ⑤ -2

내신+학평 유형 연습

유형 4 Σ와 수열의 일반항

31 25456-0451 | 2018학년도 6월 고2 학력평가 가형 15번 |

수열 $\{a_n\}$이

$$\sum_{k=1}^{n} ka_k = n(n+1)(n+2)$$

를 만족시킬 때, $\sum_{k=1}^{10} a_k$의 값은? [4점]

① 185 ② 195 ③ 205 ④ 215 ⑤ 225

Point

$S_n=\sum_{k=1}^{n} a_k$가 주어지면

(i) $a_1=\sum_{k=1}^{1} a_k$

(ii) $a_n=\sum_{k=1}^{n} a_k-\sum_{k=1}^{n-1} a_k\ (n\ge 2)$

임을 이용하여 수열 $\{a_n\}$의 일반항을 구한다.

32 25456-0452 | 2018학년도 9월 고2 학력평가 가형 6번 |

수열 $\{a_n\}$이 모든 자연수 n에 대하여 $\sum_{k=1}^{n} a_k=n^2+5n$을 만족시킬 때, a_6의 값은? [3점]

① 8 ② 12 ③ 16 ④ 20 ⑤ 24

33 25456-0453 | 2018학년도 6월 고2 학력평가 나형 9번 |

수열 $\{a_n\}$에 대하여 $\sum_{k=1}^{n} a_k=2^{n+1}-2$일 때, a_5의 값은? [3점]

① 30 ② 32 ③ 34 ④ 36 ⑤ 38

34 25456-0454 | 2022학년도 11월 고2 학력평가 26번 |

수열 $\{a_n\}$의 첫째항부터 제n항까지의 합을 S_n이라 하자. 모든 자연수 n에 대하여 $S_n=\frac{n}{2n+1}$일 때, $\sum_{k=1}^{6} \frac{1}{a_k}$의 값을 구하시오. [4점]

35 25456-0455 | 2016학년도 6월 고2 학력평가 나형 26번 |

수열 $\{a_n\}$이 모든 자연수 n에 대하여

$$a_1+2a_2+3a_3+\cdots+na_n=2n^2+3n$$

을 만족시킬 때, $\sum_{n=1}^{10} \frac{2}{a_n-4}$의 값을 구하시오. [4점]

36 25456-0456 | 2016학년도 3월 고2 학력평가 가형 15번 |

수열 $\{a_n\}$이 모든 자연수 n에 대하여

$$\sum_{k=1}^{n} a_k = \log n$$

을 만족시킨다. $10^{a_n}=1.04$일 때, n의 값은? [4점]

① 24 ② 25 ③ 26 ④ 27 ⑤ 28

37 25456-0457 | 2016학년도 3월 고2 학력평가 나형 19번 |

수열 $\{a_n\}$은 $a_1+a_2=8$이고,

$$\sum_{k=2}^{n} a_k - \sum_{k=1}^{n-1} a_k = 2n^2+2 \ (n \geq 2)$$

를 만족시킨다. $\sum_{k=1}^{10} a_k$의 값은? [4점]

① 756 ② 766 ③ 776 ④ 786 ⑤ 796

유형 5 일반항이 분수꼴인 Σ의 계산

38 25456-0458 | 2019학년도 9월 고2 학력평가 나형 15번 |

수열 $\{a_n\}$이 모든 자연수 n에 대하여 $a_n = {}_{n+1}C_2$를 만족시킬 때, $\sum_{n=1}^{9} \frac{1}{a_n}$의 값은? [4점]

① $\frac{7}{5}$ ② $\frac{3}{2}$ ③ $\frac{8}{5}$ ④ $\frac{17}{10}$ ⑤ $\frac{9}{5}$

Point

부분분수를 이용한 수열의 합

(1) $\sum_{k=1}^{n} \frac{1}{k(k+1)} = \sum_{k=1}^{n} \left(\frac{1}{k} - \frac{1}{k+1}\right)$

(2) $\sum_{k=1}^{n} \frac{1}{(k+a)(k+b)} = \frac{1}{b-a} \sum_{k=1}^{n} \left(\frac{1}{k+a} - \frac{1}{k+b}\right)$ (단, $a \neq b$)

39 25456-0459 | 2015학년도 9월 고2 학력평가 가형 11번 |

수열 $\{a_n\}$이 $\sum_{k=1}^{n} k^2 a_k = n^2+n$을 만족시킬 때, $\sum_{k=1}^{10} \frac{a_k}{k+1}$의 값은? [3점]

① $\frac{17}{11}$ ② $\frac{18}{11}$ ③ $\frac{19}{11}$ ④ $\frac{20}{11}$ ⑤ $\frac{21}{11}$

40 25456-0460 | 2018학년도 3월 고2 학력평가 나형 15번 |

수열 $\{a_n\}$은 $a_1=1$이고,

$$\sum_{k=1}^{n} \left(\frac{1}{a_k} - \frac{1}{a_{k+1}}\right) = \frac{2n}{2n+1} \ (n=1, 2, 3, \cdots)$$

을 만족시킨다. a_{10}의 값은? [4점]

① 10 ② 13 ③ 16 ④ 19 ⑤ 22

41 25456-0461 | 2020학년도 11월 고2 학력평가 15번 |

자연수 n에 대하여 수열 $\{a_n\}$의 일반항이 $a_n = \sqrt[n+1]{\sqrt[n+2]{4}}$일 때, $\sum_{k=1}^{10} \log_2 a_k$의 값은? [4점]

① $\frac{1}{6}$ ② $\frac{1}{3}$ ③ $\frac{1}{2}$ ④ $\frac{2}{3}$ ⑤ $\frac{5}{6}$

유형 6 Σ의 활용 – 그래프, 도형

42 25456-0462 | 2023학년도 9월 고2 학력평가 15번 |

자연수 n에 대하여 원 $x^2+y^2=n$이 직선 $y=\sqrt{3}x$와 제1사분면에서 만나는 점의 x좌표를 x_n이라 하자.

$\sum_{k=1}^{80} \frac{1}{x_k+x_{k+1}}$의 값은? [4점]

① 8 ② 10 ③ 12
④ 14 ⑤ 16

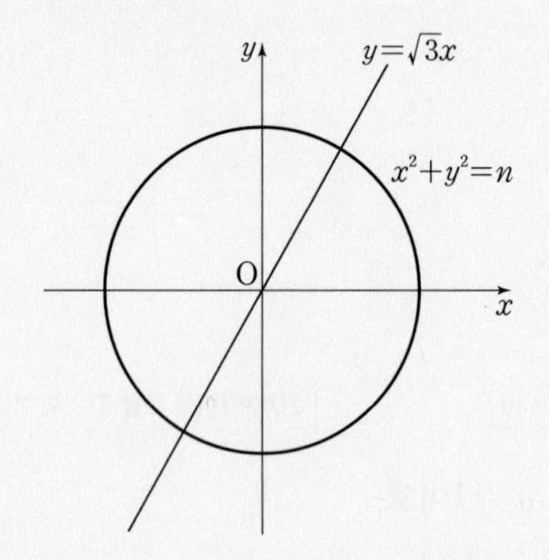

Point

두 함수의 그래프의 교점으로 정의된 수열에 대한 문제는 n에 1, 2, 3, ⋯을 차례대로 대입해 나가며 그래프를 그리고 교점을 구한 후, 일반항의 규칙을 찾아서 해결한다.

43 25456-0463 | 2019학년도 9월 고2 학력평가 나형 11번 |

자연수 n에 대하여 직선 $y=-2x+n^2+1$의 x절편을 x_n이라 할 때, $\sum_{n=1}^{8} x_n$의 값은? [3점]

① 104 ② 105 ③ 106
④ 107 ⑤ 108

44 25456-0464 | 2021학년도 9월 고2 학력평가 10번 |

자연수 n에 대하여 곡선 $y=x^2$과 직선 $y=\sqrt{n}x$가 만나는 서로 다른 두 점 사이의 거리를 $f(n)$이라 하자.

$\sum_{n=1}^{10} \frac{1}{\{f(n)\}^2}$의 값은? [3점]

① $\frac{9}{11}$ ② $\frac{19}{22}$ ③ $\frac{10}{11}$
④ $\frac{21}{22}$ ⑤ 1

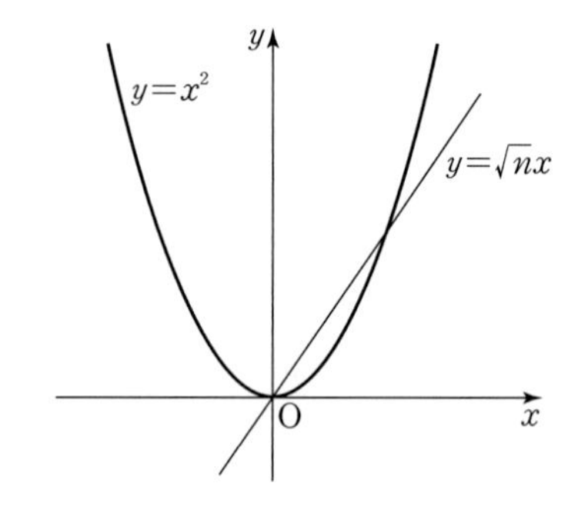

45 25456-0465 | 2020학년도 9월 고2 학력평가 13번 |

자연수 n에 대하여 좌표평면 위의 점 $(n,\ 0)$을 중심으로 하고 반지름의 길이가 1인 원을 O_n이라 하자.
점 $(-1,\ 0)$을 지나고 원 O_n과 제1사분면에서 접하는 직선의 기울기를 a_n이라 할 때, $\sum_{n=1}^{5} {a_n}^2$의 값은? [3점]

① $\frac{1}{2}$ ② $\frac{23}{42}$ ③ $\frac{25}{42}$
④ $\frac{9}{14}$ ⑤ $\frac{29}{42}$

46 25456-0466 | 2017학년도 6월 고2 학력평가 가형 14번 |

그림과 같이 자연수 n에 대하여 직선 $x=n^2$이 곡선 $y=\sqrt{x}$와 만나는 점을 A_n, x축과 만나는 점을 B_n이라 하고, 직선 $x=(n+1)^2$이 곡선 $y=\sqrt{x}$와 만나는 점을 A_{n+1}, x축과 만나는 점을 B_{n+1}이라 하자. 사각형 $\mathrm{A}_n\mathrm{B}_n\mathrm{B}_{n+1}\mathrm{A}_{n+1}$의 넓이를 S_n이라 할 때, $\sum_{n=1}^{10} S_n$의 값은? [4점]

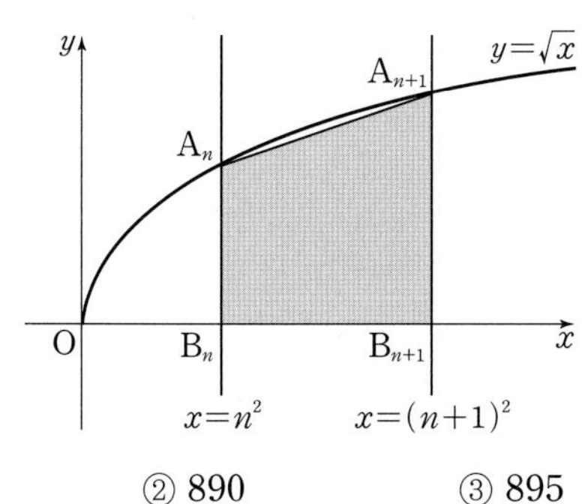

① 885 ② 890 ③ 895
④ 900 ⑤ 905

47 25456-0467 | 2019학년도 11월 고2 학력평가 가형 15번 |

그림과 같이 자연수 n에 대하여 함수 $y=a^x-1$ $(a>1)$의 그래프가 두 직선 $y=n$, $y=n+1$과 만나는 점을 각각 A_n, A_{n+1}이라 하자. 선분 $\mathrm{A}_n\mathrm{A}_{n+1}$을 대각선으로 하고, 각 변이 x축 또는 y축과 평행한 직사각형의 넓이를 S_n이라 하자.
$\sum_{n=1}^{14} S_n=6$일 때, 상수 a의 값은? [4점]

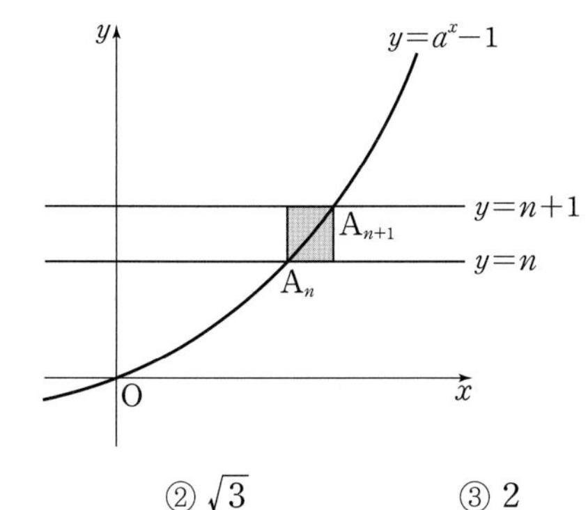

① $\sqrt{2}$ ② $\sqrt{3}$ ③ 2
④ $\sqrt{5}$ ⑤ $\sqrt{6}$

48 25456-0468 | 2018학년도 9월 고2 학력평가 나형 16번 |

자연수 n에 대하여 직선 $x=n$이 두 곡선 $y=\sqrt{x}$, $y=-\sqrt{x+1}$과 만나는 점을 각각 A_n, B_n이라 하자.

삼각형 $\mathrm{A}_n\mathrm{O}\mathrm{B}_n$의 넓이를 T_n이라 할 때, $\sum_{n=1}^{24} \frac{n}{T_n}$의 값은?

(단, O는 원점이다.) [4점]

① $\frac{13}{2}$ ② 7 ③ $\frac{15}{2}$
④ 8 ⑤ $\frac{7}{2}$

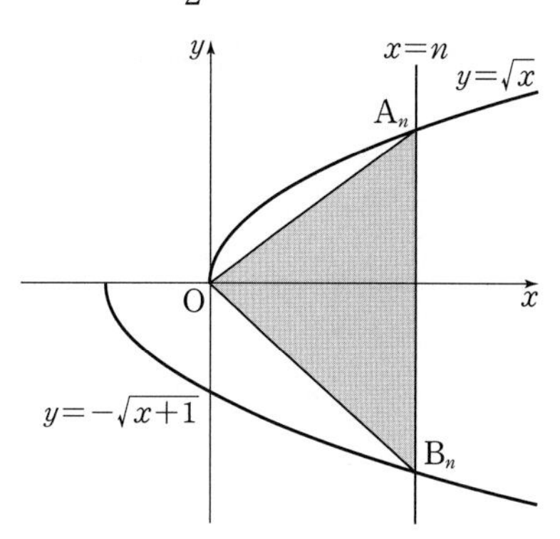

49 25456-0469 | 2021학년도 9월 고2 학력평가 17번 |

자연수 n에 대하여 $0\le x\le 2^{n+1}$에서
함수 $y=2\sin\left(\frac{\pi}{2^n}x\right)$의 그래프가 직선 $y=\frac{1}{n}$과 만나는 모든 점의 x좌표의 합을 x_n이라 하자. $\sum_{n=1}^{6} x_n$의 값은? [4점]

① 122 ② 126 ③ 130
④ 134 ⑤ 138

유형 7 Σ의 활용-수

50 25456-0470 | 2021학년도 11월 고2 학력평가 17번 |

2 이상의 자연수 n에 대하여 $2^{n-3}-8$의 n제곱근 중 실수인 것의 개수를 $f(n)$이라 할 때, $\sum_{n=2}^{m} f(n)=15$가 되도록 하는 자연수 m의 값은? [4점]

① 12 ② 14 ③ 16
④ 18 ⑤ 20

Point
주어진 수열에 대하여 규칙을 찾아서 해결한다.

51 25456-0471 | 2017학년도 6월 고2 학력평가 나형 28번 |

1000의 모든 양의 약수를 작은 수부터 크기순으로 나열할 때, k번째 수를 a_k라 하자. 1000의 모든 양의 약수의 개수는 p이고 $\sum_{k=1}^{p} \log_{10} a_k=q$일 때, $p+q$의 값을 구하시오. [4점]

52 25456-0472 | 2016학년도 6월 고2 학력평가 나형 27번 |

2 이상의 자연수 n에 대하여 $\sqrt[n]{20}$보다 작은 정수 중에서 최댓값을 $f(n)$이라 하자. $\sum_{n=2}^{10} f(n)$의 값을 구하시오. [4점]

53 25456-0473 | 2016학년도 9월 고2 학력평가 나형 29번 |

다음과 같이 제n행에 각각 첫째항이 1이고 공비가 3인 등비수열의 항을 첫째항부터 차례로 n개 나열한다.

제1행	1
제2행	$1,\ 3$
제3행	$1,\ 3,\ 3^2$
제4행	$1,\ 3,\ 3^2,\ 3^3$
⋮	⋮
제n행	$1,\ 3,\ 3^2,\ 3^3,\ \cdots,\ 3^{n-2},\ 3^{n-1}$

위와 같이 나열할 때, 제n행의 모든 자연수 중에서 5로 나눈 나머지가 3인 자연수의 개수를 a_n이라 할 때, $\sum_{k=1}^{20} a_k$의 값을 구하시오. [4점]

$\sum_{k=1}^{n} a_k = n^2 - 2n$일 때, $\sum_{k=1}^{10} \{ka_{2k}\}$의 값을 구하시오.

출제 의도 부분합으로부터 일반항을 구하고 Σ의 성질을 이용하여 식의 값을 구할 수 있는지를 묻고 있다.

풀이

$\sum_{k=1}^{n} a_k = n^2 - 2n$이므로

$n \geq 2$일 때,

$$a_n = \sum_{k=1}^{n} a_k - \sum_{k=1}^{n-1} a_k$$
$$= (n^2 - 2n) - \{(n-1)^2 - 2(n-1)\}$$
$$= 2n - 3 \quad \cdots\cdots ㉮$$

$k \geq 1$일 때, $a_{2k} = 2 \times 2k - 3 = 4k - 3$ ⋯⋯ ㉯

따라서

$$\sum_{k=1}^{10} \{ka_{2k}\} = \sum_{k=1}^{10} \{k(4k-3)\}$$
$$= \sum_{k=1}^{10} (4k^2 - 3k)$$
$$= 4\sum_{k=1}^{10} k^2 - 3\sum_{k=1}^{10} k$$
$$= 4 \times \frac{10 \times 11 \times 21}{6} - 3 \times \frac{10 \times 11}{2}$$
$$= 1540 - 165$$
$$= 1375 \quad \cdots\cdots ㉰$$

답 1375

단계	채점 기준	비율
㉮	첫째항부터 제n항까지의 합으로부터 $n \geq 2$일 때 a_n을 구한 경우	30%
㉯	a_n으로부터 a_{2k}를 구한 경우	30%
㉰	Σ의 성질과 자연수의 거듭제곱의 합 공식을 이용하여 $\sum_{k=1}^{10} \{ka_{2k}\}$의 값을 구한 경우	40%

01 25456-0474

첫째항이 1, 공차가 2인 등차수열 $\{a_n\}$에 대하여 수열 $\{b_n\}$은 모든 자연수 n에 대하여 $b_n = a_n a_{n+1}$을 만족시킨다.

$\sum_{k=1}^{m} \frac{1}{b_k} = \frac{10}{21}$이 성립할 때, m의 값을 구하시오.

02 25456-0475

수열 $\{a_n\}$의 각 항은 -1, 0, 2 중의 어느 한 수이다.

$\sum_{k=1}^{10} a_k = 8$, $\sum_{k=1}^{10} (a_k)^2 = 22$일 때, $\sum_{k=1}^{10} (a_k)^3$의 값을 구하시오.

01 25456-0476

| 2023학년도 9월 고2 학력평가 29번 |

다음 조건을 만족시키는 모든 수열 $\{a_n\}$에 대하여 $\sum_{n=1}^{10} a_n$의 최댓값을 구하시오. [4점]

> (가) 모든 자연수 k에 대하여 a_k는 x에 대한 방정식 $x^2+3x+(8-k)(k-5)=0$의 근이다.
> (나) $a_n \times a_{n+1} \le 0$을 만족시키는 10 이하의 자연수 n의 개수는 2이다.

02 25456-0477

| 2022학년도 9월 고2 학력평가 21번 |

양수 a와 0이 아닌 실수 d에 대하여 첫째항이 모두 a이고, 공차가 각각 d, $-2d$인 두 등차수열 $\{a_n\}$과 $\{b_n\}$이 다음 조건을 만족시킨다.

> (가) $|a_1|=|b_7|$
> (나) $S_n=\sum_{k=1}^{n}(|a_k|-|b_k|)$라 할 때,
> 모든 자연수 n에 대하여 $S_n \le 108$이고,
> $S_p=108$인 자연수 p가 존재한다.

$S_n \ge 0$을 만족시키는 자연수 n의 최댓값을 m이라 할 때, a_m의 값은? [4점]

① 46 ② 50 ③ 54 ④ 58 ⑤ 62

03 25456-0478 | 2021학년도 9월 고2 학력평가 21번 |

첫째항이 b (b는 자연수)이고 공차가 -4인 등차수열 $\{a_n\}$이 있다. 모든 자연수 n에 대하여 $\left|\sum_{k=1}^{n} a_k\right| \geq 14$를 만족시키는 모든 b의 값을 작은 수부터 크기순으로 나열할 때, m번째 수를 b_m이라 하자. $\sum_{m=1}^{10} b_m$의 값은? [4점]

① 345 ② 350 ③ 355 ④ 360 ⑤ 365

04 25456-0479 | 2019학년도 11월 고2 학력평가 가형 30번 |

두 정수 l, m에 대하여 두 등차수열 $\{a_n\}$, $\{b_n\}$의 일반항이

$a_n = 12 + (n-1)l$,

$b_n = -10 + (n-1)m$

일 때,

$$\sum_{k=1}^{10} |a_k + b_k| = \sum_{k=1}^{10} (|a_k| - |b_k|) = 31$$

을 만족시키는 모든 순서쌍 (l, m)의 개수를 구하시오. [4점]

개념

짚어보기 | 10 수학적 귀납법

1. 수열의 귀납적 정의

(1) **수열의 귀납적 정의:** 처음 몇 개의 항과 이웃하는 여러 항 사이의 관계식으로 수열을 정의하는 것

(2) **등차수열의 귀납적 정의**

① $a_1=a$, $a_{n+1}=a_n+d$(일정)가 성립하면 첫째항이 a, 공차가 d인 등차수열

② $2a_{n+1}=a_n+a_{n+2}$가 성립하면 등차수열

(3) **등비수열의 귀납적 정의**

① $a_1=a$, $a_{n+1}=ra_n$이 성립하면 첫째항이 a, 공비가 r인 등비수열

② $a_{n+1}^{\ 2}=a_n a_{n+2}$가 성립하면 등비수열

$2a_{n+1}=a_n+a_{n+2}$에서 a_{n+1}은 a_n과 a_{n+2}의 등차중항이다.

$a_{n+1}^{\ 2}=a_na_{n+2}$에서 a_{n+1}은 a_n과 a_{n+2}의 등비중항이다.

2. 여러 가지 수열의 귀납적 정의

(1) $\begin{cases} a_1=a \\ a_{n+1}=a_n+f(n) \end{cases}$

n에 1, 2, 3, $\cdots$, $n-1$을 차례로 대입한 후 변끼리 더한다.

$$\begin{array}{rl} & a_2=a_1+f(1) \\ & a_3=a_2+f(2) \\ & a_4=a_3+f(3) \\ & \quad\vdots \\ + & a_n=a_{n-1}+f(n-1) \\ \hline & a_n=a_1+\{f(1)+f(2)+f(3)+\cdots+f(n-1)\}=a_1+\sum_{k=1}^{n-1}f(k)\ (n\geq 2) \end{array}$$

(2) $\begin{cases} a_1=a \\ a_{n+1}=a_n\times f(n) \end{cases}$

n에 1, 2, 3, $\cdots$, $n-1$을 차례로 대입한 후 변끼리 곱한다.

$$\begin{array}{rl} & a_2=a_1\times f(1) \\ & a_3=a_2\times f(2) \\ & a_4=a_3\times f(3) \\ & \quad\vdots \\ \times & a_n=a_{n-1}\times f(n-1) \\ \hline & a_n=a_1\times\{f(1)\times f(2)\times f(3)\times\cdots\times f(n-1)\}\ (n\geq 2) \end{array}$$

(3) $\begin{cases} a_1=a \\ a_{n+1}=pa_n+q \end{cases}$

$a_{n+1}+\alpha=p(a_n+\alpha)$의 꼴로 고친 후 n에 1, 2, 3, $\cdots$을 차례로 대입하면 수열 $\{a_n+\alpha\}$는 공비가 p인 등비수열을 이룬다.

3. 수학적 귀납법

자연수 n에 대한 명제 $p(n)$이 모든 자연수 n에 대하여 성립함을 증명하려면 다음 두 가지를 보이면 된다.

(i) $n=1$일 때, 명제 $p(n)$이 성립한다.

(ii) $n=k$일 때, 명제 $p(n)$이 성립한다고 가정하면 $n=k+1$일 때도 명제 $p(n)$이 성립한다.

주의
$n\geq 2$인 모든 자연수 n에 대하여 주어진 식이 성립함을 증명하려면 $n=1$ 대신 $n=2$일 때 주어진 식이 성립함을 보이면 된다.

정답과 풀이 96쪽

01 다음과 같이 귀납적으로 정의된 수열 $\{a_n\}$의 제5항을 구하시오. (단, $n=1, 2, 3, \cdots$)

(1) $\begin{cases} a_1=5 \\ a_{n+1}=a_n-3 \end{cases}$

(2) $\begin{cases} a_1=1 \\ a_{n+1}=2a_n \end{cases}$

(3) $\begin{cases} a_1=1 \\ a_{n+1}=a_n+n \end{cases}$

(4) $\begin{cases} a_1=1 \\ a_{n+1}=na_n \end{cases}$

02 수열 $\{a_n\}$이

$$a_1=3,\ a_{n+1}=a_n+5\ (n\ge1)$$

로 정의될 때, $a_8+a_9+a_{10}$의 값을 구하시오.

03 수열 $\{a_n\}$이

$$a_1=8,\ 2a_{n+1}=a_n\ (n\ge1)$$

으로 정의될 때, $\dfrac{1}{a_{10}}$의 값을 구하시오.

04 수열 $\{a_n\}$이 $a_1=3,\ a_{n+1}=\dfrac{1}{1-a_n}\ (n\ge1)$로 정의될 때, a_{100}의 값을 구하시오.

05 수열 $\{a_n\}$이

$$a_1=1,\ a_{n+1}=a_n+2^n\ (n\ge1)$$

으로 정의될 때, a_6의 값을 구하시오.

06 수열 $\{a_n\}$이

$$a_1=1,\ a_{n+1}=\frac{1}{n+1}a_n\ (n\ge1)$$

으로 정의될 때, a_{10}의 값을 구하시오.

07 수열 $\{a_n\}$이

$$a_1=1,\ a_{n+1}=2a_n+1\ (n\ge1)$$

로 정의될 때, a_{10}의 값을 구하시오.

08 수열 $\{a_n\}$이

$$a_1=1,\ a_{n+1}=\begin{cases} 3a_n & (n\text{은 홀수}) \\ a_n & (n\text{은 짝수}) \end{cases}\ (n\ge1)$$

으로 정의될 때, $\log_3 a_{10}$의 값을 구하시오.

09 다음은 모든 자연수 n에 대하여 부등식

$$1+3+5+\cdots+(2n-1)>(n-1)^2$$

이 성립함을 수학적 귀납법으로 증명한 것이다.
(가), (나), (다)에 알맞은 것을 구하시오.

> (1) $n=1$일 때, (좌변)$=1$, (우변)$=$ [(가)] 이므로 부등식이 성립한다.
> (2) $n=k$일 때, 부등식이 성립한다고 가정하면
> $1+3+5+\cdots+(2k-1)>$ [(나)] …… ㉠
> 부등식 ㉠의 양변에 $(2k+1)$을 더하면
> $1+3+5+\cdots+(2k-1)+(2k+1)$
> $>$ [(나)] $+(2k+1)$ …… ㉡
> 이고, $(k-1)^2+(2k+1)=k^2+2>k^2$ …… ㉢
> 이므로 ㉡, ㉢에서
> $1+3+5+\cdots+(2k+1)>$ [(다)]
> 즉, $n=k+1$일 때도 부등식이 성립한다.
> 따라서 모든 자연수 n에 대하여 주어진 부등식이 성립한다.

내신+학평 유형 연습

유형 1 등차수열 · 등비수열의 귀납적 정의

01 25456-0480 | 2019학년도 9월 고2 학력평가 나형 13번 |

수열 $\{a_n\}$은 $a_1=3$이고, 모든 자연수 n에 대하여

$$a_{n+1}=\begin{cases} a_n+3 & (n\text{이 홀수인 경우}) \\ 2a_n & (n\text{이 짝수인 경우}) \end{cases}$$

를 만족시킨다. a_6의 값은? [3점]

① 27 ② 30 ③ 33
④ 36 ⑤ 39

Point

(1) 등차수열의 귀납적 정의

① $a_1=a$, $a_{n+1}=a_n+d$가 성립하면 수열 $\{a_n\}$은 첫째항이 a, 공차가 d인 등차수열이다.

② $2a_{n+1}=a_n+a_{n+2}$가 성립하면 수열 $\{a_n\}$은 등차수열이다.

(2) 등비수열의 귀납적 정의

① $a_1=a$, $a_{n+1}=ra_n$이 성립하면 수열 $\{a_n\}$은 첫째항이 a, 공비가 r인 등비수열이다.

② ${a_{n+1}}^2=a_na_{n+2}$가 성립하면 수열 $\{a_n\}$은 등비수열이다.

02 25456-0481 | 2018학년도 9월 고2 학력평가 나형 28번 |

수열 $\{a_n\}$이 $a_1=88$이고, 모든 자연수 n에 대하여

$$a_{n+1}=\begin{cases} a_n-3 & (a_n\geq 65) \\ \dfrac{1}{2}a_n & (a_n<65) \end{cases}$$

를 만족시킬 때, $\sum_{n=1}^{15} a_n$의 값을 구하시오. [4점]

03 25456-0482 | 2017학년도 11월 고2 학력평가 나형 28번 |

모든 항이 양수인 수열 $\{a_n\}$이 다음 조건을 만족시킬 때, a_{10}의 값을 구하시오. [4점]

> (가) $a_1=2$
> (나) 모든 자연수 n에 대하여 이차방정식
> $x^2-2\sqrt{a_n}\,x+a_{n+1}-3=0$이 중근을 갖는다.

04 25456-0483 | 2023학년도 9월 고2 학력평가 17번 |

모든 항이 양수이고 다음 조건을 만족시키는 모든 수열 $\{a_n\}$에 대하여 a_4+a_6의 최솟값은? [4점]

> (가) 모든 자연수 n에 대하여 $2a_{n+1}=a_n+a_{n+2}$이다.
> (나) $a_3\times a_{22}=a_7\times a_8+10$

① 5 ② 6 ③ 7
④ 8 ⑤ 9

유형 2 여러 가지 수열의 귀납적 정의

05 25456-0484 | 2021학년도 9월 고2 학력평가 12번 |

수열 $\{a_n\}$이 모든 자연수 n에 대하여

$$a_{n+1}=\begin{cases}\log_2 a_n & (n\text{이 홀수인 경우})\\ 2^{a_n+1} & (n\text{이 짝수인 경우})\end{cases}$$

를 만족시킨다. $a_8=5$일 때, a_6+a_7의 값은? [3점]

① 36 ② 38 ③ 40
④ 42 ⑤ 44

Point

(1) $a_{n+1}=a_n+f(n)$의 꼴

(i) $a_{n+1}=a_n+f(n)$의 n에 $1, 2, 3, \cdots, n-1$을 차례로 대입한다.

(ii) 변끼리 더한다.

⇨ $a_n=a_1+\{f(1)+f(2)+f(3)+\cdots+f(n-1)\}$

(2) $a_{n+1}=f(n)a_n$의 꼴

(i) $a_{n+1}=f(n)a_n$의 n에 $1, 2, 3, \cdots, n-1$을 차례로 대입한다.

(ii) 변끼리 곱한다.

⇨ $a_n=a_1\times\{f(1)\times f(2)\times f(3)\times\cdots\times f(n-1)\}$

06 25456-0485 | 2019학년도 9월 고2 학력평가 가형 9번 |

수열 $\{a_n\}$에 대하여

$a_1=6$, $a_{n+1}=a_n+3^n$ $(n=1, 2, 3, \cdots)$

일 때, a_4의 값은? [3점]

① 39 ② 42 ③ 45
④ 48 ⑤ 51

07 25456-0486 | 2020학년도 9월 고2 학력평가 7번 |

수열 $\{a_n\}$이 모든 자연수 n에 대하여

$a_{n+1}=2a_n+1$

을 만족시킨다. $a_4=31$일 때, a_2의 값은? [3점]

① 7 ② 8 ③ 9
④ 10 ⑤ 11

08 25456-0487 | 2018학년도 6월 고2 학력평가 가형 25번 |

두 수열 $\{a_n\}$, $\{b_n\}$이

$a_n=$(자연수 n을 3으로 나누었을 때의 몫),

$b_n=(-1)^{n-1}\times 5^{a_n}$

일 때, $\sum_{k=1}^{9} b_k$의 값을 구하시오. [3점]

09 25456-0488 | 2018학년도 3월 고2 학력평가 나형 26번 |

$a_3=3$인 수열 $\{a_n\}$이 모든 자연수 n에 대하여

$$a_{n+1}=\begin{cases}\dfrac{a_n+3}{2} & (a_n\text{이 홀수인 경우})\\ \dfrac{a_n}{2} & (a_n\text{이 짝수인 경우})\end{cases}$$

이다. $a_1\geq 10$일 때, $\sum_{k=1}^{5} a_k$의 값을 구하시오. [4점]

10 25456-0489 | 2023학년도 9월 고2 학력평가 13번 |

첫째항이 2인 수열 $\{a_n\}$이 모든 자연수 n에 대하여

$$a_{n+1}=\begin{cases} 2a_n-1 & (a_n<8) \\ \frac{1}{3}a_n & (a_n\geq 8) \end{cases}$$

을 만족시킬 때, $\sum_{k=1}^{16} a_k$의 값은? [3점]

① 78 ② 81 ③ 84
④ 87 ⑤ 90

11 25456-0490 | 2022학년도 11월 고2 학력평가 14번 |

첫째항이 1인 수열 $\{a_n\}$이 모든 자연수 n에 대하여

$$a_{n+1}=\begin{cases} a_n-4 & (a_n\geq 0) \\ {a_n}^2 & (a_n<0) \end{cases}$$

일 때, $\sum_{k=1}^{22} a_k$의 값은? [4점]

① 50 ② 54 ③ 58
④ 62 ⑤ 66

12 25456-0491 | 2018학년도 11월 고2 학력평가 나형 19번 |

수열 $\{a_n\}$이 모든 자연수 n에 대하여

$$a_{n+1}+a_n=2n^2$$

을 만족시킨다. $a_3+a_5=26$일 때, a_2의 값은? [4점]

① 1 ② 2 ③ 3
④ 4 ⑤ 5

13 25456-0492 | 2022학년도 9월 고2 학력평가 13번 |

첫째항이 $\frac{1}{2}$인 수열 $\{a_n\}$이 모든 자연수 n에 대하여

$$a_{n+1}=-\frac{1}{a_n-1}$$

을 만족시킨다. 수열 $\{a_n\}$의 첫째항부터 제n항까지의 합을 S_n이라 할 때, $S_m=11$을 만족시키는 자연수 m의 값은? [3점]

① 20 ② 21 ③ 22
④ 23 ⑤ 24

14 25456-0493 | 2021학년도 9월 고2 학력평가 18번 |

두 수열 $\{a_n\}$, $\{b_n\}$은 $a_1=1$, $b_1=-1$이고 모든 자연수 n에 대하여

$$a_{n+1}=a_n+b_n,\ b_{n+1}=2\cos\frac{a_n}{3}\pi$$

를 만족시킨다. $a_{2021}-b_{2021}$의 값은? [4점]

① -2 ② 0 ③ 2
④ 4 ⑤ 6

유형 3 수학적 귀납법-등식의 증명

15 25456-0494 | 2021학년도 9월 고2 학력평가 16번 |

수열 $\{a_n\}$을 $a_n=\sum_{k=1}^{n}\frac{1}{k}$이라 할 때, 다음은 모든 자연수 n에 대하여 등식

$$a_1+2a_2+3a_3+\cdots+na_n=\frac{n(n+1)}{4}(2a_{n+1}-1) \quad \cdots\cdots (\bigstar)$$

이 성립함을 수학적 귀납법으로 증명한 것이다.

> (i) $n=1$일 때,
> (좌변)$=a_1$, (우변)$=a_2-$ (가) $=1=a_1$
> 이므로 ($\bigstar$)이 성립한다.
> (ii) $n=m$일 때, ($\bigstar$)이 성립한다고 가정하면
> $$a_1+2a_2+3a_3+\cdots+ma_m=\frac{m(m+1)}{4}\times(2a_{m+1}-1)$$
> 이다.
> $n=m+1$일 때, ($\bigstar$)이 성립함을 보이자.
> $$a_1+2a_2+3a_3+\cdots+ma_m+(m+1)a_{m+1}$$
> $$=\frac{m(m+1)}{4}(2a_{m+1}-1)+(m+1)a_{m+1}$$
> $$=(m+1)a_{m+1}(\boxed{(나)}+1)-\frac{m(m+1)}{4}$$
> $$=\frac{(m+1)(m+2)}{2}(a_{m+2}-\boxed{(다)})-\frac{m(m+1)}{4}$$
> $$=\frac{(m+1)(m+2)}{4}(2a_{m+2}-1)$$
> 따라서 $n=m+1$일 때도 ($\bigstar$)이 성립한다.
> (i), (ii)에 의하여 모든 자연수 n에 대하여
> $$a_1+2a_2+3a_3+\cdots+na_n=\frac{n(n+1)}{4}(2a_{n+1}-1)$$
> 이 성립한다.

위의 (가)에 알맞은 수를 p, (나), (다)에 알맞은 식을 각각 $f(m)$, $g(m)$이라 할 때, $p+\frac{f(5)}{g(3)}$의 값은? [4점]

① 9 ② 10 ③ 11 ④ 12 ⑤ 13

Point

자연수 n에 대한 명제 $p(n)$이 모든 자연수 n에 대하여 성립함을 증명하려면 다음 두 가지를 보이면 된다.
(i) $n=1$일 때, 명제 $p(n)$이 성립한다.
(ii) $n=k$일 때, 명제 $p(n)$이 성립한다고 가정하면 $n=k+1$일 때도 명제 $p(n)$이 성립한다.

16 25456-0495 | 2019학년도 9월 고2 학력평가 가형 18번/나형 18번 |

일반항이 $a_n=n^2$인 수열 $\{a_n\}$의 첫째항부터 제n항까지의 합을 S_n이라 하자. 다음은 모든 자연수 n에 대하여

$$(n+1)S_n-\sum_{k=1}^{n}S_k=\sum_{k=1}^{n}k^3 \quad \cdots\cdots (*)$$

이 성립함을 수학적 귀납법으로 증명한 것이다.

> (i) $n=1$일 때,
> (좌변)$=2S_1-S_1=1$, (우변)$=1$이므로 (*)이 성립한다.
> (ii) $n=m$일 때, (*)이 성립한다고 가정하면
> $(m+1)S_m-\sum_{k=1}^{m}S_k=\sum_{k=1}^{m}k^3$이다.
> $n=m+1$일 때, (*)이 성립함을 보이자.
> $$(m+2)S_{m+1}-\sum_{k=1}^{m+1}S_k$$
> $$=\boxed{(가)}S_{m+1}-\sum_{k=1}^{m}S_k$$
> $$=\boxed{(가)}S_m+\boxed{(나)}-\sum_{k=1}^{m}S_k$$
> $=\sum_{k=1}^{m+1}k^3$이다.
> 따라서 $n=m+1$일 때도 (*)이 성립한다.
> (i), (ii)에 의하여 주어진 식은 모든 자연수 n에 대하여 성립한다.

위의 (가), (나)에 알맞은 식을 각각 $f(m)$, $g(m)$이라 할 때, $f(2)+g(1)$의 값은? [4점]

① 7 ② 8 ③ 9 ④ 10 ⑤ 11

17 25456-0496 | 2017학년도 3월 고2 학력평가 나형 17번 |

자연수 N을 음이 아닌 정수 m과 홀수 p에 대하여

$N=2^m\times p$

로 나타낼 때, $f(N)=m$이라 하자.

예를 들어, $72=2^3\times 9$이므로 $f(72)=3$이다.

다음은 모든 자연수 n에 대하여

$f(3^{2n}+1)=1$ …… $(*)$

임을 수학적 귀납법을 이용하여 증명한 것이다.

(i) $n=1$일 때,
$3^2+1=2\times 5$이므로 $f(3^2+1)=1$이다.
따라서 $n=1$일 때 $(*)$이 성립한다.

(ii) $n=k$일 때, $(*)$이 성립한다고 가정하면
$f(3^{2k}+1)=1$
음이 아닌 정수 m과 홀수 p에 대하여
$3^{2k}+1=2^m\times p$
로 나타낼 수 있으므로
$3^{2k}+1=$ (가) $\times p$
이다.
$3^{2(k+1)}+1=9\times 3^{2k}+1=2\times($ (나) $)$
이고, p는 홀수이므로 (나) 도 홀수이다.
따라서 $f(3^{2(k+1)}+1)=1$이다.
그러므로 $n=k+1$일 때도 $(*)$이 성립한다.

(i), (ii)에 의하여 모든 자연수 n에 대하여
$f(3^{2n}+1)=1$이다.

위의 (가)에 알맞은 수를 a, (나)에 알맞은 식을 $g(p)$라 할 때, $a+g(11)$의 값은? [4점]

① 95 ② 97 ③ 99 ④ 101 ⑤ 103

18 25456-0497 | 2018학년도 9월 고2 학력평가 나형 18번 |

다음은 모든 자연수 n에 대하여

$1\cdot 2n+3\cdot(2n-2)+5\cdot(2n-4)+\cdots+(2n-1)\cdot 2$

$=\dfrac{n(n+1)(2n+1)}{3}$

이 성립함을 보이는 과정이다.

$1\cdot 2n+3\cdot(2n-2)+5\cdot(2n-4)+\cdots+(2n-1)\cdot 2$

$=\sum_{k=1}^{n}(\boxed{\text{(가)}})\{2n-(2k-2)\}$

$=\sum_{k=1}^{n}(\boxed{\text{(가)}})\{2(n+1)-2k\}$

$=2(n+1)\sum_{k=1}^{n}(\boxed{\text{(가)}})-2\sum_{k=1}^{n}(2k^2-k)$

$=2(n+1)\{n(n+1)-n\}$

$\quad -2\left\{\dfrac{n(n+1)(2n+1)}{\boxed{\text{(나)}}}-\dfrac{n(n+1)}{2}\right\}$

$=2(n+1)n^2-\dfrac{1}{3}n(n+1)(\boxed{\text{(다)}})$

$=\dfrac{n(n+1)(2n+1)}{3}$

이다.

위의 (가), (다)에 알맞은 식을 각각 $f(k)$, $g(n)$이라 하고, (나)에 알맞은 수를 a라 할 때, $f(a)\times g(a)$의 값은? [4점]

① 50 ② 55 ③ 60 ④ 65 ⑤ 70

19 25456-0498 | 2018학년도 3월 고2 학력평가 나형 18번 |

다음은 모든 자연수 n에 대하여

$$\sum_{k=1}^{n} k\{k+(k+1)+(k+2)+\cdots+n\} = \frac{n(n+1)(n+2)(3n+1)}{24} \quad \cdots\cdots (*)$$

이 성립함을 수학적 귀납법으로 증명하는 과정이다.

(i) $n=1$일 때,
(좌변)$=1$, (우변)$=1$이므로 $(*)$이 성립한다.

(ii) $n=m$일 때, $(*)$이 성립한다고 가정하면

$$\sum_{k=1}^{m} k\{k+(k+1)+(k+2)+\cdots+m\} = \frac{m(m+1)(m+2)(3m+1)}{24}$$

이다.

$n=m+1$일 때, $(*)$이 성립함을 보이자.

$$\sum_{k=1}^{m+1} k\{k+(k+1)+(k+2)+\cdots+m+(m+1)\}$$
$$=\sum_{k=1}^{m} k\{k+(k+1)+(k+2)+\cdots+m+(m+1)\} + \boxed{(가)}$$
$$=\sum_{k=1}^{m} k\{k+(k+1)+(k+2)+\cdots+m\} + \boxed{(나)} + \boxed{(가)}$$
$$=\frac{(m+1)(m+2)(m+3)(3m+4)}{24}$$

따라서 $n=m+1$일 때도 $(*)$이 성립한다.

(i), (ii)에 의하여 모든 자연수 n에 대하여 $(*)$이 성립한다.

위의 (가), (나)에 알맞은 식을 각각 $f(m)$, $g(m)$이라 할 때, $f(4)+g(2)$의 값은? [4점]

① 34 ② 36 ③ 38 ④ 40 ⑤ 42

20 25456-0499 | 2016학년도 11월 고2 학력평가 나형 19번 |

다음은 모든 자연수 n에 대하여

$$\sum_{k=1}^{n} (2k-1)2^{k-1} = (2n-3)2^n+3 \quad \cdots\cdots (*)$$

이 성립함을 수학적 귀납법으로 증명한 것이다.

증명

(1) $n=1$일 때,
(좌변)$=(2\times1-1)\times2^0=1$,
(우변)$=(2\times1-3)\times2^1+3=1$이므로 $(*)$이 성립한다.

(2) $n=m$일 때, $(*)$이 성립한다고 가정하면

$$\sum_{k=1}^{m} (2k-1)2^{k-1} = (2m-3)2^m+3$$이다.

$n=m+1$일 때, $(*)$이 성립함을 보이자.

$$\sum_{k=1}^{m+1} (2k-1)2^{k-1}$$
$$=\sum_{k=1}^{m} (2k-1)2^{k-1} + (\boxed{(가)})\times 2^m$$
$$=(2m-3)2^m+3+(\boxed{(가)})\times 2^m$$
$$=(\boxed{(나)})\times 2^{m+1}+3$$

따라서 $n=m+1$일 때도 $(*)$이 성립한다.

(1), (2)에 의하여 모든 자연수 n에 대하여 $(*)$이 성립한다.

위의 (가), (나)에 알맞은 식을 각각 $f(m)$, $g(m)$이라 할 때, $f(4)\times g(2)$의 값은? [4점]

① 15 ② 18 ③ 21 ④ 24 ⑤ 27

21 25456-0500 | 2020학년도 9월 고2 학력평가 20번 |

다음은 모든 자연수 n에 대하여

$$\sum_{k=1}^{2n}(-1)^{k-1}\frac{1}{k}=\sum_{k=1}^{n}\frac{1}{n+k} \quad \cdots\cdots (*)$$

이 성립함을 수학적 귀납법으로 증명한 것이다.

> $(*)$에서
> $S_n=\sum_{k=1}^{2n}(-1)^{k-1}\frac{1}{k}$, $T_n=\sum_{k=1}^{n}\frac{1}{n+k}$이라 하자.
> (i) $n=1$일 때,
> $S_1=$ (가) $=T_1$이므로 $(*)$이 성립한다.
> (ii) $n=m$일 때,
> $(*)$이 성립한다고 가정하면 $S_m=T_m$이다.
> $n=m+1$일 때, $(*)$이 성립함을 보이자.
> $S_{m+1}=S_m+\frac{1}{2m+1}+$ (나),
> $T_{m+1}=T_m+$ (다) $+\frac{1}{2m+1}+\frac{1}{2m+2}$이다.
> $S_{m+1}-T_{m+1}=S_m-T_m$이고,
> $S_m=T_m$이므로 $S_{m+1}=T_{m+1}$이다.
> 따라서 $n=m+1$일 때도 $(*)$이 성립한다.
> (i), (ii)에 의하여 모든 자연수 n에 대하여 $(*)$이 성립한다.

위의 (가)에 알맞은 수를 a라 하고, (나), (다)에 알맞은 식을 각각 $f(m)$, $g(m)$이라 할 때, $a+\frac{g(5)}{f(14)}$의 값은? [4점]

① $\frac{7}{2}$ ② $\frac{9}{2}$ ③ $\frac{11}{2}$
④ $\frac{13}{2}$ ⑤ $\frac{15}{2}$

유형 4 수학적 귀납법 – 부등식의 증명

22 25456-0501 | 2017학년도 6월 고2 학력평가 나형 17번 |

다음은 $n\geq 2$인 모든 자연수 n에 대하여 부등식

$$\left(1+\frac{1}{2}+\frac{1}{3}+\cdots+\frac{1}{n}\right)(1+2+3+\cdots+n)>n^2 \quad \cdots\cdots (*)$$

이 성립함을 수학적 귀납법을 이용하여 증명하는 과정이다.

> 주어진 식 $(*)$의 양변을 $\frac{n(n+1)}{2}$로 나누면
> $1+\frac{1}{2}+\frac{1}{3}+\cdots+\frac{1}{n}>\frac{2n}{n+1}$ ⋯⋯ ㉠
> 이다. $n\geq 2$인 자연수 n에 대하여
> (i) $n=2$일 때, (좌변)= (가), (우변)$=\frac{4}{3}$이므로
> ㉠이 성립한다.
> (ii) $n=k\ (k\geq 2)$일 때, ㉠이 성립한다고 가정하면
> $1+\frac{1}{2}+\frac{1}{3}+\cdots+\frac{1}{k}>\frac{2k}{k+1}$ ⋯⋯ ㉡
> 이다. ㉡의 양변에 $\frac{1}{k+1}$을 더하면
> $1+\frac{1}{2}+\frac{1}{3}+\cdots+\frac{1}{k}+\frac{1}{k+1}>\frac{2k+1}{k+1}$
> 이 성립한다. 한편,
> $\frac{2k+1}{k+1}-$ (나) $=\frac{k}{(k+1)(k+2)}>0$
> 이므로
> $1+\frac{1}{2}+\frac{1}{3}+\cdots+\frac{1}{k}+\frac{1}{k+1}>$ (나)
> 이다. 따라서 $n=k+1$일 때도 ㉠이 성립한다.
> (i), (ii)에 의하여 $n\geq 2$인 모든 자연수 n에 대하여 ㉠이 성립하므로 $(*)$도 성립한다.

위의 (가)에 알맞은 수를 p, (나)에 알맞은 식을 $f(k)$라 할 때, $8p\times f(10)$의 값은? [4점]

① 14 ② 16 ③ 18
④ 20 ⑤ 22

Point

모든 자연수 n에 대하여 부등식이 성립함을 증명할 때
(i) $n=1$일 때, 부등식이 성립함을 확인한다.
(ii) $n=k$일 때, 부등식이 성립한다고 가정한다.
(iii) $n=k+1$일 때, 부등식이 성립함을 확인한다.

23 25456-0502 | 2013학년도 9월 고2 학력평가 B형 16번 |

다음은 2 이상의 모든 자연수 n에 대하여

$$\sum_{k=1}^{n}\frac{1}{k^3}<\frac{1}{2}\left(3-\frac{1}{n^2}\right) \quad \cdots\cdots (*)$$

이 성립함을 수학적 귀납법으로 증명한 것이다.

증명

(i) $n=2$일 때,

(좌변)= (가) 이고 (우변)$=\frac{11}{8}$이므로

$(*)$이 성립한다.

(ii) $n=m\ (m\ge 2)$일 때, $(*)$이 성립한다고 가정하면

$\sum_{k=1}^{m}\frac{1}{k^3}<\frac{1}{2}\left(3-\frac{1}{m^2}\right)$이다.

$n=m+1$일 때,

$\sum_{k=1}^{m+1}\frac{1}{k^3}=\sum_{k=1}^{m}\frac{1}{k^3}+$ (나) $<\frac{1}{2}\left(3-\frac{1}{m^2}\right)+$ (나)

한편,

$\frac{1}{2}\left\{3-\frac{1}{(m+1)^2}\right\}-\left\{\frac{1}{2}\left(3-\frac{1}{m^2}\right)+\text{(나)}\right\}$

$=\frac{\text{(다)}}{2m^2(m+1)^3}>0$이므로

$\sum_{k=1}^{m+1}\frac{1}{k^3}<\frac{1}{2}\left\{3-\frac{1}{(m+1)^2}\right\}$

이 성립한다.

따라서 $n=m+1$일 때도 $(*)$이 성립한다.

그러므로 2 이상의 모든 자연수 n에 대하여 $(*)$이 성립한다.

위의 (가)에 알맞은 수를 a, (나), (다)에 알맞은 식을 각각 $f(m)$, $g(m)$이라 할 때, $\frac{g(a)}{f(1)}$의 값은? [4점]

① 35 ② 36 ③ 37 ④ 38 ⑤ 39

24 25456-0503 | 2016학년도 6월 고2 학력평가 나형 20번 |

다음은 2 이상인 모든 자연수 n에 대하여 부등식

$$\sum_{k=1}^{n-1}\frac{n}{n-k}\cdot\frac{1}{2^{k-1}}<4 \quad \cdots\cdots (*)$$

이 성립함을 증명하는 과정의 일부이다.

증명

2 이상인 모든 자연수 n에 대하여

$a_n=\sum_{k=1}^{n-1}\frac{n}{n-k}\cdot\frac{1}{2^{k-1}}=\frac{n}{n-1}+\frac{n}{n-2}\cdot\frac{1}{2}+\cdots+\frac{n}{2^{n-2}}$

이라 하자.

$a_{n+1}=\sum_{k=1}^{n}\frac{n+1}{n+1-k}\cdot\frac{1}{2^{k-1}}$

$=\text{(가)}+\frac{n+1}{n-1}\cdot\frac{1}{2}+\frac{n+1}{n-2}\cdot\frac{1}{2^2}+\cdots+\frac{n+1}{2^{n-1}}$

$=\text{(가)}+(n+1)\left(\frac{1}{n-1}\cdot\frac{1}{2}+\frac{1}{n-2}\cdot\frac{1}{2^2}+\cdots+\frac{1}{2^{n-1}}\right)$

이 식을 정리하면

$a_{n+1}=\text{(나)}\,a_n+\frac{n+1}{n}\ (n\ge 2)$를 얻는다.

$a_2=2<4$, $a_3=3<4$이므로 $(*)$이 성립한다.

$n\ge 3$일 때, $a_n<4$라 하자.

⋮

따라서 2 이상인 모든 자연수 n에 대하여 $(*)$이 성립한다.

위의 (가), (나)에 알맞은 식을 각각 $f(n)$, $g(n)$이라 할 때, $\frac{48g(10)}{f(5)}$의 값은? [4점]

① 20 ② 22 ③ 24 ④ 26 ⑤ 28

정답과 풀이 101쪽

모든 항이 양수인 수열 $\{a_n\}$이

$a_1=1,\ a_2=2,$

$2\log_2 a_{n+1}=\log_2 a_n+\log_2 a_{n+2}\ (n\geq 1)$

로 정의될 때, a_{10}의 값을 구하시오.

출제 의도 로그의 성질을 이용하여 등비수열의 일반항을 구한 후 a_{10}의 값을 구할 수 있는지를 묻고 있다.

풀이

모든 자연수 n에 대하여

$2\log_2 a_{n+1}=\log_2 a_n+\log_2 a_{n+2}$

가 성립하므로

$\log_2 (a_{n+1})^2=\log_2 (a_n a_{n+2})$

$(a_{n+1})^2=a_n a_{n+2}$ ······ ㉮

이다.

즉, 수열 $\{a_n\}$은 등비수열이고 $a_1=1,\ a_2=2$이므로 첫째항은 1, 공비는 2이다. ······ ㉯

따라서 $a_n=1\times 2^{n-1}$이므로 ······ ㉰

$a_{10}=2^9=512$ ······ ㉱

답 512

단계	채점 기준	비율
㉮	로그의 성질을 이용하여 관계식 $(a_{n+1})^2=a_n a_{n+2}$를 구한 경우	30%
㉯	수열 $\{a_n\}$이 등비수열임을 알아내고 첫째항과 공비를 구한 경우	30%
㉰	등비수열 $\{a_n\}$의 일반항 a_n을 구한 경우	20%
㉱	등비수열의 일반항을 이용하여 a_{10}의 값을 구한 경우	20%

01 25456-0504

수열 $\{a_n\}$의 첫째항부터 제n항까지의 합을 S_n이라 할 때, 수열 $\{S_n\}$은

$S_1=1,\ (n+1)S_{n+1}=2nS_n\ (n\geq 1)$

을 만족시킨다. a_{10}의 값을 구하시오.

02 25456-0505

다음은 모든 자연수 n에 대하여 $3^{2n}-1$이 8의 배수임을 수학적 귀납법으로 증명하는 과정이다.

(i) $n=1$일 때, $3^2-1=$ (가) 이므로

$3^{2n}-1$은 8의 배수이다.

(ii) $n=k$일 때, $3^{2k}-1$이 8의 배수라고 가정하면

$3^{2k}-1=8m$ (단, m은 자연수)

으로 놓을 수 있다.

$n=k+1$일 때,

$3^{2(k+1)}-1=$ (나) $\times 3^{2k}-1$

$=8\times($ (다) $)$

따라서 $n=k+1$일 때도 $3^{2n}-1$은 8의 배수이다.

(i), (ii)에서 모든 자연수 n에 대하여 $3^{2n}-1$은 8의 배수이다.

위의 과정에서 (가), (나)에 알맞은 수를 각각 $a,\ b$라 하고, (다)에 알맞은 식을 $f(m)$이라 할 때, $a+f(b)$의 값을 구하시오.

정답과 풀이 102쪽

01 25456-0506 | 2024학년도 9월 고2 학력평가 30번 |

첫째항이 정수인 수열 $\{a_n\}$이 두 정수 d, r에 대하여 다음 조건을 만족시킨다.

> (가) 모든 자연수 n에 대하여
> $$a_{n+1}=\begin{cases} a_n+d & (a_n \geq 0) \\ ra_n & (a_n < 0) \end{cases}$$
> 이다.
> (나) $a_k=a_{k+12}=0$인 자연수 k가 존재한다.

$a_2+a_3=0$, $a_5=16$이 되도록 하는 모든 a_1의 값의 합을 구하시오. [4점]

02 25456-0507 | 2023학년도 11월 고2 학력평가 21번 |

모든 항이 자연수이고 다음 조건을 만족시키는 모든 수열 $\{a_n\}$에 대하여 a_1의 최댓값과 최솟값을 각각 M, m이라 할 때, $M-m$의 값은? [4점]

> (가) $a_5=63$
> (나) 모든 자연수 n에 대하여
> $$a_{n+2}=\begin{cases} a_{n+1}+a_n & (a_{n+1}\times a_n\text{이 홀수인 경우}) \\ a_{n+1}+a_n-2 & (a_{n+1}\times a_n\text{이 짝수인 경우}) \end{cases}$$
> 이다.

① 16 ② 19 ③ 22 ④ 25 ⑤ 28

MEMO

EBS

정답과 풀이

2025 올림포스

전국연합학력평가 기출문제집

기출로 개념 잡고 내신 잡자!

'한눈에 보는 정답' & 정답과 풀이 바로가기

수학 I

2025

올림포스

전국연합학력평가 기출문제집

기출로 개념 잡고 내신 잡자!

수학 I

정답과 풀이

한눈에 보는 정답

01 지수

개념 확인 문제 본문 7쪽

01 (1) $3,\ -3$ (2) -5 (3) $2,\ -2$ (4) 3

02 (1) -7 (2) -3 (3) -4 (4) 2 (5) -4 (6) 3

03 (1) 5 (2) 3 (3) 3 (4) 2

04 (1) 4 (2) $\frac{49}{45}$ (3) $\frac{3}{25}$ (4) 32

05 (1) $2^{\frac{2}{5}}$ (2) $3^{-\frac{3}{4}}$ (3) $2^{-\frac{1}{3}}$ (4) $\sqrt[8]{\left(\frac{1}{3}\right)^3}$ (5) $\sqrt[3]{\frac{1}{5}}$ (6) $\sqrt[3]{2^7}$

06 (1) 16 (2) 3 (3) 8 (4) 5

07 (1) 1 (2) $a^{\frac{17}{12}}$ (3) $a^{\sqrt{2}}$ (4) $a^{\frac{1}{6}}b^{\frac{1}{2}}$

08 (1) $a-b$ (2) $a+b$

09 $\frac{13}{12}$ **10** $\frac{1}{3}$ **11** 22 **12** $\frac{63}{10}$ **13** 4

내신 + 학평 유형 연습 본문 8~19쪽

01 ⑤ **02** 15 **03** 22 **04** ③ **05** ① **06** ③ **07** ③ **08** 5
09 ① **10** ② **11** 2 **12** ⑤ **13** ⑤ **14** 5 **15** ③ **16** ⑤
17 9 **18** ④ **19** ④ **20** ④ **21** ④ **22** ④ **23** ② **24** 81
25 25 **26** ② **27** ③ **28** ② **29** ④ **30** ⑤ **31** ③ **32** 12
33 ⑤ **34** ① **35** 5 **36** 28 **37** ③ **38** 12 **39** ② **40** ①
41 ② **42** ④ **43** ① **44** ② **45** 12 **46** ① **47** ④ **48** ⑤
49 16 **50** 125 **51** ③ **52** ③ **53** 225 **54** 216 **55** ④ **56** ⑤
57 52 **58** ③ **59** ① **60** ④ **61** ④ **62** ①

서술형 연습 본문 20쪽

01 $\frac{16}{3}$ **02** 2

1등급 도전 본문 21쪽

01 ⑤ **02** 152

02 로그

개념 확인 문제 본문 23쪽

01 (1) $4=\log_3 81$ (2) $-3=\log_2 \frac{1}{8}$ (3) $125=\left(\frac{1}{5}\right)^{-3}$ (4) $0.01=10^{-2}$

02 (1) $x>4$ (2) $2<x<3$ 또는 $x>3$

03 (1) 4 (2) $\frac{1}{2}$ (3) -4 (4) -4

04 (1) 1 (2) $\frac{9}{2}$ **05** (1) $\frac{3}{2}$ (2) $-\frac{4}{3}$

06 (1) 2 (2) -1 (3) 3 (4) -2 **07** (1) $\frac{1}{2}$ (2) $3\log_3 2$

08 (1) $a+b$ (2) $\frac{2a+2b}{a}$ **09** (1) 2.4969 (2) -1.5031

10 (1) 1.0791 (2) -0.2219

11 0 **12** -2

내신 + 학평 유형 연습 본문 24~35쪽

01 8 **02** 15 **03** 11 **04** ③ **05** ① **06** 56 **07** ④ **08** ②
09 ⑤ **10** ② **11** 2 **12** ② **13** ④ **14** 2 **15** ② **16** 2
17 ② **18** ② **19** 2 **20** ② **21** ② **22** 5 **23** ② **24** ①
25 ① **26** ② **27** 180 **28** ① **29** 45 **30** ⑤ **31** ⑤ **32** ⑤
33 20 **34** ③ **35** ④ **36** 49 **37** 42 **38** 80 **39** 18 **40** ②
41 ⑤ **42** 80 **43** ② **44** 81 **45** ⑤ **46** 36 **47** 36 **48** ①
49 ④ **50** ⑤ **51** ① **52** 147 **53** ② **54** ④ **55** ① **56** ④
57 ④ **58** ⑤ **59** ②

서술형 연습 본문 36쪽

01 $x>1$ **02** 5.62배

1등급 도전 본문 37쪽

01 ① **02** 72 **03** 127 **04** 9

03 지수함수와 로그함수

개념 확인 문제 본문 39쪽

01 (1) 치역: $\{y|y>0\}$, 점근선의 방정식: $y=0$
(2) 치역: $\{y|y>0\}$, 점근선의 방정식: $y=0$
(3) 치역: $\{y|y>-2\}$, 점근선의 방정식: $y=-2$
(4) 치역: $\{y|y<1\}$, 점근선의 방정식: $y=1$

02 (1) $\sqrt[3]{2}<\sqrt[5]{4}$ (2) $\sqrt[3]{0.2}>\sqrt[5]{0.04}$
(3) $\sqrt[3]{9}>\sqrt[5]{27}$ (4) $(0.4)^{\sqrt{2}}<(0.16)^{\frac{\sqrt{2}}{3}}$

03 최댓값: $\frac{1}{2}$, 최솟값: $\frac{1}{16}$

04 최댓값: 14, 최솟값: $-\frac{3}{2}$

05 $a<-2$ 또는 $a>1$

06 (1) 정의역: $\{x\,|\,x>0\}$, 점근선의 방정식: $x=0$
(2) 정의역: $\{x\,|\,x>0\}$, 점근선의 방정식: $x=0$
(3) 정의역: $\{x\,|\,x>1\}$, 점근선의 방정식: $x=1$
(4) 정의역: $\{x\,|\,x>0\}$, 점근선의 방정식: $x=0$

07 (1) $\log_3 5>\log_3 2$ (2) $\log_{\frac{1}{3}} \frac{1}{2}<\log_{\frac{1}{3}} \frac{1}{5}$

(3) $\log_{\frac{1}{4}} 3>\log_{\frac{1}{2}} 3$ (4) $\log_{\frac{1}{3}} \sqrt{2}=\log_{\frac{1}{9}} 2$

08 최댓값: 1, 최솟값: -1 **09** 최댓값: 0, 최솟값: -2

10 3 **11** 4 **12** $\frac{4}{3}$ **13** 38 **14** 2

내신 + 학평 유형 연습 본문 40~52쪽

01 ②	**02** ⑤	**03** ②	**04** ③	**05** 47	**06** ④	**07** ②	**08** ②
09 ⑤	**10** ②	**11** ①	**12** ⑤	**13** ④	**14** ①	**15** ①	**16** ①
17 125	**18** 128	**19** ①	**20** ②	**21** ⑤	**22** ③	**23** 43	**24** ③
25 ①	**26** 48	**27** ④	**28** ②	**29** ③	**30** ②	**31** ①	**32** ⑤
33 ①	**34** 34	**35** ④	**36** 24	**37** 29	**38** 5	**39** ②	**40** ②
41 ②	**42** ④	**43** ③	**44** 144	**45** ⑤	**46** ②	**47** ③	**48** ⑤
49 14	**50** ③	**51** ④	**52** ②	**53** ②	**54** ⑤		

서술형 연습 본문 53쪽

01 1 **02** $\frac{3}{2}$

1등급 도전 본문 54~55쪽

01 ② **02** ⑤ **03** ② **04** 5 **05** 4

04 지수함수와 로그함수의 활용

개념 확인 문제 본문 57쪽

01 (1) $x=-\frac{5}{2}$ (2) $x=-3$ (3) $x=-\frac{1}{3}$

02 (1) $x<\frac{9}{4}$ (2) $x\le4$ (3) $x<2$

03 (1) $x=7$ (2) $x=\frac{7}{5}$ (3) $x=-1$ 또는 $x=2$

04 (1) $4<x\le6$ (2) $-2\le x<0$ 또는 $2<x\le4$ (3) $x>7$ **05** $x=1$

06 3 **07** $x=10^{-3}$ 또는 $x=10$ **08** 5시간 후

09 31 **10** $\frac{723}{7}$분 후 **11** 0.0301

내신 + 학평 유형 연습 본문 58~67쪽

01 2	**02** ②	**03** ⑤	**04** ⑤	**05** 5	**06** 10	**07** 3	**08** 2
09 ④	**10** ④	**11** 10	**12** ②	**13** 6	**14** ①	**15** ④	**16** ③
17 ④	**18** 12	**19** 65	**20** 13	**21** 24	**22** 11	**23** 8	**24** ③
25 ①	**26** 32	**27** ④	**28** ①	**29** ⑤	**30** ③	**31** ①	**32** ④
33 ①	**34** 4	**35** ④	**36** ②	**37** ①	**38** 17	**39** ⑤	**40** ④
41 36	**42** ④	**43** ⑤	**44** 11	**45** 71	**46** ①	**47** ①	**48** 15
49 ③	**50** ②	**51** ④	**52** ④				

서술형 연습 본문 68쪽

01 8 **02** 110

1등급 도전 본문 69쪽

01 ② **02** 24 **03** 25 **04** 75

05 삼각함수

개념 확인 문제 본문 71쪽

01 (1) $\frac{3}{4}\pi$ (2) $-\frac{\pi}{3}$ (3) $\frac{13}{3}\pi$ (4) $120°$ (5) $315°$ (6) $-18°$

02 (1) 제4사분면의 각 (2) 제2사분면의 각 (3) 제4사분면의 각
(4) 제2사분면의 각 (5) 제1사분면의 각 (6) 제3사분면의 각

03 (1) $l=\frac{\pi}{4}$, $S=\frac{\pi}{16}$ (2) $l=\frac{2}{9}\pi$, $S=\frac{\pi}{27}$

04 $\theta=\pi$, $S=\frac{9}{2}\pi$

05 (1) $l=9\pi$, $\theta=\frac{3}{4}\pi$ (2) $l=4\pi$, $\theta=\frac{\pi}{6}$

06 반지름의 길이: 13, 중심각의 크기: 2라디안

07 (1) $\sin\theta=\frac{1}{2}$, $\cos\theta=-\frac{\sqrt{3}}{2}$, $\tan\theta=-\frac{\sqrt{3}}{3}$

(2) $\sin\theta=-\frac{\sqrt{3}}{2}$, $\cos\theta=\frac{1}{2}$, $\tan\theta=-\sqrt{3}$

(3) $\sin\theta=-\frac{\sqrt{2}}{2}$, $\cos\theta=-\frac{\sqrt{2}}{2}$, $\tan\theta=1$

(4) $\sin\theta=\frac{1}{2}$, $\cos\theta=\frac{\sqrt{3}}{2}$, $\tan\theta=\frac{\sqrt{3}}{3}$

08 (1) $-\frac{12}{13}$ (2) $\frac{5}{13}$ (3) $-\frac{12}{5}$

09 (1) 제3사분면의 각
(2) 제2사분면의 각
(3) 제2사분면의 각 또는 제4사분면의 각
(4) 제1사분면의 각 또는 제2사분면의 각

10 $\sin\theta=-\frac{4}{5}$, $\tan\theta=\frac{4}{3}$

11 $\cos\theta=\frac{2\sqrt{2}}{3}$, $\tan\theta=-\frac{\sqrt{2}}{4}$ **12** $-\frac{3}{8}$ **13** $\frac{\sqrt{2}}{2}$

내신 + 학평 유형 연습 본문 72~77쪽

01 ②	**02** ⑤	**03** 15	**04** 6	**05** ①	**06** ④	**07** ⑤	**08** ③
09 ②	**10** 6	**11** ③	**12** ④	**13** ④	**14** ②	**15** ③	**16** ③
17 ⑤	**18** ④	**19** ⑤	**20** ③	**21** ②	**22** ④	**23** 20	**24** ③
25 ⑤							

한눈에 보는 정답

서술형 연습
본문 78쪽

01 $\frac{13}{27}$　　02 $\sqrt{3}$

1등급 도전
본문 79쪽

01 13　　02 ①

06 삼각함수의 그래프

개념 확인 문제
본문 81쪽

01 (1) 주기: π, 치역: $\{y|-2\le y\le 2\}$

(2) 주기: 4π, 치역: $\left\{y\middle|-\frac{1}{2}\le y\le \frac{1}{2}\right\}$

(3) 주기: $\frac{\pi}{2}$, 치역: $\{y|y$는 실수$\}$

(4) 주기: 6π, 치역: $\left\{y\middle|-\frac{1}{2}\le y\le \frac{1}{2}\right\}$

(5) 주기: π, 치역: $\{y|-3\le y\le 3\}$

(6) 주기: 2π, 치역: $\{y|y$는 실수$\}$

02 $a=5$, $b=3$

03 (1) $-\frac{\sqrt{3}}{2}$　(2) $-\frac{\sqrt{2}}{2}$　(3) $-\frac{\sqrt{3}}{3}$　(4) $-\frac{1}{2}$　(5) $-\frac{\sqrt{2}}{2}$　(6) $\sqrt{3}$

04 (1) 1　(2) 1

05 (1) $x=\frac{\pi}{6}$ 또는 $x=\frac{5}{6}\pi$

(2) $x=\frac{5}{6}\pi$ 또는 $x=\frac{7}{6}\pi$

(3) $x=\frac{\pi}{4}$ 또는 $x=\frac{5}{4}\pi$

06 (1) $\frac{\pi}{3}<x<\frac{2}{3}\pi$　(2) $\frac{\pi}{4}<x<\frac{7}{4}\pi$

(3) $0\le x\le \frac{\pi}{6}$ 또는 $\frac{\pi}{2}<x\le \frac{7}{6}\pi$ 또는 $\frac{3}{2}\pi<x<2\pi$

07 (1) $x=\frac{\pi}{3}$ 또는 $x=\frac{5}{3}\pi$　(2) $x=\frac{\pi}{6}$ 또는 $x=\frac{5}{6}\pi$

08 (1) $0\le x<\frac{\pi}{6}$ 또는 $\frac{5}{6}\pi<x<2\pi$　(2) $\frac{\pi}{3}<x<\frac{5}{3}\pi$

09 (1) 0　(2) -1　(3) 4　(4) 4

10 $\frac{\pi}{8}\le\theta\le\frac{3}{8}\pi$

내신 + 학평 유형 연습
본문 82~91쪽

01 12	02 ②	03 ⑤	04 9	05 ⑤	06 ②	07 ③	08 8
09 ③	10 ③	11 ④	12 4	13 ⑤	14 ③	15 9	16 ③
17 ⑤	18 ③	19 ③	20 ③	21 ④	22 5	23 ⑤	24 14
25 ④	26 ④	27 ④	28 ④	29 ④	30 ④	31 ③	32 ⑤
33 10	34 20	35 ③	36 ①	37 35	38 ①	39 20	40 ④
41 ⑤	42 ②	43 256					

서술형 연습
본문 92쪽

01 $\frac{4}{3}\pi<x<\frac{5}{3}\pi$

02 $0\le\theta\le\frac{\pi}{4}$ 또는 $\frac{3}{4}\pi\le\theta\le\frac{5}{4}\pi$ 또는 $\frac{7}{4}\pi\le\theta<2\pi$

1등급 도전
본문 93쪽

01 47　　02 ⑤　　03 59

07 삼각함수의 활용

개념 확인 문제
본문 95쪽

01 $a=6\sqrt{3}$, $R=6$　　02 $c=2\sqrt{3}$, $R=2$

03 $b=3\sqrt{2}$, $R=3\sqrt{2}$

04 (1) $a=b$인 이등변삼각형　(2) $C=90°$인 직각삼각형

(3) $A=90°$인 직각삼각형　(4) $C=90°$인 직각삼각형

05 (1) $\sqrt{13}$　(2) $\sqrt{3}$　(3) $120°$　(4) $135°$

06 (1) $5\sqrt{3}$　(2) $2\sqrt{3}$　(3) $\frac{\pi}{6}$　(4) $\frac{\pi}{3}$

07 $\frac{3}{4}$　　08 $10\sqrt{3}$　　09 $3\sqrt{3}$　　10 $\frac{\sqrt{11}}{6}$　　11 $\frac{12\sqrt{3}}{7}$

내신 + 학평 유형 연습
본문 96~102쪽

01 ③	02 ⑤	03 ⑤	04 ①	05 32	06 ⑤	07 192	08 ③
09 ②	10 ④	11 25	12 ④	13 20	14 28	15 ②	16 271
17 191	18 ⑤	19 ②	20 ①	21 ①	22 ③	23 ④	24 ①
25 ②	26 ③						

서술형 연습
본문 103쪽

01 $\frac{25(\sqrt{3}+3)}{2}$　　02 $12+4\sqrt{3}$

1등급 도전
본문 104~105쪽

01 17　　02 ⑤　　03 ④　　04 50

08 등차수열과 등비수열

개념 확인 문제 본문 107쪽

01 (1) $a_n=5n$, $a_8=40$ (2) $a_n=\frac{2n-1}{2n}$, $a_8=\frac{15}{16}$

(3) $a_n=n^2$, $a_8=64$ (4) $a_n=\frac{1}{3\times2^{n-1}}$, $a_8=\frac{1}{384}$

02 30　03 29

04 (1) $a_n=2n+4$ (2) $a_n=-3n+11$

(3) $a_n=3n-4$ (4) $a_n=-2n+10$

05 11, 21　06 (1) -95 (2) 120

07 (1) $a_n=-2^{n-1}$ (2) $a_n=-2\times3^{n-1}$

(3) $a_n=\frac{3}{2}\times\left(-\frac{1}{2}\right)^{n-1}$ (4) $a_n=\left(-\frac{3}{2}\right)^{n-1}$

08 $a_n=\left(-\frac{1}{2}\right)^{n-4}$　09 -1536

10 (1) $\frac{3(3^{10}-1)}{2}$ (2) -682

11 6　12 $a_n=2n-3$

13 (1) $a_n=\begin{cases}2^{n-2} & (n\ge2)\\ 2 & (n=1)\end{cases}$ (2) $a_n=\begin{cases}2\times3^n & (n\ge2)\\ 8 & (n=1)\end{cases}$

내신 + 학평 유형 연습 본문 108~120쪽

01 ① 02 ④ 03 ⑤ 04 16 05 12 06 ① 07 6 08 ④
09 ⑤ 10 ③ 11 18 12 ③ 13 12 14 ④ 15 36 16 ④
17 100 18 ⑤ 19 10 20 442 21 26 22 ② 23 24 24 ②
25 200 26 ④ 27 ③ 28 ④ 29 32 30 ⑤ 31 ⑤ 32 ④
33 ④ 34 ⑤ 35 64 36 25 37 ④ 38 18 39 ③ 40 ③
41 ⑤ 42 ① 43 ③ 44 8 45 ② 46 ① 47 ① 48 ③
49 120 50 ② 51 ④ 52 11 53 ④ 54 ① 55 513

서술형 연습 본문 121쪽

01 1188　02 1026

1등급 도전 본문 122~123쪽

01 11　02 ⑤　03 ③　04 67

---

09 수열의 합

개념 확인 문제 본문 125쪽

01 (1) $\sum_{k=1}^{20}5k$ (2) $\sum_{k=1}^{10}(2k-1)$ (3) $\sum_{k=1}^{10}2^{k-1}$ (4) $\sum_{k=1}^{10}\frac{1}{5^k}$

02 (1) -20 (2) -15 (3) 85 (4) 90

03 (1) 10 (2) 50　04 (1) 15 (2) 45

05 (1) 440 (2) 275 (3) 1055 (4) 110

06 50　07 (1) 220 (2) 330 (3) $\frac{10^{11}-100}{9}$

08 (1) $\frac{9}{10}$ (2) $\frac{10}{21}$ (3) $\frac{29}{45}$ (4) 3

09 (1) 380 (2) 484 (3) $\frac{7}{60}$ (4) $\frac{6}{55}$　10 10

내신 + 학평 유형 연습 본문 126~136쪽

01 ⑤ 02 ③ 03 10 04 18 05 ② 06 ④ 07 221 08 ④
09 ③ 10 ① 11 ① 12 ⑤ 13 61 14 ⑤ 15 385 16 ④
17 ④ 18 ⑤ 19 ② 20 ① 21 29 22 242 23 128 24 ⑤
25 ④ 26 13 27 ⑤ 28 ① 29 ② 30 ④ 31 ② 32 ③
33 ② 34 358 35 110 36 ③ 37 ③ 38 ⑤ 39 ④ 40 ④
41 ⑤ 42 ⑤ 43 ③ 44 ③ 45 ③ 46 ① 47 ① 48 ④
49 ② 50 ② 51 40 52 14 53 55

서술형 연습 본문 137쪽

01 10　02 38

1등급 도전 본문 138~139쪽

01 5　02 ③　03 ④　04 7

---

10 수학적 귀납법

개념 확인 문제 본문 141쪽

01 (1) -7 (2) 16 (3) 11 (4) 24

02 129　03 64　04 3　05 63

06 $\frac{1}{10!}$　07 1023　08 5

09 (가) 0 (나) $(k-1)^2$ (다) k^2

내신 + 학평 유형 연습 본문 142~149쪽

01 ③ 02 747 03 29 04 ④ 05 ① 06 ③ 07 ① 08 105
09 27 10 ④ 11 ③ 12 ② 13 ③ 14 ⑤ 15 ⑤ 16 ⑤
17 ② 18 ② 19 ① 20 ⑤ 21 ③ 22 ⑤ 23 ① 24 ②

서술형 연습 본문 150쪽

01 $\frac{1024}{45}$　02 90

1등급 도전 본문 151쪽

01 28　02 ④

01 지수

개념 확인 문제

본문 7쪽

01 (1) 3, -3 (2) -5 (3) 2, -2 (4) 3

02 (1) -7 (2) -3 (3) -4 (4) 2 (5) -4 (6) 3

03 (1) 5 (2) 3 (3) 3 (4) 2

04 (1) 4 (2) $\frac{49}{45}$ (3) $\frac{3}{25}$ (4) 32

05 (1) $2^{\frac{2}{5}}$ (2) $3^{-\frac{3}{4}}$ (3) $2^{-\frac{1}{3}}$ (4) $\sqrt[8]{\left(\frac{1}{3}\right)^3}$ (5) $\sqrt[3]{\frac{1}{5}}$ (6) $\sqrt[3]{2^7}$

06 (1) 16 (2) 3 (3) 8 (4) 5

07 (1) 1 (2) $a^{\frac{17}{12}}$ (3) $a^{\sqrt{2}}$ (4) $a^{\frac{1}{6}}b^{\frac{1}{2}}$

08 (1) $a-b$ (2) $a+b$

09 $\frac{13}{12}$ **10** $\frac{1}{3}$ **11** 22 **12** $\frac{63}{10}$ **13** 4

내신+학평 유형 연습

본문 8~19쪽

01 ⑤	02 15	03 22	04 ③	05 ①	06 ③
07 ③	08 5	09 ①	10 ②	11 2	12 ⑤
13 ⑤	14 5	15 ③	16 ⑤	17 9	18 ④
19 ④	20 ④	21 ④	22 ④	23 ②	24 81
25 25	26 ②	27 ③	28 ②	29 ④	30 ⑤
31 ③	32 12	33 ⑤	34 ①	35 5	36 28
37 ③	38 12	39 ②	40 ①	41 ②	42 ④
43 ①	44 ②	45 12	46 ①	47 ④	48 ⑤
49 16	50 125	51 ③	52 ③	53 225	54 216
55 ④	56 ⑤	57 52	58 ③	59 ①	60 ④
61 ④	62 ①				

01

a는 2의 세제곱근이므로 $a^3=2$

$\sqrt{2}$는 b의 네제곱근이므로 $(\sqrt{2})^4=b$, 즉 $b=4$

따라서 $\left(\frac{b}{a}\right)^3=\frac{b^3}{a^3}=\frac{4^3}{2}=32$

답 ⑤

02

모든 실수 x에 대하여 $\sqrt[3]{-x^2+2ax-6a}$가 음수가 되려면

$-x^2+2ax-6a<0$이어야 한다.

즉, 모든 실수 x에 대하여 $x^2-2ax+6a>0$이므로

이차방정식 $x^2-2ax+6a=0$의 판별식을 D라 하면

$\frac{D}{4}=a^2-6a<0$, $a(a-6)<0$, $0<a<6$

따라서 구하는 모든 자연수 a의 값은 1, 2, 3, 4, 5이고 그 합은

$1+2+3+4+5=15$

답 15

03

자연수 n에 대하여 $\sqrt[n+1]{8}$이 어떤 자연수의 네제곱근이 되려면

$(\sqrt[n+1]{8})^4=\left\{(2^3)^{\frac{1}{n+1}}\right\}^4=2^{\frac{12}{n+1}}$이 자연수이어야 한다.

따라서 $n+1$은 12의 약수이어야 하므로

$n+1$이 될 수 있는 값은 2, 3, 4, 6, 12이다.

따라서 구하는 모든 n의 값은 1, 2, 3, 5, 11이고 그 합은

$1+2+3+5+11=22$

답 22

04

$2\le n\le 10$인 자연수 n에 대하여 $n^2+1>0$이므로

$$f(n)=\begin{cases}1 & (n=3,\ 5,\ 7,\ 9)\\ 2 & (n=2,\ 4,\ 6,\ 8,\ 10)\end{cases}$$

$n^2-8n+12=(n-2)(n-6)$에서

$$g(n)=\begin{cases}0 & (n=4)\\ 1 & (n=2,\ 3,\ 5,\ 6,\ 7,\ 9)\\ 2 & (n=8,\ 10)\end{cases}$$

$f(n)=2g(n)$이므로 $f(n)=2$이고 $g(n)=1$

따라서 $f(n)=2g(n)$을 만족시키는 자연수 n의 값은 2, 6이고 그 합은 $2+6=8$

답 ③

05

$m-6$의 세제곱근 중에서 실수인 것의 개수는 m의 값에 관계없이 1이므로 $f(3)=1$

$f(2)+f(3)+f(4)=3$에서 $f(2)+f(4)=2$

$m-4$의 제곱근 중에서 실수인 것의 개수는

$m>4$이면 2, $m=4$이면 1, $m<4$이면 0이다.

$m-8$의 네제곱근 중에서 실수인 것의 개수는

$m>8$이면 2, $m=8$이면 1, $m<8$이면 0이다.

$f(2)=0$ 또는 $f(2)=1$이면 $f(4)=0$이므로 $f(2)+f(4)=2$이려면

$f(2)=2$, $f(4)=0$이어야 한다. 그러므로 $4<m<8$

따라서 $f(2)+f(3)+f(4)=3$을 만족시키는 자연수 m의 값은 5, 6, 7이고 그 합은

$5+6+7=18$

답 ①

06

$n^2-15n+50=(n-5)(n-10)$

(i) n이 홀수인 경우

$f(n)=1$이므로 $f(5)=f(7)=f(9)=f(11)=1$

(ii) n이 짝수인 경우

$(n-5)(n-10)<0$이면 $f(n)=0$이므로 $f(6)=f(8)=0$

$(n-5)(n-10)=0$이면 $f(n)=1$이므로 $f(10)=1$

$(n-5)(n-10)>0$이면 $f(n)=2$이므로 $f(4)=f(12)=2$

(i), (ii)에서 $f(9)=f(10)=f(11)=1$

따라서 $f(n)=f(n+1)$을 만족시키는 n의 값은 9, 10이고 그 합은 $9+10=19$

답 ③

07

$\sqrt[4]{3}\times\sqrt[4]{27}=\sqrt[4]{3\times3^3}=\sqrt[4]{3^4}=3$

답 ③

08

$\sqrt[3]{5}\times\sqrt[3]{25}=\sqrt[3]{5\times5^2}=\sqrt[3]{5^3}=5$

답 5

09

$\sqrt[3]{-8}+\sqrt[4]{81}=\sqrt[3]{(-2)^3}+\sqrt[4]{3^4}=-2+3=1$

답 ①

10

$\sqrt{(-2)^6}=\sqrt{2^6}=8$

$(\sqrt[3]{3}-\sqrt[3]{2})(\sqrt[3]{9}+\sqrt[3]{6}+\sqrt[3]{4})=(\sqrt[3]{3})^3-(\sqrt[3]{2})^3=3-2=1$

따라서

$\sqrt{(-2)^6}+(\sqrt[3]{3}-\sqrt[3]{2})(\sqrt[3]{9}+\sqrt[3]{6}+\sqrt[3]{4})=8+1=9$

답 ②

11

정사각형의 넓이가 $\sqrt[n]{64}$이므로 정사각형의 한 변의 길이는

$f(n)=\sqrt{\sqrt[n]{64}}=64^{\frac{1}{2n}}=(2^6)^{\frac{1}{2n}}=2^{\frac{3}{n}}$

따라서 $f(4)\times f(12)=2^{\frac{3}{4}}\times2^{\frac{1}{4}}=2^{\frac{3}{4}+\frac{1}{4}}=2$

답 2

12

집합 X의 원소는 b의 a제곱근 중에서 실수인 수들이므로

$a=3$일 때, $\sqrt[3]{-9}$, $\sqrt[3]{-3}$, $\sqrt[3]{3}$, $\sqrt[3]{9}$

$a=4$일 때, $\pm\sqrt[4]{3}$, $\pm\sqrt[4]{9}=\pm\sqrt{3}$

즉, $X=\{\sqrt[3]{-9}, \sqrt[3]{-3}, \sqrt[3]{3}, \sqrt[3]{9}, -\sqrt{3}, -\sqrt[4]{3}, \sqrt[4]{3}, \sqrt{3}\}$

ㄱ. $\sqrt[3]{-9}\in X$ (참)

ㄴ. 집합 X의 원소의 개수는 8이다. (참)

ㄷ. 집합 X의 원소 중 양수인 것은 $\sqrt[3]{3}$, $\sqrt[3]{9}$, $\sqrt[4]{3}$, $\sqrt{3}$이므로 모든 원소의 곱은

$$\sqrt[3]{3}\times\sqrt[3]{9}\times\sqrt[4]{3}\times\sqrt{3}=3^{\frac{1}{3}}\times3^{\frac{2}{3}}\times3^{\frac{1}{4}}\times3^{\frac{1}{2}}$$
$$=3^{\frac{1}{3}+\frac{2}{3}+\frac{1}{4}+\frac{1}{2}}=3^{\frac{7}{4}}=\sqrt[4]{3^7}\text{ (참)}$$

따라서 옳은 것은 ㄱ, ㄴ, ㄷ이다.

답 ⑤

13

$2^{-1}\times8^{\frac{5}{3}}=2^{-1}\times(2^3)^{\frac{5}{3}}=2^{-1}\times2^5=2^4=16$

답 ⑤

14

$(5^{2-\sqrt{3}})^{2+\sqrt{3}}=5^{(2-\sqrt{3})(2+\sqrt{3})}=5^{4-3}=5^1=5$

답 5

15

$(3^{2+\sqrt{2}})^{2-\sqrt{2}}=3^{(2+\sqrt{2})(2-\sqrt{2})}=3^{4-2}=3^2=9$

답 ③

16

$27^{\frac{2}{3}}=(3^3)^{\frac{2}{3}}=3^2=9$

답 ⑤

17

$3^4\times9^{-1}=3^4\times3^{-2}=3^{4-2}=3^2=9$

답 9

18

$2\times16^{\frac{1}{2}}=2\times(2^4)^{\frac{1}{2}}=2\times2^2=2^{1+2}=2^3=8$

답 ④

19

$2^{\frac{7}{3}}\times16^{\frac{2}{3}}=2^{\frac{7}{3}}\times(2^4)^{\frac{2}{3}}=2^{\frac{7}{3}+\frac{8}{3}}=2^5=32$

답 ④

20

$3^{-2}\times9^{\frac{3}{2}}=3^{-2}\times(3^2)^{\frac{3}{2}}=3^{-2}\times3^3=3^{-2+3}=3^1=3$

답 ④

21

$(2^3\times2)^{\frac{1}{2}}=(2^4)^{\frac{1}{2}}=2^2=4$

답 ④

22

$\sqrt[3]{4}\times2^{\frac{1}{3}}=\sqrt[3]{2^2}\times2^{\frac{1}{3}}=2^{\frac{2}{3}}\times2^{\frac{1}{3}}=2^{\frac{2}{3}+\frac{1}{3}}=2^1=2$

답 ④

23

$8^{-\frac{1}{2}}\div\sqrt{2}=(2^3)^{-\frac{1}{2}}\div2^{\frac{1}{2}}=2^{-\frac{3}{2}-\frac{1}{2}}=2^{-2}=\frac{1}{4}$

답 ②

24

$\sqrt[3]{27^2}\times3^2=27^{\frac{2}{3}}\times3^2=(3^3)^{\frac{2}{3}}\times3^2=3^2\times3^2=3^4=81$

답 81

25

$5^{\frac{7}{3}}\div5^{\frac{1}{3}}=5^{\frac{7}{3}-\frac{1}{3}}=5^2=25$

답 25

26

$8^{\frac{2}{3}}\times27^{-\frac{1}{3}}=(2^3)^{\frac{2}{3}}\times(3^3)^{-\frac{1}{3}}=2^2\times3^{-1}=\frac{4}{3}$

답 ②

27

$6\times2^{-1}=6\times\frac{1}{2}=3$

답 ③

28

$5\times9^{\frac{1}{2}}=5\times(3^2)^{\frac{1}{2}}=5\times3=15$

답 ②

29

$3\times8^{\frac{2}{3}}=3\times(2^3)^{\frac{2}{3}}=3\times4=12$

답 ④

30

$\sqrt[3]{27}\times2^3=\sqrt[3]{3^3}\times2^3=3\times8=24$

답 ⑤

31

$\sqrt[3]{27}\times16^{\frac{1}{2}}=\sqrt[3]{3^3}\times(4^2)^{\frac{1}{2}}=3\times4=12$

답 ③

32

$(\sqrt{2\sqrt[3]{4}})^n=\left(\sqrt{2\times2^{\frac{2}{3}}}\right)^n=\left(2^{\frac{5}{3}}\right)^{\frac{n}{2}}=2^{\frac{5n}{6}}$

$2^{\frac{5n}{6}}$이 자연수가 되도록 하는 자연수 n의 값은 6의 배수이다.

$n=6$일 때, $2^5=32$

$n=12$일 때, $(2^5)^2=2^{10}=1024$

$n=18$일 때, $(2^5)^3=2^{15}=32768$

⋮

따라서 $(\sqrt{2\sqrt[3]{4}})^n=2^{\frac{5n}{6}}$이 네 자리 자연수가 되도록 하는 자연수 n의 값은 12이다.

답 12

33

$(\sqrt[3]{7})^n=\left(7^{\frac{1}{3}}\right)^n=7^{\frac{n}{3}}$

$7^{\frac{n}{3}}$이 자연수가 되도록 하는 자연수 n의 값은 3의 배수이다.

따라서 $1\leq n\leq15$인 자연수 중에서 3의 배수는 3, 6, 9, 12, 15이므로 그 개수는 5이다.

답 ⑤

34

$\sqrt[3n]{8^4}=8^{\frac{4}{3n}}=(2^3)^{\frac{4}{3n}}=2^{\frac{4}{n}}$

$2^{\frac{4}{n}}$이 자연수가 되도록 하는 자연수 n의 값은 4의 약수이다.

따라서 모든 자연수 n의 값은 1, 2, 4이고 그 합은

$1+2+4=7$

답 ①

35

m^n의 세제곱근은 $m^{\frac{n}{3}}$이고 이 값이 자연수가 되어야 하므로

$n=3$ 또는 $n=6$

(i) $n=3$일 때, $1<m<3$이므로 $m=2$

(ii) $n=6$일 때, $1<m<6$이므로 $m=2, 3, 4, 5$

(i), (ii)에서 m^n의 세제곱근이 자연수가 되도록 하는 순서쌍 (m, n)은 $(2, 3)$, $(2, 6)$, $(3, 6)$, $(4, 6)$, $(5, 6)$이므로 그 개수는 5이다.

답 5

36

$\sqrt[4]{n^m}=n^{\frac{m}{4}}$에서

(i) $m=0$일 때

n의 값에 관계없이 $n^0=1$로 유리수가 되므로

$n=1, 2, 3, \cdots, 16$

(ii) $m=-1$ 또는 $m=1$일 때

$n^{-\frac{1}{4}}$ 또는 $n^{\frac{1}{4}}$이므로 n은 자연수의 네제곱인 수이어야 한다.

즉, $n=1, 16$

(iii) $m=-2$ 또는 $m=2$일 때

$n^{-\frac{1}{2}}$ 또는 $n^{\frac{1}{2}}$이므로 n은 자연수의 제곱인 수이어야 한다.

즉, $n=1, 4, 9, 16$

(i), (ii), (iii)에서 모든 순서쌍 (m, n)의 개수는

$16+(2\times2)+(2\times4)=28$

답 28

37

$\left(\frac{\sqrt[6]{5}}{\sqrt[4]{2}}\right)^m\times n=5^{\frac{m}{6}}\times\left(\frac{1}{2}\right)^{\frac{m}{4}}\times n=5^2\times2^2$에서

$\frac{m}{6}$과 $\frac{m}{4}$이 자연수가 되어야 하므로 m은 12의 배수이다.

(ⅰ) $m=12$일 때

$5^{\frac{12}{6}}\times\left(\frac{1}{2}\right)^{\frac{12}{4}}\times n=5^2\times2^2$에서 $\left(\frac{1}{2}\right)^3\times n=2^2$이므로 $n=32$

(ⅱ) $m\geq24$일 때

$5^{\frac{m}{6}}\times\left(\frac{1}{2}\right)^{\frac{m}{4}}\times n=5^2\times5^{\frac{m-12}{6}}\times\left(\frac{1}{2}\right)^{\frac{m}{4}}\times n=5^2\times2^2$

에서 $5^{\frac{m-12}{6}}\times\left(\frac{1}{2}\right)^{\frac{m}{4}}\times n=2^2$이고, $5^{\frac{m-12}{6}}\times n=2^{\frac{m+8}{4}}$이므로 이를 만족시키는 자연수 n은 존재하지 않는다.

(ⅰ), (ⅱ)에서 $m=12$, $n=32$이므로 $m+n=44$

답 ③

38

$64^{\frac{1}{m}}=k\times81^{\frac{1}{n}}$에서 양변을 $81^{\frac{1}{n}}$으로 나누면

$k=\frac{64^{\frac{1}{m}}}{81^{\frac{1}{n}}}=(2^6)^{\frac{1}{m}}\times(3^4)^{-\frac{1}{n}}=2^{\frac{6}{m}}\times3^{-\frac{4}{n}}$

두 밑 2와 3은 서로소이므로 자연수 k가 존재하기 위해서는 두 정수 m, n에 대하여 지수 $\frac{6}{m}$과 $-\frac{4}{n}$가 모두 자연수이어야 한다.

즉, m은 6의 양의 약수인 1, 2, 3, 6이고, n은 4의 음의 약수인 -1, -2, -4이어야 한다.

따라서 두 정수 m, n의 모든 순서쌍 (m, n)은

$(1, -1)$, $(1, -2)$, $(1, -4)$, $(2, -1)$, $(2, -2)$, $(2, -4)$, $(3, -1)$, $(3, -2)$, $(3, -4)$, $(6, -1)$, $(6, -2)$, $(6, -4)$

이므로 그 개수는 12이다.

답 12

39

$A=2^{\sqrt{3}}$, $B=\sqrt[3]{81}=(3^4)^{\frac{1}{3}}=3^{\frac{4}{3}}$, $C=\sqrt[4]{256}=(2^8)^{\frac{1}{4}}=2^2$

$2^{\sqrt{3}}<2^2$이므로 $A<C$

$B^3=81$, $C^3=64$이므로 $C<B$

따라서 $A<C<B$

답 ②

40

$\sqrt{2}=2^{\frac{1}{2}}$, $\sqrt[3]{4}=(2^2)^{\frac{1}{3}}=2^{\frac{2}{3}}$, $\sqrt[9]{8}=(2^3)^{\frac{1}{9}}=2^{\frac{1}{3}}$

따라서 $\sqrt[9]{8}<\sqrt{2}<\sqrt[3]{4}$

답 ①

41

세 수 A, B, C의 지수가 같도록 변형하면

$A=\sqrt[3]{\frac{1}{4}}=\left(\frac{1}{4}\right)^{\frac{1}{3}}=\left(\frac{1}{4}\right)^{\frac{4}{12}}=\left(\frac{1}{256}\right)^{\frac{1}{12}}$

$B=\sqrt[4]{\frac{1}{6}}=\left(\frac{1}{6}\right)^{\frac{1}{4}}=\left(\frac{1}{6}\right)^{\frac{3}{12}}=\left(\frac{1}{216}\right)^{\frac{1}{12}}$

$C=\sqrt[3]{\sqrt{\frac{1}{15}}}=\left(\frac{1}{15}\right)^{\frac{1}{6}}=\left(\frac{1}{15}\right)^{\frac{2}{12}}=\left(\frac{1}{225}\right)^{\frac{1}{12}}$

따라서 $A<C<B$

답 ②

42

$15^x=8=2^3$에서 $15=(2^3)^{\frac{1}{x}}=2^{\frac{3}{x}}$, $a^y=2$에서 $a=2^{\frac{1}{y}}$

$15\times a=2^{\frac{3}{x}}\times2^{\frac{1}{y}}=2^{\frac{3}{x}+\frac{1}{y}}=2^2=4$

따라서 $a=\frac{4}{15}$

답 ④

43

$3^x=2$이므로 $3^{-x}=\frac{1}{2}$

따라서 $3^x+3^{-x}=2+\frac{1}{2}=\frac{5}{2}$

답 ①

44

$5^x=\sqrt{3}$이므로 $5^{2x}=3$, $5^{-2x}=\frac{1}{3}$

따라서 $5^{2x}+5^{-2x}=3+\frac{1}{3}=\frac{10}{3}$

답 ②

45

$4^a=\frac{4}{9}$에서 $2^a=\frac{2}{3}$

따라서 $2^{3-a}=2^3\times2^{-a}=8\times\frac{3}{2}=12$

답 12

46

$2^{xy}=(2^x)^y=3^y=5$

답 ①

47

$12^a=16$에서 $12=16^{\frac{1}{a}}=2^{\frac{4}{a}}$, $3^b=2$에서 $3=2^{\frac{1}{b}}$

따라서 $2^{\frac{4}{a}-\frac{1}{b}}=2^{\frac{4}{a}}\div2^{\frac{1}{b}}=12\div3=4$

답 ④

48

$2^{\frac{4}{a}}=100$에서 $2^4=100^a=10^{2a}$

$25^{\frac{2}{b}}=10$에서 $25^2=10^b$이므로 $5^4=10^b$

이때 $10^{2a+b}=10^{2a}\times10^b=2^4\times5^4=10^4$이므로

$2a+b=4$

답 ⑤

49

$9^a=8$이므로 분자, 분모에 3^a을 곱하면

$$\frac{3^a-3^{-a}}{3^a+3^{-a}}=\frac{3^{2a}-1}{3^{2a}+1}=\frac{9^a-1}{9^a+1}=\frac{8-1}{8+1}=\frac{7}{9}$$

따라서 $p=9$, $q=7$이므로 $p+q=16$

답 16

50

$5^{2a+b}=32$, $5^{a-b}=2$이므로

$5^{2a+b}\times5^{a-b}=32\times2$, $5^{3a}=4^3$, $5^a=4$

$5^{a-b}=2$에서 $5^a\div5^b=2$이므로 $5^b=2$

$5^a=4$, $5^b=2$에서 $4^{\frac{1}{a}}=5$, $2^{\frac{1}{b}}=5$

따라서 $4^{\frac{a+b}{ab}}=4^{\frac{1}{a}+\frac{1}{b}}=4^{\frac{1}{a}}\times4^{\frac{1}{b}}=5\times\left(2^{\frac{1}{b}}\right)^2=5\times5^2=125$

답 125

다른 풀이

$2a+b=\log_5 32$ …… ㉠

$a-b=\log_5 2$ …… ㉡

㉠, ㉡을 연립하여 풀면 $a=\log_5 4$, $b=\log_5 2$

$$\frac{a+b}{ab}=\frac{1}{a}+\frac{1}{b}=\frac{1}{\log_5 4}+\frac{1}{\log_5 2}=\log_4 5+\log_2 5$$

$$=\log_4 5+\log_4 25=\log_4 125$$

따라서 $4^{\frac{a+b}{ab}}=4^{\log_4 125}=125$

51

$2^a=3^b=k\ (k>1)$이라 하면

$2=k^{\frac{1}{a}}$, $3=k^{\frac{1}{b}}$

$(a-2)(b-2)=4$를 전개하면

$ab-2(a+b)+4=4$, $\dfrac{a+b}{ab}=\dfrac{1}{2}$

한편, $k^{\frac{1}{a}}\times k^{\frac{1}{b}}=k^{\frac{a+b}{ab}}=k^{\frac{1}{2}}=6$이므로 $k=36$

따라서 $4^a\times3^{-b}=\dfrac{(2^a)^2}{3^b}=\dfrac{k^2}{k}=k=36$

답 ③

다른 풀이

$2^a=3^b=k\ (k>1)$이라 하면

$a=\log_2 k$, $b=\log_3 k$

이것을 $(a-2)(b-2)=4$에 대입하면

$(\log_2 k-2)(\log_3 k-2)=4$

$\log_2 k\times\log_3 k-2\log_2 k-2\log_3 k+4=4$

$\log_2 k\times\log_3 k-2(\log_2 k+\log_3 k)=0$

$\dfrac{\log_2 k+\log_3 k}{\log_2 k\times\log_3 k}=\dfrac{1}{2}$, $\dfrac{1}{\log_2 k}+\dfrac{1}{\log_3 k}=\dfrac{1}{2}$

$\log_k 2+\log_k 3=\log_k 6=\dfrac{1}{2}$, 즉 $k^{\frac{1}{2}}=6$, $k=36$

따라서 $4^a\times3^{-b}=\dfrac{(2^a)^2}{3^b}=\dfrac{k^2}{k}=k=36$

52

$2^x=3^y=5^z=k$라 하면

$2=k^{\frac{1}{x}}$, $3=k^{\frac{1}{y}}$, $5=k^{\frac{1}{z}}$

$2\times3\times5=k^{\frac{1}{x}+\frac{1}{y}+\frac{1}{z}}=k^{\frac{1}{2}}$이므로

$k=(2\times3\times5)^2=900$

따라서 $2^x+3^y+5^z=3k=2700$

답 ③

53

$3^a=4^b$에서 $3^{ac}=4^{bc}$이고 $ac=2$이므로

$4^{bc}=3^{ac}=3^2=9$

$4^b=5^c$에서 $4^{ab}=5^{ac}$이고 $ac=2$이므로

$4^{ab}=5^{ac}=5^2=25$

따라서 $4^{ab+bc}=4^{ab}\times4^{bc}=25\times9=225$

답 225

다른 풀이

$4^{ab+bc}=(4^b)^a\times(4^b)^c=(5^c)^a\times(3^a)^c=15^{ac}=15^2=225$

54

$2^a=3^b$의 양변에 2^b을 곱하면

$2^a\times2^b=3^b\times2^b$

$2^{a+b}=6^b$

이때 $a+b=\dfrac{4}{3}ab$이므로

$2^{\frac{4}{3}ab}=6^b$, $2^{\frac{4}{3}a}=6$, $2^a=6^{\frac{3}{4}}$

따라서 $8^a\times3^b=(2^a)^3\times2^a=(2^a)^4=\left(6^{\frac{3}{4}}\right)^4=216$

답 216

55

$$\frac{8^a+8^{-a}}{2^a+2^{-a}}=\frac{(2^a+2^{-a})(4^a-1+4^{-a})}{2^a+2^{-a}}$$

$$=4^a+4^{-a}-1=(2^a+2^{-a})^2-3$$

$$=3^2-3=6$$

답 ④

56

$2^{\frac{a}{2}}-2^{\frac{b}{2}}=3$의 양변을 제곱하면

$\left(2^{\frac{a}{2}}-2^{\frac{b}{2}}\right)^2=3^2$, $2^a-2\times2^{\frac{a}{2}}\times2^{\frac{b}{2}}+2^b=9$

$2^a-2^{\frac{a+b}{2}+1}+2^b=9$

이때 $a+b=2$이므로

$2^a+2^b-2^{\frac{2}{2}+1}=2^a+2^b-2^2=9$

따라서 $2^a+2^b=9+4=13$

답 ⑤

57

$3^a>0$, $3^{-a}>0$이므로 산술평균과 기하평균의 관계에 의하여

$3^a+3^{-a}\ge 2\sqrt{3^a\times 3^{-a}}=2$

(단, 등호는 $3^a=3^{-a}$, 즉 $a=0$일 때 성립한다.)

$(3^a+3^{-a})^2=2(3^a+3^{-a})+8$에서 $3^a+3^{-a}=t$ $(t\ge 2)$라 하면

$t^2=2t+8$, $(t+2)(t-4)=0$

이때 $t\ge 2$이므로 $t=4$

따라서

$$27^a+27^{-a}=(3^a+3^{-a})^3-3(3^a+3^{-a})=t^3-3t$$
$$=4^3-3\times 4=52$$

답 52

58

$$B_1=\frac{kI_0r_1^2}{2(x_1^2+r_1^2)^{\frac{3}{2}}}$$

$$B_2=\frac{kI_0(3r_1)^2}{2\{(3x_1)^2+(3r_1)^2\}^{\frac{3}{2}}}=\frac{kI_0\times 9r_1^2}{2(9x_1^2+9r_1^2)^{\frac{3}{2}}}$$

$$=\frac{9kI_0r_1^2}{2\times 9^{\frac{3}{2}}(x_1^2+r_1^2)^{\frac{3}{2}}}=\frac{kI_0r_1^2}{6(x_1^2+r_1^2)^{\frac{3}{2}}}$$

$$=\frac{1}{3}B_1$$

따라서 $\dfrac{B_2}{B_1}=\dfrac{\frac{1}{3}B_1}{B_1}=\dfrac{1}{3}$

답 ③

59

$Q_A=\frac{2}{3}Q_B$, $V_A=\frac{8}{27}V_B$이므로

$$D_A=k\left(\frac{Q_A}{V_A}\right)^{\frac{1}{2}}=k\left(\frac{\frac{2}{3}Q_B}{\frac{8}{27}V_B}\right)^{\frac{1}{2}}=k\times\frac{3}{2}\left(\frac{Q_B}{V_B}\right)^{\frac{1}{2}}=\frac{3}{2}D_B$$

이때 $D_A-D_B=\frac{3}{2}D_B-D_B=\frac{1}{2}D_B=60$

따라서 $D_B=120$

답 ①

60

$R=k\left(\frac{W}{D+10}\right)^{\frac{1}{3}}$에서

$R_1=k\left(\frac{160}{d+10}\right)^{\frac{1}{3}}$, $R_2=k\left(\frac{p}{d+10}\right)^{\frac{1}{3}}$이므로

$$\frac{R_1}{R_2}=\frac{k\left(\frac{160}{d+10}\right)^{\frac{1}{3}}}{k\left(\frac{p}{d+10}\right)^{\frac{1}{3}}}=\left(\frac{160}{p}\right)^{\frac{1}{3}}=2,\ \frac{160}{p}=8$$

따라서 $p=20$

답 ④

61

두 물체 A, B의 질량을 각각 m_A, m_B, 단면적을 각각 S_A, S_B라 하자.

$m_A:m_B=1:2\sqrt{2}$, $S_A:S_B=1:8$이므로

$m_B=2\sqrt{2}m_A$, $S_B=8S_A$

이때 $\dfrac{v_A^2}{v_B^2}=\dfrac{\frac{2m_Ag}{D\rho S_A}}{\frac{4\sqrt{2}m_Ag}{D\rho(8S_A)}}=2\sqrt{2}$이므로

$\left(\frac{v_A}{v_B}\right)^2=2^{\frac{3}{2}}$, $\left\{\left(\frac{v_A}{v_B}\right)^2\right\}^{\frac{3}{2}}=\left(2^{\frac{3}{2}}\right)^{\frac{3}{2}}$

따라서 $\left(\frac{v_A}{v_B}\right)^3=2^{\frac{9}{4}}$

답 ④

62

두 비행기 A, B의 필요마력을 각각 P_A, P_B, 날개의 넓이를 각각 S_A, S_B라 하자.

$P_A=\frac{1}{150}kC(V_A)^3S_A$이고, $S_B=3S_A$이므로

$P_B=\frac{1}{150}kC(V_B)^3S_B=\frac{1}{150}kC(V_B)^3(3S_A)$

$P_B=\sqrt{3}P_A$이므로

$\dfrac{P_A}{P_B}=\dfrac{(V_A)^3S_A}{(V_B)^3(3S_A)}=\dfrac{1}{3}\left(\dfrac{V_A}{V_B}\right)^3=\dfrac{1}{\sqrt{3}}$, $\left(\dfrac{V_A}{V_B}\right)^3=3^{\frac{1}{2}}$

따라서 $\dfrac{V_A}{V_B}=3^{\frac{1}{6}}$

답 ①

서술형 연습

본문 20쪽

01 $\frac{16}{3}$ **02** 2

01

$a=\sqrt[8]{2}$이므로 $a^8=2$ ······ ㉮

$$\frac{1}{a-1}-\frac{1}{a+1}-\frac{2}{a^2+1}-\frac{4}{a^4+1}-\frac{8}{a^8+1}$$

$$=\frac{2}{a^2-1}-\frac{2}{a^2+1}-\frac{4}{a^4+1}-\frac{8}{a^8+1}$$ ······ ㉯

$$=\frac{4}{a^4-1}-\frac{4}{a^4+1}-\frac{8}{a^8+1}=\frac{8}{a^8-1}-\frac{8}{a^8+1}$$

$$=\frac{16}{a^{16}-1}$$ ······ ㉰

$$=\frac{16}{2^2-1}=\frac{16}{3}$$ ······ ㉱

답 $\frac{16}{3}$

단계	채점 기준	비율
㉮	지수법칙을 이용하여 a^8의 값을 구한 경우	20%
㉯	$\frac{1}{a-1}-\frac{1}{a+1}$을 간단히 한 경우	20%
㉰	$\frac{1}{a-1}-\frac{1}{a+1}-\frac{2}{a^2+1}-\frac{4}{a^4+1}-\frac{8}{a^8+1}$을 간단히 한 경우	40%
㉱	$\frac{1}{a-1}-\frac{1}{a+1}-\frac{2}{a^2+1}-\frac{4}{a^4+1}-\frac{8}{a^8+1}$의 값을 구한 경우	20%

02

$2^x=(\sqrt{5})^y=\sqrt{10^z}=k$라 하면

$2^x=5^{\frac{y}{2}}=10^{\frac{z}{2}}=k$에서 ········· ㉮

$2=k^{\frac{1}{x}}$, $5=k^{\frac{2}{y}}$, $10=k^{\frac{2}{z}}$ ········· ㉯

한편, $\frac{1}{x}+\frac{a}{y}=\frac{2}{z}$에서 $k^{\frac{1}{x}+\frac{a}{y}}=k^{\frac{2}{z}}$, 즉 $k^{\frac{1}{x}}\times k^{\frac{a}{y}}=k^{\frac{2}{z}}$ ········· ㉰

따라서 $2\times(\sqrt{5})^a=10$, 즉 $2\times5^{\frac{a}{2}}=2\times5$이므로

$\frac{a}{2}=1$, $a=2$ ········· ㉱

답 2

단계	채점 기준	비율
㉮	주어진 식을 $2^x=5^{\frac{y}{2}}=10^{\frac{z}{2}}$으로 정리한 경우	20%
㉯	지수의 밑을 하나로 통일하여 $2=k^{\frac{1}{x}}$, $5=k^{\frac{2}{y}}$, $10=k^{\frac{2}{z}}$으로 나타낸 경우	20%
㉰	구하고자 하는 식을 $k^{\frac{1}{x}}\times k^{\frac{a}{y}}=k^{\frac{2}{z}}$으로 나타낸 경우	40%
㉱	a의 값을 구한 경우	20%

본문 21쪽

01 ⑤ 02 152

01

풀이 전략 p, q가 각각 홀수, 짝수일 때의 경우로 나누어 거듭제곱근의 성질을 이용한다.

STEP 1 p, q가 모두 홀수일 때 조건을 만족시키는 순서쌍 (p, q)를 구한다.

(i) p, q가 모두 홀수일 때

$f(p)\times f(q)=\sqrt[4]{9\times2^{p+1}}\times\sqrt[4]{9\times2^{q+1}}=\sqrt[4]{9\times9\times2^{p+1}\times2^{q+1}}$

$=3\times\sqrt[4]{2^{p+q+2}}$ → $\sqrt[4]{2^{p+q+2}}$이 자연수가 되려면 2^{p+q+2}가 네제곱인 수이어야 한다.

이므로 $p+q+2$가 4의 배수일 때, $f(p)\times f(q)$는 자연수이다.

두 자연수 p, q가 각각 10 이하이므로 조건을 만족시키는 순서쌍 (p, q)는 → p, q는 10 이하의 홀수이다.

$p+q+2=4$일 때, $(1, 1)$

$p+q+2=8$일 때, $(1, 5)$, $(3, 3)$, $(5, 1)$

$p+q+2=12$일 때, $(1, 9)$, $(3, 7)$, $(5, 5)$, $(7, 3)$, $(9, 1)$

$p+q+2=16$일 때, $(5, 9)$, $(7, 7)$, $(9, 5)$

$p+q+2=20$일 때, $(9, 9)$

이므로 그 개수는 13이다.

STEP 2 p는 홀수, q는 짝수일 때 조건을 만족시키는 순서쌍 (p, q)를 구한다.

(ii) p는 홀수, q는 짝수일 때

$f(p)\times f(q)=\sqrt[4]{9\times2^{p+1}}\times\sqrt[4]{4\times3^q}=\sqrt[4]{2^{p+3}\times3^{q+2}}$ → 2^{p+3}과 3^{q+2}이 각각 네제곱인 수이어야 한다.

이므로 $p+3$과 $q+2$가 각각 4의 배수일 때, $f(p)\times f(q)$는 자연수이다.

두 자연수 p, q가 각각 10 이하이므로 → p는 홀수, q는 짝수이다.

$p+3=4, 8, 12$에서 $p=1, 5, 9$

$q+2=4, 8, 12$에서 $q=2, 6, 10$

따라서 조건을 만족시키는 순서쌍 (p, q)는

$(1, 2)$, $(1, 6)$, $(1, 10)$, $(5, 2)$, $(5, 6)$, $(5, 10)$, $(9, 2)$, $(9, 6)$, $(9, 10)$이므로 그 개수는 9이다.

STEP 3 p는 짝수, q는 홀수일 때 조건을 만족시키는 순서쌍 (p, q)를 구한다.

(iii) p는 짝수, q는 홀수일 때

$f(p)\times f(q)=\sqrt[4]{4\times3^p}\times\sqrt[4]{9\times2^{q+1}}=\sqrt[4]{2^{q+3}\times3^{p+2}}$

이므로 $q+3$과 $p+2$가 각각 4의 배수일 때, $f(p)\times f(q)$는 자연수이다.

두 자연수 p, q가 각각 10 이하이므로 → p는 짝수, q는 홀수이다.

$p+2=4, 8, 12$에서 $p=2, 6, 10$

$q+3=4, 8, 12$에서 $q=1, 5, 9$

따라서 조건을 만족시키는 순서쌍 (p, q)는

$(2, 1)$, $(2, 5)$, $(2, 9)$, $(6, 1)$, $(6, 5)$, $(6, 9)$, $(10, 1)$, $(10, 5)$, $(10, 9)$이므로 그 개수는 9이다.

STEP 4 p, q가 모두 짝수일 때 조건을 만족시키는 순서쌍 (p, q)를 구한다.

(iv) p, q가 모두 짝수일 때

$f(p)\times f(q)=\sqrt[4]{4\times3^p}\times\sqrt[4]{4\times3^q}=2\times\sqrt[4]{3^{p+q}}$

이므로 $p+q$가 4의 배수일 때, $f(p)\times f(q)$는 자연수이다.

두 자연수 p, q가 각각 10 이하이므로 → 가능한 p의 값은 2, 4, 6, 8, 10 가능한 q의 값은 2, 4, 6, 8, 10

조건을 만족시키는 순서쌍 (p, q)는

$p+q=4$일 때, $(2, 2)$

$p+q=8$일 때, $(2, 6)$, $(4, 4)$, $(6, 2)$

$p+q=12$일 때, $(2, 10)$, $(4, 8)$, $(6, 6)$, $(8, 4)$, $(10, 2)$

$p+q=16$일 때, $(6, 10)$, $(8, 8)$, $(10, 6)$

$p+q=20$일 때, $(10, 10)$

이고 그 개수는 13이다.

(i)~(iv)에서 구하는 모든 순서쌍 (p, q)의 개수는

$13+9+9+13=44$

답 ⑤

02

풀이 전략 $a=c$일 때와 $a\neq c$일 때의 경우로 나누어 지수법칙을 이용하여 순서쌍의 개수를 추론한다.

STEP 1 $a=c$일 때 조건을 만족시키는 순서쌍 (a, b, c, d)를 구한다.

(i) $a=c$일 때

ⓐ $k<24$일 때, 조건을 만족시키는 순서쌍은 존재하지 않는다.

ⓑ $24\leq k<500$일 때

$a^{\frac{1}{b}}\times c^{\frac{1}{d}}=24^{\frac{1}{b}}\times 24^{\frac{1}{d}}=24^{\frac{1}{b}+\frac{1}{d}}=24^{\frac{1}{5}}$

→ $(a^{\frac{1}{b}}\times c^{\frac{1}{d}})^5=24$에서 $a=c$일 때 $a^{\frac{5}{b}+\frac{5}{d}}=24$
이때 a를 유리수제곱하여 24가 되는 자연수는 24뿐이므로 $a=24$

즉, $\frac{1}{b}+\frac{1}{d}=\frac{b+d}{bd}=\frac{1}{5}$이므로

$bd=5(b+d)$

$bd-5b-5d=0$

$(b-5)(d-5)=25$

$b-5$	1	5	25
$d-5$	25	5	1

이므로 위 등식을 만족시키는 순서쌍 (b, d)는

$(6, 30)$, $(10, 10)$, $(30, 6)$이다.

따라서 조건을 만족시키는 순서쌍 (a, b, c, d)는

$(24, 6, 24, 30)$, $(24, 10, 24, 10)$, $(24, 30, 24, 6)$이므로 그 개수는 3이다.

STEP 2 $a\neq c$일 때 조건을 만족시키는 순서쌍 (a, b, c, d)를 구한다.

(ii) $a\neq c$일 때

$24^{\frac{1}{5}}=(2\times 12)^{\frac{1}{5}}=2^{\frac{1}{5}}\times 12^{\frac{1}{5}}=(2^p)^{\frac{1}{5p}}\times(12^q)^{\frac{1}{5q}}$ …… ㉠

$24^{\frac{1}{5}}=(3\times 8)^{\frac{1}{5}}=3^{\frac{1}{5}}\times 8^{\frac{1}{5}}=(3^p)^{\frac{1}{5p}}\times(8^q)^{\frac{1}{5q}}$ …… ㉡

$24^{\frac{1}{5}}=(4\times 6)^{\frac{1}{5}}=4^{\frac{1}{5}}\times 6^{\frac{1}{5}}=(4^p)^{\frac{1}{5p}}\times(6^q)^{\frac{1}{5q}}$ …… ㉢

$24^{\frac{1}{5}}=(24^2)^{\frac{1}{10}}=(24^3)^{\frac{1}{15}}=(24^4)^{\frac{1}{20}}=\cdots=(24^n)^{\frac{1}{5n}}$ …… ㉣

의 네 가지 경우가 있다.

한편, ㉠, ㉡, ㉢에서 두 자연수 p, q의 값이 커지면 순서쌍 (a, b, c, d)의 개수도 증가한다.

2^p, 3^p, 4^p, 6^q, 8^q, 12^q의 값은 각각 2 이상 k 이하이므로 ㉠, ㉡, ㉢에서

$2^6=64$, $3^4=81$, $2^7=128$, $12^2=144$, $6^3=216$, $3^5=243$, …

을 이용하여 조건을 만족시키는 모든 순서쌍 (a, b, c, d)의 개수가 59인 경우를 찾아보자.

ⓐ $64\leq k<81$일 때

㉠에서 $p=1, 2, 3, 4, 5, 6$이고 $q=1$이므로

$5p=5, 10, 15, 20, 25, 30$이고 $5q=5$

그런데 $a=2^p$, $c=12^q$인 경우와 $a=12^q$, $c=2^p$인 경우가 있고 각각의 경우 순서쌍의 개수는 같으므로 모든 순서쌍 (a, b, c, d)의 개수는 $6\times 1\times 2=12$

㉡에서 $p=1, 2, 3$이고 $q=1, 2$이므로

$5p=5, 10, 15$이고 $5q=5, 10$

그런데 $a=3^p$, $c=8^q$인 경우와 $a=8^q$, $c=3^p$인 경우가 있고 각각의 경우 순서쌍의 개수는 같으므로 모든 순서쌍 (a, b, c, d)의 개수는 $3\times 2\times 2=12$

㉢에서 $p=1, 2, 3$이고 $q=1, 2$이므로

$5p=5, 10, 15$이고 $5q=5, 10$

그런데 $a=4^p$, $c=6^q$인 경우와 $a=6^q$, $c=4^p$인 경우가 있고 각각의 경우 순서쌍의 개수는 같으므로 모든 순서쌍 (a, b, c, d)의 개수는 $3\times 2\times 2=12$

한편, 음이 아닌 세 정수 p, q, r과 2 이상인 자연수 n에 대하여

$(24^n)^{\frac{1}{5n}}=(2^{3n}\times 3^n)^{\frac{1}{5n}}=\{(2^p\times 3^q)^r\times 2^{3n-pr}\times 3^{n-qr}\}^{\frac{1}{5n}}$

이 성립한다.

㉣에서 ㉠, ㉡, ㉢ 이외의 순서쌍을 구하기 위해 위 식의 p, q, r, n에 자연수를 순서대로 대입하자.

이때 a 또는 c가 2, 3, 4, 6, 8, 12의 거듭제곱이 아닌 경우를 모두 구하면 다음과 같다.

$24^{\frac{1}{5}}=(24^2)^{\frac{1}{10}}$

$=18^{\frac{1}{10}}\times 32^{\frac{1}{10}}=18^{\frac{1}{10}}\times 2^{\frac{1}{2}}=18^{\frac{1}{10}}\times 4^{\frac{1}{4}}$

$=18^{\frac{1}{10}}\times 8^{\frac{1}{6}}=18^{\frac{1}{10}}\times 16^{\frac{1}{8}}=18^{\frac{1}{10}}\times 64^{\frac{1}{12}}$

$=12^{\frac{1}{10}}\times 48^{\frac{1}{10}}=72^{\frac{1}{10}}\times 8^{\frac{1}{10}}=72^{\frac{1}{10}}\times 64^{\frac{1}{20}}$

→ a 또는 c가 72이므로 $k\geq 72$이어야 한다.

$24^{\frac{1}{5}}=(24^7)^{\frac{1}{35}}=48^{\frac{1}{7}}\times 18^{\frac{1}{35}}$

따라서 ㉣에서 ㉠, ㉡, ㉢ 이외의 모든 순서쌍 (a, b, c, d)의 개수는

$k<72$일 때, $8\times 2=16$

$k\geq 72$일 때, $10\times 2=20$

STEP 3 조건을 만족시키는 순서쌍의 개수가 59가 되도록 하는 자연수 k의 값의 범위를 파악한다.

(i)과 (ii)의 ⓐ에서 $64\leq k<72$일 때 모든 순서쌍 (a, b, c, d)의 개수는 $3+12+12+12+16=55$이므로 조건에 맞지 않고

$72\leq k<81$일 때 모든 순서쌍 (a, b, c, d)의 개수는

$3+12+12+12+20=59$이므로 조건에 맞는다.

즉, k의 최솟값 $m=72$이다.

→ $72\leq k<81$인 모든 자연수 k가 조건을 만족시키므로 k의 최솟값은 72이다.

ⓑ $k=81$일 때, ㉡에서 $p=1, 2, 3, 4$이고 $q=1, 2$이므로

$5p=5, 10, 15, 20$이고 $5q=5, 10$

ⓐ에서 구한 순서쌍 (a, b, c, d) 이외에도 4개의 순서쌍 (a, b, c, d)가 더 생긴다. 따라서 주어진 조건을 만족시키지 않는다.

즉, k의 최댓값 $M=80$이다.

따라서 $M+m=80+72=152$

답 152

02 로그

개념 확인문제

본문 23쪽

01 (1) $4=\log_3 81$ (2) $-3=\log_2 \frac{1}{8}$ (3) $125=\left(\frac{1}{5}\right)^{-3}$ (4) $0.01=10^{-2}$
02 (1) $x>4$ (2) $2<x<3$ 또는 $x>3$
03 (1) 4 (2) $\frac{1}{2}$ (3) -4 (4) -4 **04** (1) 1 (2) $\frac{9}{2}$ **05** (1) $\frac{3}{2}$ (2) $-\frac{4}{3}$
06 (1) 2 (2) -1 (3) 3 (4) -2 **07** (1) $\frac{1}{2}$ (2) $3\log_3 2$
08 (1) $a+b$ (2) $\frac{2a+2b}{a}$ **09** (1) 2.4969 (2) -1.5031
10 (1) 1.0791 (2) -0.2219 **11** 0 **12** -2

내신+학평 유형 연습

본문 24~35쪽

01 8	02 15	03 11	04 ③	05 ①	06 56
07 ④	08 ②	09 ⑤	10 ②	11 2	12 ②
13 ④	14 2	15 ②	16 2	17 ②	18 ②
19 2	20 ②	21 ②	22 5	23 ②	24 ①
25 ①	26 ②	27 180	28 ①	29 45	30 ⑤
31 ⑤	32 ⑤	33 20	34 ③	35 ④	36 49
37 42	38 80	39 18	40 ②	41 ⑤	42 80
43 ②	44 81	45 ⑤	46 36	47 36	48 ①
49 ④	50 ⑤	51 ①	52 147	53 ②	54 ④
55 ①	56 ④	57 ④	58 ⑤	59 ②	

01

밑 조건에서 $a+3>0$, $a+3\neq1$

$a>-3$, $a\neq-2$ …… ㉠

진수 조건에서 $-a^2+3a+28>0$

$a^2-3a-28<0$, $-4<a<7$ …… ㉡

㉠, ㉡에서

$-3<a<-2$ 또는 $-2<a<7$

따라서 구하는 모든 정수 a의 값은 -1, 0, 1, 2, 3, 4, 5, 6이고 그 개수는 8이다.

답 8

02

진수 조건에서 $6-x>0$, $x<6$

따라서 구하는 모든 자연수 x의 값은 1, 2, 3, 4, 5이고 그 합은 15이다.

답 15

03

밑 조건에서 $x+6>0$, $x+6\neq1$

$x>-6$, $x\neq-5$ …… ㉠

진수 조건에서 $49-x^2>0$

$x^2-49<0$, $-7<x<7$ …… ㉡

㉠, ㉡에서

$-6<x<-5$ 또는 $-5<x<7$

따라서 구하는 모든 정수 x의 값은

-4, -3, -2, -1, 0, 1, 2, 3, 4, 5, 6이고 그 합은 11이다.

답 11

04

밑 조건에서 $x-1>0$, $x-1\neq1$

$x>1$, $x\neq2$ …… ㉠

진수 조건에서 $-x^2+4x+5>0$

$x^2-4x-5<0$, $(x+1)(x-5)<0$

$-1<x<5$ …… ㉡

㉠, ㉡에서

$1<x<2$ 또는 $2<x<5$

따라서 구하는 모든 정수 x의 값은 3, 4이고 그 합은 7이다.

답 ③

05

밑 조건에서 $a>0$, $a\neq1$ …… ㉠

진수 조건에서 $x^2+ax+a+8>0$

모든 실수 x에 대하여 부등식 $x^2+ax+a+8>0$이 성립하기 위해서는 이차방정식 $x^2+ax+a+8=0$의 판별식을 D라 하면 $D<0$이어야 한다.

즉, $D=a^2-4(a+8)<0$이므로

$a^2-4a-32<0$, $(a+4)(a-8)<0$

$-4<a<8$ …… ㉡

㉠, ㉡에서

$0<a<1$ 또는 $1<a<8$

따라서 구하는 모든 정수 a의 값은 2, 3, 4, 5, 6, 7이고 그 합은

$2+3+4+5+6+7=27$

답 ①

06

집합 B의 원소는 모두 자연수이므로 a, b, c는 모두 2^k(k는 자연수) 꼴이다.

$a+b=24$이므로 $\{a, b\}=\{8, 16\}$이고

$A=\{8, 16, c\}$, $B=\{3, 4, \log_2 c\}$

집합 B의 모든 원소의 합이 12이므로

$\log_2 c=5$, $c=2^5=32$

따라서 집합 A의 모든 원소의 합은

$8+16+32=56$

답 56

07

$\log_2 5\times\log_5 3+\log_2 \frac{16}{3}$

$=\log_2 5\times\frac{\log_2 3}{\log_2 5}+\log_2 \frac{16}{3}=\log_2 3+\log_2 \frac{16}{3}$

$=\log_2\left(3\times\frac{16}{3}\right)=\log_2 16=\log_2 2^4=4$

답 ④

08

$\log_3 1+\log_3 9=0+\log_3 3^2=2$

답 ②

09

$\log_3 9+\log_3 \sqrt{3}=2+\frac{1}{2}=\frac{5}{2}$

답 ⑤

10

$\log_3 24+\log_3 \frac{3}{8}=\log_3\left(24\times\frac{3}{8}\right)=\log_3 9=\log_3 3^2=2$

답 ②

11

$\log_2 8+\log_2 \frac{1}{2}=\log_2\left(8\times\frac{1}{2}\right)=\log_2 4=\log_2 2^2=2$

답 2

12

$\log_4 2+\log_4 8=\log_4 (2\times 8)=\log_4 16=\log_4 4^2=2$

답 ②

13

$\log_2 \frac{4}{3}+\log_2 12=\log_2\left(\frac{4}{3}\times 12\right)=\log_2 16=\log_2 2^4=4$

답 ④

14

$\log_5 50+\log_5 \frac{1}{2}=\log_5\left(50\times\frac{1}{2}\right)=\log_5 25=\log_5 5^2=2$

답 2

15

$\log_2 \sqrt{2}+\log_2 2\sqrt{2}=\log_2 (\sqrt{2}\times 2\sqrt{2})$

$=\log_2 4=\log_2 2^2=2$

답 ②

16

$\log_2 (3+\sqrt{5})+\log_2 (3-\sqrt{5})=\log_2 \{(3+\sqrt{5})(3-\sqrt{5})\}$

$=\log_2 4=\log_2 2^2=2$

답 2

17

$\log_3 36-\log_3 4=\log_3 \frac{36}{4}=\log_3 9=\log_3 3^2=2$

답 ②

18

$\log_2 12-\log_2 3=\log_2 \frac{12}{3}=\log_2 4=\log_2 2^2=2$

답 ②

19

$\log_3 18-\frac{1}{2}\log_3 4=\log_3 18-\log_3 2=\log_3 \frac{18}{2}=\log_3 9$

$=\log_3 3^2=2$

답 2

20

$\log_{81} 12-\log_{81} 4=\log_{81} \frac{12}{4}=\log_{81} 3=\log_{3^4} 3=\frac{1}{4}\log_3 3=\frac{1}{4}$

답 ②

21

$\frac{\log_4 64}{\log_4 8}=\log_8 64=\log_8 8^2=2$

답 ②

22

$\log_2 3\times\log_3 32=\frac{\log_2 3}{\log_2 2}\times\frac{\log_2 2^5}{\log_2 3}=\frac{5\log_2 2}{\log_2 2}=5$

답 5

23

$\log_2 \frac{1}{3}\times\log_3 \frac{1}{4}=\log_2 3^{-1}\times\log_3 2^{-2}$

$=(-\log_2 3)\times(-2\log_3 2)$

$=2\times\log_2 3\times\log_3 2$

$=2\times\log_2 3\times\frac{1}{\log_2 3}=2$

답 ②

24

$(\sqrt{2})^{1+\log_2 3}=(\sqrt{2})^{\log_2 2+\log_2 3}=(\sqrt{2})^{\log_2 6}=6^{\log_2 \sqrt{2}}=6^{\frac{1}{2}}=\sqrt{6}$

답 ①

25

$\log_n 4\times\log_2 9=\frac{\log 2^2}{\log n}\times\frac{\log 3^2}{\log 2}=\frac{4\log 3}{\log n}=4\log_n 3$

$4\log_n 3=m$ (m은 자연수)라 하면 $n^m=3^4$

$m=1$일 때, $n=81$

$m=2$일 때, $n=9$

$m=4$일 때, $n=3$

따라서 구하는 모든 n의 값의 합은

$81+9+3=93$

답 ①

26

$\log_2 \frac{8}{n}$의 값이 자연수가 되려면 $\frac{8}{n}$은 2의 거듭제곱이어야 하므로

$\frac{8}{n}=2,\ 4,\ 8$, 즉 $n=1,\ 2,\ 4$

따라서 구하는 모든 자연수 n의 값의 합은

$1+2+4=7$

답 ②

27

$\log_2 \frac{n}{6}=k$ (k는 자연수)라 하면 $\frac{n}{6}=2^k$, $n=3\times 2^{k+1}$

n이 100 이하인 자연수이므로 가능한 k의 값은 1, 2, 3, 4이다.

따라서 모든 자연수 n의 값의 합은

$3(2^2+2^3+2^4+2^5)=180$

답 180

28

$2^{\frac{1}{n}}=a$, $2^{\frac{1}{n+1}}=b$이므로

$\log_2 ab=\log_2 \left(2^{\frac{1}{n}}\times 2^{\frac{1}{n+1}}\right)=\log_2 2^{\frac{1}{n}+\frac{1}{n+1}}=\frac{1}{n}+\frac{1}{n+1}$

$(\log_2 a)(\log_2 b)=\left(\log_2 2^{\frac{1}{n}}\right)\left(\log_2 2^{\frac{1}{n+1}}\right)=\frac{1}{n}\times\frac{1}{n+1}$

지수법칙에 의하여

$$\left\{\frac{3^{\log_2 ab}}{3^{(\log_2 a)(\log_2 b)}}\right\}^5=\left\{\frac{3^{\left(\frac{1}{n}+\frac{1}{n+1}\right)}}{3^{\left(\frac{1}{n}\times\frac{1}{n+1}\right)}}\right\}^5=\left\{3^{\frac{1}{n}+\frac{1}{n+1}-\frac{1}{n(n+1)}}\right\}^5=\left(3^{\frac{2}{n+1}}\right)^5=3^{\frac{10}{n+1}}$$

$3^{\frac{10}{n+1}}$이 자연수가 되도록 하려면 $n+1$은 10의 약수가 되어야 한다.

즉, $n+1=2,\ 5,\ 10$

따라서 자연수 n의 값은 1, 4, 9이고 모든 자연수 n의 값의 합은 14이다.

답 ①

29

집합 A의 원소 중 자연수인 원소는 다음과 같다.

a	1	4	9	16	25	36	49	64	…
$\sqrt{a}$	1	2	3	4	5	6	7	8	…

집합 B의 원소 중 자연수인 원소는 다음과 같다.

b	3	9	27	81	…
$\log_{\sqrt{3}} b$	2	4	6	8	…

즉, $n(C)=3$이므로 $C=\{2,\ 4,\ 6\}$

따라서 $8\notin C$이므로 자연수 k의 값의 범위는 $36\le k<81$이고 k의 개수는 $81-36=45$

답 45

30

$$\log_5 18=\frac{\log 18}{\log 5}=\frac{\log(2\times 3^2)}{\log\frac{10}{2}}=\frac{\log 2+2\log 3}{\log 10-\log 2}=\frac{a+2b}{1-a}$$

답 ⑤

31

$$\begin{aligned}\log\frac{12}{5}&=\log 12-\log 5=\log(2^2\times 3)-\log 5\\&=(2\log 2+\log 3)-\log\frac{10}{2}\\&=(2a+b)-(1-a)\\&=3a+b-1\end{aligned}$$

답 ⑤

32

$f(\log_3 6)=\frac{\log_3 6+1}{2\log_3 6-1}$에서

$\log_3 6+1=\log_3 6+\log_3 3=\log_3 18$

$2\log_3 6-1=\log_3 6^2-\log_3 3=\log_3 12$

따라서

$$\begin{aligned}f(\log_3 6)&=\frac{\log_3 18}{\log_3 12}=\frac{\log 18}{\log 12}=\frac{\log(2\times 3^2)}{\log(2^2\times 3)}\\&=\frac{\log 2+2\log 3}{2\log 2+\log 3}=\frac{a+2b}{2a+b}\end{aligned}$$

답 ⑤

다른 풀이

$\log_3 6=\frac{\log 6}{\log 3}=\frac{\log 2+\log 3}{\log 3}=\frac{a+b}{b}$

따라서

$$f(\log_3 6)=f\left(\frac{a+b}{b}\right)=\frac{\frac{a+b}{b}+1}{2\times\frac{a+b}{b}-1}=\frac{a+2b}{2a+b}$$

33

$\log_a b=k$, $\log_b c=2k$, $\log_c a=3k$이므로

$\log_a b\times\log_b c\times\log_c a=1=6k^3$

따라서 $k^3=\frac{1}{6}$이므로 $120k^3=120\times\frac{1}{6}=20$

답 20

다른 풀이

$b=a^k$, $c=b^{2k}$, $a=c^{3k}$이므로 $c=b^{2k}=(a^k)^{2k}=a^{2k^2}$

즉, $a=c^{3k}=(a^{2k^2})^{3k}=a^{6k^3}$

$a>1$이므로 $1=6k^3$, $k^3=\frac{1}{6}$이고 $120k^3=20$

34

$\log_2\left(m^2+\frac{1}{4}\right)=-1$에서

$m^2+\frac{1}{4}=\frac{1}{2}$, $m^2=\frac{1}{4}$

$m>0$이므로 $m=\frac{1}{2}$

$\log_2 m=5+3\log_2 n$에서

$\log_2\frac{1}{2}=5+3\log_2 n$

$\log_2 n=-2$, 즉 $n=\frac{1}{4}$

따라서 $m+n=\frac{1}{2}+\frac{1}{4}=\frac{3}{4}$

답 ③

35

$\log_9 a^3b=1+\log_3 ab$에서

$\log_9 a^3b=\log_9 9+\log_9 (ab)^2$

$\log_9 a^3b=\log_9 9a^2b^2$, $a^3b=9a^2b^2$

따라서 $\frac{a}{b}=9$

답 ④

36

$ab=\log_5 2\times\log_2 7=\log_5 2\times\frac{\log_5 7}{\log_5 2}=\log_5 7$

따라서

$25^{ab}=25^{\log_5 7}=(5^2)^{\log_5 7}=5^{2\log_5 7}$

$=5^{\log_5 7^2}=7^2=49$

답 49

37

$\log_{16} a=\frac{1}{\log_b 4}$에서 $\log_{16} a\times\log_b 4=1$

$\log_{4^2} a\times\log_b 4=1$, $\frac{1}{2}\log_4 a\times\log_b 4=1$

$\frac{\log a}{\log 4}\times\frac{\log 4}{\log b}=2$, $\frac{\log a}{\log b}=2$

$\log_b a=2$, 즉 $a=b^2$

$\log_6 ab=3$에서 $ab=6^3$이므로

$b^3=6^3$, $b=6$

따라서 $a=6^2=36$이므로 $a+b=36+6=42$

답 42

38

조건 (가)에서 $\log_4 a=2$이므로 $a=4^2=16$

조건 (나)에서 $\log_a 5\times\log_5 b=\frac{\log 5}{\log a}\times\frac{\log b}{\log 5}=\frac{\log b}{\log a}=\log_a b$

이므로 $\log_a b=\frac{3}{2}$

즉, $b=a^{\frac{3}{2}}$이므로 $b=(4^2)^{\frac{3}{2}}=4^3=64$

따라서 $a+b=16+64=80$

답 80

39

$\log_a b=81$에서

$\frac{\log_c b}{\log_c a}=81$이므로

$\log_c b=81\times\log_c a$ ...... ㉠

$\log_c\sqrt{a}=\log_{\sqrt{b}} c$에서

$\frac{1}{2}\log_c a=\frac{1}{\log_c\sqrt{b}}$, $\frac{1}{2}\log_c a=\frac{1}{\frac{1}{2}\log_c b}$이므로

$4=\log_c a\times\log_c b$ ...... ㉡

㉠, ㉡에 의하여 $(\log_c b)^2=4\times81$

이때 b와 c는 1보다 큰 실수이므로 $\log_c b>0$

따라서 $\log_c b=18$

답 18

40

$2^a=3^b=c$에서 $a=\log_2 c$, $b=\log_3 c$이므로

$\log_c 2=\frac{1}{a}$, $\log_c 3=\frac{1}{b}$

$\log_c 6=\log_c(2\times3)=\log_c 2+\log_c 3=\frac{1}{a}+\frac{1}{b}=\frac{a+b}{ab}$에서

$\log_6 c=\frac{ab}{a+b}$ ...... ㉠

$a^2+b^2=2ab(a+b-1)$에서

$(a+b)^2-2ab=2ab(a+b)-2ab$

$(a+b)^2=2ab(a+b)$

양변을 $2(a+b)^2$으로 나누면

$\frac{ab}{a+b}=\frac{1}{2}$ ...... ㉡

㉠, ㉡에서 $\log_6 c=\frac{1}{2}$

답 ②

41

$-4\log_a b=54\log_b c=\log_c a=k$라 하면

$k^3=-4\log_a b\times54\log_b c\times\log_c a$

$=-\frac{4\log b}{\log a}\times\frac{54\log c}{\log b}\times\frac{\log a}{\log c}=-216$

에서 $k=-6$

$b=a^{-\frac{k}{4}}=a^{\frac{3}{2}}$, $c=a^{\frac{1}{k}}=a^{-\frac{1}{6}}$이므로

$b\times c=a^{\frac{3}{2}}\times a^{-\frac{1}{6}}=a^{\frac{4}{3}}$

1이 아닌 자연수 a에 대하여 $a^{\frac{4}{3}}$의 값이 자연수가 되기 위해서는 어떤 자연수 $n(n>1)$에 대하여 $a=n^3$이어야 한다. 즉

$a^{\frac{4}{3}}=(n^3)^{\frac{4}{3}}=n^4\le 300$

이므로 이를 만족시키는 자연수 n의 값은 2, 3, 4이다.

따라서 구하는 모든 자연수 a의 값의 합은

$2^3+3^3+4^3=8+27+64=99$

답 ⑤

42

$2\le\log_n k<3$에서

$\log_n n^2\le\log_n k<\log_n n^3$

$n^2\le k<n^3$

로그의 밑 조건에 의하여 $n>1$

1보다 큰 자연수 n에 대하여 $n^2\le k<n^3$을 만족시키는 100 이하의 자연수 k를 구하면 다음과 같다.

$n=2$일 때, $4\le k<8$에서 $k=4,\ 5,\ 6,\ 7$

$n=3$일 때, $9\le k<27$에서 $k=9,\ 10,\ \cdots,\ 26$

$n=4$일 때, $16\le k<64$에서 $k=16,\ 17,\ \cdots,\ 63$

$n=5$일 때, $25\le k<125$에서 $k=25,\ 26,\ \cdots,\ 100$

$n=6$일 때, $36\le k<216$에서 $k=36,\ 37,\ \cdots,\ 100$

$n=7$일 때, $49\le k<343$에서 $k=49,\ 50,\ \cdots,\ 100$

$n=8$일 때, $64\le k<512$에서 $k=64,\ 65,\ \cdots,\ 100$

$n=9$일 때, $81\le k<729$에서 $k=81,\ 82,\ \cdots,\ 100$

$n=10$일 때, $100\le k<1000$에서 $k=100$

따라서 k의 값에 따라 조건을 만족시키는 $f(k)$를 구하면 다음과 같다.

(i) $k=1,\ 2,\ 3$일 때, $f(k)=0$

(ii) $k=4,\ 5,\ 6,\ 7$일 때, $f(k)=1$

(iii) $k=8$일 때, $f(k)=0$

(iv) $k=9,\ 10,\ \cdots,\ 15$일 때, $f(k)=1$

(v) $k=16,\ 17,\ \cdots,\ 24$일 때, $f(k)=2$

(vi) $k=25,\ 26$일 때, $f(k)=3$

(vii) $k=27,\ 28,\ \cdots,\ 35$일 때, $f(k)=2$

(viii) $k=36,\ 37,\ \cdots,\ 48$일 때, $f(k)=3$

(ix) $k=49,\ 50,\ \cdots,\ 80$일 때, $f(k)=4$

(x) $k=81,\ 82,\ \cdots,\ 99$일 때, $f(k)=5$

(xi) $k=100$일 때, $f(k)=6$

따라서 $f(k)=4$가 되도록 하는 k의 최댓값은 80이다.

답 80

43

$10^n<24^{10}<10^{n+1}$의 양변에 상용로그를 취하면

$\log 10^n<\log 24^{10}<\log 10^{n+1}$

이때 $\log 10^n=n$, $\log 10^{n+1}=n+1$이고

$\log 24^{10}=10\log 24=10\log(2^3\times 3)$

$=10(3\log 2+\log 3)$

$=13.801$

이므로 주어진 부등식은

$n<13.801<n+1$

따라서 $n=13$

답 ②

44

직선 AB는 직선 $y=-x+4$에 수직이므로 직선 AB의 기울기는 1이다.

즉, $\dfrac{\log_3 b-\log_3 a}{3-(-1)}=1$에서

$\log_3 b-\log_3 a=4$

$\log_3 \dfrac{b}{a}=4$

따라서 $\dfrac{b}{a}=3^4=81$

답 81

45

함수 $y=\dfrac{1}{x}$의 그래프가 점 $(\sqrt[3]{a},\ \sqrt{b})$를 지나므로

$\sqrt{b}=\dfrac{1}{\sqrt[3]{a}}$, $b^{\frac{1}{2}}=a^{-\frac{1}{3}}$, $b=a^{-\frac{2}{3}}$

따라서

$\log_a b+\log_b a=\log_a b+\dfrac{1}{\log_a b}$

$=\log_a a^{-\frac{2}{3}}+\dfrac{1}{\log_a a^{-\frac{2}{3}}}$

$=-\dfrac{2}{3}-\dfrac{3}{2}=-\dfrac{13}{6}$

답 ⑤

46

$x=\log_2 a$에서 $a=2^x$

$y=\log_2 b$에서 $b=2^y$

$\log_8 a^{\frac{1}{y}}+\log_8 b^{\frac{1}{x}}=\log_8 2^{\frac{x}{y}}+\log_8 2^{\frac{y}{x}}$

$=\log_8 2^{\frac{x}{y}+\frac{y}{x}}=\log_8 2^{\frac{x^2+y^2}{xy}}$

$=\dfrac{x^2+y^2}{3xy}=\dfrac{4xy}{3xy}$ ($x^2+y^2=4xy$를 대입)

$=\dfrac{4}{3}=k$

따라서 $27k=27\times\dfrac{4}{3}=36$

답 36

다른 풀이

$$\log_8 a^{\frac{1}{y}}+\log_8 b^{\frac{1}{x}}=\frac{1}{3y}\log_2 a+\frac{1}{3x}\log_2 b$$
$$=\frac{x}{3y}+\frac{y}{3x}=\frac{x^2+y^2}{3xy}$$
$$=\frac{4xy}{3xy}\ (x^2+y^2=4xy\text{를 대입})$$
$$=\frac{4}{3}=k$$

따라서 $27k=27\times\frac{4}{3}=36$

47

$10<a<100$인 실수 a에 대하여 $1<\log a<2$

$\log_a 10=\frac{1}{\log a}$이므로 $\frac{1}{2}<\log_a 10<1$

$\log 10a=\log 10+\log a=1+\log a$이므로

$2<\log 10a<3$ …… ㉠

$\log\frac{10}{a}=\log 10-\log a=1-\log a$이므로

$-1<\log\frac{10}{a}<0$ …… ㉡

$\log_a 10a=\log_a 10+\log_a a=\log_a 10+1$이므로

$\frac{3}{2}<\log_a 10a<2$ …… ㉢

$\log_a\frac{a}{10}=\log_a a-\log_a 10=1-\log_a 10$이므로

$0<\log_a\frac{a}{10}<\frac{1}{2}$ …… ㉣

㉠~㉣에 의하여 $\log\frac{10}{a}<\log_a\frac{a}{10}<\log_a 10a<\log 10a$이므로

$p=\log\frac{10}{a}$, $q=\log_a\frac{a}{10}$, $r=\log_a 10a$, $s=\log 10a$

$$\overline{PS}=s-p=\log 10a-\log\frac{10}{a}$$
$$=(1+\log a)-(1-\log a)=2\log a$$

이므로

$2\log a=\frac{10}{3}$, $\log a=\frac{5}{3}$

따라서

$$\overline{QR}=r-q=\log_a 10a-\log_a\frac{a}{10}$$
$$=(\log_a 10+1)-(1-\log_a 10)$$
$$=2\log_a 10=\frac{2}{\log a}=\frac{6}{5}$$

이므로

$30\times\overline{QR}=30\times\frac{6}{5}=36$

답 36

48

수	…	4	5	6	…
⋮	⋮	⋮	⋮	⋮	⋮
4.2	…	.6274	.6284	.6294	…
4.3	…	.6375	.6385	.6395	…
4.4	…	.6474	.6484	.6493	…

상용로그표에서 $\log 4.35=0.6385$이므로

$\log 43.5=\log(4.35\times 10)=\log 4.35+1=1.6385$

답 ①

49

상용로그표에서 $\log 6.19=0.7917$이므로

$$\log 619=\log(6.19\times 100)$$
$$=\log 6.19+2=2.7917$$

답 ④

50

상용로그표에서 $\log 3.14=0.4969$이므로

$$\log(3.14\times 10^{-2})=\log 3.14-2$$
$$=0.4969-2=-1.5031$$

답 ⑤

51

상용로그표에서 $\log 6.04=0.7810$이므로

$$\log\sqrt{6.04}=\frac{1}{2}\log 6.04$$
$$=\frac{1}{2}\times 0.7810=0.3905$$

답 ①

52

$$\log A=2.1673=2+0.1673$$
$$=\log 100+\log 1.47=\log 147$$

따라서 $A=147$

답 147

53

$$\frac{1}{4}\log 2^{2n}+\frac{1}{2}\log 5^n=\frac{n}{2}\log 2+\frac{n}{2}\log 5$$
$$=\frac{n}{2}\log 10=\frac{n}{2}$$

$\frac{n}{2}$이 정수가 되려면 n은 2의 배수이어야 한다.

따라서 구하는 50 이하의 자연수 n의 개수는 25이다.

답 ②

54

주어진 조건을 식에 대입하면

$4.8-1.3=-2.5\log\left(\frac{L}{kL}\right)$이므로

$3.5=-2.5\log\frac{1}{k}=2.5\log k$, $\log k=\frac{7}{5}$

따라서 $k=10^{\frac{7}{5}}$

답 ④

55

100개의 자료를 처리할 때의 시간복잡도 T_1은

$\frac{T_1}{100}=\log 100$에서 $T_1=200$

1000개의 자료를 처리할 때의 시간복잡도 T_2는

$\frac{T_2}{1000}=\log 1000$에서 $T_2=3000$

따라서 $\frac{T_2}{T_1}=\frac{3000}{200}=15$

답 ①

56

주어진 조건을 식에 대입하면 $TL_1=10\log a$, $TL_2=10\log 4$이므로

$\frac{TL_1}{TL_2}=\frac{10\log a}{10\log 4}=\log_4 a=\frac{5}{2}$

따라서 $a=4^{\frac{5}{2}}=2^5=32$

답 ④

57

주어진 조건을 식에 대입하면

$\frac{V_A}{V_B}=\frac{4.86(1010-900)^{0.5}}{4.86(1010-960)^{0.5}}=\left(\frac{110}{50}\right)^{0.5}=\sqrt{2.2}$

양변에 상용로그를 취하면

$\log\frac{V_A}{V_B}=\log\sqrt{2.2}=\frac{1}{2}(\log 1.1+\log 2)=\frac{1}{2}(0.0414+0.3010)$

$=0.1712=\log 1.483$

따라서 $\frac{V_A}{V_B}=1.483$

답 ④

58

주어진 조건을 식에 대입하면

$Q_A=\frac{k(8^2-6^2)}{\log\left(\frac{512}{1}\right)}=\frac{28k}{9\log 2}$, $Q_B=\frac{k(8^2-6^2)}{\log\left(\frac{512}{2}\right)}=\frac{28k}{8\log 2}$

따라서 $\frac{Q_A}{Q_B}=\frac{\frac{28k}{9\log 2}}{\frac{28k}{8\log 2}}=\frac{8}{9}$

답 ⑤

59

약물 A의 흡수율과 배설률을 각각 K_A, E_A라 하고,

약물 B의 흡수율과 배설률을 각각 K_B, E_B라 하자.

주어진 조건에 의하여

$K_A=K_B$, $E_A=\frac{1}{2}K_A$, $E_B=\frac{1}{4}K_B$

약물 A를 투여하고 3시간 후에 약물 A의 혈중농도가 최고치에 도달하므로

$3=c\times\frac{\log K_A-\log E_A}{K_A-E_A}=c\times\frac{\log K_A-\log\frac{1}{2}K_A}{K_A-\frac{1}{2}K_A}$

$=c\times\frac{\log 2}{\frac{1}{2}K_A}=c\times\frac{2\log 2}{K_A}$

이므로 $\frac{c}{K_A}=\frac{3}{2\log 2}$

약물 B를 투여하고 a시간 후에 약물 B의 혈중농도가 최고치에 도달하므로

$a=c\times\frac{\log K_B-\log E_B}{K_B-E_B}=c\times\frac{\log K_A-\log\frac{1}{4}K_A}{K_A-\frac{1}{4}K_A}$

$=c\times\frac{\log 4}{\frac{3}{4}K_A}=\frac{c}{K_A}\times\frac{8\log 2}{3}$

$=\frac{3}{2\log 2}\times\frac{8\log 2}{3}=4$

따라서 $a=4$

답 ②

본문 36쪽

01 $x>1$ **02** 5.62배

01

진수 조건에서 $x^2+x-2>0$, $(x+2)(x-1)>0$이므로

$x<-2$ 또는 $x>1$ …… ㉠ ……… ㉮

밑 조건에서 $2x-1>0$, $2x-1\neq 1$이므로 $x>\frac{1}{2}$, $x\neq 1$

즉, $\frac{1}{2}<x<1$ 또는 $x>1$ …… ㉡ ……… ㉯

㉠, ㉡에서 구하는 실수 x의 값의 범위는

$x>1$ ……… ㉰

답 $x>1$

단계	채점 기준	비율
㉮	진수 조건에 맞는 x의 값의 범위를 구한 경우	40%
㉯	밑 조건에 맞는 x의 값의 범위를 구한 경우	40%
㉰	두 부등식을 동시에 만족시키는 x의 값의 범위를 구한 경우	20%

02

동물 A, B의 몸무게를 각각 W_A, W_B라 하고 동물 A, B의 표준 대사량을 각각 E_A, E_B라 하면 $E_A=kW_A^{\frac{3}{4}}$, $E_B=kW_B^{\frac{3}{4}}$

동물 A의 몸무게가 동물 B의 몸무게의 10배이므로

$W_A=10W_B$ ······ ㉮

$E_A=kW_A^{\frac{3}{4}}=k(10W_B)^{\frac{3}{4}}=10^{\frac{3}{4}}\left(kW_B^{\frac{3}{4}}\right)=10^{\frac{3}{4}}E_B$ ······ ㉯

이때 $x=10^{\frac{3}{4}}$이라 하고 양변에 상용로그를 취하면

$\log x=\frac{3}{4}\log 10=0.75$ ······ ㉰

이므로 $\log 5.62=0.75$에서 $x=5.62$

따라서 동물 A의 표준 대사량은 동물 B의 표준 대사량의 5.62배이다. ······ ㉱

답 5.62배

단계	채점 기준	비율
㉮	동물 A의 몸무게 W_A와 동물 B의 몸무게 W_B의 관계식을 구한 경우	20%
㉯	동물 A의 표준 대사량 E_A와 동물 B의 표준 대사량 E_B의 관계식을 구한 경우	30%
㉰	$x=10^{\frac{3}{4}}$의 양변에 상용로그를 취한 경우	30%
㉱	$10^{\frac{3}{4}}$의 값을 구한 경우	20%

본문 37쪽

01 ① **02** 72 **03** 127 **04** 9

01

풀이 전략 로그의 성질을 이용하여 순서쌍 (p, q)를 추론한다.

STEP 1 $\log_a b$가 유리수가 되도록 하는 a, b의 조건을 구한다.

$\log_a b=\frac{q}{p}$ (p와 q는 서로소인 자연수)라 하면 서로 다른 유리수 $\frac{q}{p}$의 개수는 서로 다른 순서쌍 (p, q)의 개수와 같다.
→ $\log_a b$가 유리수이므로 $\frac{q}{p}$로 놓을 수 있다.

$\log_a b=\frac{q}{p}$에서 $b=a^{\frac{q}{p}}$, 즉 $a^q=b^p$
→ 양변을 p제곱하면 $b^p=a^q$이다.

a, b, p, q가 모두 자연수이므로 어떤 자연수 c에 대하여

$a=c^p$, $b=c^q$으로 놓을 수 있다.

$4<a<b<200$이므로 $4<c^p<c^q<200$

STEP 2 어떤 수 c의 값에 따라 경우를 나누어 순서쌍 (p, q)를 구한다.

(i) $c=2$일 때

$4<2^p<2^q<200$이고 이를 만족시키는 순서쌍 (p, q)는
→ $2^3=8$, $2^7=128$이므로 p와 q의 가능한 값은 3, 4, 5, 6, 7이다.

$(3, 4)$, $(3, 5)$, $(3, 7)$, $(4, 5)$, $(4, 7)$, $(5, 6)$, $(5, 7)$, $(6, 7)$이므로 그 개수는 8이다.
→ p와 q는 서로소이므로 $(3, 6)$, $(4, 6)$은 제외된다.

(ii) $c=3$일 때

$4<3^p<3^q<200$이고 이를 만족시키는 순서쌍 (p, q)는

$(2, 3)$, $(3, 4)$이므로 그 개수는 2이다.
→ $3^2=9$, $3^4=81$이므로 p와 q의 가능한 값은 2, 3, 4이다.
→ p와 q는 서로소이므로 $(2, 4)$는 제외된다.

(iii) $c=4$일 때

$4<4^p<4^q<200$이고 이를 만족시키는 순서쌍 (p, q)는

$(2, 3)$이므로 그 개수는 1이다.

(iv) $c=5$일 때

$4<5^p<5^q<200$이고 이를 만족시키는 순서쌍 (p, q)는

$(1, 2)$, $(1, 3)$, $(2, 3)$이므로 그 개수는 3이다.

(v) $6\le c\le 14$일 때
→ $c=15$이면 $15^2=225$이므로 조건을 만족하지 않는다.

$4<c^p<c^q<200$이고 이를 만족시키는 순서쌍 (p, q)는

$(1, 2)$뿐이므로 모두 (iv)의 경우에 포함된다.

STEP 3 $n(A)$의 값을 구한다.

이상에서 $(2, 3)$이 세 번, $(3, 4)$가 두 번 중복되었으므로 서로 다른 순서쌍 (p, q)의 개수는 $(8+2+1+3)-2-1=11$

따라서 $n(A)=11$

답 ①

다른 풀이

$\log_a b=\frac{q}{p}$ (p와 q는 서로소인 자연수)라 하면

$b=a^{\frac{q}{p}}$이고 $n(A)$는 서로 다른 $\frac{q}{p}$의 개수와 같다.

(i) $p=1$일 때

$4<a<200$을 만족시키는 자연수 a 중 가장 작은 수는 5이다.

따라서 $4<a<a^q<200$을 만족시키는 모든 자연수 q는

$4<5<5^q<200$을 만족시킨다. 즉, $q=2$, 3이므로 $\frac{q}{p}=2$, 3

(ii) $p\ge 2$일 때

$a^{\frac{q}{p}}$이 자연수이므로 $a^{\frac{1}{p}}$은 자연수이다. 즉, a가 될 수 있는 가장 작은 자연수는 2^p이다. (단, $p=2$일 때 $4<a$에서 $a=3^2$)

따라서 $4<a<200$이고 $a^{\frac{1}{p}}$이 자연수인 모든 자연수 a에 대하여

$4<a<a^{\frac{q}{p}}<200$을 만족시키는 모든 자연수 q는

$4<2^p<(2^p)^{\frac{q}{p}}<200$을 만족시킨다.

따라서 서로 다른 유리수 $\frac{q}{p}$의 개수는 $4<2^p<2^q<200$을 만족시

키는 $\frac{q}{p}$의 개수와 같다.

ⓐ $p=2$일 때, $4<3^2<3^q<200$을 만족시키는 p와 서로소인 자연수 q는 3이므로 $\frac{q}{p}=\frac{3}{2}$

ⓑ $p=3$일 때, $4<2^3<2^q<200$을 만족시키는 p와 서로소인 자연수 q는 4, 5, 7이므로 $\frac{q}{p}=\frac{4}{3}, \frac{5}{3}, \frac{7}{3}$

ⓒ $p=4$일 때, $4<2^4<2^q<200$을 만족시키는 p와 서로소인 자연수 q는 5, 7이므로 $\frac{q}{p}=\frac{5}{4}, \frac{7}{4}$

ⓓ $p=5$일 때, $4<2^5<2^q<200$을 만족시키는 p와 서로소인 자연수 q는 6, 7이므로 $\frac{q}{p}=\frac{6}{5}, \frac{7}{5}$

ⓔ $p=6$일 때, $4<2^6<2^q<200$을 만족시키는 p와 서로소인 자연수 q는 7이므로 $\frac{q}{p}=\frac{7}{6}$

ⓕ $p=7$일 때, $4<2^7<200<2^8$이므로 $p\geq7$일 때 조건을 만족시키지 않는다.

(i), (ii)에서 서로 다른 $\frac{q}{p}$의 개수는 11이므로 $n(A)=11$

02

풀이 전략 로그의 정의를 이용하여 집합의 원소를 추론한다.

STEP 1 집합 $A_4\cap A_b$의 의미를 파악한다.

$A_4=\{\log_4 x \mid x$는 100 이하의 자연수$\}$이고

10 이하의 자연수 k에 대하여 $b=2^k$이므로

$A_b=\{\log_{2^k} y \mid y$는 100 이하의 자연수$\}$

집합 $A_4\cap A_b$의 원소의 개수는 $\log_4 x=\log_{2^k} y$가 성립하는 순서쌍 (x, y)의 개수와 같다.

STEP 2 k의 값에 따른 $n(A_4\cap A_{2^k})$의 값을 구한다.

$\log_4 x=\log_{2^k} y$이면 $\frac{1}{2}\log_2 x=\frac{1}{k}\log_2 y$, $\log_2 x^k=\log_2 y^2$이므로

$x^k=y^2$이 성립한다. 따라서 $1\leq x\leq100$, $1\leq y\leq100$에서 $x^k=y^2$이 성립하는 순서쌍 (x, y)의 개수를 구하면 된다.

(i) $k=1$이면 $x=y^2$이므로
$(x, y)=(1^2, 1), (2^2, 2), (3^2, 3), \cdots, (10^2, 10)$이고
$n(A_4\cap A_{2^1})=10$

(ii) $k=2$이면 $x^2=y^2$이므로
$(x, y)=(1, 1), (2, 2), (3, 3), \cdots, (100, 100)$이고
$n(A_4\cap A_{2^2})=100$

(iii) $k=3$이면 $x^3=y^2$이므로
$(x, y)=(1^2, 1^3), (2^2, 2^3), (3^2, 3^3), (4^2, 4^3)$이고
$n(A_4\cap A_{2^3})=4$

(iv) $k=4$이면 $x^4=y^2$, 즉 $x^2=y$이므로
$(x, y)=(1, 1^2), (2, 2^2), (3, 3^2), \cdots, (10, 10^2)$이고
$n(A_4\cap A_{2^4})=10$

(v) $k=5$이면 $x^5=y^2$이므로
$(x, y)=(1^2, 1^5), (2^2, 2^5)$이고 $n(A_4\cap A_{2^5})=2$

(vi) $k=6$이면 $x^6=y^2$, 즉 $x^3=y$이므로
$(x, y)=(1, 1^3), (2, 2^3), (3, 3^3), (4, 4^3)$이고
$n(A_4\cap A_{2^6})=4$

(vii) $k=7$이면 $x^7=y^2$이므로
$(x, y)=(1^2, 1^7)$이고 $n(A_4\cap A_{2^7})=1$

(viii) $k=8$이면 $x^8=y^2$, 즉 $x^4=y$이므로
$(x, y)=(1, 1^4), (2, 2^4), (3, 3^4)$이고 $n(A_4\cap A_{2^8})=3$

(ix) $k=9$이면 $x^9=y^2$이므로
$(x, y)=(1^2, 1^9)$이고 $n(A_4\cap A_{2^9})=1$

(x) $k=10$이면 $x^{10}=y^2$, 즉 $x^5=y$이므로
$(x, y)=(1, 1^5), (2, 2^5)$이고 $n(A_4\cap A_{2^{10}})=2$

STEP 3 모든 b의 값의 합을 구한다.

따라서 조건을 만족시키는 집합 B의 원소는 2^3, 2^6이므로

→ $n(A_4\cap A_{2^k})=4$가 되는 k의 값은 3, 6이다.

모든 b의 값의 합은

$8+64=72$

답 72

03

풀이 전략 로그의 성질과 지수법칙을 이용한다.

STEP 1 로그의 성질을 이용하여 a, b 사이의 관계식을 구한다.

집합 A_m에서 $\log_2 a+\log_4 b=\log_4 a^2b$가 100 이하의 자연수이므로

$\log_4 a^2b=\alpha(1\leq\alpha\leq100$, α는 자연수$)$라 하면 $a^2b=4^\alpha$

즉, $a^2b=4^1, 4^2, 4^3, \cdots, 4^{100}$

→ $\log_2 a+\log_4 b=2\log_4 a+\log_4 b=\log_4 a^2b$

STEP 2 a의 값에 따른 집합 A_m의 원소를 구하고 $n(A_m)$의 값을 구한다.

→ a의 값을 정하면 b의 값도 정해지므로 집합 A_m의 원소를 구할 수 있다.

(i) $a=1$일 때
$a^2b=4^1, 4^2, 4^3, \cdots, 4^{100}$에서 $a=1$이므로
$b=4^1, 4^2, 4^3, \cdots, 4^{100}$
이것은 $b=2^k$(k는 정수)를 만족시키므로
$ab=4^1, 4^2, 4^3, \cdots, 4^{100}$
즉, $m=1$일 때 $a=1$이므로
$A_1=\{4^1, 4^2, 4^3, \cdots, 4^{100}\}$
따라서 $n(A_1)=100$

(ii) $a=2$일 때
$a^2b=4^1, 4^2, 4^3, \cdots, 4^{100}$에서 $a=2$이므로
$b=4^0, 4^1, 4^2, \cdots, 4^{99}$
이것은 $b=2^k$(k는 정수)를 만족시키므로
$ab=2\times4^0, 2\times4^1, \cdots, 2\times4^{99}$
즉, $m=2$일 때 $a=1$, $a=2$이므로
$A_2=\{4^1, 4^2, \cdots, 4^{100}, 2\times4^0, \cdots, 2\times4^{99}\}$
따라서 $n(A_2)=200$

(iii) $a=3$일 때

$b=\frac{4^1}{9}, \frac{4^2}{9}, \frac{4^3}{9}, \cdots, \frac{4^{100}}{9}$이므로 $b=2^k$(k는 정수)를 만족시키지 않는다. 즉, $a=3$일 때 조건을 만족시키는 ab는 존재하지 않는다.

따라서 $m=3$일 때 $a=1$, $a=2$, $a=3$이므로 집합 A_3의 원소의 개수는 집합 A_2의 원소의 개수와 같다.

즉, $n(A_3)=200$

(iv) $a=4$일 때

$a^2b=4^1, 4^2, 4^3, \cdots, 4^{100}$에서 $a=4$이므로

$b=4^{-1}, 4^0, 4^1, \cdots, 4^{98}$

이것은 $b=2^k$(k는 정수)를 만족시키므로

$ab=4^0, 4^1, 4^2, \cdots, 4^{99}$

즉, $m=4$일 때 $a=1$, $a=2$, $a=3$, $a=4$이므로

$A_4=\{4^0, 4^1, \cdots, 4^{100}, 2\times4^0, \cdots, 2\times4^{99}\}$ → 새로 추가된 원소이다.

따라서 $n(A_4)=201$

(v) $a=5$, $a=6$, $a=7$일 때, $b=2^k$(k는 정수)를 만족시키지 못한다.
→ $a\neq2^\beta$(β는 자연수)일 때 $b=2^k$(k는 정수)를 만족시키지 못한다.

따라서 $a=5$, $a=6$, $a=7$일 때 조건을 만족시키는 ab는 존재하지 않으므로 $m=5$, $m=6$, $m=7$일 때의 집합 A_m의 원소의 개수는 집합 A_4의 원소의 개수는 같다.

따라서 $n(A_m)=201$ $(m=5, 6, 7)$

(vi) $a=8$일 때

$a^2b=4^1, 4^2, 4^3, \cdots, 4^{100}$에서 $a=8$이므로

$b=4^{-2}, 4^{-1}, 4^0, \cdots, 4^{97}$

이것은 $b=2^k$(k는 정수)를 만족시키므로

$ab=2\times4^{-1}, 2\times4^0, \cdots, 2\times4^{98}$

즉, $m=8$일 때 $a=1$, $a=2$, $\cdots$, $a=8$이므로

$A_8=\{4^0, \cdots, 4^{100}, 2\times4^{-1}, 2\times4^0, \cdots, 2\times4^{99}\}$ → 새로 추가된 원소이다.

따라서 $n(A_8)=202$

⋮ → $a=16$일 때, $A_{16}=\{4^{-1}, 4^0, \cdots, 4^{100}, 2\times4^{-1}, \cdots, 2\times4^{99}\}$이므로 $n(A_{16})=203$

$a=32$일 때, $A_{32}=\{4^{-1}, \cdots, 4^{100}, 2\times4^{-2}, 2\times4^{-1}, \cdots, 2\times4^{99}\}$이므로 $n(A_{32})=204$

(vii) $a=64$일 때

$a^2b=4^1, 4^2, 4^3, \cdots, 4^{100}$에서 $a=64$이므로

$b=4^{-5}, 4^{-4}, 4^{-3}, \cdots, 4^{94}$

이것은 $b=2^k$(k는 정수)를 만족시키므로

$ab=4^{-2}, 4^{-1}, 4^0, \cdots, 4^{97}$

즉, $m=64$일 때 $a=1$, $a=2$, $\cdots$, $a=64$이므로

$A_{64}=\{4^{-2}, 4^{-1}, \cdots, 4^{100}, 2\times4^{-2}, 2\times4^{-1}, \cdots, 2\times4^{99}\}$

따라서 $n(A_{64})=205$ → (vi)에서 새로 추가된 원소이다.

⋮

(viii) $a=128$일 때

같은 방법으로 집합 A_{128}의 원소를 구하면

$A_{128}=\{4^{-2}, \cdots, 4^{100}, 2\times4^{-3}, 2\times4^{-2}, \cdots, 2\times4^{99}\}$ → 새로 추가된 원소이다.

따라서 $n(A_{128})=206$

STEP 3 m의 최댓값을 구한다.

이상에서 임의의 두 자연수 p, $q(p<q)$에 대하여 $n(A_p)\le n(A_q)$가 성립한다.

따라서 $n(A_m)=205$가 되도록 하는 자연수 m의 최댓값은 127이다.

답 127

04

풀이 전략 조건 (가), (나)를 만족시키는 m, n의 값을 구한다.

STEP 1 두 점을 지나는 직선의 기울기를 이용하여 m, n에 대한 부등식을 구한다.

조건 (나)에서 두 점 $(m, \log_n m)$, $(m+1, \log_n(m+1))$을 지나는 직선의 기울기는 → $\frac{(y\text{의 값의 증가량})}{(x\text{의 값의 증가량})}$

$\frac{\log_n(m+1)-\log_n m}{(m+1)-m}=\log_n\frac{m+1}{m}$

이므로 $\log_n\frac{m+1}{m}<\frac{1}{3}$, $\frac{m+1}{m}<n^{\frac{1}{3}}$

$(m+1)^3<nm^3$ → $n>2$이므로 부등호의 방향은 바뀌지 않는다.

STEP 2 $n=3, 4, 5, 6$인 경우로 나누어 부등식을 만족시키는 자연수 m의 최솟값을 구한다.

(i) $n=3$일 때

$m=2$이면 $(2+1)^3>3\times2^3$이므로 성립하지 않는다.

$m=3$이면 $(3+1)^3<3\times3^3$이므로 $f(3)=3$

(ii) $n=4$일 때

$m=2$이면 $(2+1)^3<4\times2^3$이므로 $f(4)=2$

(iii) $n=5$일 때

$m=2$이면 $(2+1)^3<5\times2^3$이므로 $f(5)=2$

(iv) $n=6$일 때

$m=2$이면 $(2+1)^3<6\times2^3$이므로 $f(6)=2$

STEP 3 $f(3)+f(4)+f(5)+f(6)$의 값을 구한다.

따라서 $f(3)+f(4)+f(5)+f(6)=3+2+2+2=9$

답 9

다른 풀이

조건 (나)에 의하여

$\log_n\frac{m+1}{m}<\frac{1}{3}$에서 $\frac{m+1}{m}<n^{\frac{1}{3}}$, 즉 $\left(\frac{m+1}{m}\right)^3<n$
→ $\frac{1}{3}=\log_n n^{\frac{1}{3}}$

(i) $m=2$일 때

$\left(\frac{2+1}{2}\right)^3=\frac{27}{8}<n$이므로 $n=4, 5, 6, \cdots$

즉, $f(4)=f(5)=f(6)=2$

(ii) $m=3$일 때

$\left(\frac{3+1}{3}\right)^3=\frac{64}{27}<n$이므로 $n=3, 4, 5, \cdots$

즉, $f(3)=3$

따라서 $f(3)+f(4)+f(5)+f(6)=3+2+2+2=9$

03 지수함수와 로그함수

개념 확인문제

본문 39쪽

01 (1) 치역: $\{y|y>0\}$, 점근선의 방정식: $y=0$
(2) 치역: $\{y|y>0\}$, 점근선의 방정식: $y=0$
(3) 치역: $\{y|y>-2\}$, 점근선의 방정식: $y=-2$
(4) 치역: $\{y|y<1\}$, 점근선의 방정식: $y=1$

02 (1) $\sqrt[3]{2}<\sqrt[5]{4}$ (2) $\sqrt[3]{0.2}>\sqrt[5]{0.04}$
(3) $\sqrt[3]{9}>\sqrt[5]{27}$ (4) $(0.4)^{\sqrt{2}}<(0.16)^{\frac{\sqrt{2}}{3}}$

03 최댓값: $\frac{1}{2}$, 최솟값: $\frac{1}{16}$ **04** 최댓값: 14, 최솟값: $-\frac{3}{2}$

05 $a<-2$ 또는 $a>1$

06 (1) 정의역: $\{x\,|\,x>0\}$, 점근선의 방정식: $x=0$
(2) 정의역: $\{x\,|\,x>0\}$, 점근선의 방정식: $x=0$
(3) 정의역: $\{x\,|\,x>1\}$, 점근선의 방정식: $x=1$
(4) 정의역: $\{x\,|\,x>0\}$, 점근선의 방정식: $x=0$

07 (1) $\log_3 5>\log_3 2$ (2) $\log_{\frac{1}{3}}\frac{1}{2}<\log_{\frac{1}{3}}\frac{1}{5}$
(3) $\log_{\frac{1}{4}}3>\log_{\frac{1}{2}}3$ (4) $\log_{\frac{1}{3}}\sqrt{2}=\log_{\frac{1}{9}}2$

08 최댓값: 1, 최솟값: -1 **09** 최댓값: 0, 최솟값: -2

10 3 **11** 4 **12** $\frac{4}{3}$ **13** 38 **14** 2

내신+학평 유형 연습

본문 40~52쪽

01 ②	02 ⑤	03 ②	04 ③	05 47	06 ④
07 ②	08 ②	09 ⑤	10 ②	11 ①	12 ⑤
13 ④	14 ①	15 ①	16 ①	17 125	18 128
19 ①	20 ②	21 ⑤	22 ③	23 43	24 ③
25 ①	26 48	27 ④	28 ②	29 ③	30 ②
31 ①	32 ⑤	33 ①	34 34	35 ④	36 24
37 29	38 5	39 ②	40 ②	41 ②	42 ④
43 ③	44 144	45 ⑤	46 ②	47 ③	48 ⑤
49 14	50 ③	51 ④	52 ②	53 ②	54 ⑤

01

함수 $y=2^{x+a}+b$의 그래프의 점근선이 직선 $y=3$이므로 $b=3$

함수 $y=2^{x+a}+3$의 그래프가 점 $(0, 5)$를 지나므로

$5=2^{0+a}+3$에서 $a=1$

따라서 $a+b=1+3=4$

답 ②

02

함수 $y=3^x+a$의 그래프가 점 $(2, b)$를 지나므로

$b=3^2+a=9+a$

함수 $y=3^x+a$의 그래프의 점근선이 직선 $y=a$이므로

$a=5$이고 $b=9+5=14$

따라서 $a+b=5+14=19$

답 ⑤

03

두 점 A, B의 좌표를 각각 $(a, 1)$, $(b, 4)$라 하면

$\frac{2^a}{3}=1$, $\frac{2^b}{3}=4$이므로 $2^a=3$, $2^b=12$

$\frac{2^b}{2^a}=2^{b-a}=\frac{12}{3}=4$에서 $b-a=2$

따라서 직선 AB의 기울기는

$\frac{4-1}{b-a}=\frac{3}{2}$

답 ②

다른 풀이

두 점 A, B의 좌표를 각각 $(a, 1)$, $(b, 4)$라 하면

$y=\frac{2^x}{3}$에서 $3y=2^x$, $x=\log_2 3y$이므로

$a=\log_2(3\times1)=\log_2 3$, $b=\log_2(3\times4)=\log_2 12$

$b-a=\log_2 12-\log_2 3=\log_2 4=2$

따라서 직선 AB의 기울기는

$\frac{4-1}{b-a}=\frac{3}{2}$

04

함수 $y=\frac{1}{16}\times\left(\frac{1}{2}\right)^{x-m}$은 x의 값이 증가하면 y의 값이 감소하고, 함수 $y=2^x+1$은 x의 값이 증가하면 y의 값도 증가한다.

곡선 $y=2^x+1$은 점 $(0, 2)$를 지나므로 곡선 $y=\frac{1}{16}\times\left(\frac{1}{2}\right)^{x-m}$이 곡선 $y=2^x+1$과 제1사분면에서 만나려면 곡선 $y=\frac{1}{16}\times\left(\frac{1}{2}\right)^{x-m}$이 y축과 만나는 점의 y좌표가 2보다 커야 한다.

$\frac{1}{16}\times\left(\frac{1}{2}\right)^{0-m}>2$에서 $2^{m-4}>2$

즉, $m-4>1$이므로 $m>5$

따라서 자연수 m의 최솟값은 6이다.

답 ③

05

지수함수 $y=5^x$의 그래프를 x축의 방향으로 a만큼, y축의 방향으로 b만큼 평행이동한 그래프의 식은 $y=5^{x-a}+b$이고, 이 함수의 그래프가 함수 $y=\frac{1}{9}\times5^{x-1}+2$의 그래프와 일치하므로

$5^{-a}=\frac{1}{9}\times5^{-1}$, $b=2$

즉, $5^a=45$, $b=2$

따라서 $5^a+b=47$

답 47

06

함수 $y=4^x-6$의 그래프를 x축의 방향으로 a만큼, y축의 방향으로 b만큼 평행이동한 그래프의 식은 $y=4^{x-a}-6+b$이다.

이 함수의 그래프의 점근선이 직선 $y=-2$이므로

$-6+b=-2$, $b=4$

함수 $y=4^{x-a}-2$의 그래프가 원점을 지나므로

$0=4^{-a}-2$, $a=-\frac{1}{2}$

따라서 $ab=-\frac{1}{2}\times 4=-2$

답 ④

07

함수 $y=3^x$의 그래프를 x축의 방향으로 m만큼, y축의 방향으로 n만큼 평행이동한 그래프의 식은 $y=3^{x-m}+n$이다.

이 함수의 그래프의 점근선의 방정식이 $y=2$이므로 $n=2$

함수 $y=3^{x-m}+2$의 그래프가 점 $(7, 5)$를 지나므로

$5=3^{7-m}+2$, $3^{7-m}=3$, $m=6$

따라서 $m+n=6+2=8$

답 ②

08

함수 $y=a^x$의 그래프를 y축에 대하여 대칭이동한 그래프의 식은 $y=a^{-x}$

이 함수의 그래프를 x축의 방향으로 m만큼 평행이동한 그래프의 식은 $g(x)=a^{-(x-m)}$

조건 (가)에서 두 함수 $y=f(x)$, $y=g(x)$의 그래프는 $x=1$에 대하여 대칭이므로 $f(1)=g(1)$, 즉 $a=a^{-(1-m)}$이므로 $m=2$

한편, 함수 $f(x)=a^x$은 지수함수이므로 $a>0$, $a\neq 1$

조건 (나)에서 $f(3)=16g(3)$이므로

$a^3=16a^{-3+2}$, $a^4=16$, $a=2$

따라서 $a+m=2+2=4$

답 ②

09

ㄱ. $0<k<1$이므로 $2^0<f(0)=2^k<2^1$
즉, $1<f(0)<2$ (참)

ㄴ. $\frac{f(1)}{f(-1)}=\frac{2^{1+k}}{2^{-1+k}}=2^{1+k-(-1+k)}=2^2=4$ (참)

ㄷ. 두 함수 $y=2^{x+k}$, $y=3\cdot 2^x+1$의 밑이 같으므로 두 함수는 평행이동하여 겹쳐질 수 있다. 이때 함수 $y=2^{x+k}$의 그래프를 x축의 방향으로 $k-\log_2 3$만큼, y축의 방향으로 1만큼 평행이동하여 함수 $y=3\cdot 2^x+1$의 그래프를 얻을 수 있다. (참)

따라서 옳은 것은 ㄱ, ㄴ, ㄷ이다.

답 ⑤

10

함수 $f(x)=2^{-x}+5=\left(\frac{1}{2}\right)^x+5$는 밑 $\frac{1}{2}$이 $0<\frac{1}{2}<1$이므로 x의 값이 증가할 때 $f(x)$의 값은 감소한다.

따라서 $-3\leq x\leq -1$에서 함수 $f(x)$는 $x=-1$에서 최솟값을 가지므로 최솟값은

$f(-1)=2^1+5=7$

답 ②

11

함수 $f(x)=2+\left(\frac{1}{3}\right)^{2x}$은 밑 $\frac{1}{3}$이 $0<\frac{1}{3}<1$이므로 x의 값이 증가할 때 $f(x)$의 값은 감소한다.

따라서 $-1\leq x\leq 2$에서 함수 $f(x)$는 $x=-1$일 때 최댓값을 가지므로 최댓값은

$f(-1)=2+\left(\frac{1}{3}\right)^{-2}=2+9=11$

답 ①

12

함수 $f(x)=5^{x-2}+3$은 밑 5가 $5>1$이므로 x의 값이 증가할 때 $f(x)$의 값도 증가한다.

따라서 $1\leq x\leq 3$에서 함수 $f(x)$는 $x=3$일 때 최댓값을 가지므로 최댓값은

$f(3)=5^{3-2}+3=5+3=8$

답 ⑤

13

함수 $f(x)=\left(\frac{1}{2}\right)^{x+a}$은 밑 $\frac{1}{2}$이 $0<\frac{1}{2}<1$이므로 x의 값이 증가할 때 $f(x)$의 값은 감소한다.

$-2\leq x\leq 4$에서 함수 $f(x)$는 $x=-2$일 때 최댓값을 갖고,

$x=4$일 때 최솟값 $\frac{1}{8}$을 갖는다.

$f(4)=\left(\frac{1}{2}\right)^{4+a}=\frac{1}{8}$에서 $\left(\frac{1}{2}\right)^{4+a}=\left(\frac{1}{2}\right)^3$

$4+a=3$, $a=-1$

따라서 $-2\leq x\leq 4$에서 함수 $f(x)=\left(\frac{1}{2}\right)^{x-1}$의 최댓값은

$f(-2)=\left(\frac{1}{2}\right)^{-3}=2^3=8$

답 ④

14

함수 $f(x)=a\times 2^{2-x}+b=4a\times\left(\frac{1}{2}\right)^x+b$는 $a>0$이고 밑 $\frac{1}{2}$이 $0<\frac{1}{2}<1$이므로 x의 값이 증가할 때 $f(x)$의 값은 감소한다.

따라서 $-1\le x\le 2$에서 함수 $f(x)$는 $x=-1$일 때 최댓값 5를 갖고, $x=2$일 때 최솟값 -2를 가지므로

$f(-1)=a\times 2^3+b=8a+b=5$ ······ ㉠

$f(2)=a\times 2^0+b=a+b=-2$ ······ ㉡

㉠, ㉡을 연립하여 풀면 $a=1$, $b=-3$

따라서 $f(x)=2^{2-x}-3$이므로 $f(0)=2^2-3=1$

답 ①

15

$f(x)=4^{x-a}-8\times 2^{x-a}=2^{-2a}\times 2^{2x}-2^3\times 2^{-a}\times 2^x$

$=2^{-2a}\times(2^x)^2-2^{3-a}\times 2^x$

$2^x=t\ (t>0)$으로 놓으면

$g(t)=2^{-2a}\times t^2-2^{3-a}\times t=2^{-2a}(t^2-2^{a+3}\times t)$

$=2^{-2a}(t-2^{a+2})^2-16$

따라서 $g(t)$는 $x=5$, 즉 $t=2^5$에서 최솟값 b를 가지므로

$t=2^{a+2}=2^5$에서 $a+2=5$, $a=3$

$b=-16$

따라서 $a+b=3+(-16)=-13$

답 ①

16

$0<\frac{1}{5}<1$이므로 함수 $f(x)=\left(\frac{1}{5}\right)^{x^2-4x+1}$은 x^2-4x+1이 최소일 때 최대가 된다.

$x^2-4x+1=(x-2)^2-3\ge-3$이므로 함수 $f(x)=\left(\frac{1}{5}\right)^{x^2-4x+1}$은 $x=2$에서 최댓값 $\left(\frac{1}{5}\right)^{-3}=125$를 갖는다.

따라서 $a=2$, $M=125$이므로 $a+M=127$

답 ①

17

$5>1$이므로 함수 $y=5^{x^2-4x-2}$은 x^2-4x-2가 최대일 때 최대가 된다.

$x^2-4x-2=(x-2)^2-6$이므로 $-1\le x\le 4$에서 함수 $y=5^{x^2-4x-2}$은 $x=-1$일 때 최댓값 $5^3=125$를 갖는다.

답 125

18

$0\le x\le 5$에서 함수 $g(x)=(x-1)(x-3)$은 $x=5$일 때 최댓값 8을 갖고, $x=2$일 때 최솟값 -1을 갖는다.

함수 $y=\left(\frac{1}{2}\right)^{x-a}$은 x의 값이 증가할 때 y의 값은 감소하므로 함수 $h(x)=(f\circ g)(x)$는 $x=5$일 때 최솟값 $\frac{1}{4}$을 갖고, $x=2$일 때 최댓값 M을 갖는다.

$h(5)=f(g(5))=f(8)=\left(\frac{1}{2}\right)^{8-a}=\frac{1}{4}$이므로

$2^{a-8}=2^{-2}$, $a=6$

따라서

$M=h(2)=f(g(2))=f(-1)$

$=\left(\frac{1}{2}\right)^{-1-6}=2^7=128$

답 128

19

곡선 $y=\left(\frac{1}{3}\right)^x$이 직선 $y=9$와 만나는 점의 x좌표는 $\left(\frac{1}{3}\right)^x=9$에서 $x=-2$이므로 $\mathrm{A}(-2,\ 9)$

곡선 $y=\left(\frac{1}{9}\right)^x$이 직선 $y=9$와 만나는 점의 x좌표는 $\left(\frac{1}{9}\right)^x=9$에서 $x=-1$이므로 $\mathrm{B}(-1,\ 9)$

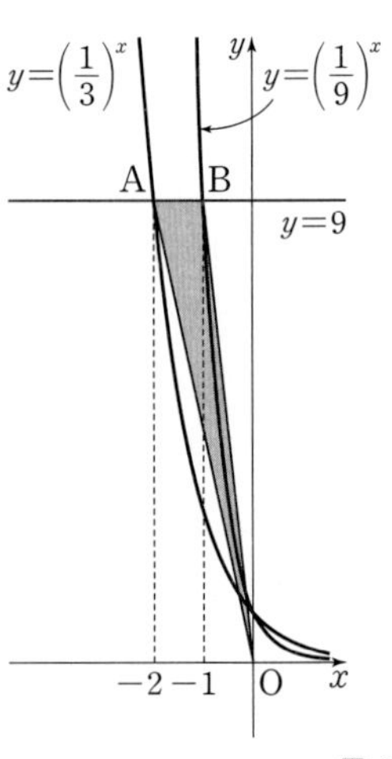

따라서 삼각형 OAB의 넓이는

$\frac{1}{2}\times 1\times 9=\frac{9}{2}$

답 ①

20

$|a^x-a|=0$에서 $a^x-a=0$이므로 $x=1$

즉, $\mathrm{A}(1,\ 0)$이고 $\overline{\mathrm{AH}}=1$이므로 $\mathrm{C}(2,\ a)$

$y=|a^x-a|$에 $x=2$, $y=a$를 대입하면

$a=|a^2-a|$

$a>1$이므로 $a=a^2-a$, $a^2-2a=0$

$a(a-2)=0$

$a>1$이므로 $a=2$

$y=|2^x-2|$에 $x=0$을 대입하면

$y=|2^0-2|=|-1|=1$이므로 $\mathrm{B}(0,\ 1)$

따라서 $\overline{\mathrm{BC}}=\sqrt{(2-0)^2+(2-1)^2}=\sqrt{5}$

답 ②

21

점 A는 직선 $y=4$가 곡선 $y=a^{1-x}$과 만나는 점이므로

$4=a^{1-x}$에서 $x=1-\log_a 4$, 즉 $\mathrm{A}(1-\log_a 4,\ 4)$

점 B는 직선 $y=4$가 곡선 $y=4^{1-x}$과 만나는 점이므로

$4=4^{1-x}$에서 $x=0$, 즉 $\mathrm{B}(0,\ 4)$

그러므로 $\overline{\mathrm{AB}}=-1+\log_a 4$

점 C는 직선 $y=k$가 곡선 $y=a^{1-x}$과 만나는 점이므로

$k=a^{1-x}$에서 $x=1-\log_a k$, 즉 $\mathrm{C}(1-\log_a k,\ k)$

점 D는 직선 $y=k$가 곡선 $y=4^{1-x}$과 만나는 점이므로

$k=4^{1-x}$에서 $x=1-\log_4 k$, 즉 $D(1-\log_4 k,\ k)$

그러므로 $\overline{DC}=\log_4 k-\log_a k$

사각형 ADCB는 평행사변형이므로

$\overline{AB}=\overline{DC}$

$-1+\log_a 4=\log_4 k-\log_a k$

$\log_a 4+\log_a k=\log_4 k+1$, $\log_a 4k=\log_4 4k$

$a=4$ 또는 $4k=1$

그런데 $1<a<4$에서 $a\neq 4$이므로 $k=\frac{1}{4}$

사각형 ADCB의 넓이가 $\frac{15}{2}$이므로

$\overline{AB}\times(4-k)=(-1+\log_a 4)\times\frac{15}{4}=\frac{15}{2}$

$-1+\log_a 4=2$, $\log_a 4=3$

$a^3=4$, $a=4^{\frac{1}{3}}=2^{\frac{2}{3}}$

따라서 $4ak=4\times 2^{\frac{2}{3}}\times\frac{1}{4}=2^{\frac{2}{3}}$

답 ⑤

22

점 A는 두 곡선 $y=2^{x-3}+1$과 $y=2^{x-1}-2$가 만나는 점이므로

$2^{x-3}+1=2^{x-1}-2$에서 $2^{x-1}-2^{x-3}=3$

$2^2\times 2^{x-3}-2^{x-3}=3$, $3\times 2^{x-3}=3$

$x-3=0$, $x=3$, 즉 $A(3,\ 2)$

점 B의 x좌표를 a라 하면 $B(a,\ 2^{a-3}+1)$

두 점 B, C는 기울기가 -1인 직선 위의 점이고 $\overline{BC}=\sqrt{2}$이므로

$C(a-1,\ 2^{a-3}+2)$

점 C는 곡선 $y=2^{x-1}-2$ 위의 점이므로

$2^{a-3}+2=2^{a-2}-2$, $2^{a-3}=4=2^2$에서 $a=5$

점 $B(5,\ 5)$는 직선 $y=-x+k$ 위의 점이므로

$5=-5+k$, $k=10$

점 $A(3,\ 2)$와 직선 $y=-x+10$, 즉 $x+y-10=0$ 사이의 거리는

$\frac{|3+2-10|}{\sqrt{1^2+1^2}}=\frac{5}{\sqrt{2}}$

따라서 삼각형 ABC의 넓이는

$\frac{1}{2}\times\sqrt{2}\times\frac{5}{\sqrt{2}}=\frac{5}{2}$

답 ③

23

정사각형 ACDB의 한 변의 길이가 4이므로 두 점 A, C의 x좌표를 t라 하면 두 점 B, D의 x좌표는 $t+4$이다.

즉, $A(t,\ 8)$, $B(t+4,\ 8)$, $C(t,\ 4)$, $D(t+4,\ 4)$이므로

$a^t=8$, $b^{t+4}=8$, $b^t=4$, $c^{t+4}=4$

$b^{t+4}=8$, $b^t=4$에서 $4b^4=8$이므로 $b=2^{\frac{1}{4}}$

$b^t=4$에서 $\left(2^{\frac{1}{4}}\right)^t=4$이므로 $t=8$

$a^t=8$에서 $a^8=8$이므로 $a=2^{\frac{3}{8}}$

$c^{t+4}=4$에서 $c^{12}=4$이므로 $c=2^{\frac{1}{6}}$

즉, $abc=2^{\frac{3}{8}+\frac{1}{4}+\frac{1}{6}}=2^{\frac{19}{24}}$

따라서 $p=24$, $q=19$이므로 $p+q=43$

답 43

24

점 A의 좌표를 $(k,\ 0)$이라 하자.

조건 (가)에서 $\overline{BP}:\overline{PE}=1:3$이므로 $\overline{PE}=3k$

점 P의 좌표는 $(k,\ 2^k)$이므로

직사각형 PFDB의 넓이는 $k\times 3\sqrt{2}=3\sqrt{2}k$

직사각형 PACE의 넓이는 $3k\times 2^k$

조건 (나)에서 직사각형 PACE의 넓이가 직사각형 PFDB의 넓이의 2배이므로

$3k\times 2^k=2\times 3\sqrt{2}k$, $3\times 2^k=6\sqrt{2}$

$2^k=2\sqrt{2}$, $k=\frac{3}{2}$

따라서 점 E의 x좌표는 $4k=4\times\frac{3}{2}=6$

답 ③

25

함수 $y=\log_3(x+a)+b$의 그래프의 점근선이 직선 $x=-4$이므로

$a=4$

함수 $y=\log_3(x+4)+b$의 그래프가 점 $(5,\ 0)$을 지나므로

$0=\log_3 9+b$, $b=-2$

따라서 $a+b=4+(-2)=2$

답 ①

26

로그함수 $y=\log_7(x+a)$의 그래프가 점 $(1,\ 2)$를 지나므로

$y=\log_7(x+a)$에 $x=1$, $y=2$를 대입하면

$2=\log_7(1+a)$, $1+a=7^2$

따라서 $a=49-1=48$

답 48

27

함수 $y=\log_2(x-a)+1$의 그래프의 점근선이 직선 $x=3$이므로

$a=3$

함수 $y=\log_2(x-3)+1$의 그래프가 점 $(7,\ b)$를 지나므로

$b=\log_2 4+1=3$

따라서 $a+b=3+3=6$

답 ④

28

함수 $y=2^x-1$의 그래프의 점근선의 방정식은 $y=-1$

직선 $y=-1$과 함수 $y=\log_2(x+k)$의 그래프가 만나는 점이 y축 위에 있으므로 교점의 좌표는 $(0, -1)$이다.

즉, 함수 $y=\log_2(x+k)$의 그래프는 점 $(0, -1)$을 지나므로

$-1=\log_2 k$

따라서 $k=\frac{1}{2}$

답 ②

29

(i) $0<t<1$일 때, $\frac{1}{t}>1$이므로

$f(t)+f\left(\frac{1}{t}\right)=0+\log_3\frac{1}{t}=2$에서 $t=\frac{1}{9}$

(ii) $t=1$일 때, $f(t)+f\left(\frac{1}{t}\right)=0\neq 2$

(iii) $t>1$일 때, $0<\frac{1}{t}<1$이므로

$f(t)+f\left(\frac{1}{t}\right)=\log_3 t+0=2$에서 $t=9$

따라서 $f(t)+f\left(\frac{1}{t}\right)=2$를 만족시키는 모든 양수 t의 값의 합은

$\frac{1}{9}+9=\frac{82}{9}$

답 ③

30

$a-1\leq x\leq a+1$에서 함수 $f(x)$의 최댓값을 M, 최솟값을 m이라 하자.

(i) $a<0$인 경우

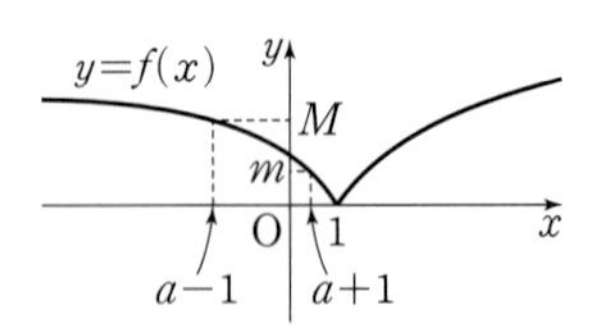

$a-1<a+1<1$이므로

$M=f(a-1)=-2^{a-1}+2$, $m=f(a+1)=-2^{a+1}+2$

$M-m=(-2^{a-1}+2)-(-2^{a+1}+2)=1$이므로

$\frac{3}{2}\times 2^a=1$, $2^a=\frac{2}{3}$

$a=\log_2\frac{2}{3}$

(ii) $0\leq a\leq 2$인 경우

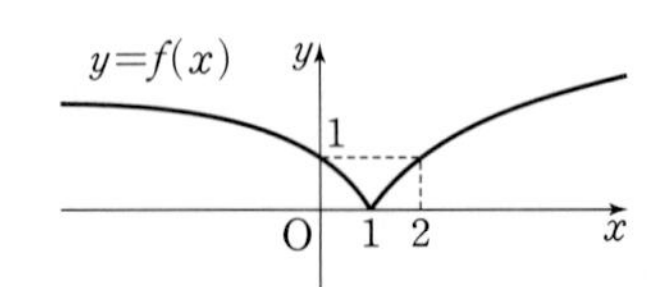

$a-1\leq 1\leq a+1$이므로

ⓐ 최댓값이 $f(a-1)$인 경우

$M=f(a-1)=-2^{a-1}+2$, $m=f(1)=\log_2 1=0$

$M-m=(-2^{a-1}+2)-0=1$이므로

$2^{a-1}=1$

$a=1$

ⓑ 최댓값이 $f(a+1)$인 경우

$M=f(a+1)=\log_2(a+1)$, $m=f(1)=\log_2 1=0$

$M-m=\log_2(a+1)-0=1$이므로

$\log_2(a+1)=1$

$a=1$

ⓐ, ⓑ에 의하여 $a=1$

(iii) $a>2$인 경우

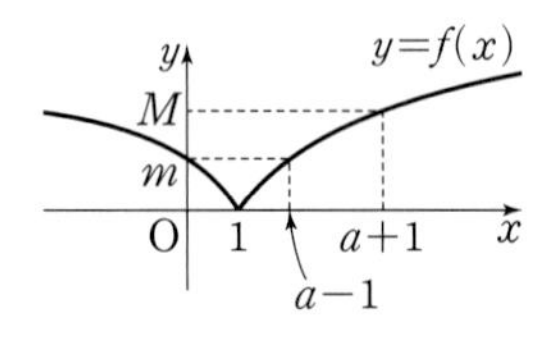

$1<a-1<a+1$이므로

$M=f(a+1)=\log_2(a+1)$, $m=f(a-1)=\log_2(a-1)$

$M-m=\log_2(a+1)-\log_2(a-1)=1$이므로

$\log_2\frac{a+1}{a-1}=1$, $\frac{a+1}{a-1}=2$, $a+1=2(a-1)$

$a=3$

(i), (ii), (iii)에서 모든 실수 a의 값은 $\log_2\frac{2}{3}$, 1, 3이고 그 합은

$\log_2\frac{2}{3}+1+3=\log_2\frac{32}{3}$

답 ②

31

함수 $y=\log_3 x$의 그래프를 x축의 방향으로 2만큼, y축의 방향으로 5만큼 평행이동한 그래프의 식은

$y=\log_3(x-2)+5$

이 함수의 그래프가 점 $(5, a)$를 지나므로

$a=\log_3(5-2)+5=1+5=6$

답 ①

32

함수 $y=2+\log_2 x$의 그래프를 x축의 방향으로 -8만큼, y축의 방향으로 k만큼 평행이동한 그래프의 식은

$y=\log_2(x+8)+k+2$

이 함수의 그래프가 제4사분면을 지나지 않으려면 $x=0$일 때 함숫값이 0 이상이어야 하므로

$\log_2 8+k+2\geq 0$, $k\geq -5$

따라서 실수 k의 최솟값은 -5이다.

답 ⑤

33

두 점 A, B가 함수 $y=\log_3 x$의 그래프 위의 점이므로

$\log_3 a=1$, $\log_3 27=b$에서 $a=3$, $b=3$

함수 $y=\log_3 x$의 그래프를 x축의 방향으로 m만큼 평행이동시킨 함수 $y=\log_3(x-m)$의 그래프가 두 점 A(3, 1), B(27, 3)의 중점 (15, 2)를 지나므로

$\log_3(15-m)=2$, $15-m=3^2$

따라서 $m=6$

답 ①

34

곡선 $y=\log_2 x$를 원점에 대하여 대칭이동한 그래프의 식은

$y=-\log_2(-x)$

이 함수의 그래프를 x축의 방향으로 $\frac{5}{2}$만큼 평행이동한 그래프의 식은

$y=-\log_2\left\{-\left(x-\frac{5}{2}\right)\right\}=-\log_2\left(-x+\frac{5}{2}\right)$

즉, $f(x)=-\log_2\left(-x+\frac{5}{2}\right)$

두 점 A, B의 x좌표를 각각 α, β ($\alpha<\beta$)라 하면 두 실수 α, β는 방정식 $\log_2 x=-\log_2\left(-x+\frac{5}{2}\right)$의 해이다.

$\log_2 x=-\log_2\left(-x+\frac{5}{2}\right)$에서

$\log_2 x+\log_2\left(-x+\frac{5}{2}\right)=0$

$\log_2\left\{x\left(-x+\frac{5}{2}\right)\right\}=0$, $x\left(-x+\frac{5}{2}\right)=1$

$2x^2-5x+2=0$, $(2x-1)(x-2)=0$

$\alpha<\beta$이므로 $\alpha=\frac{1}{2}$, $\beta=2$

따라서 두 점 $A\left(\frac{1}{2}, -1\right)$, B(2, 1)이고, 직선 AB의 기울기는

$\frac{q}{p}=\frac{1-(-1)}{2-\frac{1}{2}}=\frac{4}{3}$

따라서 $10p+q=10\times3+4=34$

답 34

35

함수 $y=\log_2 x$의 그래프를 x축의 방향으로 3만큼, y축의 방향으로 -2만큼 평행이동한 함수 $y=\log_2(x-3)-2$의 그래프가 함수 $y=\log_{\frac{1}{2}} x$의 그래프와 만나므로

$\log_2(x-3)-2=-\log_2 x$

$\log_2(x-3)+\log_2 x=2$, $\log_2(x^2-3x)=\log_2 4$

$x^2-3x-4=0$, $(x+1)(x-4)=0$, $x=-1$ 또는 $x=4$

진수 조건에서 $x>0$이므로 $x=4$

따라서 $p=4$, $q=-2$이므로 $p+q=2$

답 ④

36

함수 $y=6\log_3(x+2)$는 밑 3이 $3>1$이므로 x의 값이 증가할 때 y의 값도 증가한다.

$x=1$일 때, 최솟값 $m=6\log_3(1+2)=6$

$x=25$일 때, 최댓값 $M=6\log_3(25+2)=18$

따라서 $M+m=18+6=24$

답 24

37

함수 $y=\log_{\frac{1}{3}}(x+3)+30$은 밑 $\frac{1}{3}$이 $0<\frac{1}{3}<1$이므로 x의 값이 증가할 때 y의 값은 감소한다.

따라서 $0\le x\le 6$에서 함수 $y=\log_{\frac{1}{3}}(x+3)+30$은 $x=0$일 때 최댓값을 가지므로 최댓값은

$\log_{\frac{1}{3}} 3+30=\log_{3^{-1}} 3+30$

$=-\log_3 3+30=29$

답 29

38

함수 $y=\log_2(x+1)+2$는 밑 2가 $2>1$이므로 x의 값이 증가할 때 y의 값도 증가한다.

따라서 $1\le x\le 7$에서 함수 $y=\log_2(x+1)+2$는 $x=7$일 때 최댓값을 가지므로 최댓값은

$\log_2 8+2=3+2=5$

답 5

39

함수 $f(x)=\log_2(x^2-4x+20)=\log_2\{(x-2)^2+16\}$에서 밑 2가 $2>1$이므로 $x^2-4x+20$이 최소일 때 함수 $f(x)$도 최소가 된다.

따라서 $-3\le x\le 3$에서 함수 $f(x)$는 $x=2$일 때 최솟값을 가지므로 최솟값은

$\log_2 16=4$

답 ②

40

함수 $y=\log_{\frac{1}{3}}(x+m)$은 밑 $\frac{1}{3}$이 $0<\frac{1}{3}<1$이므로 x의 값이 증가할 때 y의 값은 감소한다.

따라서 $-3\le x\le 3$에서 함수 $y=\log_{\frac{1}{3}}(x+m)$은 $x=-3$일 때 최댓값 -2를 가지므로

$\log_{\frac{1}{3}}(-3+m)=-2$

$m-3=9$

따라서 $m=12$

답 ②

41

함수 $f(x)=\log_3(x^2-6x+k)=\log_3\{(x-3)^2+k-9\}$에서 밑 3이 $3>1$이므로 x^2-6x+k가 최대일 때 $f(x)$도 최대가 되고,
x^2-6x+k가 최소일 때 $f(x)$도 최소가 된다.
따라서 $0\le x\le 5$에서 함수 $f(x)$는 $x=0$일 때 최댓값 $\log_3 k$, $x=3$일 때 최솟값 $\log_3(k-9)$를 가지므로
$\log_3 k+\log_3(k-9)=2+\log_3 4$
$\log_3 k(k-9)=\log_3 36$
$k^2-9k-36=0$, $(k+3)(k-12)=0$
$k>9$이므로 $k=12$

답 ②

42

$f(x)=\log_2 x$, $g(x)=\log_2(x-p)+q$라 하자.
$g(4)=2$이므로 $\log_2(4-p)+q=2$
$4-p=2^{2-q}$, $2^{-q}=1-\frac{p}{4}$ …… ㉠
점 A의 좌표는 $(1, 0)$이다.
점 B의 좌표를 $(x_1, 0)$이라 하면 $\log_2(x_1-p)+q=0$에서
$x_1=2^{-q}+p$이고 ㉠에 의하여
$x_1=\left(1-\frac{p}{4}\right)+p=1+\frac{3}{4}p$이므로 $B\left(1+\frac{3}{4}p, 0\right)$
점 C의 좌표를 $(x_2, 3)$이라 하면 $\log_2 x_2=3$에서
$x_2=8$이므로 $C(8, 3)$
점 D의 좌표를 $(x_3, 3)$이라 하면 $\log_2(x_3-p)+q=3$에서
$x_3=2^{3-q}+p$이고 ㉠에 의하여
$x_3=8\left(1-\frac{p}{4}\right)+p=8-p$이므로 $D(8-p, 3)$

$$\overline{CD}-\overline{BA}=\{8-(8-p)\}-\left\{\left(1+\frac{3}{4}p\right)-1\right\}$$
$$=p-\frac{3}{4}p=\frac{p}{4}=\frac{3}{4}$$

에서 $p=3$
㉠에서 $2^{-q}=1-\frac{3}{4}=\frac{1}{4}=2^{-2}$, $q=2$
따라서 $p+q=3+2=5$

답 ④

43

곡선 $y=\log_4 x$ 위의 점 A의 y좌표가 1이므로 점 A의 좌표는 $(4, 1)$이다.
선분 AB와 x축이 만나는 점을 C라 하면 x축이 삼각형 OAB의 넓이를 이등분하므로 점 C는 선분 AB의 중점이다.
점 B의 y좌표는 -1이고, 점 B는 곡선 $y=-\log_4(x+1)$ 위의 점이므로 점 B의 좌표는 $(3, -1)$이다.
따라서 $\overline{OB}=\sqrt{(3-0)^2+(-1-0)^2}=\sqrt{10}$

답 ③

44

$0\le x<3$에서 함수 $y=f(x)$의 그래프가 x축과 만나는 점의 x좌표는 방정식 $a(4-x^2)=0$의 실근과 같으므로 점 A의 좌표는 $(2, 0)$이다.
$\overline{AB}=10$이므로 점 B의 좌표는 $(12, 0)$이다.
$f(12)=0$이므로 $b\log_2\frac{12}{3}-5a=0$, $2b=5a$

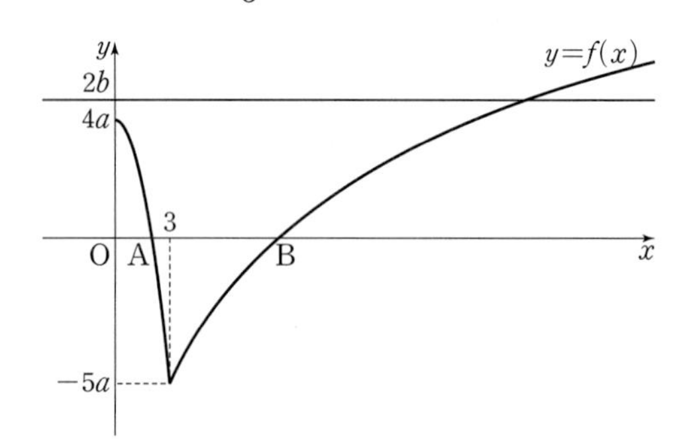

$0\le x<3$에서 $-5a<f(x)\le 4a$이고
$f(b)=2b=5a>4a$이므로 $b>3$
따라서 $f(b)=b\log_2\frac{b}{3}-5a=2b$에서
$b\log_2\frac{b}{3}-2b=2b$, $\log_2\frac{b}{3}=4$
$b=3\times 2^4=48$
그러므로 $5a+b=2b+b=3b=3\times 48=144$

답 144

45

ㄱ. $t=1$일 때, $P(2, 1)$, $Q(4, 1)$이므로
$S(1)=\frac{1}{2}\times(4-2)\times 1=1$ (참)

ㄴ. $t=2$일 때, $P(4, 2)$, $Q(16, 2)$이므로
$S(2)=\frac{1}{2}\times(16-4)\times 2=12$
$t=-2$일 때, $P\left(\frac{1}{4}, -2\right)$, $Q\left(\frac{1}{16}, -2\right)$이므로
$S(-2)=\frac{1}{2}\times\left(\frac{1}{4}-\frac{1}{16}\right)\times 2=\frac{3}{16}$
따라서 $S(2)=64\times S(-2)$ (참)

ㄷ. 0이 아닌 모든 실수 t에 대하여 $P(2^t, t)$, $Q(4^t, t)$이다.
$t>0$일 때 $2^t<4^t$이므로
$S(t)=\frac{1}{2}\times t\times(4^t-2^t)=\frac{t}{2}(4^t-2^t)$
$S(-t)=-\frac{t}{2}(4^{-t}-2^{-t})$
따라서 $\frac{S(t)}{S(-t)}=\frac{4^t-2^t}{2^{-t}-4^{-t}}=\frac{2^t(2^t-1)}{4^{-t}(2^t-1)}=8^t$이므로 t의 값이 증가하면 $\frac{S(t)}{S(-t)}$의 값도 증가한다. (참)

따라서 옳은 것은 ㄱ, ㄴ, ㄷ이다.

답 ⑤

46

$g(x)=\log_2 3x=\log_2 x+\log_2 3=f(x)+\log_2 3$

이므로 함수 $g(x)=\log_2 3x$의 그래프는 함수 $f(x)=\log_2 x$의 그래프를 y축의 방향으로 $\log_2 3$만큼 평행이동한 것이다.

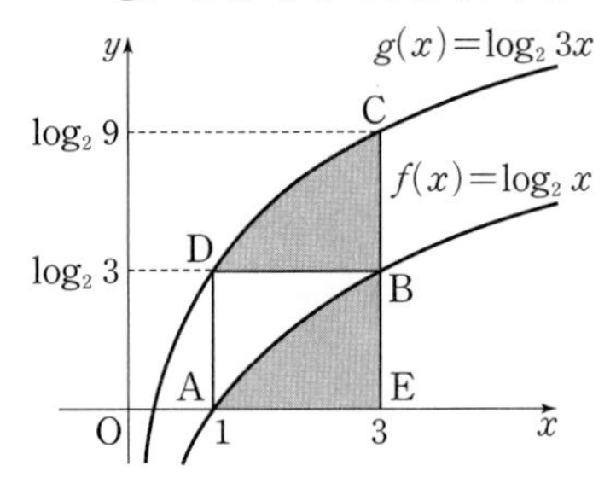

E(3, 0)이라 하자.

함수 $y=g(x)$의 그래프와 선분 DB, 선분 BC로 둘러싸인 부분의 넓이는 함수 $y=f(x)$의 그래프와 선분 AE, 선분 EB로 둘러싸인 부분의 넓이와 같다.

즉, 두 함수 $y=f(x)$, $y=g(x)$의 그래프와 선분 AD, 선분 BC로 둘러싸인 부분의 넓이는 사각형 AEBD의 넓이와 같다.

따라서 $\overline{AD}=\log_2 3$, $\overline{AE}=2$이므로 구하는 넓이는

$2\times\log_2 3=2\log_2 3$

답 ②

47

함수 $y=5^x+1$의 역함수의 그래프가 점 $(4, \log_5 a)$를 지나므로 함수 $y=5^x+1$의 그래프는 점 $(\log_5 a, 4)$를 지난다.

따라서 $4=5^{\log_5 a}+1$이고 로그의 성질에 의하여

$a+1=4$이므로 $a=3$

답 ③

48

함수 $y=\log_2 x+1$의 그래프를 x축의 방향으로 a만큼 평행이동한 그래프의 식은

$y=\log_2 (x-a)+1$

이 함수의 그래프를 직선 $y=x$에 대하여 대칭이동하면

$x=\log_2 (y-a)+1$에서 $y-a=2^{x-1}$, 즉 $y=2^{x-1}+a$

함수 $y=2^{x-1}+a$의 그래프가 함수 $y=2^{x-1}+5$의 그래프와 일치하므로

$a=5$

답 ⑤

49

함수 $y=2^x$의 그래프를 x축의 방향으로 a만큼, y축의 방향으로 3만큼 평행이동한 그래프의 식은

$y=2^{x-a}+3$

이 함수의 그래프를 직선 $y=x$에 대하여 대칭이동한 그래프의 식은

$y=\log_2 (x-3)+a$

$\log_2 (x-3)+a=\log_2 (2^a x-3\times 2^a)$이고,

함수 $y=\log_2 (2^a x-3\times 2^a)$의 그래프가 함수 $y=\log_2 (4x-b)$의 그래프와 일치하므로

$2^a=4$에서 $a=2$이고 $b=3\times 2^a=12$

따라서 $a+b=2+12=14$

답 14

50

함수 $f(x)=a^{x-k}$ $(a>0, a\neq1)$이므로 조건에 의하여

$f(2+x)f(2-x)=a^{2+x-k}\times a^{2-x-k}=a^{4-2k}=1$

$4-2k=0$, $k=2$

따라서 함수 $f(x)=a^{x-2}$ $(a>0, a\neq1)$이다.

ㄱ. $f(2)=a^0=1$ (참)

ㄴ. $0<a<1$일 때, 함수 $y=f(x)$의 그래프와 그 역함수 $y=f^{-1}(x)$의 그래프의 교점의 개수는 1이다. (거짓)

ㄷ. $\{f(t+2)-f(t+1)\}-\{f(t+1)-f(t)\}$

$=f(t+2)-2f(t+1)+f(t)$

$=a^t-2a^{t-1}+a^{t-2}=a^{t-2}(a-1)^2>0$

이므로 $f(t+1)-f(t)<f(t+2)-f(t+1)$ (참)

따라서 옳은 것은 ㄱ, ㄷ이다.

답 ③

51

함수 $f(x)$의 역함수 $f^{-1}(x)=2^x+k$의 그래프에 대하여 함수 $g(x)=2^{x+1}+k+1$의 그래프는 함수 $y=f^{-1}(x)$의 그래프를 x축의 방향으로 -1만큼, y축의 방향으로 1만큼 평행이동한 그래프와 일치한다.

함수 $y=f^{-1}(x)$의 그래프와 직선 $y=-x+2k$가 만나는 점을 C라 하자.

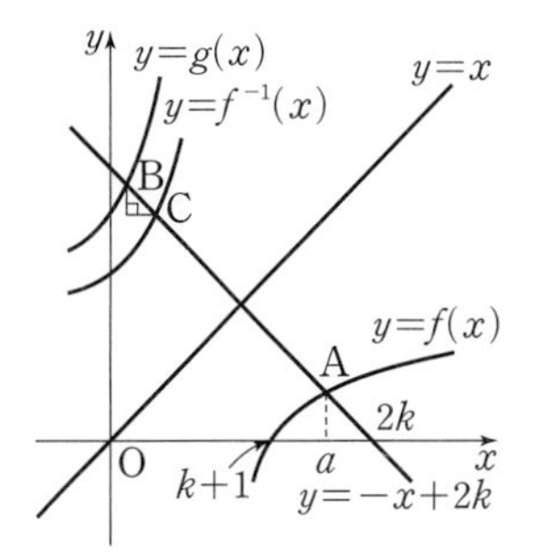

점 B는 점 C를 x축의 방향으로 -1만큼, y축의 방향으로 1만큼 평행이동한 점이므로

$\overline{BC}=\sqrt{2}$

$\overline{AB}=7\sqrt{2}$에서 $\overline{AC}=6\sqrt{2}$

점 C는 점 A를 직선 $y=x$에 대하여 대칭이동한 점과 일치하므로

$A(a,\ -a+2k)$라 하면 $C(-a+2k,\ a)$

$a>k+1$이므로

$\overline{AC}=\sqrt{\{(-a+2k)-a\}^2+\{a-(-a+2k)\}^2}$

$=2(a-k)\sqrt{2}=6\sqrt{2}$

$a-k=3,\ a=k+3$

점 $A(a,\ -a+2k)$는 함수 $y=f(x)$의 그래프 위의 점이므로

$-a+2k=\log_2(a-k),\ k-3=\log_2 3$

따라서 $k=\log_2 24$

답 ④

52

두 곡선 $y=f(x)$, $y=g(x)$의 점근선의 방정식은 각각 $x=p$, $y=1$이므로 $A(p,\ 2^p+1)$, $B(p,\ 0)$, $C(p+2,\ 1)$이다.

(삼각형 ABC의 넓이)$=\frac{1}{2}\times(2^p+1)\times2=2^p+1$

삼각형 ABC의 넓이가 6이므로

$2^p+1=6,\ 2^p=5$

따라서 $p=\log_2 5$

답 ②

53

함수 $y=-\log_3 x+4$와 함수 $y=3^{-x+4}$은 역함수 관계이므로 두 함수의 그래프는 직선 $y=x$에 대하여 대칭이다.

따라서 $\overline{AB}=\overline{CD}$이고 $\overline{AD}-\overline{BC}=4\sqrt{2}$이므로 $\overline{AB}=2\sqrt{2}$

점 A를 지나고 y축에 평행한 직선과 점 B를 지나고 x축에 평행한 직선이 만나는 점을 H라 하자.

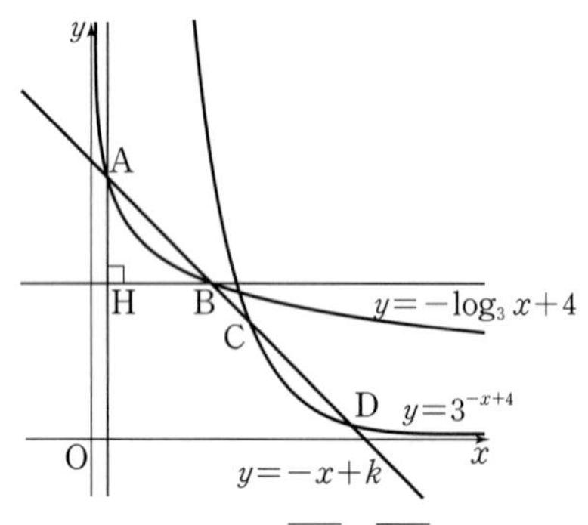

직선 AB의 기울기가 -1이므로 $\overline{AH}=\overline{BH}=2$

따라서 $A(a,\ -a+k)$라 하면 $B(a+2,\ -a+k-2)$

두 점 A, B는 함수 $y=-\log_3 x+4$의 그래프 위의 점이므로

$-a+k=-\log_3 a+4$ …… ㉠

$-a+k-2=-\log_3(a+2)+4$ …… ㉡

㉠−㉡을 하면 $2=-\log_3 a+\log_3(a+2)$

$2=\log_3\frac{a+2}{a},\ 9=\frac{a+2}{a},\ a=\frac{1}{4}$

$a=\frac{1}{4}$을 ㉠에 대입하면 $-\frac{1}{4}+k=-\log_3\frac{1}{4}+4$

그러므로 $k=\frac{17}{4}+2\log_3 2$

답 ②

54

ㄱ. $f(1)=h(1)=a$이므로 점 B의 좌표는 $(1,\ a)$이다. (참)

ㄴ. 점 A는 두 함수 $y=f(x)$, $y=g(x)$의 그래프의 교점이므로

점 A의 x좌표가 4일 때, $\log_2 4=2^{1-4}+a-1$

$2=\frac{1}{8}+a-1,\ a=\frac{23}{8}$

$\overline{BD}$와 $\overline{CA}$가 평행하고, $\overline{BD}=\overline{CA}=a$이므로 사각형 ACBD는 평행사변형이다.

따라서 사각형 ACBD의 넓이는 $3\times\frac{23}{8}=\frac{69}{8}$ (참)

ㄷ. $\overline{CA}:\overline{AH}=3:2$에서 $2\overline{CA}=3\overline{AH}$

점 A의 x좌표를 k라 하면 $\overline{CA}=a$, $\overline{AH}=\log_2 k$이므로

$2a=3\log_2 k$ …… ㉠

점 A는 두 함수 $y=f(x)$, $y=g(x)$의 그래프의 교점이므로

$\log_2 k=2^{1-k}+a-1$ …… ㉡

㉠, ㉡에서 $2^{1-k}=1-\frac{a}{3}$

$a>0$에서 점 A의 x좌표 k는 1보다 크므로

$0<2^{1-k}<1$

따라서 $0<1-\frac{a}{3}<1$에서 $0<a<3$ (참)

따라서 옳은 것은 ㄱ, ㄴ, ㄷ이다.

답 ⑤

서술형 연습

본문 53쪽

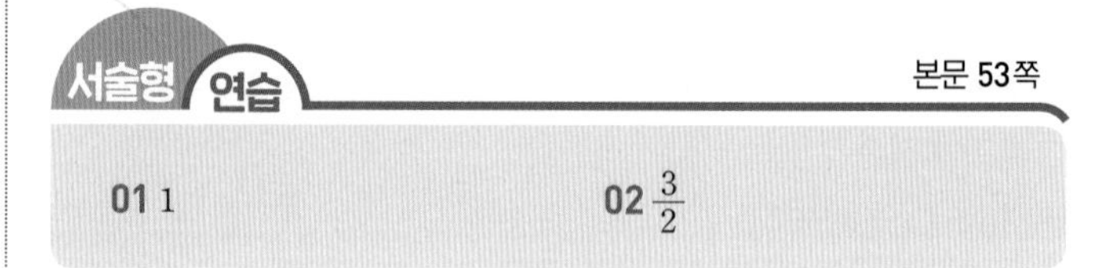
01 1　　02 $\frac{3}{2}$

01

함수 $y=\log_2 k(x+1)=\log_2(x+1)+\log_2 k$의 그래프는 함수 $y=\log_2 x$의 그래프를 x축의 방향으로 -1만큼, y축의 방향으로 $\log_2 k$만큼 평행이동시킨 것이므로 함수 $y=\log_2 k(x+1)$의 그래프는 다음 그림과 같다.

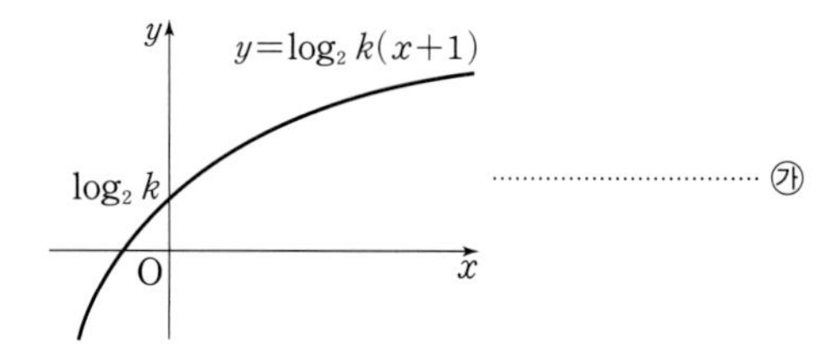

…… ㉮

함수 $y=\log_2 k(x+1)$의 그래프가 제4사분면을 지나지 않으려면 $x=0$일 때의 함숫값이 0 이상이어야 한다. ······ ㉯

$x=0$일 때, $y=\log_2 k$이므로 $\log_2 k \ge 0$, 즉 $k \ge 1$ ······ ㉰

따라서 구하는 양수 k의 최솟값은 1이다. ······ ㉱

답 1

단계	채점 기준	비율
㉮	함수 $y=\log_2 k(x+1)$의 그래프를 그린 경우	30%
㉯	함수 $y=\log_2 k(x+1)$의 그래프가 제4사분면을 지나지 않도록 조건을 파악한 경우	30%
㉰	조건에 맞는 부등식을 세운 경우	30%
㉱	구하는 양수 k의 최솟값을 구한 경우	10%

02

함수 $f(x)=2^{x-m}+n$의 그래프와 그 역함수 $y=g(x)$의 그래프의 교점은 함수 $f(x)=2^{x-m}+n$의 그래프와 직선 $y=x$의 교점과 같으므로 함수 $f(x)=2^{x-m}+n$의 그래프는 그 역함수 $y=g(x)$의 그래프와 두 점 $(1, 1)$, $(2, 2)$에서 만난다. ······ ㉮

두 점의 좌표를 각각 함수 $f(x)=2^{x-m}+n$에 대입하면

$2^{1-m}+n=1$, $2^{2-m}+n=2$ ······ ㉯

두 식을 연립하여 풀면 $m=1$, $n=0$ ······ ㉰

따라서 $f(x)=2^{x-1}$, $g(x)=\log_2 x+1$이므로 ······ ㉱

$f(n)+g(m)=f(0)+g(1)=\frac{1}{2}+1=\frac{3}{2}$ ······ ㉲

답 $\frac{3}{2}$

단계	채점 기준	비율
㉮	함수 $f(x)=2^{x-m}+n$의 그래프와 그 역함수 $y=g(x)$의 그래프의 교점의 좌표를 구한 경우	20%
㉯	교점의 좌표를 대입하여 연립방정식을 세운 경우	20%
㉰	연립방정식을 풀어 m, n의 값을 구한 경우	30%
㉱	m, n의 값으로부터 두 함수 $f(x)$, $g(x)$를 구한 경우	20%
㉲	$f(n)+g(m)$의 값을 구한 경우	10%

본문 54~55쪽

01 ② 02 ⑤ 03 ② 04 5 05 4

01

풀이 전략 곡선과 직선의 교점을 구한다.

STEP 1 네 점 A_n, B_n, C_n, D_n의 좌표를 구한다.

$|\log_2 x-n|=1$에서

$\log_2 x-n=1$ 또는 $\log_2 x-n=-1$

$\log_2 x=n+1$ 또는 $\log_2 x=n-1$

$x=2^{n+1}$ 또는 $x=2^{n-1}$

이므로 $A_n(2^{n-1}, 1)$, $B_n(2^{n+1}, 1)$

$|\log_2 x-n|=2$에서

$\log_2 x-n=2$ 또는 $\log_2 x-n=-2$

$\log_2 x=n+2$ 또는 $\log_2 x=n-2$

$x=2^{n+2}$ 또는 $x=2^{n-2}$

이므로 $C_n(2^{n-2}, 2)$, $D_n(2^{n+2}, 2)$

STEP 2 $\overline{A_nB_n}$과 $\overline{C_nD_n}$의 길이를 구하여 ㄱ, ㄴ, ㄷ의 참 · 거짓을 판별한다.

ㄱ. $A_1(1, 1)$, $B_1(4, 1)$

이므로 $\overline{A_1B_1}=4-1=3$ (참)

→ $\overline{A_1B_1}$의 길이는 두 점 A_1, B_1의 x좌표의 차와 같다.

ㄴ. $\overline{A_nB_n}=2^{n+1}-2^{n-1}=2^n(2-2^{-1})=\frac{3}{2}\times 2^n$

$\overline{C_nD_n}=2^{n+2}-2^{n-2}=2^n(2^2-2^{-2})=\frac{15}{4}\times 2^n$

이므로 $\overline{A_nB_n} : \overline{C_nD_n}=\frac{3}{2} : \frac{15}{4}=2 : 5$ (참)

ㄷ. $S_n=\frac{1}{2}(\overline{A_nB_n}+\overline{C_nD_n})\times 1$

$=\frac{1}{2}\left(\overline{A_nB_n}+\frac{5}{2}\overline{A_nB_n}\right)$

→ $\overline{A_nB_n} : \overline{C_nD_n}=2 : 5$이므로 $2\overline{C_nD_n}=5\overline{A_nB_n}$, $\overline{C_nD_n}=\frac{5}{2}\overline{A_nB_n}$

$=\frac{7}{4}\overline{A_nB_n}=\frac{7}{4}\times\frac{3}{2}\times 2^n$

$=\frac{21}{8}\times 2^n=21\times 2^{n-3}$

이때 $21\le 21\times 2^{k-3}\le 210$에서

$1\le 2^{k-3}\le 10$

이를 만족시키는 자연수 k의 값은 3, 4, 5, 6이므로 모든 자연수 k의 값의 합은 18이다. (거짓)

따라서 옳은 것은 ㄱ, ㄴ이다.

답 ②

02

풀이 전략 로그함수의 그래프를 이용하여 보기의 참 · 거짓을 판별한다.

STEP 1 문제에 주어진 설명대로 그래프를 그려 본다.

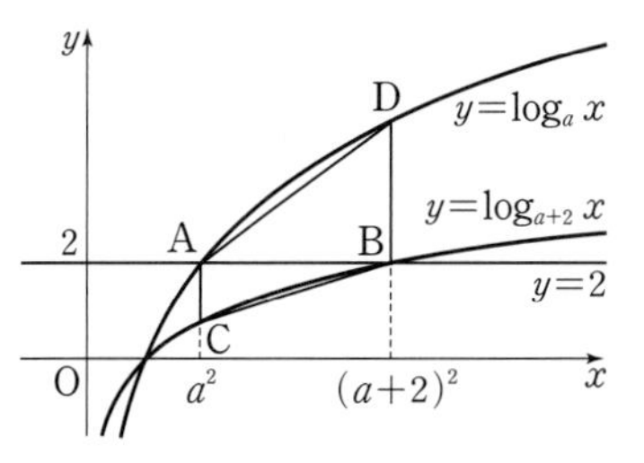

ㄱ. 곡선 $y=\log_a x$와 직선 $y=2$가 점 A에서 만나므로

$\log_a x=2$, $x=a^2$ (참)

STEP 2 네 점 A, B, C, D의 좌표를 구하여 ㄴ, ㄷ의 참 · 거짓을 판별한다.

ㄴ. $A(a^2, 2)$, $C(a^2, \log_{a+2} a^2)$에서 → 두 점 A, C의 x좌표가 같다.

$\overline{AC}=2-\log_{a+2} a^2=1$이므로

$\log_{a+2} a^2=1$

$a+2=a^2$, $a^2-a-2=0$

$(a+1)(a-2)=0$

$a=-1$ 또는 $a=2$

$a>1$이므로 $a=2$ (참)

ㄷ. 네 점 A, B, C, D의 좌표를 구하면

$A(a^2, 2)$, $B((a+2)^2, 2)$, $C(a^2, \log_{a+2} a^2)$,

$D((a+2)^2, \log_a (a+2)^2)$

$$\frac{S_2}{S_1}=\frac{\frac{1}{2}\times\overline{AB}\times\overline{BD}}{\frac{1}{2}\times\overline{AB}\times\overline{AC}}=\frac{\overline{BD}}{\overline{AC}}$$

$$=\frac{2\log_a (a+2)-2}{2-2\log_{a+2} a}$$

→ $\log_{a+2} a^2=2\log_{a+2} a$

$$=\frac{\log_a (a+2)-1}{1-\log_{a+2} a}$$

$\log_a (a+2)=t$라 하면

$$\frac{S_2}{S_1}=\frac{t-1}{1-\frac{1}{t}}=\frac{t(t-1)}{t-1}=t$$

→ $\log_{a+2} a=\frac{1}{\log_a (a+2)}=\frac{1}{t}$

$=\log_a (a+2)$ (참)

따라서 옳은 것은 ㄱ, ㄴ, ㄷ이다.

답 ⑤

03

풀이 전략 지수함수와 로그함수의 역함수 관계를 이용하여 자연수를 추론한다.

STEP 1 함수 $y=f(x)$의 그래프와 함수 $y=f^{-1}(x)$의 그래프는 직선 $y=x$에 대하여 대칭임을 이용하여 $g(n)$의 값을 파악한다.

함수 $y=f(x)$의 그래프와 함수 $y=f^{-1}(x)$의 그래프는 직선 $y=x$에 대하여 대칭이므로 $g(n)$은 직선 $y=x$가 함수 $f(x)=3^x-n$의 그래프와 만나는 두 점의 x좌표 중 큰 값과 같다.

또한, 2 이상의 자연수 n에 대하여 직선 $y=x$가 함수 $f(x)=3^x-n$의 그래프와 만나는 두 점 중 한 점의 x좌표는 양수이고 다른 한 점의 x좌표는 음수이다.

따라서 $g(n)$은 직선 $y=x$가 함수 $f(x)=3^x-n$의 그래프와 제1사분면에서 만나는 점의 x좌표와 같다. → $g(n)$은 직선 $y=x$ 위의 자연수인 점의 x좌표이다.

STEP 2 $g(n)$의 값을 구하여 $h(n)$의 값을 구한다.

함수 $y=3^x-n$의 그래프가 점 $(1, 1)$을 지나면 $1=3^1-n$에서 $n=2$이므로 $g(2)=1$

(i) 함수 $y=3^x-n$의 그래프가 점 $(2, 2)$를 지나면

$2=3^2-n$에서 $n=7$이므로 $g(7)=2$

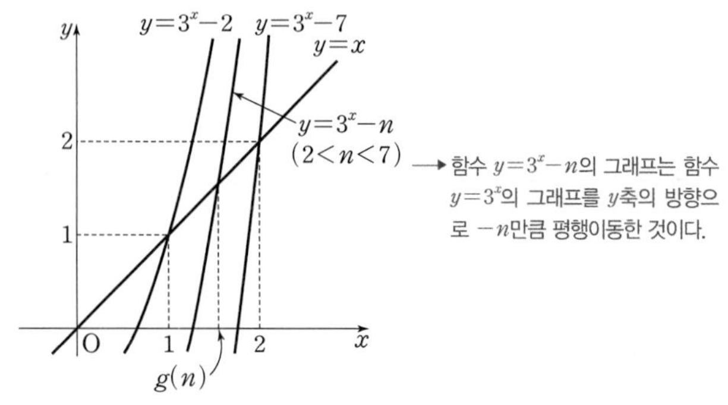

→ 함수 $y=3^x-n$의 그래프는 함수 $y=3^x$의 그래프를 y축의 방향으로 $-n$만큼 평행이동한 것이다.

$1=g(2)<g(3)<\cdots<g(6)<g(7)=2$

따라서 $2\le n\le 6$일 때,

$1\le g(n)<2$이므로 $h(n)=1$

(ii) 함수 $y=3^x-n$의 그래프가 점 $(3, 3)$을 지나면

$3=3^3-n$에서 $n=24$이므로 $g(24)=3$

$2=g(7)<g(8)<\cdots<g(23)<g(24)=3$

따라서 $7\le n\le 23$일 때,

$2\le g(n)<3$이므로 $h(n)=2$

(iii) 함수 $y=3^x-n$의 그래프가 점 $(4, 4)$를 지나면

$4=3^4-n$에서 $n=77$이므로 $g(77)=4$

$3=g(24)<g(25)<\cdots<g(76)<g(77)=4$

따라서 $24\le n\le 76$일 때,

$3\le g(n)<4$이므로 $h(n)=3$

(iv) 함수 $y=3^x-n$의 그래프가 점 $(5, 5)$를 지나면

$5=3^5-n$에서 $n=238$이므로 $g(238)=5$

$4=g(77)<g(78)<\cdots<g(237)<g(238)=5$

따라서 $77\le n\le 237$일 때,

$4\le g(n)<5$이므로 $h(n)=4$

STEP 3 조건을 만족시키는 모든 n의 값을 구한다.

(i)~(iv)에 의하여 $h(n)<h(n+1)$을 만족시키는 $2\le n\le 100$인 모든 n의 값의 합은

$6+23+76=105$

→ $1=h(6)<h(7)=2$, $2=h(23)<h(24)=3$, $3=h(76)<h(77)=4$

답 ②

04

풀이 전략 지수함수의 그래프를 이용하여 문제를 해결한다.

STEP 1 $g(x)$를 구한다.

$$f(x)=\begin{cases}-x+k-4 & (x<k)\\ x-k-4 & (x\ge k)\end{cases}$$

이며 $k-4<x<k+4$일 때 $f(x)<0$이고,

$x\le k-4$ 또는 $x\ge k+4$일 때 $f(x)\ge 0$이다.

따라서 함수 $g(x)$는

$$g(x)=\begin{cases} a^{-f(x)} & (k-4<x<k+4) \\ a^{f(x)} & (x\le k-4 \text{ 또는 } x\ge k+4) \end{cases}$$

$$=\begin{cases} a^{-x+k-4} & (x\le k-4) \\ a^{x-k+4} & (k-4<x<k) \\ a^{-x+k+4} & (k\le x<k+4) \\ a^{x-k-4} & (x\ge k+4) \end{cases}$$

STEP 2 $0<a<1$일 때와 $a>1$일 때로 나누어 주어진 조건을 만족시키는 a의 값을 구한다.

(i) $0<a<1$일 때 → 함수 $y=a^x$은 x의 값이 증가할 때 y의 값은 감소한다.

함수 $g(x)$는 $k-4<x<k$ 또는 $x\ge k+4$일 때 $f(x)$의 값이 증가하므로 $g(x)$의 값은 감소하고, $x\le k-4$ 또는 $k\le x<k+4$일 때 $f(x)$의 값이 감소하므로 $g(x)$의 값은 증가한다.

따라서 함수 $y=g(x)$의 그래프는 다음 그림과 같고,

함수 $y=g(x)$의 그래프와 직선 $y=16$의 교점의 개수가 3이므로 $g(k)=16$이다.

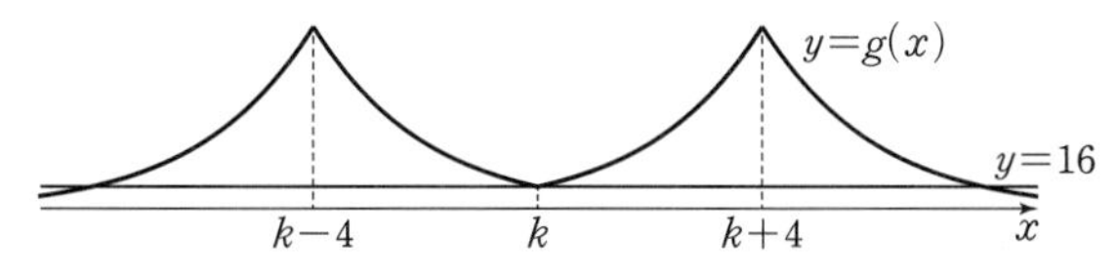

$g(k)=a^4=16$에서 $a=2$가 되어 조건을 만족시키지 않는다.

(ii) $a>1$일 때 → 함수 $y=a^x$은 x의 값이 증가할 때 y의 값도 증가한다.

함수 $g(x)$는 $k-4<x<k$ 또는 $x\ge k+4$일 때 $f(x)$의 값이 증가하므로 $g(x)$의 값도 증가하고, $x\le k-4$ 또는 $k\le x<k+4$일 때 $f(x)$의 값이 감소하므로 $g(x)$의 값도 감소한다.

따라서 함수 $y=g(x)$의 그래프는 다음 그림과 같고,

함수 $y=g(x)$의 그래프와 직선 $y=16$의 교점의 개수가 3이므로 $g(k)=16$이다.

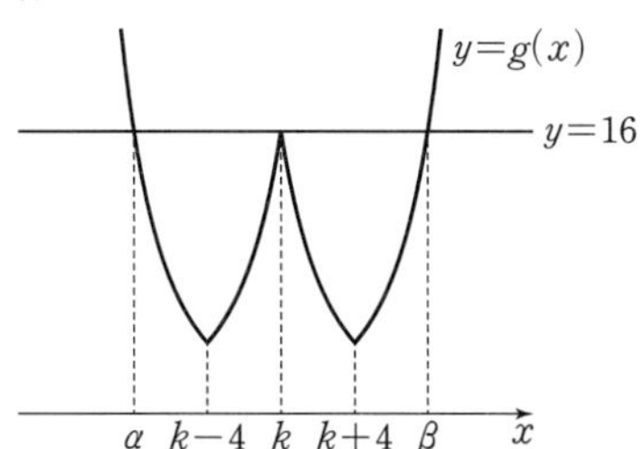

$g(k)=a^4=16$에서 $a=2$

STEP 3 k의 값을 구한 후 모든 $f(a-2)$의 값의 합을 구한다.

함수 $y=g(x)$의 그래프와 직선 $y=16$의 서로 다른 세 교점의 x좌표를 α, k, β $(\alpha<k<\beta)$라 하면 $g(1)=16$이므로 다음과 같은 세 가지 경우로 나눌 수 있다.

ⓐ $\alpha=1$일 때, $g(1)=g(k)=g(\beta)$이므로

$2^{-1+k-4}=2^4=2^{\beta-k-4}$

$-1+k-4=4$

따라서 $k=9$이므로 $f(x)=|x-9|-4$

ⓑ $k=1$일 때, $f(x)=|x-1|-4$

ⓒ $\beta=1$일 때, $g(\alpha)=g(k)=g(1)$이므로

$2^{-\alpha+k-4}=2^4=2^{1-k-4}$

$4=1-k-4$

따라서 $k=-7$이므로 $f(x)=|x+7|-4$

(i), (ii)에서 $a=2$이므로 $f(a-2)=f(0)$이고 ⓐ, ⓑ, ⓒ에서 모든 $f(0)$의 값의 합은

$5-3+3=5$

답 5

05

풀이 전략 지수함수의 그래프를 이용하여 추론한다.

STEP 1 $f(a)$의 값의 범위를 구한다.

$f_1(x)=2^x+2^{-a}-2$, $f_2(x)=2^{-x}+2^a-2$라 하면 함수 $f_1(x)$는 x의 값이 증가하면 y의 값도 증가하고, 함수 $f_2(x)$는 x의 값이 증가하면 y의 값은 감소한다.

두 함수 $y=f_1(x)$, $y=f_2(x)$의 그래프의 점근선은 각각 $y=2^{-a}-2$, $y=2^a-2$이다.

$\alpha=2^{-a}-2$, $\beta=2^a-2$라 하면 두 함수 $y=|f_1(x)|$, $y=|f_2(x)|$의 그래프의 점근선은 각각 $y=|\alpha|$, $y=|\beta|$이다.

$\beta-\alpha=2^a-2^{-a}>0$이므로 $\beta>\alpha$,

$-2<\alpha<-1$이므로 $\alpha<0$이고 $|\alpha|=-\alpha$,

$f(a)=2^{-a}+2^a-2>2\sqrt{2^{-a}\times2^a}-2=0$이므로

$f(a)>0$

STEP 2 $0<a<1$, $a=1$, $a>1$일 때로 나누어 함수 $y=|f(x)|$의 그래프와 직선 $y=k$가 서로 다른 두 점에서 만나도록 하는 양수 k의 값을 구한다.

(i) $0<a<1$일 때

$1<2^a<2$, $\frac{1}{2}<2^{-a}<1$이므로 $-\frac{1}{2}<f(a)<1$이고 $1<-\alpha<\frac{3}{2}$

그러므로 $f(a)<-\alpha$

한편, $-1<\beta<0$이므로 $|\beta|=-\beta$

$f(a)=-\beta$에서

$2^{-a}+2^a-2=-2^a+2$

$2\times2^a+2^{-a}=4$

양변에 2^a를 곱하면

$2\times(2^a)^2+1=4\times2^a$

$2\times(2^a)^2-4\times2^a+1=0$ → $1<2^a<2$이므로 $2^a=\frac{-(-2)+\sqrt{(-2)^2-2\times1}}{2}=\frac{2+\sqrt{2}}{2}$

$a=\log_2\frac{2+\sqrt{2}}{2}$

그러므로 $a=\log_2\frac{2+\sqrt{2}}{2}$의 좌우에서 $-\beta$, $f(a)$의 값의 대소 관계가 달라진다.

ⓐ $0<a<\log_2 \frac{2+\sqrt{2}}{2}$일 때

$f(a)<-\beta<-\alpha$이므로 다음 그림과 같이 $f(a)<k<-\beta$인 임의의 양수 k에 대하여 함수 $y=|f(x)|$의 그래프와 직선 $y=k$가 서로 다른 두 점에서 만난다.

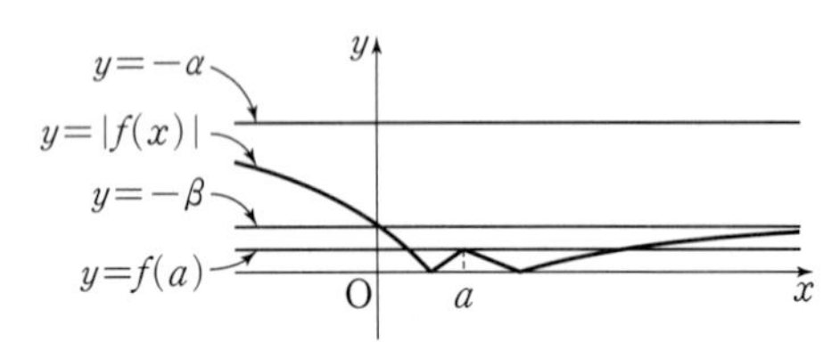

ⓑ $\log_2 \frac{2+\sqrt{2}}{2} \le a<1$일 때

$-\beta \le f(a)<-\alpha$이므로 다음 그림과 같이 함수 $y=|f(x)|$의 그래프와 직선 $y=k$가 서로 다른 두 점에서 만나도록 하는 양수 k의 값은 $k=f(a)$뿐이다.

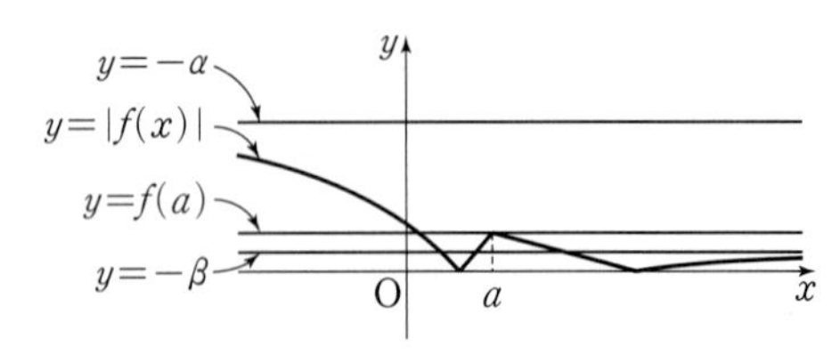

(ii) $a=1$일 때

$-\alpha=\frac{3}{2}$, $\beta=0$이고 $f(a)=\frac{1}{2}$이므로 다음 그림과 같이 함수 $y=|f(x)|$의 그래프와 직선 $y=k$가 서로 다른 두 점에서 만나도록 하는 양수 k의 값은 $k=\frac{1}{2}$뿐이다.

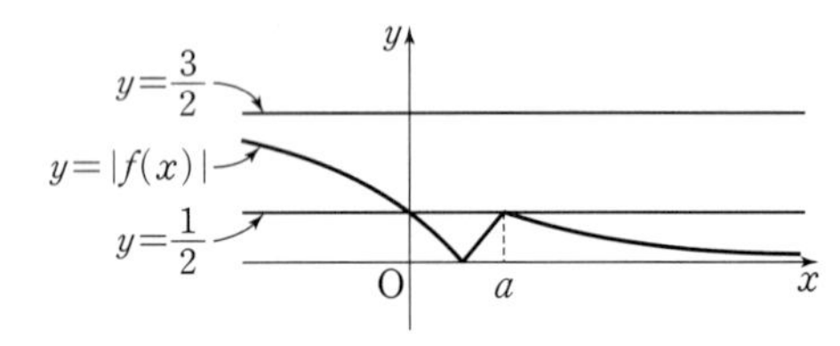

(iii) $a>1$일 때

$\beta>0$이므로 $|\beta|=\beta$

$f(a)=-\alpha$에서 $2^{-a}+2^{a}-2=-2^{-a}+2$

$(2^a)^2-4\times 2^a+2=0$, $a=\log_2 (2+\sqrt{2})$

또한, $-\alpha=\beta$에서 $-2^{-a}+2=2^a-2$

$(2^a)^2-4\times 2^a+1=0$, $a=\log_2 (2+\sqrt{3})$

그러므로 $a=\log_2 (2+\sqrt{2})$, $a=\log_2 (2+\sqrt{3})$의 좌우에서 $-\alpha$, β, $f(a)$의 값의 대소 관계가 달라진다.

ⓐ $1<a\le\log_2 (2+\sqrt{2})$일 때

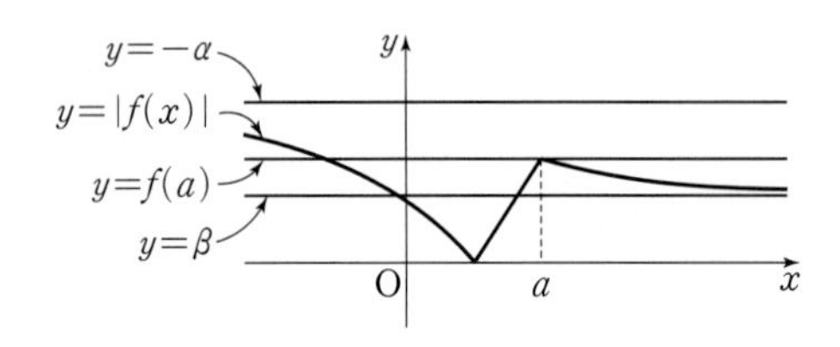

ⓑ $\log_2 (2+\sqrt{2})<a<\log_2 (2+\sqrt{3})$일 때

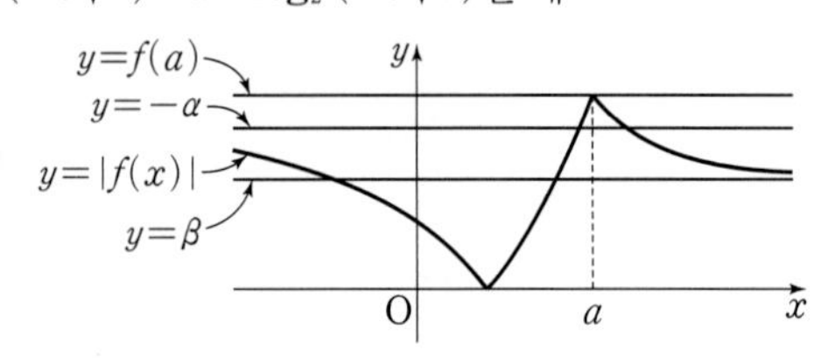

ⓒ $a\ge\log_2 (2+\sqrt{3})$일 때

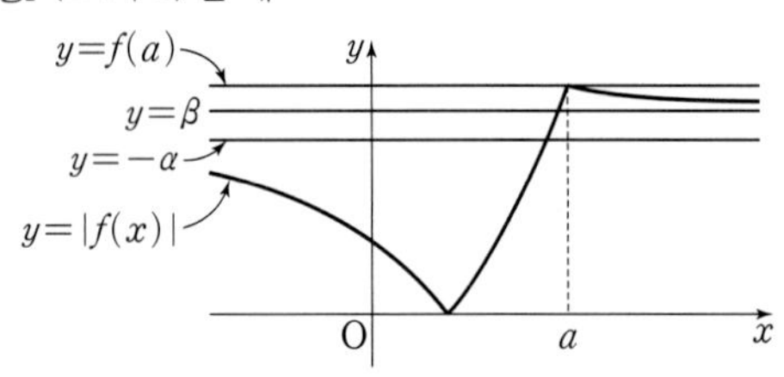

ⓐ, ⓑ, ⓒ에서 $-\alpha$, β 중 크지 않은 값을 s라 하면 $0<k<s$인 임의의 양수 k에 대하여 함수 $y=|f(x)|$의 그래프와 직선 $y=k$는 서로 다른 두 점에서 만난다.

STEP 3 M, m의 값을 구하여 $p+q$의 값을 구한다.

(i), (ii), (iii)에서 함수 $y=|f(x)|$의 그래프와 직선 $y=k$가 서로 다른 두 점에서 만나도록 하는 양수 k가 오직 하나뿐인 a의 값의 범위는

$\log_2 \frac{2+\sqrt{2}}{2} \le a \le 1$이므로

$M=1$, $m=\log_2 \frac{2+\sqrt{2}}{2}$

$2^{M+m}=2^{1+\log_2 \frac{2+\sqrt{2}}{2}}=2+\sqrt{2}$에서 $p=2$, $q=2$

따라서 $p+q=4$

답 4

04 지수함수와 로그함수의 활용

개념 확인문제

본문 57쪽

01 (1) $x=-\frac{5}{2}$ (2) $x=-3$ (3) $x=-\frac{1}{3}$

02 (1) $x<\frac{9}{4}$ (2) $x\le 4$ (3) $x<2$

03 (1) $x=7$ (2) $x=\frac{7}{5}$ (3) $x=-1$ 또는 $x=2$

04 (1) $4<x\le 6$ (2) $-2\le x<0$ 또는 $2<x\le 4$ (3) $x>7$ 05 $x=1$

06 3 07 $x=10^{-3}$ 또는 $x=10$ 08 5시간 후

09 31 10 $\frac{723}{7}$분 후 11 0.0301

내신+학평 유형 연습

본문 58~67쪽

01 2	02 ②	03 ⑤	04 ⑤	05 5	06 10
07 3	08 2	09 ④	10 ④	11 10	12 ②
13 6	14 ①	15 ④	16 ③	17 ④	18 12
19 65	20 13	21 24	22 11	23 8	24 ③
25 ①	26 32	27 ④	28 ①	29 ⑤	30 ③
31 ①	32 ④	33 ①	34 4	35 ④	36 ②
37 ①	38 17	39 ⑤	40 ④	41 36	42 ④
43 ⑤	44 11	45 71	46 ①	47 ①	48 15
49 ③	50 ②	51 ④	52 ④		

01

$3^{2x-1}=27$에서 $3^{2x-1}=3^3$

$2x-1=3$

따라서 $x=2$

답 2

02

$\left(\frac{9}{4}\right)^x=\left(\frac{2}{3}\right)^{1+x}$에서 $\left(\frac{3}{2}\right)^{2x}=\left(\frac{3}{2}\right)^{-x-1}$

$2x=-x-1$, $3x=-1$

따라서 $x=-\frac{1}{3}$

답 ②

03

$\left(\frac{1}{8}\right)^{2-x}=2^{x+4}$에서 $2^{-6+3x}=2^{x+4}$

$-6+3x=x+4$

따라서 $x=5$

답 ⑤

04

$2^{x-6}=\left(\frac{1}{4}\right)^{x^2}$에서 $2^{x-6}=2^{-2x^2}$

$x-6=-2x^2$, $2x^2+x-6=0$, $(x+2)(2x-3)=0$

$x=-2$ 또는 $x=\frac{3}{2}$

따라서 모든 해의 합은 $-2+\frac{3}{2}=-\frac{1}{2}$

답 ⑤

05

$4^x-15\times 2^{x+1}-64=0$에서

$(2^x)^2-30\times 2^x-64=0$

$2^x=t\ (t>0)$으로 놓으면

$t^2-30t-64=0$, $(t+2)(t-32)=0$

$t>0$이므로 $t=32$, 즉 $2^x=32=2^5$

따라서 $x=5$

답 5

06

$9^x-10\times 3^{x+1}+81=0$에서

$(3^x)^2-30\times 3^x+81=0$

$3^x=t\ (t>0)$으로 놓으면

$t^2-30t+81=0$, $(t-3)(t-27)=0$

$t=3$ 또는 $t=27$, 즉 $3^x=3$ 또는 $3^x=27=3^3$

$x=1$ 또는 $x=3$

따라서 $\alpha=1$, $\beta=3$ 또는 $\alpha=3$, $\beta=1$이므로 $\alpha^2+\beta^2=10$

답 10

07

$3^x-3^{4-x}=24$의 양변에 3^x을 곱하면

$(3^x)^2-24\times 3^x-81=0$

$3^x=t\ (t>0)$으로 놓으면

$t^2-24t-81=0$, $(t+3)(t-27)=0$

$t>0$이므로 $t=27$, 즉 $3^x=27=3^3$

따라서 $x=3$

답 3

08

$2^{2x+1}+8=17\times 2^x$에서

$2\times(2^x)^2-17\times 2^x+8=0$

$2^x=t\ (t>0)$으로 놓으면

$2t^2-17t+8=0$, $(2t-1)(t-8)=0$

$t=\frac{1}{2}$ 또는 $t=8$, 즉 $2^x=\frac{1}{2}$ 또는 $2^x=8$

$x=-1$ 또는 $x=3$

따라서 구하는 모든 실근의 합은 $-1+3=2$

답 2

09

$4^x-k\times2^{x+1}+16=0$에서 $(2^x)^2-2k\times2^x+16=0$

$2^x=t\ (t>0)$으로 놓으면

$t^2-2kt+16=0$ …… ㉠

근과 계수의 관계에 의하여 두 근의 곱은 양수이므로

방정식 $t^2-2kt+16=0$은 양수인 중근을 갖는다.

이 방정식의 판별식을 D라 하면

$\frac{D}{4}=(-k)^2-16=k^2-16=0$, $(k+4)(k-4)=0$

이때 두 근의 합이 양수이므로 $k=4$

방정식 ㉠의 근이 4이므로

$2^x=4=2^2$에서 $x=\alpha=2$

따라서 $k+\alpha=4+2=6$

답 ④

10

$3^{2x}-2\cdot3^{x+1}-3k=0$에서 $(3^x)^2-6\cdot3^x-3k=0$

$3^x=t\ (t>0)$으로 놓으면

$t^2-6t-3k=0$

이차방정식이 서로 다른 두 양의 실근을 가져야 하므로

(i) 판별식을 D라 하면

$\frac{D}{4}=(-3)^2-(-3k)>0$, $9+3k>0$, $k>-3$

(ii) (두 근의 곱)$=-3k>0$, $k<0$

(i), (ii)에서 $-3<k<0$

답 ④

11

$4^{x-2}\le32$에서 $2^{2x-4}\le2^5$

밑이 1보다 크므로 $2x-4\le5$, $x\le\frac{9}{2}$

따라서 부등식을 만족시키는 자연수 x는 1, 2, 3, 4이므로 그 합은

$1+2+3+4=10$

답 10

12

$\left(\frac{1}{3}\right)^{x-7}\ge9$에서 $\left(\frac{1}{3}\right)^{x-7}\ge\left(\frac{1}{3}\right)^{-2}$

밑이 1보다 작으므로 $x-7\le-2$, $x\le5$

따라서 부등식을 만족시키는 자연수 x는 1, 2, 3, 4, 5이므로 그 개수는 5이다.

답 ②

13

$\left(\frac{1}{5}\right)^{x-1}\le5^{7-2x}$에서 $5^{1-x}\le5^{7-2x}$

밑이 1보다 크므로 $1-x\le7-2x$, $x\le6$

따라서 부등식을 만족시키는 자연수 x는 1, 2, 3, 4, 5, 6이므로 그 개수는 6이다.

답 6

14

$(2^x-8)\left(\frac{1}{3^x}-9\right)\ge0$에서

$(2^x-8)(3^{-x}-9)\ge0$

(i) $2^x-8\ge0$이고 $3^{-x}-9\ge0$일 때

$2^x\ge8$에서 $x\ge3$이고 $3^{-x}\ge9$에서 $x\le-2$

이를 만족시키는 정수 x는 존재하지 않는다.

(ii) $2^x-8\le0$이고 $3^{-x}-9\le0$일 때

$2^x\le8$에서 $x\le3$이고 $3^{-x}\le9$에서 $x\ge-2$

따라서 $-2\le x\le3$

(i), (ii)에서 정수 x는 -2, -1, 0, 1, 2, 3이므로 그 개수는 6이다.

답 ①

15

$p=\sqrt{2}-1$이라 하면 $p^2=3-2\sqrt{2}$이고 $(p^2)^{5-n}=p^{10-2n}$이므로

주어진 부등식은 $p^m\ge p^{10-2n}$

$0<p<1$이므로 $m\le10-2n$

(i) $n=1$일 때, $1\le m\le8$

(ii) $n=2$일 때, $1\le m\le6$

(iii) $n=3$일 때, $1\le m\le4$

(iv) $n=4$일 때, $1\le m\le2$

(v) $n\ge5$일 때, 부등식을 만족시키는 자연수 m은 존재하지 않는다.

따라서 부등식을 만족시키는 자연수 m, n의 모든 순서쌍 (m, n)의 개수는

$8+6+4+2=20$

답 ④

16

$2^{2x+3}+2\le17\times2^x$에서

$8\times(2^x)^2-17\times2^x+2\le0$

$2^x=t\ (t>0)$으로 놓으면

$8t^2-17t+2\le0$, $(t-2)(8t-1)\le0$, $\frac{1}{8}\le t\le2$

즉, $2^{-3}\le2^x\le2^1$이므로 $-3\le x\le1$

따라서 부등식을 만족시키는 정수 x는 -3, -2, -1, 0, 1이므로 그 개수는 5이다.

답 ③

17

$4^x-10\times 2^x+16\le 0$에서

$(2^x)^2-10\times 2^x+16\le 0$

$2^x=t\ (t>0)$으로 놓으면

$t^2-10t+16\le 0$, $(t-2)(t-8)\le 0$, $2\le t\le 8$

즉, $2\le 2^x\le 8$이므로 $1\le x\le 3$

따라서 부등식을 만족시키는 모든 자연수 x는 1, 2, 3이므로 그 합은

$1+2+3=6$

답 ④

18

$\left(\frac{1}{4}\right)^x-(3n+16)\times\left(\frac{1}{2}\right)^x+48n\le 0$에서

$\left\{\left(\frac{1}{2}\right)^x-3n\right\}\left\{\left(\frac{1}{2}\right)^x-16\right\}\le 0$

(i) $3n\le 16$일 때

$3n\le\left(\frac{1}{2}\right)^x\le 16$을 만족시키는 정수 x의 개수가 2가 되도록 하려면

$2^2<3n\le 2^3$이어야 하므로 $n=2$

(ii) $3n>16$일 때

$16\le\left(\frac{1}{2}\right)^x\le 3n$을 만족시키는 정수 x의 개수가 2가 되도록 하려면

$2^5\le 3n<2^6$이어야 하므로 $n=11, 12, \cdots, 21$

(i), (ii)에서 모든 자연수 n의 개수는 12이다.

답 12

19

진수 조건에서 $x-1>0$, 즉 $x>1$

$\log_4(x-1)=3$에서 $x-1=4^3=64$

따라서 $x=65$

답 65

20

진수 조건에서 $x+3>0$, 즉 $x>-3$

$\log_{\frac{1}{2}}(x+3)=-4$에서 $x+3=\left(\frac{1}{2}\right)^{-4}=16$

따라서 $x=13$

답 13

21

진수 조건에서 $x+1>0$, 즉 $x>-1$

$\log_5(x+1)=2$에서 $x+1=5^2$

따라서 $x=24$

답 24

22

진수 조건에서 $x-3>0$, $x-10>0$이므로 $x>10$

$2\log_4(x-3)+\log_2(x-10)=3$에서

$\log_2(x-3)+\log_2(x-10)=\log_2 8$

$\log_2(x-3)(x-10)=\log_2 8$

$(x-3)(x-10)=8$, $x^2-13x+22=0$

$(x-2)(x-11)=0$

$x=2$ 또는 $x=11$

따라서 $x>10$이므로 $x=11$

답 11

23

$\log_x 16=\frac{4}{\log_2 x}$이므로 $\log_2 x-3=\log_x 16$에서

$\log_2 x-3=\frac{4}{\log_2 x}$, $(\log_2 x)^2-3\log_2 x-4=0$

$\log_2 x=X$로 놓으면

$X^2-3X-4=0$, $(X+1)(X-4)=0$

$X=-1$ 또는 $X=4$

즉, $\log_2 x=-1$ 또는 $\log_2 x=4$이므로

$x=\frac{1}{2}$ 또는 $x=16$

따라서 구하는 모든 실수 x의 값의 곱은 $\frac{1}{2}\times 16=8$

답 8

24

$(\log_3 x)^2-4\log_3 x+3=0$에서

$\log_3 x=X$로 놓으면

$X^2-4X+3=0$, $(X-1)(X-3)=0$

$X=1$ 또는 $X=3$

즉, $\log_3 x=1$ 또는 $\log_3 x=3$이므로

$x=3$ 또는 $x=27$

따라서 $\alpha+\beta=30$

답 ③

25

$(\log_3 x)^2+4\log_9 x-3=0$에서

$(\log_3 x)^2+2\log_3 x-3=0$

$\log_3 x=X$로 놓으면

$X^2+2X-3=0$, $(X+3)(X-1)=0$

$X=-3$ 또는 $X=1$

즉, $\log_3 x=-3$ 또는 $\log_3 x=1$이므로

$x=\frac{1}{27}$ 또는 $x=3$

따라서 주어진 방정식의 모든 실근의 곱은 $\frac{1}{27}\times 3=\frac{1}{9}$

답 ①

(다른 풀이)

$(\log_3 x)^2+4\log_9 x-3=0$에서

$(\log_3 x)^2+2\log_3 x-3=0$

이 방정식의 두 근을 α, β라 하면 근과 계수의 관계에 의하여

$\log_3 \alpha+\log_3 \beta=-2$

즉, $\log_3 \alpha\beta=-2$이므로 $\alpha\beta=3^{-2}=\frac{1}{9}$

따라서 주어진 방정식의 모든 실근의 곱은 $\frac{1}{9}$이다.

26

$\left(\log_2 \frac{x}{2}\right)(\log_2 4x)=4$에서

$(\log_2 x-1)(\log_2 x+2)=4$

$\log_2 x=X$로 놓으면

$(X-1)(X+2)=4$, $X^2+X-6=0$, $(X-2)(X+3)=0$

$X=2$ 또는 $X=-3$

즉, $\log_2 x=2$ 또는 $\log_2 x=-3$이므로

$x=2^2$ 또는 $x=2^{-3}$

따라서 두 실근 α, β가 2^2, 2^{-3}이므로

$64\alpha\beta=64\times2^2\times2^{-3}=32$

답 32

27

$(\log_4 x)^2+\log_4 \frac{1}{x^3}-1=0$에서

$(\log_4 x)^2-3\log_4 x-1=0$

$\log_4 x=X$로 놓으면

$X^2-3X-1=0$ ...... ㉠

X에 대한 이차방정식 ㉠의 두 근이 $\log_4 \alpha$, $\log_4 \beta$이므로

근과 계수의 관계에 의하여

$\log_4 \alpha+\log_4 \beta=\log_4 \alpha\beta=3$

따라서 $\alpha\beta=4^3=64$

답 ④

28

나머지정리에 의하여

$(\log_2 a)^2+2\log_2 a+3=(\log_2 2a)^2+2\log_2 2a+3$

$\log_2 a=X$로 놓으면

$X^2+2X+3=(X+1)^2+2(X+1)+3$

$2X+3=0$, $X=-\frac{3}{2}$, 즉 $\log_2 a=-\frac{3}{2}$

따라서 $a=2^{-\frac{3}{2}}=\frac{\sqrt{2}}{4}$

답 ①

29

$x\neq1$인 모든 양의 실수 x에 대하여

$f(f(x))=2^{\frac{1}{\log_2 f(x)}}$에서 $8\times f(f(x))=2^{\left(\boxed{3}+\frac{1}{\log_2 f(x)}\right)}$이고,

$f(x)=2^{\frac{1}{\log_2 x}}$에서 $\log_2 f(x)=\frac{1}{\boxed{\log_2 x}}$이다.

$f(x^2)=2^{\frac{1}{\log_2 x^2}}=2^{\frac{1}{2\log_2 x}}$이므로 방정식 $8\times f(f(x))=f(x^2)$에서

$2^{\left(\boxed{3}+\boxed{\log_2 x}\right)}=2^{\frac{1}{2\log_2 x}}$

$\boxed{3}+\boxed{\log_2 x}=\frac{1}{2\log_2 x}$

그러므로 방정식 $8\times f(f(x))=f(x^2)$의 모든 해는

방정식 $(\boxed{3}+\boxed{\log_2 x})\times2\log_2 x=1$의 모든 해와 같다.

$2(\log_2 x)^2+6\log_2 x-1=0$에서 $\log_2 x=t$로 놓자.

이차방정식 $2t^2+6t-1=0$의 판별식을 D라 하면

$\frac{D}{4}=3^2-2\times(-1)=11>0$이므로 이차방정식 $2t^2+6t-1=0$은 서로 다른 두 실근을 갖는다. 즉, 이차방정식 $2t^2+6t-1=0$의 두 실근을 α, β라 하면 방정식 $2(\log_2 x)^2+6\log_2 x-1=0$은 2^α, 2^β을 서로 다른 두 실근으로 갖는다.

이때 이차방정식 $2t^2+6t-1=0$에서 근과 계수의 관계에 의하여

$\alpha+\beta=-3$

따라서 방정식 $8\times f(f(x))=f(x^2)$의 모든 해의 곱은

$2^\alpha\times2^\beta=2^{\alpha+\beta}=2^{-3}=\boxed{\frac{1}{8}}$이다.

즉, $p=3$, $q=\frac{1}{8}$, $g(x)=\log_2 x$이므로

$p\times q\times g(4)=3\times\frac{1}{8}\times\log_2 4=\frac{3}{4}$

답 ⑤

30

진수 조건에서 $x+3>0$, $x-3>0$이므로 $x>3$ ...... ㉠

$\log_4 (x+3)-\log_2 (x-3)\geq0$에서

$\log_4 (x+3)\geq\log_{2^2} (x-3)^2$

$\log_4 (x+3)\geq\log_4 (x-3)^2$

밑이 1보다 크므로 $x+3\geq(x-3)^2$

$x^2-7x+6\leq0$, $(x-1)(x-6)\leq0$

$1\leq x\leq6$ ...... ㉡

㉠, ㉡에서 $3<x\leq6$

따라서 부등식을 만족시키는 자연수 x는 4, 5, 6이므로 그 합은

$4+5+6=15$

답 ③

31

진수 조건에서 $x+5>0$, 즉 $x>-5$ ...... ㉠

$\log_3(x+5)<8\log_9 2$에서

$\log_3(x+5)<8\log_{3^2} 2$, $\log_3(x+5)<4\log_3 2$

$\log_3(x+5)<\log_3 16$

밑이 1보다 크므로 $x+5<16$, $x<11$ ...... ㉡

㉠, ㉡에서 $-5<x<11$

따라서 정수 x의 최댓값은 10, 최솟값은 -4이므로 그 합은

$10+(-4)=6$

답 ①

32

진수 조건에서 $x-2>0$, $3x+4>0$이므로 $x>2$ ...... ㉠

$2-\log_{\frac{1}{2}}(x-2)<\log_2(3x+4)$에서

$\log_2 4+\log_2(x-2)<\log_2(3x+4)$

$\log_2 4(x-2)<\log_2(3x+4)$

밑이 1보다 크므로 $4x-8<3x+4$, $x<12$ ...... ㉡

㉠, ㉡에서 $2<x<12$

따라서 부등식을 만족시키는 정수 x는 3, 4, 5, $\cdots$, 11이므로 그 개수는 9이다.

답 ④

33

진수 조건에서 $x>0$, $x+5>0$이므로 $x>0$ ...... ㉠

$1+\log_2 x\le\log_2(x+5)$에서

$\log_2 2x\le\log_2(x+5)$

밑이 1보다 크므로 $2x\le x+5$, $x\le 5$ ...... ㉡

㉠, ㉡에서 $0<x\le 5$

따라서 부등식을 만족시키는 정수 x는 1, 2, 3, 4, 5이므로 그 합은

$1+2+3+4+5=15$

답 ①

34

진수 조건에서 $|x-1|>0$, $x+2>0$이므로 $x\ne 1$, $x>-2$

(i) $-2<x<1$일 때

$\log(-x+1)+\log(x+2)\le 1$에서

$(-x+1)(x+2)\le 10$

$x^2+x+8=\left(x+\frac{1}{2}\right)^2+\frac{31}{4}\ge 0$

$-2<x<1$인 모든 실수 x에 대하여 항상 성립하므로 구하는 정수 x는 -1, 0이다.

(ii) $x>1$일 때

$\log(x-1)+\log(x+2)\le 1$에서

$(x-1)(x+2)\le 10$, $x^2+x-12\le 0$

$(x+4)(x-3)\le 0$

$-4\le x\le 3$

$x>1$이므로 $1<x\le 3$

이때 정수 x는 2, 3이다.

(i), (ii)에서 모든 정수 x의 값의 합은

$(-1)+0+2+3=4$

답 4

35

함수 $f(x)=-\log_3(mx+5)$가 $-1\le x\le 1$에서 정의되므로

진수 조건에서 $-m+5>0$, $m+5>0$, 즉 $-5<m<5$ ...... ㉠

또, $f(-1)<f(1)$이므로

$-\log_3(-m+5)<-\log_3(m+5)$

$\log_3(m+5)<\log_3(-m+5)$

밑이 1보다 크므로 $m+5<-m+5$, $m<0$ ...... ㉡

㉠, ㉡에서 $-5<m<0$

따라서 구하는 정수 m은 -4, -3, -2, -1이므로 그 개수는 4이다.

답 ④

36

$(\log_2 x)^2-\log_2 x^6+8\le 0$에서

$(\log_2 x)^2-6\log_2 x+8\le 0$

$\log_2 x=X$로 놓으면

$X^2-6X+8\le 0$, $(X-2)(X-4)\le 0$, $2\le X\le 4$

즉, $2\le\log_2 x\le 4$이므로 $4\le x\le 16$

따라서 부등식을 만족시키는 자연수 x는 4, 5, 6, $\cdots$, 16이므로 그 개수는 13이다.

답 ②

37

$\left(\log_{\frac{1}{9}} x\right)\left(\log_3 \frac{x}{9}\right)\ge a$에서

$\left(-\frac{1}{2}\log_3 x\right)(\log_3 x-2)\ge a$

$\log_3 x=t$로 놓으면

$\left(-\frac{t}{2}\right)(t-2)\ge a$, $t^2-2t+2a\le 0$ ...... ㉠

주어진 로그부등식의 해가 $\frac{1}{9}\le x\le 81$이므로

$\log_3\frac{1}{9}\le\log_3 x\le\log_3 81$

$-2\le t\le 4$이므로 $(t+2)(t-4)\le 0$

$t^2-2t-8\le 0$ ...... ㉡

㉠, ㉡이 같으므로 $2a=-8$

따라서 $a=-4$

답 ①

38

$\left(\log_2 \frac{x}{a}\right)\left(\log_2 \frac{x^2}{a}\right)+2\geq 0$에서

$(\log_2 x-\log_2 a)(2\log_2 x-\log_2 a)+2\geq 0$

$2(\log_2 x)^2-3(\log_2 a)(\log_2 x)+(\log_2 a)^2+2\geq 0$

$\log_2 x=X$로 놓으면

$2X^2-3(\log_2 a)X+(\log_2 a)^2+2\geq 0$

주어진 부등식이 모든 양의 실수 x에 대하여 성립하려면 위 부등식이 모든 실수 X에 대하여 성립하여야 하므로 판별식을 D라 하면

$D=9(\log_2 a)^2-8\{(\log_2 a)^2+2\}\leq 0$

$(\log_2 a)^2-16\leq 0$

$-4\leq \log_2 a\leq 4$

$\frac{1}{16}\leq a\leq 16$

따라서 $M=16$, $m=\frac{1}{16}$이므로

$M+16m=17$

답 17

39

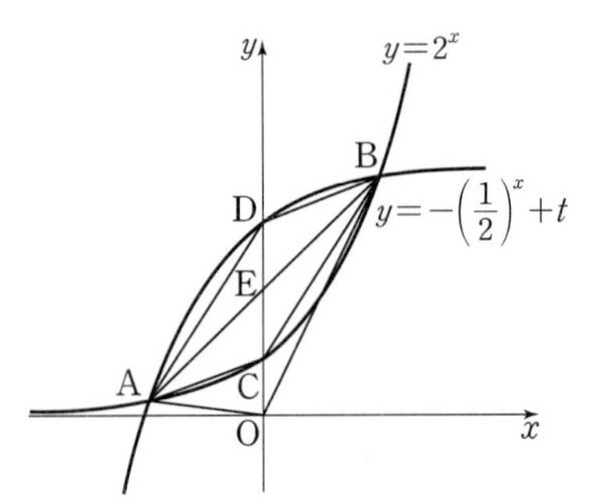

두 점 A, B의 x좌표를 각각 α, β $(\alpha<0<\beta)$라 하면 α, β는 방정식 $2^x=-\left(\frac{1}{2}\right)^x+t$, 즉 $(2^x)^2-t\times 2^x+1=0$의 두 근이므로

$2^\alpha+2^\beta=t$, $2^\alpha\times 2^\beta=1$에서

$\alpha+\beta=0$, $\beta=-\alpha$

네 점 $A(\alpha, 2^\alpha)$, $B(\beta, 2^\beta)$, $C(0, 1)$, $D(0, t-1)$에 대하여

ㄱ. $\overline{CD}=t-1-1=t-2$ (참)

ㄴ. $\overline{AC}=\sqrt{(-\alpha)^2+(1-2^\alpha)^2}$

$=\sqrt{\beta^2+(2^\beta-t+1)^2}$ $(-\alpha=\beta$, $2^\alpha=t-2^\beta$을 대입$)$

$\overline{DB}=\sqrt{\beta^2+(2^\beta-t+1)^2}$

따라서 $\overline{AC}=\overline{BD}$ (참)

ㄷ. $\overline{AD}=\sqrt{\alpha^2+(2^\alpha-t+1)^2}$

$=\sqrt{(-\beta)^2+(-2^\beta+1)^2}=\overline{CB}$

$\overline{AC}=\overline{DB}$, $\overline{AD}=\overline{CB}$이므로 사각형 ACBD는 평행사변형이고, 두 대각선의 교점을 E라 하면 $\overline{CE}=\overline{DE}$이므로 $E\left(0, \frac{t}{2}\right)$이다.

$\triangle ABD=\triangle AED+\triangle BDE$

$=\frac{1}{2}\times(-\alpha)\times\overline{DE}+\frac{1}{2}\times\beta\times\overline{DE}$

$=\frac{1}{2}\overline{DE}\times(-\alpha+\beta)$

$=\frac{1}{2}\times\frac{t-2}{2}\times(-\alpha+\beta)$

$=\frac{(t-2)(-\alpha+\beta)}{4}=\frac{\beta(t-2)}{2}$

$\triangle AOB=\triangle OEA+\triangle OBE$

$=\frac{1}{2}\times(-\alpha)\times\overline{OE}+\frac{1}{2}\times\beta\times\overline{OE}$

$=\frac{t(-\alpha+\beta)}{4}=\frac{\beta t}{2}$

따라서 삼각형 ABD의 넓이는 삼각형 AOB의 넓이의 $\frac{t-2}{t}$배이다. (참)

그러므로 옳은 것은 ㄱ, ㄴ, ㄷ이다.

답 ⑤

40

연립방정식

$$\begin{cases} 2^{x+3}-3^{y-1}=k & \cdots\cdots ㉠ \\ 2^{x-1}+3^{y+2}=2 & \cdots\cdots ㉡ \end{cases}$$

에서 $2^x=X$, $3^y=Y$로 놓으면

㉠에서 $8X-\frac{1}{3}Y=k$ …… ㉢

㉡에서 $\frac{1}{2}X+9Y=2$ …… ㉣

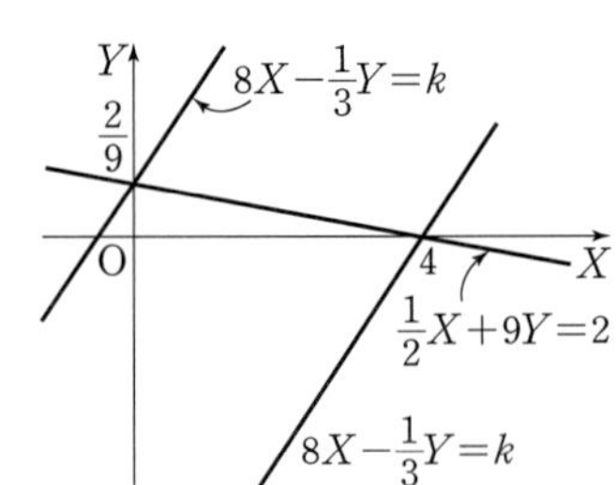

$X>0$, $Y>0$인 근이 존재하려면 두 직선 ㉢, ㉣이 제1사분면에서 만나야 한다.

직선 $8X-\frac{1}{3}Y=k$가 점 $\left(0, \frac{2}{9}\right)$를 지날 때,

$k=-\frac{1}{3}\times\frac{2}{9}=-\frac{2}{27}$

직선 $8X-\frac{1}{3}Y=k$가 점 $(4, 0)$을 지날 때,

$k=8\times 4=32$

따라서 $-\frac{2}{27}<k<32$이므로 구하는 정수 k의 최댓값은 31이다.

답 ④

41

$\log_2 x^2=2\log_2 x$이므로 주어진 연립방정식은

$$\begin{cases}\log_2 x+\log_2 y=7 & \cdots\cdots ㉠\\ 2\log_2 x-\log_2 y=-1 & \cdots\cdots ㉡\end{cases}$$

㉠+㉡을 하면 $3\log_2 x=6$, $\log_2 x=2$

즉, $x=2^2=4$

$x=4$를 ㉠에 대입하면 $2+\log_2 y=7$, $\log_2 y=5$

즉, $y=2^5=32$

따라서 $\alpha=4$, $\beta=32$이므로 $\alpha+\beta=36$

답 36

42

두 직선 $y=k$, $y=2k$와 곡선 $y=2^{x+1}$이 만나는 점을 각각 구해 보면 $2^{x+1}=k$에서 $x=\log_2 k-1$이고 $2^{x+1}=2k$에서 $x=\log_2 k$이므로 두 점 D, F의 좌표는 각각 $(\log_2 k-1, k)$, $(\log_2 k, 2k)$이다.

두 곡선 $y=2^{x+1}$과 $y=2^{-x+1}$은 y축에 대하여 대칭이므로 두 점 E, G의 좌표는 각각 $(1-\log_2 k, k)$, $(-\log_2 k, 2k)$이다.

삼각형 CFG의 넓이는

$\frac{1}{2}\{\log_2 k-(-\log_2 k)\}\times(2k-2)=2(k-1)\log_2 k$

이고, 사각형 ABED의 넓이는

$\frac{1}{2}[\{1-\log_2 k-(\log_2 k-1)\}+2]\times(k-1)$

$=(2-\log_2 k)(k-1)$

$1<k<2$이고 삼각형 CFG의 넓이와 사각형 ABED의 넓이가 같으므로

$2(k-1)\log_2 k=(2-\log_2 k)(k-1)$

$2\log_2 k=2-\log_2 k$, $\log_2 k=\frac{2}{3}$

따라서 $k=2^{\frac{2}{3}}$

답 ④

43

ㄱ. 두 곡선 $y=2^x$과 $y=\log_2 x$는 직선 $y=x$에 대하여 서로 대칭이므로

$x_1=y_2$, $y_1=x_2$

따라서 $\overline{OA}=\overline{OB}$이고, 삼각형 OAB의 넓이가 삼각형 OAC의 넓이의 2배이므로

$\overline{OC}=\frac{1}{2}\overline{OB}=\frac{1}{2}\overline{OA}$ (참)

ㄴ. ㄱ에서 $\overline{OC}=\frac{1}{2}\overline{OB}$이므로 점 C는 선분 OB의 중점이다.

$x_3=\frac{1}{2}x_2$에서 $x_2=2x_3$

또, ㄱ에 의하여 $x_2=y_1$이므로

$x_2+y_1=2y_1=2\times 2x_3=4x_3$ (참)

ㄷ. 두 점 $B(x_2, y_2)$, $C(x_3, y_3)$는 각각 곡선 $y=2^x$, $y=\left(\frac{1}{2}\right)^x$ 위의 점이므로

$y_2=2^{x_2}$, $y_3=\left(\frac{1}{2}\right)^{x_3}$

세 점 O, B, C는 직선 l 위의 점이므로 직선 l의 기울기는

$\frac{y_2}{x_2}=\frac{y_3}{x_3}$, $\frac{2^{x_2}}{x_2}=\frac{\left(\frac{1}{2}\right)^{x_3}}{x_3}$

이때 ㄴ에 의하여 $x_2=2x_3$이므로

$\frac{2^{2x_3}}{2x_3}=\frac{2^{-x_3}}{x_3}$, $2^{2x_3-1}=2^{-x_3}$

$2x_3-1=-x_3$

$x_3=\frac{1}{3}$

따라서 직선 l의 기울기는

$\frac{y_3}{x_3}=\frac{\left(\frac{1}{2}\right)^{x_3}}{x_3}=3\times\left(\frac{1}{2}\right)^{\frac{1}{3}}$ (참)

따라서 옳은 것은 ㄱ, ㄴ, ㄷ이다.

답 ⑤

44

두 점 A, B에서 x축에 내린 수선의 발을 각각 A′, B′이라 하자.

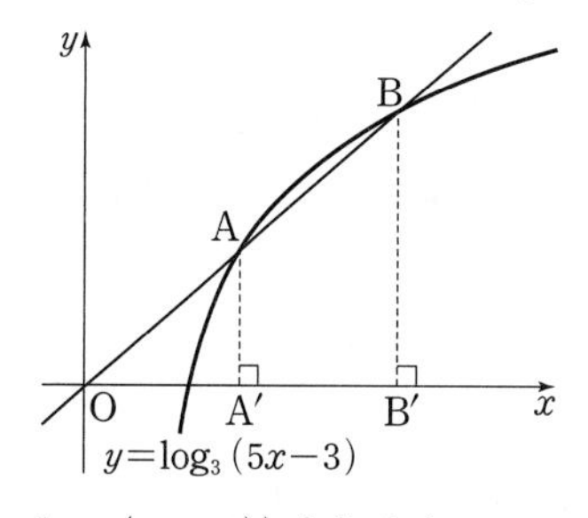

점 A의 좌표를 $(a, \log_3(5a-3))$이라 하면

점 B의 좌표는 $(2a, \log_3(10a-3))$

삼각형 AOA′과 삼각형 BOB′은 닮음이므로

$\overline{OA'}:\overline{OB'}=\overline{AA'}:\overline{BB'}=1:2$

$2\overline{AA'}=\overline{BB'}$

즉, $2\log_3(5a-3)=\log_3(10a-3)$

$25a^2-30a+9=10a-3$

$25a^2-40a+12=0$, $(5a-2)(5a-6)=0$

$a=\frac{2}{5}$ 또는 $a=\frac{6}{5}$

진수 조건에서 $a>\frac{3}{5}$이므로 점 A의 좌표는 $\left(\frac{6}{5}, 1\right)$이다.

직선 AB의 기울기는 직선 OA의 기울기와 같다.

따라서 직선 OA의 기울기는 $\frac{1-0}{\frac{6}{5}-0}=\frac{5}{6}$이므로 $p+q=6+5=11$

답 11

45

$2^{f(x)} \le 4^x$에서 $2^{f(x)} \le 2^{2x}$

밑이 1보다 크므로 $f(x) \le 2x$

함수 $y=f(x)$의 그래프와 직선 $y=2x$의 교점의 좌표를 구하면

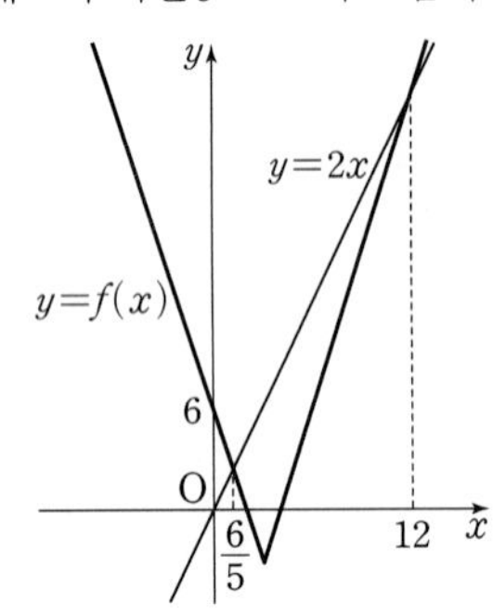

(i) $x<3$일 때, $-3x+6=2x$에서 $x=\frac{6}{5}$

(ii) $x \ge 3$일 때, $3x-12=2x$에서 $x=12$

(i), (ii)에서 부등식 $f(x) \le 2x$의 해는 $\frac{6}{5} \le x \le 12$

즉, 실수 x의 최댓값은 $M=12$, 최솟값은 $m=\frac{6}{5}$이다.

따라서 $M+m=12+\frac{6}{5}=\frac{66}{5}$이므로 $p+q=5+66=71$

답 71

46

진수 조건에서 $x>0$, $\log_2 x>0$이므로 $x>1$

$\log_4 (\log_2 x) \le 1$에서 $\log_4 (\log_2 x) \le \log_4 4$

밑이 4이고 $4>1$이므로 $\log_2 x \le 4$, 즉 $x \le 16$

그러므로 $A=\{x|1<x\le 16\}$

$x^2-5ax+4a^2<0$에서

$(x-a)(x-4a)<0$, 즉 $a<x<4a$

그러므로 $B=\{x|a<x<4a\}$

$A \cap B=B$이면 $B \subset A$이므로

$a \ge 1$이고 $4a \le 16$, 즉 $1 \le a \le 4$

따라서 구하는 자연수 a는 1, 2, 3, 4이므로 그 개수는 4이다.

답 ①

47

$4^x-2^x-2<0$에서 $2^x=t\ (t>0)$으로 놓으면

$t^2-t-2<0$, $(t+1)(t-2)<0$

$-1<t<2$

$t>0$이므로 $0<t<2$, 즉 $0<2^x<2$

$x<1$ ...... ㉠

$\log_a x+1>0$에서 $a>1$이므로

$x>\frac{1}{a}$ ...... ㉡

주어진 연립부등식을 만족시키는 모든 x의 값의 범위가 $\frac{1}{5}<x<b$이므로 ㉠, ㉡의 공통 범위는 다음 그림과 같다.

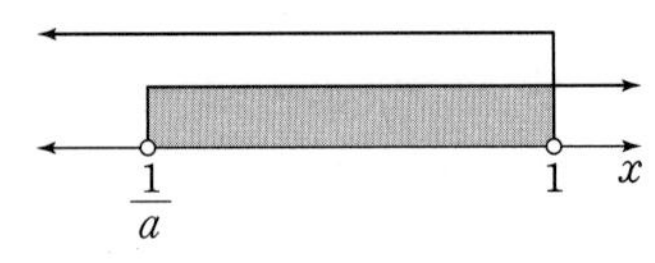

따라서 $a=5$, $b=1$이므로 $a+b=6$

답 ①

48

선분 AB를 2 : 1로 외분하는 점의 좌표는

$\left(\frac{2-a}{2-1}, \frac{2\log_8 \sqrt[4]{27}-\log_4 b}{2-1}\right)$

이때

$2\log_8 \sqrt[4]{27}-\log_4 b=\log_8 \sqrt{27}-\log_4 b$

$=\log_4 3-\log_4 b=\log_4 \frac{3}{b}$

이므로 점 $\left(2-a, \log_4 \frac{3}{b}\right)$이 곡선 $y=-\log_4 (3-x)$ 위에 있다.

$\log_4 \frac{3}{b}=-\log_4 (a+1)=\log_4 \frac{1}{a+1}$에서

$\frac{3}{b}=\frac{1}{a+1}$, $b=3(a+1)$

집합 $\{n|b<2^n \times a \le 32b,\ n$은 정수$\}$에서

$\frac{b}{a}<2^n \le \frac{32b}{a}$이므로

$\log_2 \frac{b}{a}<n \le 5+\log_2 \frac{b}{a}$

이때 집합 $\{n|b<2^n \times a \le 32b,\ n$은 정수$\}$의 원소의 개수는 5이다.

$\{n|b<2^n \times a \le 32b,\ n$은 정수$\}$

$=\{m, m+1, m+2, m+3, m+4\}$ (m은 정수)라 하면

$m+(m+1)+(m+2)+(m+3)+(m+4)=25$

$m=3$

즉, $2 \le \log_2 \frac{b}{a}<3$에서 $4 \le \frac{b}{a}<8$이고

$b=3(a+1)$이므로 $\frac{3}{5}<a \le 3$

그러므로 $a=1$, $b=6$ 또는 $a=2$, $b=9$ 또는 $a=3$, $b=12$

따라서 $a+b$의 최댓값은 15이다.

답 15

49

점토 A의 하중강도가 3.2 kg/cm²와 6.4 kg/cm²일 때의 간극비가 각각 0.5, 0.3이므로 압축지수 C_c의 값은

$C_c=\frac{0.5-0.3}{\log 6.4-\log 3.2}=\frac{0.2}{\log 2}$

하중강도가 x kg/cm^{2}일 때의 간극비가 0.1이므로

$$\frac{0.2}{\log 2}=\frac{0.3-0.1}{\log x-\log 6.4}=\frac{0.2}{\log \frac{x}{6.4}}$$

$$\log \frac{x}{6.4}=\log 2$$

$$\frac{x}{6.4}=2$$

따라서 $x=12.8$

답 ③

50

첫 번째 일요일 하루 동안 달릴 거리는 5 km

두 번째 일요일 하루 동안 달릴 거리는

$5(1+0.1)=5\times1.1$(km)

세 번째 일요일 하루 동안 달릴 거리는

$5\times1.1\times(1+0.1)=5(1.1)^2$(km)

⋮

x 번째 일요일 하루 동안 달릴 거리는

$5\times(1.1)^{x-1}$ km이므로

$5\times(1.1)^{x-1}\geq20$에서 $(1.1)^{x-1}\geq4$

양변에 상용로그를 취하면

$(x-1)\times\log 1.1\geq2\log 2$

$x-1\geq\frac{0.6020}{0.0414}=14.541\cdots$

$x\geq15.541\cdots$

따라서 구하는 날은 16번째 일요일이다.

답 ②

51

$C_g=2,\ C_d=\frac{1}{4},\ x=a,\ n=\frac{1}{200}$ 이므로

$$\frac{1}{200}=\frac{1}{4}\times2\times10^{\frac{4}{5}(a-9)},\ 10^{\frac{4}{5}(a-9)}=10^{-2}$$

$$\frac{4}{5}(a-9)=-2$$

따라서 $a=\frac{13}{2}$

답 ④

52

$C=75,\ W=15,\ S=186,\ N=a$이므로

$$75=15\times\log_2\left(1+\frac{186}{a}\right),\ \log_2\left(1+\frac{186}{a}\right)=5$$

$$1+\frac{186}{a}=2^5=32,\ \frac{186}{a}=31$$

따라서 $a=6$

답 ④

서술형 연습

본문 68쪽

01 8 **02** 110

01

$\log_a b=\log_b a$에서 $\frac{\log b}{\log a}=\frac{\log a}{\log b}$이므로 ······ ㉮

$(\log a)^2-(\log b)^2=0,\ (\log a-\log b)(\log a+\log b)=0$

$\log a=\log b$ 또는 $\log a=-\log b$ ······ ㉯

이때 $a\neq b$이므로 $\log b=-\log a$

$b=a^{-1}$, 즉 $b=\frac{1}{a}$ ······ ㉰

따라서 산술평균과 기하평균의 관계에 의하여

$$\begin{aligned}(2a+1)(b+2)&=2ab+4a+b+2\\&=4a+\frac{1}{a}+4\ \left(b=\frac{1}{a}\text{을 대입}\right)\\&\geq2\sqrt{4a\times\frac{1}{a}}+4\\&\quad\left(\text{단, }4a=\frac{1}{a},\text{ 즉 }a=\frac{1}{2}\text{일 때 등호가 성립한다.}\right)\\&=2\times2+4=8\end{aligned}$$

이므로 $(2a+1)(b+2)$의 최솟값은 8이다. ······ ㉱

답 8

단계	채점 기준	비율
㉮	$\log_a b=\log_b a$를 $\frac{\log b}{\log a}=\frac{\log a}{\log b}$로 변형한 경우	20%
㉯	로그가 포함된 방정식 $\frac{\log b}{\log a}=\frac{\log a}{\log b}$를 푼 경우	30%
㉰	a와 b가 서로 다른 수임을 이용하여 $b=\frac{1}{a}$을 구한 경우	30%
㉱	산술평균과 기하평균의 관계에 의하여 $(2a+1)(b+2)$의 최솟값을 구한 경우	20%

02

$x^{\log x}-\frac{1}{100}x^3=0$에서 $x^{\log x}=\frac{1}{100}x^3$ ······ ㉮

양변에 상용로그를 취하면

$$\log x\times\log x=\log\frac{1}{100}+3\log x$$

$(\log x)^2-3\log x+2=0$ ······ ㉯

$\log x=t$로 놓으면

$t^2-3t+2=0,\ (t-1)(t-2)=0$

$t=1$ 또는 $t=2$ ······ ㉰

즉, $\log x=1$ 또는 $\log x=2$이므로

$x=10$ 또는 $x=10^2=100$ ······ ㉱

따라서 두 실근의 합은 $10+100=110$ ······ ㉲

답 110

단계	채점 기준	비율
㉮	$x^{\log x}-\frac{1}{100}x^3=0$에서 $x^{\log x}=\frac{1}{100}x^3$을 구한 경우	20%
㉯	$x^{\log x}=\frac{1}{100}x^3$의 양변에 상용로그를 취하여 로그가 포함된 방정식을 세운 경우	30%
㉰	$\log x=t$로 치환한 후, t에 대한 방정식을 푼 경우	20%
㉱	$\log x=t$를 만족시키는 x의 값을 구한 경우	20%
㉲	두 실근의 합을 구한 경우	10%

1등급 도전

본문 69쪽

01 ② 02 24 03 25 04 75

01

풀이 전략 로그부등식을 이용한다.

STEP 1 $\log_a b$가 유리수가 되도록 하는 a, b의 조건을 구한다.

조건 ㈏에서 $\log_a b=\frac{n}{m}$ (m과 n은 서로소인 자연수)라 하면 $b=a^{\frac{n}{m}}$

$\log a<\frac{3}{2}$에서 $a<10^{\frac{3}{2}}$이고, 조건 ㈎에서

$1<a<a^{\frac{n}{m}}<a^2<1000$

→ 밑이 1보다 크므로 부등호의 방향이 바뀌지 않는다.

STEP 2 m의 값에 따라 경우를 나누어 순서쌍 (a, b)를 구한다.

(i) $m=1$일 때, $1<a<a^n<a^2<1000$을 만족시키는 자연수 n은 존재하지 않는다.

(ii) $m=2$일 때, $1<a<a^{\frac{n}{2}}<a^2<1000$을 만족시키는 자연수 n은 3이고, a, b는 자연수이므로 $1<a<a^{\frac{3}{2}}<a^2<1000$을 만족시키는 순서쌍 (a, b)는

$(4, 8)$, $(9, 27)$, $(16, 64)$, $(25, 125)$

(iii) $m=3$일 때, $1<a<a^{\frac{n}{3}}<a^2<1000$을 만족시키는 자연수 n은 4, 5이다.

ⓐ $m=3$, $n=4$일 때, a, b는 자연수이므로

$1<a<a^{\frac{4}{3}}<a^2<1000$을 만족시키는 순서쌍 (a, b)는

$(8, 16)$, $(27, 81)$

ⓑ $m=3$, $n=5$일 때, a, b는 자연수이므로

$1<a<a^{\frac{5}{3}}<a^2<1000$을 만족시키는 순서쌍 (a, b)는

$(8, 32)$, $(27, 243)$

(iv) $m=4$일 때, $1<a<a^{\frac{n}{4}}<a^2<1000$을 만족시키는 자연수 n은 5, 7이다.

ⓐ $m=4$, $n=5$일 때, a, b는 자연수이므로

$1<a<a^{\frac{5}{4}}<a^2<1000$을 만족시키는 순서쌍 (a, b)는

$(16, 32)$

ⓑ $m=4$, $n=7$일 때, a, b는 자연수이므로

$1<a<a^{\frac{7}{4}}<a^2<1000$을 만족시키는 순서쌍 (a, b)는

$(16, 128)$

(v) $m\geq5$일 때, $1<a<a^{\frac{n}{m}}<a^2<1000$에서 $a^{\frac{n}{m}}$이 자연수이므로

$a\geq2^5$이고 $a^2\geq2^{10}=1024$

그러므로 $1<a<a^{\frac{n}{m}}<a^2<1000$을 만족시키는 자연수 a는 존재하지 않는다.

STEP 3 $a+b$의 최댓값을 구한다.

(i)~(v)에서 $a+b$의 최댓값은 $27+243=270$ 답 ②

다른 풀이

$\log a<\frac{3}{2}$에서 $a^2<10^3$, $1<a<b<a^2<10^3$

$\log_a b=\frac{n}{m}$ (m과 n은 서로소인 자연수)라 하고,

$a^n=b^m$에서 $a=c^m$, $b=c^n$ (c는 2 이상의 자연수)라고 하자.

$a^2<1000$이므로 $1<c^m<c^n<c^{2m}<1000$에서 $m=2$, 3, 4

(i) $m=2$일 때, $n=3$이고 $c=2$, 3, 4, 5이므로

$a+b=c^m+c^n\leq5^2+5^3=150$

(ii) $m=3$일 때, $n=4$, 5이고 $c=2$, 3이므로

$a+b=c^m+c^n\leq3^3+3^5=270$

(iii) $m=4$일 때, $n=5$, 7이고 $c=2$이므로

$a+b=c^m+c^n\leq2^4+2^7=144$

(iv) $m\geq5$일 때, $c^{2m}<1000$인 자연수 c가 존재하지 않으므로 조건 ㈎와 ㈏를 만족시키는 자연수 a와 b는 존재하지 않는다.

(i)~(iv)에서 $a+b$의 최댓값은 270이다.

02

풀이 전략 주어진 조건을 만족시키는 교점의 위치를 파악한다.

STEP 1 함수 $y=f(x)$의 그래프와 원을 그리고, 조건 ㈎와 ㈏를 만족시키는 교점의 위치를 파악한다.

함수 $f(x)=2\log_{\frac{1}{2}}(x-7+k)+2$의 그래프와 원 $x^2+y^2=64$는 오른쪽 그림과 같다.

조건 ㈎와 ㈏를 만족시키기 위해서는 두 교점이 제2사분면과 제4사분면에 각각 한 개씩 존재해야 한다.

→ 함수 $f(x)$가 감소함수이므로 교점이 제2, 4사분면에 존재한다.

즉, $-8<f(0)<8$, $f(-8)>0$, $f(8)<0$ → 세 부등식을 모두 만족시켜야 한다.

STEP 2 조건을 만족시키는 k의 값의 범위를 구한다.

(i) $-8<f(0)<8$일 때

$f(0)=2\log_{\frac{1}{2}}(-7+k)+2$이므로

$-8<2\log_{\frac{1}{2}}(-7+k)+2<8$

$-10<-2\log_2(-7+k)<6$, $-3<\log_2(-7+k)<5$ → $\log_2 2^{-3}<\log_2(-7+k)<\log_2 2^5$

$2^{-3}<-7+k<2^5$ → 밑이 1보다 크므로 진수의 부등호의 방향이 바뀌지 않는다.

$\frac{57}{8}<k<39$

(ii) $f(-8)>0$일 때

$f(-8)=2\log_{\frac{1}{2}}(-15+k)+2$이므로

$2\log_{\frac{1}{2}}(-15+k)+2>0$

$\log_{\frac{1}{2}}(-15+k)>-1$, $\log_2(-15+k)<1$ → $\log_2 2$

$-15+k<2$, $k<17$

(iii) $f(8)<0$일 때

$f(8)=2\log_{\frac{1}{2}}(1+k)+2$이므로

$2\log_{\frac{1}{2}}(1+k)+2<0$

$\log_{\frac{1}{2}}(1+k)<-1$, $\log_2(1+k)>1$ → $-\log_2(1+k)<-1$

$1+k>2$, $k>1$

(i), (ii), (iii)에서 $\frac{57}{8}<k<17$

STEP 3 $M+m$의 값을 구한다.

따라서 자연수 k의 최댓값은 $M=16$, 최솟값은 $m=8$이므로

$M+m=24$

답 24

03

풀이 전략 지수방정식과 지수부등식을 이용한다.

STEP 1 조건 (가)에서 a, b가 2의 거듭제곱임을 파악한다.

(i) 조건 (가)에서 $f(2)\times g(11)=2^{2015}$이므로

$a^2b^{11}=2^{2015}$ …… ㉠

a, b는 각각 1보다 큰 자연수이므로 2의 거듭제곱꼴이어야 한다.

이때 $a=2^m$, $b=2^n$ (m, n은 자연수)로 놓을 수 있다.

$a=2^m$, $b=2^n$을 ㉠에 대입하면

$(2^m)^2\times(2^n)^{11}=2^{2015}$ → $2^{2m}\times 2^{11n}=2^{2015}$에서 $2^{2m+11n}=2^{2015}$

$2m+11n=2015$ …… ㉡

그런데 $2m$은 짝수이므로 $11n$은 홀수이어야 한다. → (짝수)+(홀수)=(홀수)

STEP 2 가능한 자연수 k의 최댓값을 구한다.

즉, n은 홀수이므로

$n=2k-1$ (k는 자연수) …… ㉢

로 놓고 ㉢을 ㉡에 대입하면

$2m+11(2k-1)=2015$

$m=1013-11k$ …… ㉣

m과 k가 자연수이므로 ㉣에서

$m=1013-11k\geq 1$

$1\leq k\leq\frac{1012}{11}=92$ → $k=92$일 때 $n=183$, $m=1$

STEP 3 가능한 k의 최솟값을 구한다.

(ii) 조건 (나)에서 $f(2)<g(4)$이므로 $a^2<b^4$

위 식에 $a=2^m$, $b=2^n$ (m, n은 자연수)을 대입하면

$2^{2m}<2^{4n}$이므로 $m<2n$ …… ㉤

㉢과 ㉣을 ㉤에 대입하면 $1013-11k<2(2k-1)$

$k>\frac{1015}{15}=67.6\cdots$

k가 자연수이므로 $k\geq 68$ → $k=68$일 때 $n=135$, $m=265$

STEP 4 순서쌍 (a, b)의 개수를 구한다.

(i), (ii)에서 $68\leq k\leq 92$

따라서 순서쌍 (a, b)의 개수는 자연수 k의 개수와 같으므로

$92-68+1=25$

답 25

04

풀이 전략 로그함수의 그래프와 역함수의 성질을 이용하여 추론한다.

STEP 1 $k>1$일 때, 두 함수 $f(x)$, $g(x)$의 그래프를 그려 본다. → 로그의 밑이 k이므로 $k>1$일 때와 $0<k<1$일 때로 나누어 생각한다.

(i) $k>1$일 때

$0<\frac{1}{k}<1$이고 $0<2^{-a}<1<k$이므로 두 함수 $y=f(x)$와 → $a>0$

$y=g(x)$의 그래프는 다음 그림과 같다.

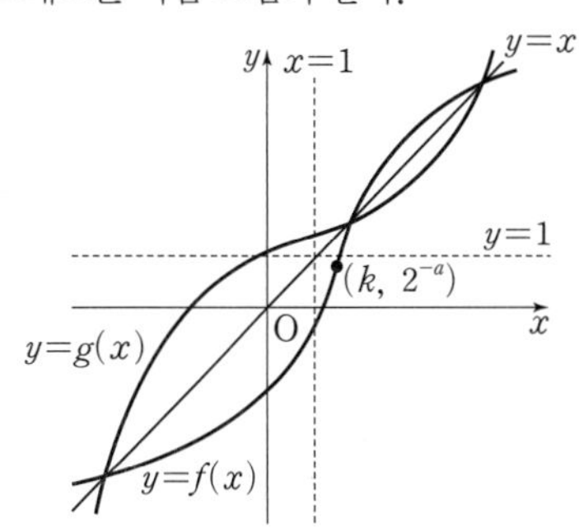

방정식 $f(x)=g(x)$의 해는 함수 $y=f(x)$의 그래프와 직선 $y=x$의 세 교점의 x좌표이다.

위의 그림에서 함수 $y=f(x)$의 그래프는 점 $(k, 2^{-a})$을 지나며 $1<k<t$이므로 $0<t<1$을 만족시키지 않는다.

STEP 2 $0<k<1$일 때, 두 함수 $f(x)$, $g(x)$의 그래프를 그려 본다.

(ii) $0<k<1$일 때

$\frac{1}{k}>1$이고 방정식 $f(x)=g(x)$의 해가 $-\frac{3}{4}$, t, $\frac{5}{4}$이므로

$f\left(-\frac{3}{4}\right)=\frac{5}{4}$, $f(t)=t$, $f\left(\frac{5}{4}\right)=-\frac{3}{4}$ → 두 점은 직선 $y=x$에 대하여 대칭이다.

이때 두 함수 $y=f(x)$와 $y=g(x)$의 그래프는 다음 그림과 같다.

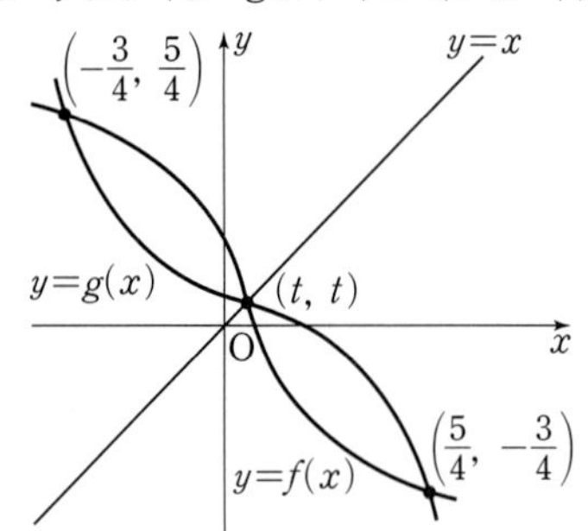

$f\left(-\frac{3}{4}\right)=\frac{5}{4}$에서 $2\log_{\frac{1}{k}}\left(\frac{7}{4}+k\right)+2^{-a}=\frac{5}{4}$ …… ㉠

$f\left(\frac{5}{4}\right)=-\frac{3}{4}$에서 $2\log_{k}\left(\frac{9}{4}-k\right)+2^{-a}=-\frac{3}{4}$ …… ㉡

㉡－㉠을 하면

$2\log_{k}\left(\frac{9}{4}-k\right)\left(\frac{7}{4}+k\right)=-2$ → $\log_{k}\left(\frac{9}{4}-k\right)\left(\frac{7}{4}+k\right)=-1$

$\left(\frac{9}{4}-k\right)\left(\frac{7}{4}+k\right)=\frac{1}{k}$

$16k^3-8k^2-63k+16=0$, $(4k-1)(4k^2-k-16)=0$

$k=\frac{1}{4}$ 또는 $k=\frac{1\pm\sqrt{257}}{8}$

$0<k<1$이므로 $k=\frac{1}{4}$

$f\left(\frac{5}{4}\right)=2\log_{\frac{1}{4}}\left(\frac{5}{4}-\frac{1}{4}+1\right)+2^{-a}=-\frac{3}{4}$

$-1+2^{-a}=-\frac{3}{4}$, $2^{-a}=\frac{1}{4}$ → $\frac{1}{4}=2^{-2}$

따라서 $a=2$

STEP 3 함수 $f(x)$를 이용하여 t의 값을 구한다.

이때 함수

$$f(x)=\begin{cases}2\log_{\frac{1}{4}}\left(x+\frac{3}{4}\right)+\frac{1}{4} & \left(x\geq\frac{1}{4}\right)\\ 2\log_{4}\left(-x+\frac{5}{4}\right)+\frac{1}{4} & \left(x<\frac{1}{4}\right)\end{cases}$$

이고 함수 $y=f(x)$의 그래프는 점 $\left(\frac{1}{4}, \frac{1}{4}\right)$을 지나므로

$t=\frac{1}{4}$

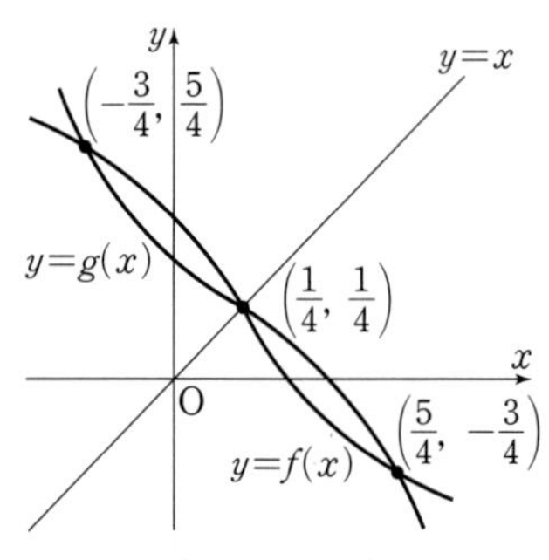

따라서 $30(a+k+t)=30\times\left(2+\frac{1}{4}+\frac{1}{4}\right)=75$

답 75

05 삼각함수

개념 확인문제

본문 71쪽

01 (1) $\frac{3}{4}\pi$ (2) $-\frac{\pi}{3}$ (3) $\frac{13}{3}\pi$ (4) $120°$ (5) $315°$ (6) $-18°$

02 (1) 제4사분면의 각 (2) 제2사분면의 각 (3) 제4사분면의 각 (4) 제2사분면의 각 (5) 제1사분면의 각 (6) 제3사분면의 각

03 (1) $l=\frac{\pi}{4}$, $S=\frac{\pi}{16}$ (2) $l=\frac{2}{9}\pi$, $S=\frac{\pi}{27}$

04 $\theta=\pi$, $S=\frac{9}{2}\pi$

05 (1) $l=9\pi$, $\theta=\frac{3}{4}\pi$ (2) $l=4\pi$, $\theta=\frac{\pi}{6}$

06 반지름의 길이: 13, 중심각의 크기: 2라디안

07 (1) $\sin\theta=\frac{1}{2}$, $\cos\theta=-\frac{\sqrt{3}}{2}$, $\tan\theta=-\frac{\sqrt{3}}{3}$

(2) $\sin\theta=-\frac{\sqrt{3}}{2}$, $\cos\theta=\frac{1}{2}$, $\tan\theta=-\sqrt{3}$

(3) $\sin\theta=-\frac{\sqrt{2}}{2}$, $\cos\theta=-\frac{\sqrt{2}}{2}$, $\tan\theta=1$

(4) $\sin\theta=\frac{1}{2}$, $\cos\theta=\frac{\sqrt{3}}{2}$, $\tan\theta=\frac{\sqrt{3}}{3}$

08 (1) $-\frac{12}{13}$ (2) $\frac{5}{13}$ (3) $-\frac{12}{5}$

09 (1) 제3사분면의 각 (2) 제2사분면의 각 (3) 제2사분면의 각 또는 제4사분면의 각 (4) 제1사분면의 각 또는 제2사분면의 각

10 $\sin\theta=-\frac{4}{5}$, $\tan\theta=\frac{4}{3}$

11 $\cos\theta=\frac{2\sqrt{2}}{3}$, $\tan\theta=-\frac{\sqrt{2}}{4}$ **12** $-\frac{3}{8}$ **13** $\frac{\sqrt{2}}{2}$

내신+학평 유형 연습

본문 72~77쪽

01 ②	02 ⑤	03 15	04 6	05 ①	06 ④
07 ⑤	08 ③	09 ②	10 6	11 ③	12 ④
13 ④	14 ②	15 ③	16 ③	17 ⑤	18 ④
19 ⑤	20 ③	21 ②	22 ④	23 20	24 ③
25 ⑤					

01

부채꼴의 반지름의 길이를 r이라 하면

(부채꼴의 넓이)$=\frac{1}{2}r^2\times\frac{\pi}{4}=18\pi$, $r^2=144$

$r>0$이므로 $r=12$

따라서 부채꼴의 호의 길이는 $12\times\frac{\pi}{4}=3\pi$

답 ②

02

부채꼴의 반지름의 길이를 r이라 하면

(부채꼴의 호의 길이)$=r\times\frac{3}{4}\pi=\frac{2}{3}\pi$

따라서 $r=\frac{2}{3}\pi\times\frac{4}{3\pi}=\frac{8}{9}$

답 ⑤

03

부채꼴의 반지름의 길이를 r이라 하면

(부채꼴의 호의 길이)$=r\times\frac{4}{5}\pi=12\pi$

따라서 $r=12\pi\times\frac{5}{4\pi}=15$

답 15

04

부채꼴의 반지름의 길이를 r이라 하면

(부채꼴의 넓이)$=\frac{1}{2}r\times2\pi=6\pi$

따라서 $r=6$

답 6

05

반지름의 길이가 4, 중심각의 크기가 $\frac{5}{12}\pi$이므로

(부채꼴의 넓이)$=\frac{1}{2}\times4^2\times\frac{5}{12}\pi=\frac{10}{3}\pi$

답 ①

06

부채꼴의 중심각의 크기를 θ라 하면

(부채꼴의 호의 길이)$=6\theta=4\pi$

따라서 $\theta=\frac{2}{3}\pi$

답 ④

07

부채꼴의 중심각의 크기를 θ라 하면

(부채꼴의 넓이)$=\frac{1}{2}\times6^2\times\theta=15\pi$

따라서 $\theta=\frac{5}{6}\pi$

답 ⑤

08

부채꼴의 반지름의 길이를 r이라 하면

(부채꼴의 호의 길이)$=r\times\frac{\pi}{6}=\pi$이므로 $r=6$

따라서 부채꼴의 넓이는 $\frac{1}{2}\times6^2\times\frac{\pi}{6}=3\pi$

답 ③

09

부채꼴 OAB의 반지름의 길이를 r이라 하면

$\pi=r\times\frac{\pi}{3}$이므로 $r=3$

이때 삼각형 OAB는 정삼각형이다.

따라서 삼각형 OAB의 넓이는 $\frac{\sqrt{3}}{4}\times3^2=\frac{9\sqrt{3}}{4}$

답 ②

다른 풀이

삼각형 OAB의 넓이는 $\frac{1}{2}\times3^2\times\sin\frac{\pi}{3}=\frac{9\sqrt{3}}{4}$

10

$\overline{OA}=r\ (r>0)$, $\angle COA=\theta\ (0<\theta<\pi)$라 하면

호 AC의 길이가 π이므로 $r\theta=\pi$에서 $\theta=\frac{\pi}{r}$

부채꼴 OBC의 넓이가 15π이므로

$\frac{1}{2}r^2(\pi-\theta)=15\pi$

$\frac{1}{2}r^2\left(\pi-\frac{\pi}{r}\right)=15\pi$, $\frac{1}{2}\pi(r^2-r)=15\pi$

$r^2-r-30=0$, $(r+5)(r-6)=0$

$r>0$이므로 $r=6$

따라서 선분 OA의 길이는 6이다.

답 6

11

각 θ와 각 8θ를 나타내는 동경이 일치하므로

$8\theta-\theta=2n\pi$ (n은 정수), $\theta=\frac{2n}{7}\pi$

$0<\theta<\frac{\pi}{2}$이므로 $0<\frac{2n}{7}\pi<\frac{\pi}{2}$, $0<n<\frac{7}{4}$

n은 정수이므로 $n=1$, $\theta=\frac{2}{7}\pi$

따라서 부채꼴의 넓이는 $\frac{1}{2}\times2^2\times\frac{2}{7}\pi=\frac{4}{7}\pi$

답 ③

12

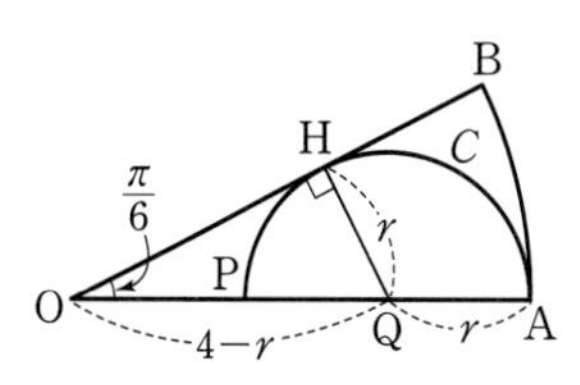

반원 C의 중심을 Q, 반지름의 길이를 r이라 하면

$\overline{OA}=4$이므로 $\overline{OQ}=4-r$

선분 OB와 반원 C의 접점을 H라 하면 $\overline{QH}=r$

부채꼴의 중심각의 크기가 $\frac{\pi}{6}$이므로 직각삼각형 OQH에서

$\sin\frac{\pi}{6}=\frac{r}{4-r}$이므로 $\frac{1}{2}=\frac{r}{4-r}$, 즉 $r=\frac{4}{3}$

$S_1=\frac{1}{2}\times4^2\times\frac{\pi}{6}=\frac{4}{3}\pi$, $S_2=\frac{1}{2}\times\pi\times\left(\frac{4}{3}\right)^2=\frac{8}{9}\pi$

따라서 $S_1-S_2=\frac{4}{9}\pi$

답 ④

13

삼각형 OAM에서

$\angle\text{OMA}=\frac{\pi}{2}$, $\angle\text{AOM}=\frac{\theta}{2}$이므로

$\overline{\text{MA}}=\boxed{\sin\frac{\theta}{2}}$

이다. 한편, $\angle\text{OAM}=\frac{\pi}{2}-\frac{\theta}{2}$이고

$\overline{\text{MA}}=\overline{\text{MP}}$이므로

$\angle\text{AMP}=\pi-2\times\left(\frac{\pi}{2}-\frac{\theta}{2}\right)=\boxed{\theta}$

이다. 같은 방법으로

$\angle\text{OBM}=\frac{\pi}{2}-\frac{\theta}{2}$이고 $\overline{\text{MB}}=\overline{\text{MQ}}$이므로

$\angle\text{BMQ}=\boxed{\theta}$

이다. 따라서 부채꼴 MPQ의 넓이 $S(\theta)$는

$S(\theta)=\frac{1}{2}\times\left(\boxed{\sin\frac{\theta}{2}}\right)^2\times\boxed{(\pi-2\theta)}$이다.

즉, $f(\theta)=\sin\frac{\theta}{2}$, $g(\theta)=\theta$, $h(\theta)=\pi-2\theta$이므로

$$\frac{f\left(\frac{\pi}{3}\right)\times g\left(\frac{\pi}{6}\right)}{h\left(\frac{\pi}{4}\right)}=\frac{\sin\frac{\pi}{6}\times\frac{\pi}{6}}{\pi-\frac{\pi}{2}}=\frac{\frac{1}{2}\times\frac{\pi}{6}}{\frac{\pi}{2}}=\frac{1}{6}$$

답 ④

14

$a>0$이므로 $\tan\theta_1=\frac{b}{a}$, $\tan\theta_2=-\frac{2b^2}{a^2}$

$\tan\theta_1+\tan\theta_2=0$에서

$\frac{b}{a}+\left(-\frac{2b^2}{a^2}\right)=0$, $\frac{b(a-2b)}{a^2}=0$

$b>0$이므로 $a=2b$

따라서 $\sin\theta_1=\frac{b}{\sqrt{a^2+b^2}}=\frac{b}{\sqrt{5b^2}}=\frac{\sqrt{5}}{5}$

답 ②

15

점 A의 좌표를 $(-2,\ a)$ $(a>0)$이라 하면

점 B의 좌표는 $(-2,\ -a)$이고 $\overline{\text{OA}}=\overline{\text{OB}}=r$이므로

$\cos\alpha=-\frac{2}{r}$, $\sin\beta=-\frac{a}{r}$

$2\cos\alpha=3\sin\beta$에서 $2\times\left(-\frac{2}{r}\right)=3\times\left(-\frac{a}{r}\right)$, $a=\frac{4}{3}$

한편, $\sin\alpha=\frac{a}{r}$, $\cos\beta=-\frac{2}{r}$이므로

$$r(\sin\alpha+\cos\beta)=r\left\{\frac{a}{r}+\left(-\frac{2}{r}\right)\right\}=a+(-2)$$
$$=\frac{4}{3}+(-2)=-\frac{2}{3}$$

답 ③

16

점 $\text{P}(t,\ \sqrt{t})$ $(t>0)$에 대하여 $\overline{\text{OP}}=\sqrt{t^2+t}$이므로

$\sin\theta=\frac{\sqrt{t}}{\sqrt{t^2+t}}$, $\cos\theta=\frac{t}{\sqrt{t^2+t}}$

$\cos^2\theta-2\sin^2\theta=-1$에서 $\frac{t^2}{t^2+t}-\frac{2t}{t^2+t}=-1$

$t^2-2t=-t^2-t$, $t(2t-1)=0$

$t>0$이므로 $t=\frac{1}{2}$이고 $\text{P}\left(\frac{1}{2},\ \frac{\sqrt{2}}{2}\right)$이다.

따라서 $\overline{\text{OP}}=\sqrt{\left(\frac{1}{2}\right)^2+\left(\frac{\sqrt{2}}{2}\right)^2}=\frac{\sqrt{3}}{2}$

답 ③

17

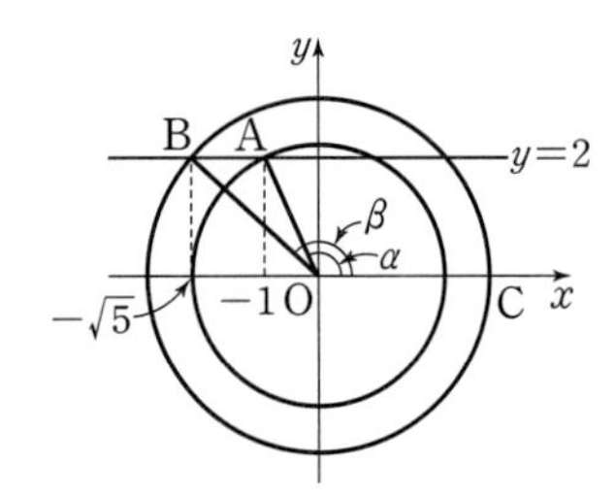

직선 $y=2$가 원 $x^2+y^2=5$와 제2사분면에서 만나는 점 A의 x좌표는 $x^2+2^2=5$에서 $x=-1$ $(x<0)$이므로 $\text{A}(-1,\ 2)$

$\overline{\text{OA}}=\sqrt{5}$이므로 $\sin\alpha=\frac{2}{\sqrt{5}}$

직선 $y=2$가 원 $x^2+y^2=9$와 제2사분면에서 만나는 점 B의 x좌표는 $x^2+2^2=9$에서 $x=-\sqrt{5}$ $(x<0)$이므로 $\text{B}(-\sqrt{5},\ 2)$

$\overline{\text{OB}}=3$이므로 $\cos\beta=-\frac{\sqrt{5}}{3}$

따라서 $\sin\alpha\times\cos\beta=\frac{2}{\sqrt{5}}\times\left(-\frac{\sqrt{5}}{3}\right)=-\frac{2}{3}$

답 ⑤

18

$\sin^2\theta+\cos^2\theta=1$이고 $\sin\theta=-\frac{1}{3}$이므로

$\cos^2\theta=1-\sin^2\theta=1-\frac{1}{9}=\frac{8}{9}$

$\pi<\theta<\frac{3}{2}\pi$에서 $\cos\theta<0$이므로 $\cos\theta=-\frac{2\sqrt{2}}{3}$

따라서 $\tan\theta=\frac{\sin\theta}{\cos\theta}=\frac{-\frac{1}{3}}{-\frac{2\sqrt{2}}{3}}=\frac{1}{2\sqrt{2}}=\frac{\sqrt{2}}{4}$

답 ④

19

$\sin^2\theta+\cos^2\theta=1$이고 $\cos\theta=-\frac{3}{4}$이므로

$\sin^2\theta=1-\cos^2\theta=1-\frac{9}{16}=\frac{7}{16}$

$\frac{\pi}{2}<\theta<\pi$에서 $\sin\theta>0$이므로

$\sin\theta=\frac{\sqrt{7}}{4}$

답 ⑤

20

$\sin\theta=-3\cos\theta$의 양변을 제곱하면

$\sin^2\theta=9\cos^2\theta$, $1-\cos^2\theta=9\cos^2\theta$

$\cos^2\theta=\frac{1}{10}$

$\frac{\pi}{2}<\theta<\pi$에서 $\cos\theta<0$이므로

$\cos\theta=-\frac{1}{\sqrt{10}}=-\frac{\sqrt{10}}{10}$

답 ③

다른 풀이

$\sin\theta=-3\cos\theta$에서

$\frac{\sin\theta}{\cos\theta}=-3$, $\tan\theta=-3$

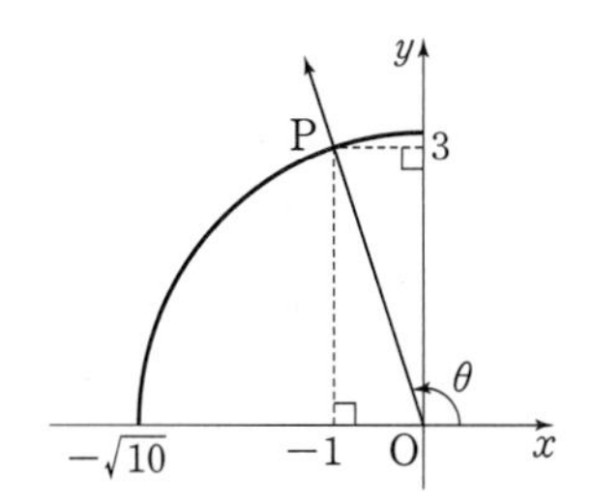

$\frac{\pi}{2}<\theta<\pi$이므로 중심이 원점이고 반지름의 길이가 $\sqrt{10}$인 원과 각 θ를 나타내는 동경이 만나는 점을 P라 하면

$P(-1, 3)$

따라서 $\cos\theta=-\frac{1}{\sqrt{10}}=-\frac{\sqrt{10}}{10}$

21

$\tan\theta=2$에서

$\frac{\sin\theta}{\cos\theta}=2$, $\sin\theta=2\cos\theta$

$\sin^2\theta+\cos^2\theta=1$에서

$(2\cos\theta)^2+\cos^2\theta=1$, $5\cos^2\theta=1$

$\cos^2\theta=\frac{1}{5}$

$\pi<\theta<\frac{3}{2}\pi$에서 $\cos\theta<0$이므로

$\cos\theta=-\frac{\sqrt{5}}{5}$

답 ②

22

$\cos\theta\times\tan\theta=\frac{3}{5}$에서

$\cos\theta\times\frac{\sin\theta}{\cos\theta}=\sin\theta=\frac{3}{5}$

$0<\theta<\frac{\pi}{2}$일 때, $\cos\theta>0$이므로

$\cos\theta=\sqrt{1-\sin^2\theta}=\sqrt{1-\frac{9}{25}}=\frac{4}{5}$

답 ④

23

$\sin^2\theta+\cos^2\theta=1$이므로

$$\begin{aligned}2\cos^2\theta-\sin^2\theta&=2(1-\sin^2\theta)-\sin^2\theta\\&=2-3\sin^2\theta=1\end{aligned}$$

에서 $\sin^2\theta=\frac{1}{3}$

따라서 $60\sin^2\theta=60\times\frac{1}{3}=20$

답 20

24

$\sin\theta+\cos\theta=\frac{\sqrt{6}}{2}$의 양변을 제곱하면

$\sin^2\theta+2\sin\theta\cos\theta+\cos^2\theta=\frac{3}{2}$

$1+2\sin\theta\cos\theta=\frac{3}{2}$

$2\sin\theta\cos\theta=\frac{1}{2}$

따라서 $\sin\theta\cos\theta=\frac{1}{4}$

답 ③

25

$$\begin{aligned}\sin^4\theta+\cos^4\theta&=(\sin^2\theta+\cos^2\theta)^2-2\sin^2\theta\cos^2\theta\\&=1-2\sin^2\theta\cos^2\theta=\frac{23}{32}\end{aligned}$$

에서 $\sin^2\theta\cos^2\theta=\frac{9}{64}$

$\frac{\pi}{2}<\theta<\pi$에서 $\sin\theta>0$, $\cos\theta<0$이므로

$\sin\theta\cos\theta=-\frac{3}{8}$

따라서 $(\sin\theta-\cos\theta)^2=1-2\sin\theta\cos\theta=\frac{7}{4}$이고

$\sin\theta-\cos\theta>0$이므로

$\sin\theta-\cos\theta=\frac{\sqrt{7}}{2}$

답 ⑤

서술형 연습

본문 78쪽

01 $\frac{13}{27}$ 02 $\sqrt{3}$

01

$\sin\theta-\cos\theta=\frac{1}{3}$의 양변을 제곱하면

$\sin^2\theta-2\sin\theta\cos\theta+\cos^2\theta=\frac{1}{9}$ ······ ㉮

$\sin^2\theta+\cos^2\theta=1$이므로

$2\sin\theta\cos\theta=\frac{8}{9}$

$\sin\theta\cos\theta=\frac{4}{9}$ ······ ㉯

따라서

$\sin^3\theta-\cos^3\theta=(\sin\theta-\cos\theta)^3+3\sin\theta\cos\theta(\sin\theta-\cos\theta)$ ······ ㉰

$=\left(\frac{1}{3}\right)^3+3\times\frac{4}{9}\times\frac{1}{3}=\frac{13}{27}$ ······ ㉱

답 $\frac{13}{27}$

단계	채점 기준	비율
㉮	주어진 식의 양변을 제곱하여 전개한 경우	20%
㉯	$\sin^2\theta+\cos^2\theta=1$임을 이용하여 $\sin\theta\cos\theta$의 값을 구한 경우	30%
㉰	$\sin^3\theta-\cos^3\theta$를 $\sin\theta$, $\cos\theta$의 곱과 차의 꼴이 포함된 식으로 나타낸 경우	30%
㉱	$\sin^3\theta-\cos^3\theta$의 값을 구한 경우	20%

02

x에 대한 이차방정식 $4x^2-2(1-a)x-a=0$의 두 근이 $\sin\theta$, $\cos\theta$이므로 근과 계수의 관계에 의하여

$\sin\theta+\cos\theta=\frac{1-a}{2}$ ······ ㉠

$\sin\theta\cos\theta=-\frac{a}{4}$ ······ ㉡ ······ ㉮

㉠의 양변을 제곱하면

$\sin^2\theta+2\sin\theta\cos\theta+\cos^2\theta=\left(\frac{1-a}{2}\right)^2$

$\sin^2\theta+\cos^2\theta=1$이므로

$\sin\theta\cos\theta=\frac{a^2-2a-3}{8}$ ······ ㉯

위 식을 ㉡에 대입하면

$\frac{a^2-2a-3}{8}=-\frac{a}{4}$

$a^2-2a-3=-2a$

$a^2=3$ ······ ㉰

따라서 $a>0$이므로 $a=\sqrt{3}$ ······ ㉱

답 $\sqrt{3}$

단계	채점 기준	비율
㉮	근과 계수의 관계를 이용하여 $\sin\theta$, $\cos\theta$의 합과 곱을 구한 경우	30%
㉯	곱셈 공식과 $\sin^2\theta+\cos^2\theta=1$임을 이용하여 $\sin\theta\cos\theta$의 값을 구한 경우	30%
㉰	주어진 식을 연립하여 a^2의 값을 구한 경우	30%
㉱	$a>0$임을 이용하여 a의 값을 구한 경우	10%

1등급 도전

본문 79쪽

01 13 02 ①

01

풀이 전략 부채꼴의 넓이와 삼각형의 넓이를 이용한다.

STEP 1 부채꼴 O_1NA와 부채꼴 O_2AC의 넓이를 구한다.

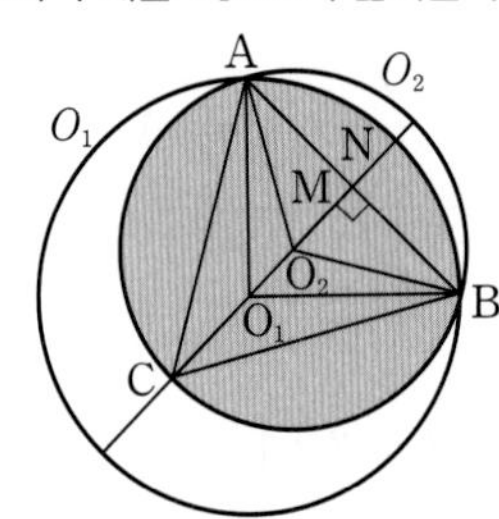

원 O_1의 중심을 O_1, 원 O_2의 중심을 O_2, 직선 O_1O_2가 선분 AB와 만나는 점을 M이라 하고, 직선 O_1O_2가 원 O_1과 만나는 두 점 중에서 점 M에 가까운 점을 N이라 하자.

$\overline{O_1A}=6$, $\overline{AM}=3\sqrt{2}$

$\overline{O_1A}:\overline{AM}=\sqrt{2}:1$ → 직각삼각형 O_1MA에서 $\sin(\angle AO_1M)=\frac{1}{\sqrt{2}}$이므로 $\angle AO_1M=\frac{\pi}{4}$

이므로 $\angle MO_1A=\frac{\pi}{4}$

원 O_1에서 점 B를 포함하지 않는 부채꼴 O_1NA의 넓이는

$\frac{1}{2}\times6^2\times\frac{\pi}{4}=\frac{9}{2}\pi$ ······ ㉠ → 반지름의 길이가 r, 중심각의 크기 θ인 부채꼴의 넓이는 $\frac{1}{2}r^2\theta$

$\angle MO_2A=\frac{\pi}{3}$이므로 $\overline{O_2A}=2\sqrt{6}$ → 직각삼각형 O_2MA에서 $\overline{O_2A}:\overline{AM}=2:\sqrt{3}$이므로 $\overline{O_2A}=2\sqrt{6}$

원 O_2에서 점 B를 포함하지 않는 부채꼴 O_2AC의 넓이는

$\frac{1}{2}\times(2\sqrt{6})^2\times\frac{2}{3}\pi=8\pi$ ······ ㉡

(STEP 2) 삼각형 AO_1O_2의 넓이를 구한다.

$\overline{O_1O_2}=\overline{O_1M}-\overline{O_2M}=3\sqrt{2}-\sqrt{6}$이므로

→ 직각삼각형 O_2MA에서 $\overline{O_2M}:\overline{O_2A}=1:2$이므로 $\overline{O_2M}=\sqrt{6}$

삼각형 AO_1O_2의 넓이는

$\frac{1}{2}\times6\times(3\sqrt{2}-\sqrt{6})\times\sin\frac{\pi}{4}=9-3\sqrt{3}$ ······ ㉢

(STEP 3) 공통부분의 넓이를 구하여 $p+q+r$의 값을 구한다.

㉠, ㉡, ㉢에서 공통부분의 넓이는

$2\times\left\{\frac{9}{2}\pi+8\pi-(9-3\sqrt{3})\right\}=-18+6\sqrt{3}+25\pi$

따라서 $p=-18$, $q=6$, $r=25$이므로

$p+q+r=13$

답 13

02

풀이 전략 각 원의 중심에서 접점까지 보조선을 그어 두 원의 반지름 사이의 관계식을 찾는다.

(STEP 1) $\angle BAP=\theta$로 놓고 r_1의 값을 구한다.

반지름의 길이가 r_1, r_2인 원의 중심을 각각 C, D, 선분 AP의 중점을 E라 하면 다음 그림과 같이 직선 OE는 원의 중심 D를 지난다.

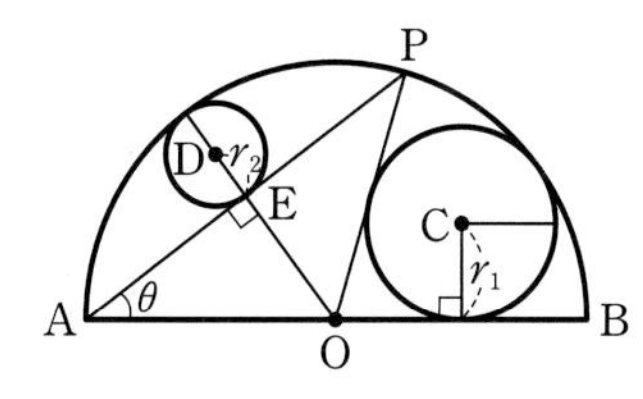

$\angle BAP=\theta$라 할 때, $\cos\theta=\frac{4}{5}$이므로

$\sin\theta=\frac{3}{5}\left(0<\theta<\frac{\pi}{2}\right)$

→ $\sin\theta=\sqrt{1-\cos^2\theta}=\sqrt{1-\frac{16}{25}}=\sqrt{\frac{9}{25}}=\frac{3}{5}$

(i) $\angle BOP=2\theta$이므로 $\angle BOC=\theta$

→ 한 원에서 한 호에 대한 중심각의 크기는 원주각의 크기의 2배이므로 $\angle BOP=2\angle BAP$

$r_1+\overline{OC}=r_1+\frac{r_1}{\sin\theta}=1$

$r_1=\frac{\sin\theta}{1+\sin\theta}=\frac{3}{8}$

→ $\sin\theta=\frac{r_1}{\overline{OC}}$이므로 $\overline{OC}=\frac{r_1}{\sin\theta}$

(STEP 2) r_2의 값을 구한다.

(ii) $2r_2+\overline{OE}=2r_2+\sin\theta=1$

→ 직각삼각형 AOE에서 $\sin\theta=\frac{\overline{OE}}{\overline{AO}}$이므로 $\overline{OE}=\overline{AO}\sin\theta=\sin\theta$

$r_2=\frac{1-\sin\theta}{2}=\frac{1}{5}$

(STEP 3) r_1r_2의 값을 구한다.

(i), (ii)에서 $r_1r_2=\frac{3}{8}\times\frac{1}{5}=\frac{3}{40}$

답 ①

06 삼각함수의 그래프

개념 확인문제

본문 81쪽

01 (1) 주기: π, 치역: $\{y|-2\le y\le 2\}$

(2) 주기: 4π, 치역: $\left\{y\middle|-\frac{1}{2}\le y\le\frac{1}{2}\right\}$

(3) 주기: $\frac{\pi}{2}$, 치역: $\{y|y$는 실수$\}$

(4) 주기: 6π, 치역: $\left\{y\middle|-\frac{1}{2}\le y\le\frac{1}{2}\right\}$

(5) 주기: π, 치역: $\{y|-3\le y\le 3\}$

(6) 주기: 2π, 치역: $\{y|y$는 실수$\}$

02 $a=5$, $b=3$

03 (1) $-\frac{\sqrt{3}}{2}$ (2) $-\frac{\sqrt{2}}{2}$ (3) $-\frac{\sqrt{3}}{3}$ (4) $-\frac{1}{2}$ (5) $-\frac{\sqrt{2}}{2}$ (6) $\sqrt{3}$

04 (1) 1 (2) 1

05 (1) $x=\frac{\pi}{6}$ 또는 $x=\frac{5}{6}\pi$ (2) $x=\frac{5}{6}\pi$ 또는 $x=\frac{7}{6}\pi$

(3) $x=\frac{\pi}{4}$ 또는 $x=\frac{5}{4}\pi$

06 (1) $\frac{\pi}{3}<x<\frac{2}{3}\pi$ (2) $\frac{\pi}{4}<x<\frac{7}{4}\pi$

(3) $0\le x\le\frac{\pi}{6}$ 또는 $\frac{\pi}{2}<x\le\frac{7}{6}\pi$ 또는 $\frac{3}{2}\pi<x<2\pi$

07 (1) $x=\frac{\pi}{3}$ 또는 $x=\frac{5}{3}\pi$ (2) $x=\frac{\pi}{6}$ 또는 $x=\frac{5}{6}\pi$

08 (1) $0\le x<\frac{\pi}{6}$ 또는 $\frac{5}{6}\pi<x<2\pi$ (2) $\frac{\pi}{3}<x<\frac{5}{3}\pi$

09 (1) 0 (2) -1 (3) 4 (4) 4

10 $\frac{\pi}{8}\le\theta\le\frac{3}{8}\pi$

내신+학평 유형 연습

본문 82~91쪽

01 12	02 ②	03 ⑤	04 9	05 ⑤	06 ②
07 ③	08 8	09 ③	10 ③	11 ④	12 4
13 ⑤	14 ③	15 9	16 ③	17 ⑤	18 ③
19 ③	20 ③	21 ④	22 5	23 ⑤	24 14
25 ④	26 ④	27 ④	28 ④	29 ④	30 ④
31 ③	32 ⑤	33 10	34 20	35 ③	36 ①
37 35	38 ①	39 20	40 ④	41 ⑤	42 ②
43 256					

01

함수 $y=6\cos\left(x+\frac{\pi}{2}\right)+k=-6\sin x+k$이고

이 함수의 그래프가 점 $\left(\frac{5}{6}\pi, 9\right)$를 지나므로

$9=-6\sin\frac{5}{6}\pi+k$, $9=-3+k$

따라서 $k=12$

답 12

02

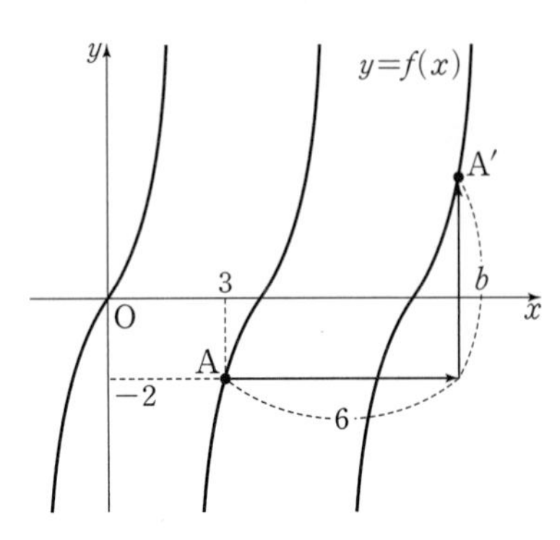

점 A(3, −2)는 함수 $f(x)=a\tan\frac{\pi}{4}x$의 그래프 위의 점이고

$f(3)=a\tan\frac{3}{4}x=-a$이므로

$-a=-2$, 즉 $a=2$

점 A(3, −2)를 x축의 방향으로 6만큼, y축의 방향으로 b만큼 평행이동한 점 A′(9, $-2+b$)는 함수 $f(x)=2\tan\frac{\pi}{4}x$의 그래프 위의 점이고

$f(9)=2\tan\frac{9}{4}\pi=2\tan\left(2\pi+\frac{\pi}{4}\right)=2\tan\frac{\pi}{4}=2\times1=2$이므로

$2=-2+b$, 즉 $b=4$

따라서 $a+b=2+4=6$

답 ②

03

주어진 그래프에서 함수 $y=a\sin bx+c$의 주기가 4π이고 $b>0$이므로

$\frac{2\pi}{b}=4\pi$에서 $b=\frac{1}{2}$

함수 $y=a\sin\frac{x}{2}+c$의 그래프가 점 $(\pi, 5)$를 지나므로

$5=a\sin\frac{\pi}{2}+c$에서 $5=a+c$ ...... ㉠

함수 $y=a\sin\frac{x}{2}+c$의 그래프가 점 $(3\pi, 1)$을 지나므로

$1=a\sin\frac{3\pi}{2}+c$에서 $1=-a+c$ ...... ㉡

㉠, ㉡을 연립하여 풀면 $a=2$, $c=3$

따라서 $a\times b\times c=2\times\frac{1}{2}\times3=3$

답 ⑤

04

함수 $y=\cos\frac{2}{3}x$의 주기는 $\frac{2\pi}{\frac{2}{3}}=3\pi$

함수 $y=\tan\frac{3}{a}x$의 주기는 $\frac{\pi}{\frac{3}{a}}=\frac{a\pi}{3}$

두 함수의 주기가 같으므로 $3\pi=\frac{a\pi}{3}$

따라서 $a=9$

답 9

05

함수 $y=a\sin\frac{\pi}{2b}x$의 최댓값이 2이므로 $a=2$

함수 $y=a\sin\frac{\pi}{2b}x$의 주기가 2이므로

$\frac{2\pi}{\frac{\pi}{2b}}=2$, $4b=2$, $b=\frac{1}{2}$

따라서 $a+b=2+\frac{1}{2}=\frac{5}{2}$

답 ⑤

06

함수 $y=\tan ax+b$의 그래프가 점 (0, 2)를 지나므로 $b=2$

$0\le x<2\pi$에서 x의 값이 증가할 때 y의 값이 증가하므로 $a>0$

주기가 4π이므로 $\frac{\pi}{a}=4\pi$, 즉 $a=\frac{1}{4}$

따라서 $ab=\frac{1}{4}\times2=\frac{1}{2}$

답 ②

07

주어진 그래프에서 함수 $y=a\cos bx+c$의 최댓값이 1, 최솟값이 -3이고 $a>0$이므로

$a+c=1$, $-a+c=-3$

두 식을 연립하여 풀면 $a=2$, $c=-1$

한편, 삼각함수의 주기가 $\frac{2}{3}\pi$이고 $b>0$이므로

$\frac{2\pi}{b}=\frac{2}{3}\pi$, $b=3$

따라서 $a\times b\times c=2\times3\times(-1)=-6$

답 ③

08

주어진 그래프에서 함수 $f(x)=3\sin\frac{\pi(x+a)}{2}+b$의 최댓값이 5, 최솟값이 -1이므로

$3+b=5$, $-3+b=-1$, 즉 $b=2$

함수 $f(x)=3\sin\frac{\pi}{2}(x+a)+2$의 그래프는 함수 $y=3\sin\frac{\pi}{2}x+2$의 그래프를 x축의 방향으로 $-a$만큼 평행이동한 것이다.

모든 실수 x에 대하여 $f(x+p)=f(x)$를 만족시키는 최소의 양수 p가 4이므로 함수 $f(x)$의 주기는 4이다.

함수 $y=f(x)$의 그래프는 함수 $y=3\sin\frac{\pi}{2}x+2$의 그래프와 일치하고 함수 $f(x)$의 주기는 4이므로 $a=4k$ (k는 정수)이다.
따라서 a가 양수일 때 a의 최솟값은 4이므로 $a\times b$의 최솟값은 8이다.

답 8

09

$3\sin\left(\frac{\pi}{2}+\theta\right)+\cos(\pi-\theta)=3\cos\theta-\cos\theta=2\cos\theta$

$=2\times\frac{1}{4}=\frac{1}{2}$

답 ③

10

$\sin\frac{5}{6}\pi=\sin\left(\pi-\frac{\pi}{6}\right)=\sin\frac{\pi}{6}=\frac{1}{2}$

$\cos\left(-\frac{8}{3}\pi\right)=\cos\frac{8}{3}\pi=\cos\left(2\pi+\frac{2}{3}\pi\right)$

$=\cos\frac{2}{3}\pi=\cos\left(\pi-\frac{\pi}{3}\right)$

$=-\cos\frac{\pi}{3}=-\frac{1}{2}$

따라서 $\sin\frac{5}{6}\pi+\cos\left(-\frac{8}{3}\pi\right)=\frac{1}{2}-\frac{1}{2}=0$

답 ③

11

$2\sin\left(\frac{\pi}{2}-\theta\right)=\sin\theta\times\tan(\pi+\theta)$에서

$2\cos\theta=\sin\theta\times\tan\theta$, $2\cos\theta=\sin\theta\times\frac{\sin\theta}{\cos\theta}$

$2\cos^2\theta=\sin^2\theta$

이때 $\sin^2\theta+\cos^2\theta=1$이므로

$2(1-\sin^2\theta)=\sin^2\theta$

따라서 $\sin^2\theta=\frac{2}{3}$

답 ④

12

$\tan\theta=-\frac{4}{3}\left(\frac{\pi}{2}<\theta<\pi\right)$이므로

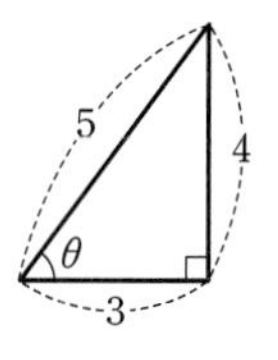

$\sin\theta=\frac{4}{5}$

따라서

$5\sin(\pi+\theta)+10\cos\left(\frac{\pi}{2}-\theta\right)$

$=-5\sin\theta+10\sin\theta=5\sin\theta$

$=5\times\frac{4}{5}=4$

답 4

13

원점 O와 점 P(4, −3)을 지나는 동경 OP가 나타내는 각의 크기가 θ이고 $\overline{OP}=\sqrt{4^2+(-3)^2}=5$이므로

$\sin\theta=-\frac{3}{5}$, $\cos\theta=\frac{4}{5}$

따라서

$\sin\left(\frac{\pi}{2}+\theta\right)-\sin\theta=\cos\theta-\sin\theta$

$=\frac{4}{5}-\left(-\frac{3}{5}\right)=\frac{7}{5}$

답 ⑤

14

$f(x)=2\cos^2 x+2\sin x+k$

$=2(1-\sin^2 x)+2\sin x+k$

$=-2\sin^2 x+2\sin x+2+k$

$\sin x=t$로 놓으면 $-1\le t\le 1$이고

$y=-2t^2+2t+2+k$

$=-2\left(t^2-t+\frac{1}{4}\right)+\frac{5}{2}+k$

$=-2\left(t-\frac{1}{2}\right)^2+\frac{5}{2}+k$

따라서 함수 $y=-2\left(t-\frac{1}{2}\right)^2+\frac{5}{2}+k$는 $t=\frac{1}{2}$에서 최댓값 $\frac{5}{2}+k$를 갖는다.

즉, $\frac{5}{2}+k=\frac{15}{2}$이므로 $k=5$

따라서 함수 $y=-2t^2+2t+7$은 $t=-1$에서 최솟값 3을 가지므로 함수 $f(x)$의 최솟값은 3이다.

답 ③

15

$\sin^2 x=1-\cos^2 x$, $\sin\left(x+\frac{\pi}{2}\right)=\cos x$이므로

$f(x)=\sin^2 x+\sin\left(x+\frac{\pi}{2}\right)+1$

$=1-\cos^2 x+\cos x+1$

$=-\left(\cos x-\frac{1}{2}\right)^2+\frac{9}{4}$

이때 $-1\le\cos x\le 1$이므로 함수 $f(x)$는 $\cos x=\frac{1}{2}$일 때 최댓값 $\frac{9}{4}$를 갖는다.

따라서 $M=\frac{9}{4}$이므로

$4M=9$

답 9

16

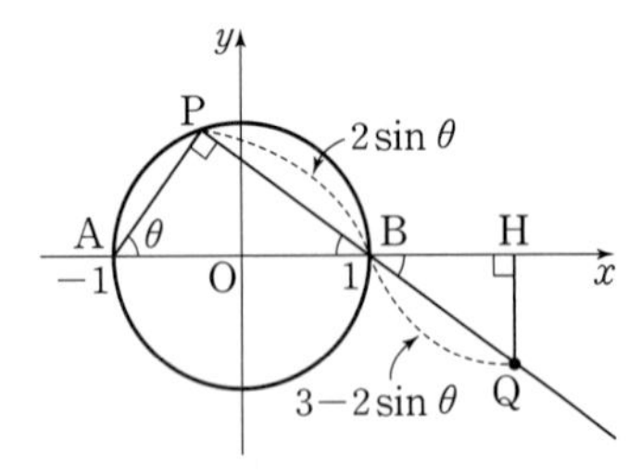

$\angle APB=\frac{\pi}{2}$이므로 $\angle PBA=\frac{\pi}{2}-\theta$

$\overline{BP}=\overline{AB}\sin\theta=2\sin\theta$이므로 $\overline{BQ}=3-2\sin\theta$

$\angle HBQ=\angle PBA=\frac{\pi}{2}-\theta$

이므로 직각삼각형 BQH에서

$\overline{BH}=\overline{BQ}\cos\left(\frac{\pi}{2}-\theta\right)$

$\quad=(3-2\sin\theta)\sin\theta$

점 Q의 x좌표는

$1+\overline{BH}=1+(3-2\sin\theta)\sin\theta$

$\quad=1+3\sin\theta-2\sin^2\theta$

$\quad=-2\left(\sin\theta-\frac{3}{4}\right)^2+\frac{17}{8}$

이므로 $\sin\theta=\frac{3}{4}$일 때 최대이다.

따라서 $\sin^2\theta=\frac{9}{16}$

답 ③

17

함수 $y=\tan\pi x$의 주기는 $\frac{\pi}{\pi}=1$이므로 $0\le x\le 2$에서 함수 $y=\tan\pi x$의 그래프는 다음 그림과 같다.

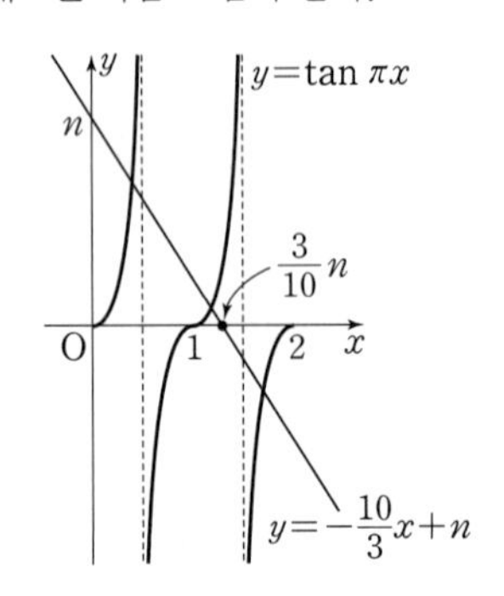

$0\le x\le 2$에서 함수 $y=\tan\pi x$의 그래프와 직선 $y=-\frac{10}{3}x+n$이 서로 다른 세 점에서 만나기 위해서는 직선 $y=-\frac{10}{3}x+n$의 x절편 $\frac{3}{10}n$이 2보다 작거나 같아야 한다.

즉, $\frac{3}{10}n\le 2$이므로 $n\le\frac{20}{3}$

따라서 자연수 n의 최댓값은 6이다.

답 ⑤

18

함수 $y=\tan x$의 그래프는 다음 그림과 같다.

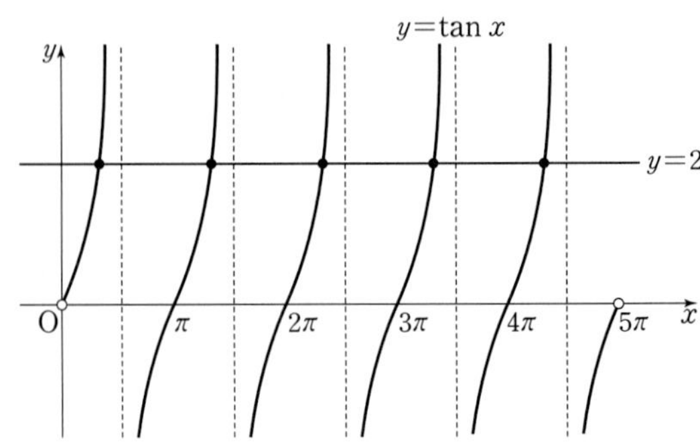

따라서 $0<x<5\pi$에서 함수 $y=\tan x$의 그래프와 직선 $y=2$가 만나는 점의 개수는 5이다.

답 ③

19

함수 $f(x)=a\sin bx$의 주기가 $\frac{2\pi}{b}$이고, 최댓값이 a, 최솟값이 0이므로

$a\sin bx=a$에서 $\sin bx=1$, $bx=\frac{\pi}{2}$, $x=\frac{\pi}{2b}$

$a\sin bx=0$에서 $\sin bx=0$, $bx=0$ 또는 $bx=\pi$, $x=0$ 또는 $x=\frac{\pi}{b}$

즉, 두 점 A, B의 좌표는 $A\left(\frac{\pi}{2b},\ a\right)$, $B\left(\frac{\pi}{b},\ 0\right)$

점 A에서 x축에 내린 수선의 발을 H라 하면

$\overline{OH}=\overline{BH}=\overline{AH}=a$이므로

$\frac{\pi}{b}=2a$

삼각형 OAB의 넓이는 4이므로

$\frac{1}{2}\times 2a\times a=4$, 즉 $a=2$이고 $b=\frac{\pi}{2a}=\frac{\pi}{4}$

따라서 $a+b=2+\frac{\pi}{4}$

답 ③

20

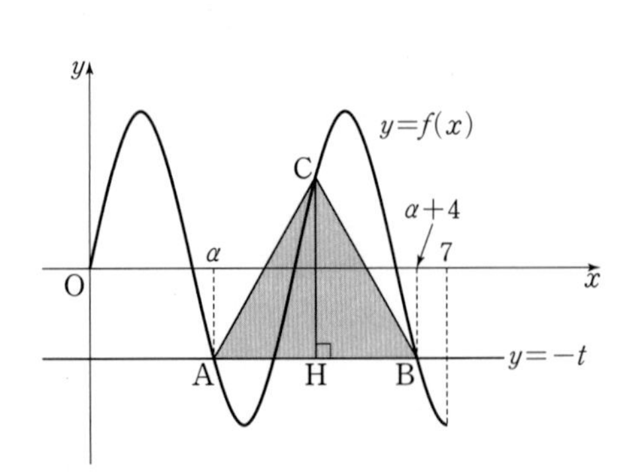

함수 $f(x)=3\sin\frac{\pi}{2}x$의 주기는 $\frac{2\pi}{\frac{\pi}{2}}=4$

곡선 $y=f(x)$와 직선 $y=-t$가 만나는 점의 x좌표 중 가장 작은 값을 $\alpha(2<\alpha<3)$이라 할 때, $A(\alpha, -t)$, $B(\alpha+4, -t)$라 하자.

점 C의 x좌표는

$$\frac{\alpha+(\alpha+4)}{2}=\alpha+2$$

점 C의 y좌표는

$$\begin{aligned} f(\alpha+2)&=3\sin\left\{\frac{\pi}{2}\times(\alpha+2)\right\}=3\sin\left(\frac{\pi}{2}\alpha+\pi\right) \\ &=-3\sin\frac{\pi}{2}\alpha \\ &=-f(\alpha)=t \end{aligned}$$

이므로 $C(\alpha+2, t)$이다.

삼각형 ABC는 한 변의 길이가 4인 정삼각형이므로 점 C에서 직선 AB에 내린 수선의 발을 H라 하면

$\overline{CH}=f(\alpha+2)-(-t)=t-(-t)=2\sqrt{3}$

따라서 $t=\sqrt{3}$

답 ③

21

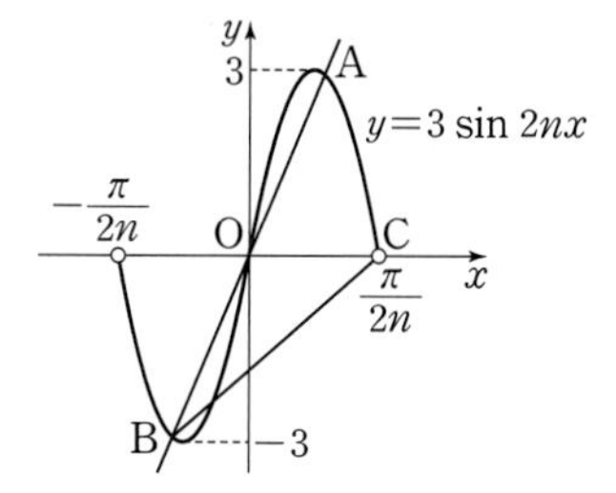

함수 $y=3\sin 2nx$의 주기는

$$\frac{2\pi}{2n}=\frac{\pi}{n}$$

원점을 지나고 기울기가 양수인 직선이 $-\frac{\pi}{2n}<x<\frac{\pi}{2n}$에서 함수 $y=3\sin 2nx$의 그래프와 만나는 원점이 아닌 두 점 A와 B는 원점에 대하여 대칭이다.

따라서 실수 $t\left(-\frac{\pi}{2n}<t<\frac{\pi}{2n}, t\neq0\right)$에 대하여 점 A의 좌표를 $(t, 3\sin 2nt)$라 하면 점 B의 좌표는 $(-t, -3\sin 2nt)$이다.

삼각형 AOC의 넓이와 삼각형 BOC의 넓이가 같으므로 삼각형 ABC의 넓이는

$$2\times\frac{1}{2}\times\frac{\pi}{2n}\times3|\sin 2nt|=\frac{\pi}{12}$$

$$|\sin 2nt|=\frac{n}{18}$$

$0<|\sin 2nt|\leq1$이므로

$0<\frac{n}{18}\leq1$, 즉 $0<n\leq18$

따라서 n의 최댓값은 18이다.

답 ④

22

함수 $y=k\sin\left(2x+\frac{\pi}{3}\right)+k^2-6$의 그래프에서

(i) $k=0$일 때

$y=-6$이므로 함수의 그래프는 제1사분면을 지나지 않는다.

(ii) $k>0$일 때

함수 $y=k\sin\left(2x+\frac{\pi}{3}\right)+k^2-6$의 최댓값은 $k+(k^2-6)$이고, 함수의 그래프가 제1사분면을 지나지 않으려면 최댓값이 0보다 작거나 같아야 하므로

$k+(k^2-6)\leq0$, $(k+3)(k-2)\leq0$, $-3\leq k\leq2$

따라서 $0<k\leq2$

(iii) $k<0$일 때

함수 $y=k\sin\left(2x+\frac{\pi}{3}\right)+k^2-6$의 최댓값은 $-k+(k^2-6)$이고, 함수의 그래프가 제1사분면을 지나지 않으려면 최댓값이 0보다 작거나 같아야 하므로

$-k+(k^2-6)\leq0$, $(k+2)(k-3)\leq0$, $-2\leq k\leq3$

따라서 $-2\leq k<0$

(i), (ii), (iii)에서 $-2\leq k\leq2$이고 정수 k는 -2, -1, 0, 1, 2이므로 그 개수는 5이다.

답 5

23

조건 (나), (다)에서

$$f(x)=\begin{cases}\sin 4x & \left(0\leq x\leq\frac{\pi}{2}\right)\\ -\sin 4x & \left(\frac{\pi}{2}<x\leq\pi\right)\end{cases}$$

조건 (가)에서 $f(x+\pi)=f(x)$, 즉 주기가 π이므로 함수 $f(x)$의 그래프는 다음 그림과 같다.

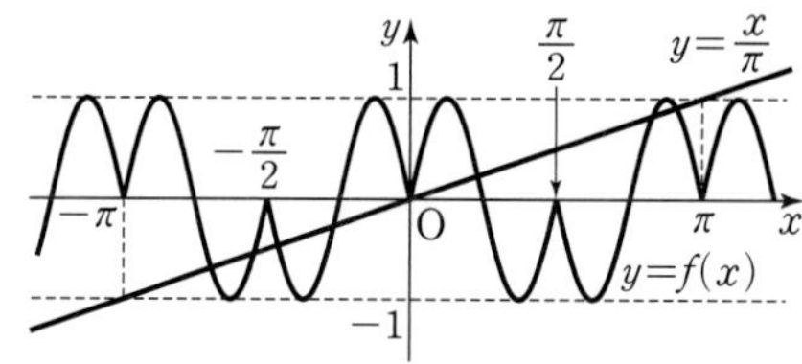

직선 $y=\frac{x}{\pi}$는 두 점 $(\pi, 1)$, $(-\pi, -1)$을 지나므로 함수 $y=f(x)$의 그래프와 직선 $y=\frac{x}{\pi}$가 만나는 점의 개수는 8이다.

답 ⑤

24

$\frac{\pi}{2}\leq x\leq a$인 x에 대하여 $\frac{3}{2}\pi+b\leq3x+b\leq3a+b$이므로 닫힌구간 $\left[\frac{\pi}{2}, a\right]$에서 함수 $f(x)=2\cos(3x+b)$의 최댓값, 최솟값은 각각

닫힌구간 $\left[\frac{3}{2}\pi+b,\ 3a+b\right]$에서 함수 $y=2\cos x$의 최댓값, 최솟값과 같다.
함수 $y=2\cos x$의 그래프는 다음 그림과 같다.

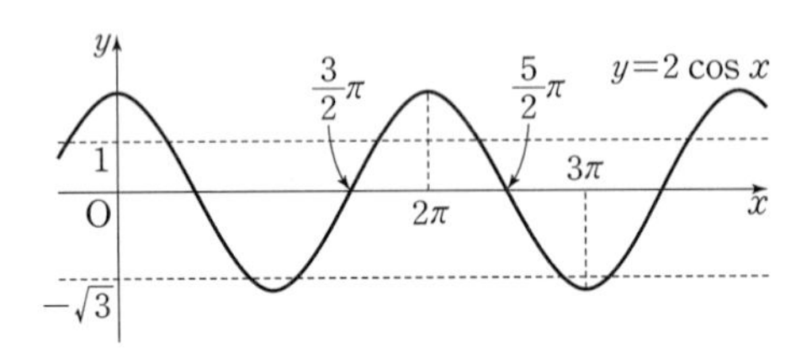

$0\le b\le\pi$인 b에 대하여 $\frac{3}{2}\pi\le\frac{3}{2}\pi+b\le\frac{5}{2}\pi$이므로 닫힌구간 $\left[\frac{3}{2}\pi+b,\ 3a+b\right]$에서 함수 $y=2\cos x$의 최댓값이 1, 최솟값이 $-\sqrt{3}$이 되도록 하는 a, b는

$2\pi<\frac{3}{2}\pi+b<\frac{5}{2}\pi$, $\frac{5}{2}\pi<3a+b<3\pi$

를 만족시켜야 한다.

닫힌구간 $\left[\frac{3}{2}\pi+b,\ 3a+b\right]$에서 함수 $y=2\cos x$는 x의 값이 증가하면 y의 값은 감소하므로 닫힌구간 $\left[\frac{3}{2}\pi+b,\ 3a+b\right]$에서 함수 $y=2\cos x$의 최댓값은 $2\cos\left(\frac{3}{2}\pi+b\right)$, 최솟값은 $2\cos(3a+b)$이다.

$2\cos\left(\frac{3}{2}\pi+b\right)=1$에서 $\frac{3}{2}\pi+b=\frac{7}{3}\pi$, $b=\frac{5}{6}\pi$

$2\cos(3a+b)=-\sqrt{3}$에서 $3a+b=\frac{17}{6}\pi$, $a=\frac{2}{3}\pi$

따라서 $a\times b=\frac{2}{3}\pi\times\frac{5}{6}\pi=\frac{5}{9}\pi^2$이므로 $p+q=9+5=14$

답 14

25

$2\cos x+1=0$에서 $\cos x=-\frac{1}{2}$

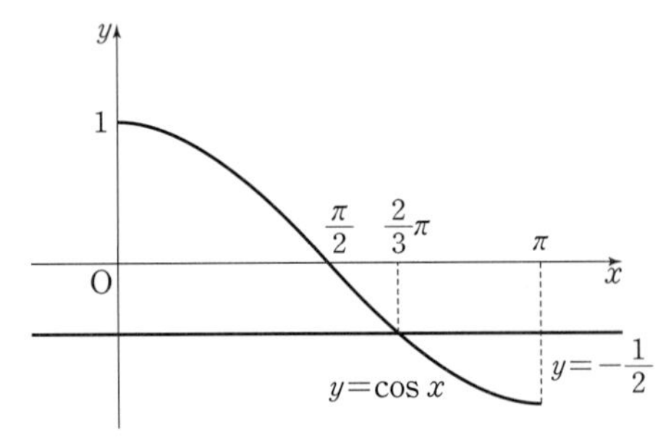

$0\le x\le\pi$에서 함수 $y=\cos x$의 그래프가 직선 $y=-\frac{1}{2}$과 만나는 점의 x좌표는 $\frac{2}{3}\pi$이므로 방정식 $\cos x=-\frac{1}{2}$의 해는 $x=\frac{2}{3}\pi$

답 ④

26

$2\sin x-1=0$에서 $\sin x=\frac{1}{2}$

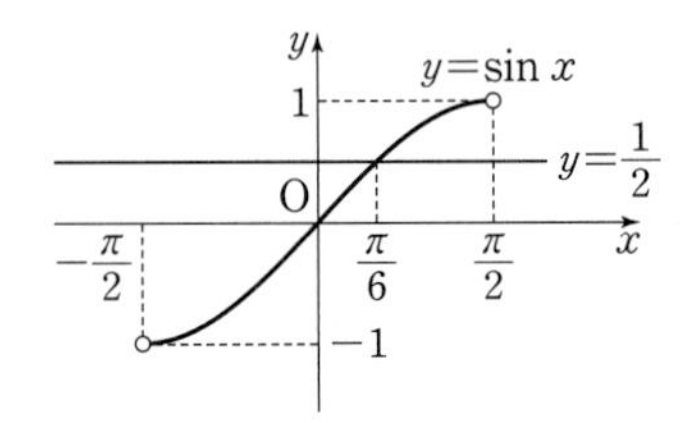

$-\frac{\pi}{2}<x<\frac{\pi}{2}$에서 함수 $y=\sin x$의 그래프와 직선 $y=\frac{1}{2}$이 만나는 점의 x좌표는 $\frac{\pi}{6}$이므로 방정식 $2\sin x-1=0$의 해는 $x=\frac{\pi}{6}$

답 ④

27

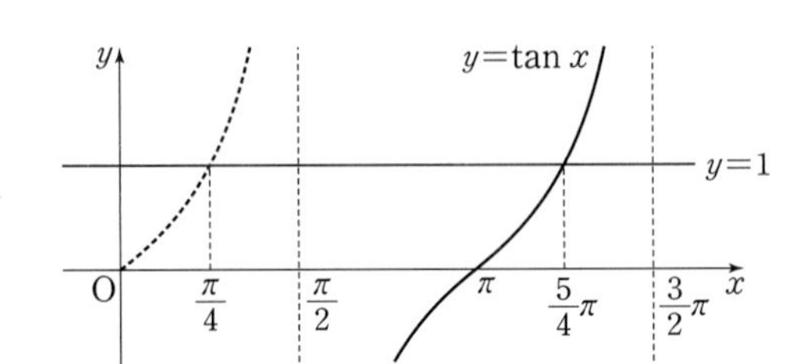

$\frac{\pi}{2}<x<\frac{3}{2}\pi$에서 함수 $y=\tan x$의 그래프와 직선 $y=1$이 만나는 점의 x좌표는 $\frac{5}{4}\pi$이므로 방정식 $\tan x=1$의 해는 $x=\frac{5}{4}\pi$

답 ④

28

$0\le x\le\frac{\pi}{2}$이므로 $-\frac{\pi}{6}\le x-\frac{\pi}{6}\le\frac{\pi}{3}$

$\sin\left(x-\frac{\pi}{6}\right)=\frac{1}{2}$에서 $\sin\frac{\pi}{6}=\frac{1}{2}$이므로 $x-\frac{\pi}{6}=\frac{\pi}{6}$

따라서 $x=\frac{\pi}{3}$

답 ④

29

$\cos\left(\frac{\pi}{2}-x\right)=\sin x$이므로 주어진 방정식은 $\sin^2 x=\frac{1}{3}$

$\sin x=\frac{\sqrt{3}}{3}$ 또는 $\sin x=-\frac{\sqrt{3}}{3}$

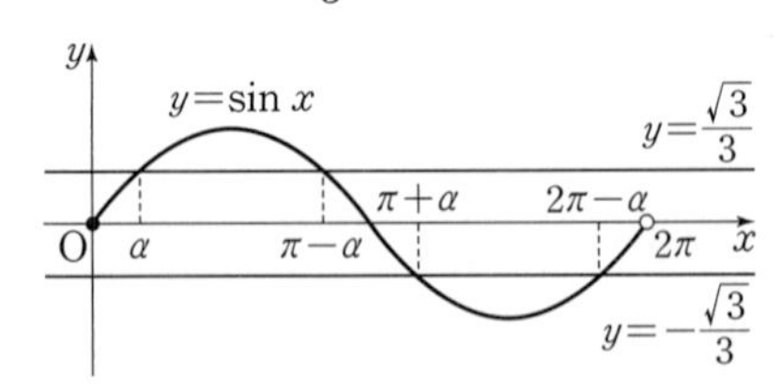

$\sin\theta=\sin(\pi-\theta)$이므로 $\sin x=\frac{\sqrt{3}}{3}$의 한 해를 α라 하면
구하는 해는 $x=\alpha$, $\pi-\alpha$, $\pi+\alpha$, $2\pi-\alpha$
따라서 모든 해의 합은 4π이다.

답 ④

30

$\cos^2 x-1=2\sin x$에서

$(1-\sin^2 x)-1=2\sin x$

$\sin^2 x+2\sin x=0$, $\sin x(\sin x+2)=0$

$-1\le\sin x\le1$이므로 $\sin x=0$

$0<x\le2\pi$에서 $x=\pi$ 또는 $x=2\pi$

따라서 모든 해의 합은 $\pi+2\pi=3\pi$

답 ④

31

$2\sin^2 x+3\sin x-2=0$에서

$(2\sin x-1)(\sin x+2)=0$

$-1\le\sin x\le1$이므로 $\sin x=\frac{1}{2}$

$0\le x\le2\pi$에서 $x=\frac{\pi}{6}$ 또는 $x=\frac{5}{6}\pi$

따라서 모든 해의 합은 $\frac{\pi}{6}+\frac{5}{6}\pi=\pi$

답 ③

32

함수 $y=\sin nx$의 주기는 $\frac{2\pi}{n}$이다.

(i) $n=2$일 때, $y=\sin 2x$의 주기는 π이다.

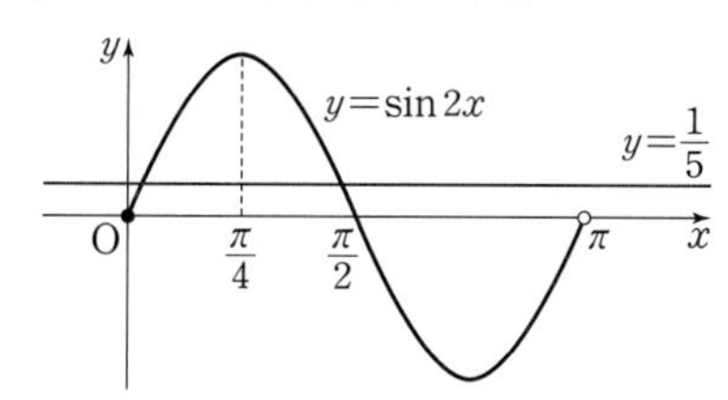

$0\le x<\pi$에서 방정식 $\sin 2x=\frac{1}{5}$은 직선 $x=\frac{\pi}{4}$에 대하여 대칭인 해를 2개 가지므로

$f(2)=\frac{\pi}{4}\times2=\frac{\pi}{2}$

(ii) $n=5$일 때, $y=\sin 5x$의 주기는 $\frac{2\pi}{5}$이다.

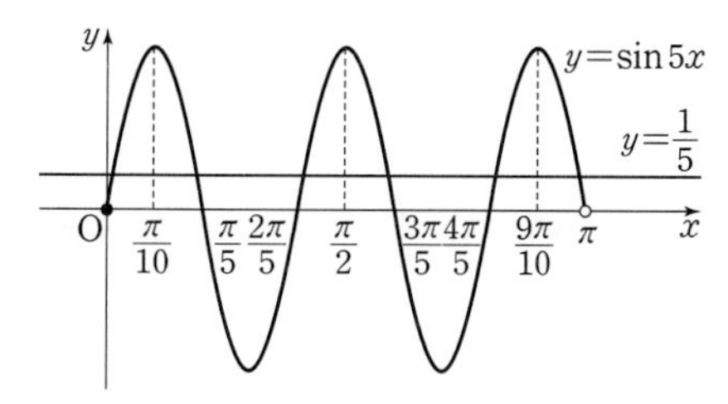

$0\le x<\pi$에서 방정식 $\sin 5x=\frac{1}{5}$은 세 직선 $x=\frac{\pi}{10}$, $x=\frac{\pi}{2}$, $x=\frac{9\pi}{10}$에 대하여 각각 대칭인 해를 2개씩 가지므로

$f(5)=\frac{\pi}{10}\times2+\frac{\pi}{2}\times2+\frac{9\pi}{10}\times2=3\pi$

(i), (ii)에서 $f(2)+f(5)=\frac{\pi}{2}+3\pi=\frac{7}{2}\pi$

답 ⑤

33

$\frac{2}{\sqrt{3}}\sin\left(x+\frac{\pi}{3}\right)-\frac{7}{8}=0$에서

$\sin\left(x+\frac{\pi}{3}\right)=\frac{7\sqrt{3}}{16}$

$x+\frac{\pi}{3}=t$로 놓으면 $0\le x\le2\pi$이므로

$\frac{\pi}{3}\le t\le\frac{7}{3}\pi$

$\frac{7\sqrt{3}}{16}<\frac{\sqrt{3}}{2}$이므로 주어진 방정식 $\sin t=\frac{7\sqrt{3}}{16}\left(\frac{\pi}{3}\le t\le\frac{7}{3}\pi\right)$는 두 실근 t_1, t_2 $(t_1<t_2)$를 갖는다.

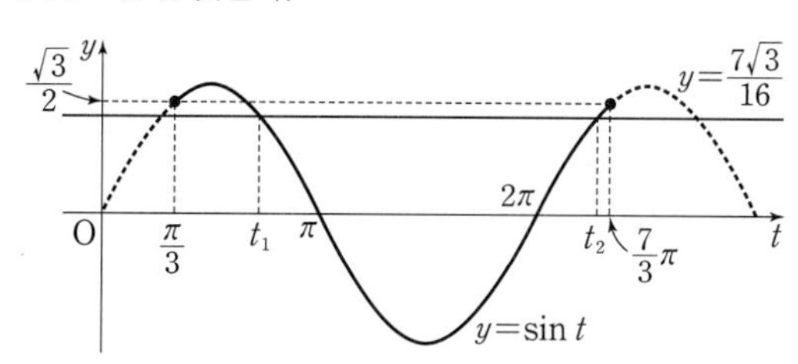

$t_1=x_1+\frac{\pi}{3}$, $t_2=x_2+\frac{\pi}{3}$ (x_1, x_2는 실수)라 하면

$t_2=2\pi+(\pi-t_1)$이므로

$t_1+t_2=\left(x_1+\frac{\pi}{3}\right)+\left(x_2+\frac{\pi}{3}\right)=3\pi$

방정식 $\sin\left(x+\frac{\pi}{3}\right)=\frac{7\sqrt{3}}{16}$의 모든 실근의 합은

$x_1+x_2=3\pi-\frac{2}{3}\pi=\frac{7}{3}\pi$이므로

$p+q=3+7=10$

답 10

34

이차방정식 $x^2-k=0$의 두 근의 합이 0이므로

$6\cos\theta+5\tan\theta=0$이고, 양변에 $\cos\theta$를 곱하면

$6\cos^2\theta+5\sin\theta=0$, $6(1-\sin^2\theta)+5\sin\theta=0$

$6\sin^2\theta-5\sin\theta-6=0$

$(3\sin\theta+2)(2\sin\theta-3)=0$

$-1\le\sin\theta\le1$이므로 $\sin\theta=-\frac{2}{3}$

이차방정식 $x^2-k=0$의 두 근의 곱이 $-k$이므로

$k=-6\cos\theta\times5\tan\theta=-30\sin\theta$

$=-30\times\left(-\frac{2}{3}\right)=20$

답 20

35

함수 $y=\sin\frac{\pi}{2}x$의 치역은 $\{y|-1\le y\le 1\}$이고, 주기는 4이다.

$0\le x\le 4$에서 함수 $y=\sin\frac{\pi}{2}x$의 그래프가 직선 $y=k$와 두 점에서 만나려면 $-1<k<1$이어야 한다.

$0\le x\le 4$에서 함수 $y=\sin\frac{\pi}{2}x$의 그래프가 직선 $y=k$와 만나는 두 점의 x좌표를 각각 α, β $(\alpha<\beta)$라 하자.

(i) $\beta-\alpha>1$일 때, $f(t)=2$를 만족시키는 t의 값은 존재하지 않는다.

(ii) $\beta-\alpha<1$일 때, $f(t)=2$를 만족시키는 t의 값이 유일하지 않다.

(iii) $\beta-\alpha=1$일 때, $f(0)=1$이므로 $\alpha=\frac{1}{2}$, $\beta=\frac{3}{2}$

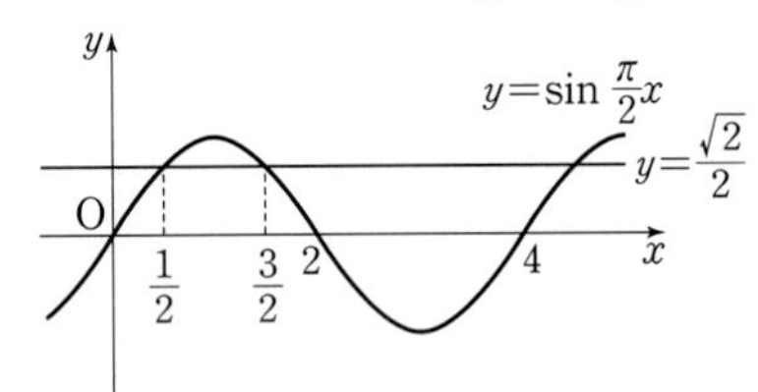

$0\le t<\frac{1}{2}$ 또는 $\frac{1}{2}<t\le\frac{3}{2}$일 때, $f(t)=1$

$t=\frac{1}{2}$일 때, $f(t)=2$

$\frac{3}{2}<t\le 3$일 때, $f(t)=0$

따라서 $a=\frac{1}{2}$, $b=\frac{3}{2}$, $k=\frac{\sqrt{2}}{2}$이므로

$a^2+b^2+k^2=3$

답 ③

36

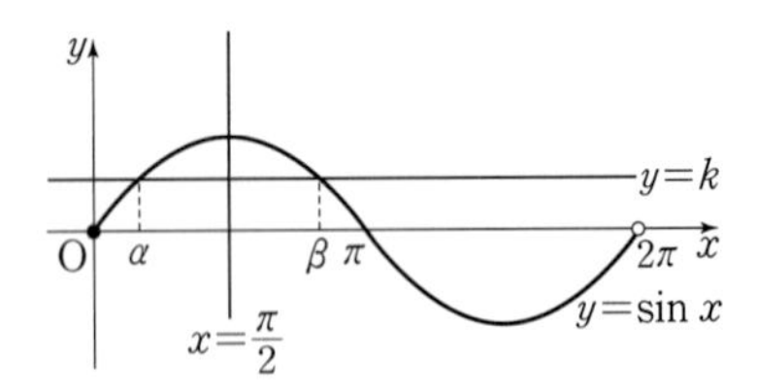

함수 $y=\sin x$의 그래프는 직선 $x=\frac{\pi}{2}$에 대하여 대칭이므로 함수 $y=\sin x$의 그래프와 직선 $y=k$가 만나는 두 점의 x좌표 α, β에 대하여 $\frac{\alpha+\beta}{2}=\frac{\pi}{2}$, 즉 $\alpha+\beta=\pi$이므로 $\beta=\pi-\alpha$이다.

$\frac{\beta-\alpha}{2}=\frac{(\pi-\alpha)-\alpha}{2}=\frac{\pi}{2}-\alpha$이므로

$\sin\frac{\beta-\alpha}{2}=\sin\left(\frac{\pi}{2}-\alpha\right)=\cos\alpha=\frac{5}{7}$

따라서 $k^2=\sin^2\alpha=1-\cos^2\alpha=1-\left(\frac{5}{7}\right)^2=\frac{24}{49}$이므로

$k=\frac{2\sqrt{6}}{7}$

답 ①

37

함수 $y=\sin\pi x$의 주기는 2이다.

(i) $n=1$일 때, 함수 $y=\sin\pi x$의 그래프가 직선 $y=1$과 만나는 점의 x좌표는 $\frac{1}{2}$, $\frac{5}{2}$이므로

$f(1)=3$

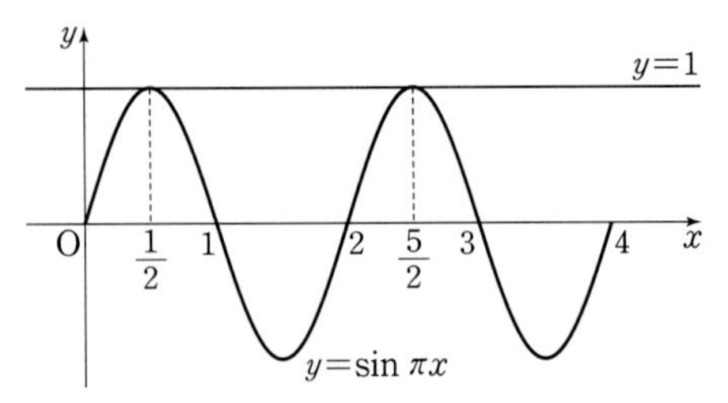

(ii) $n=2$일 때, 함수 $y=\sin\pi x$의 그래프가 직선 $y=-\frac{1}{2}$과 만나는 점의 x좌표를 a, b, c, d라 하면

$\frac{a+b}{2}=\frac{3}{2}$, $\frac{c+d}{2}=\frac{7}{2}$에서

$f(2)=10$

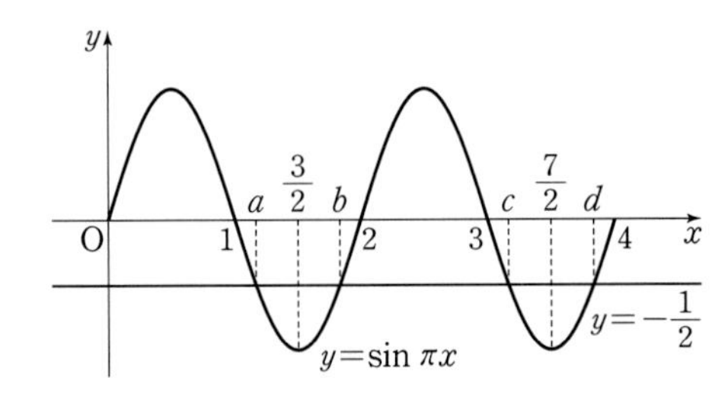

(iii) $n=3$일 때, 함수 $y=\sin\pi x$의 그래프가 직선 $y=\frac{1}{3}$과 만나는 점의 x좌표를 a', b', c', d'이라 하면

$\frac{a'+b'}{2}=\frac{1}{2}$, $\frac{c'+d'}{2}=\frac{5}{2}$에서

$f(3)=6$

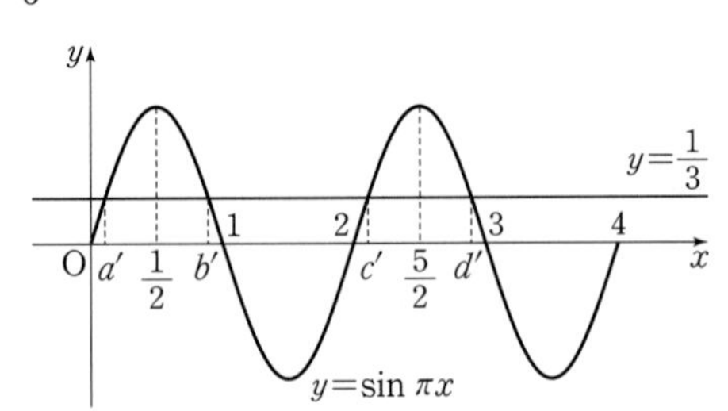

(iv) $n\ge 4$일 때, (ii), (iii)과 같은 방법으로 n이 짝수일 때 $f(n)=10$, n이 1이 아닌 홀수일 때 $f(n)=6$이다.

따라서

$f(1)+f(2)+f(3)+f(4)+f(5)=3+10+6+10+6=35$

답 35

38

$3\sin x-2>0$에서 $\sin x>\frac{2}{3}$

$0\le x<2\pi$에서 함수 $y=\sin x$의 그래프와 직선 $y=\frac{2}{3}$는 다음 그림과 같다.

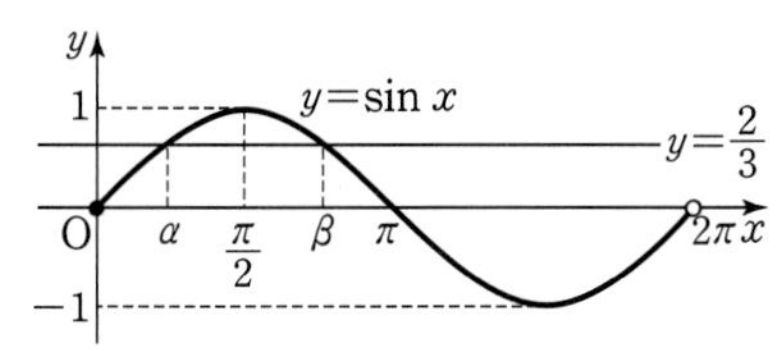

$0\le x<2\pi$일 때, 부등식 $3\sin x-2>0$의 해가 $\alpha<x<\beta$이므로 함수 $y=\sin x$의 그래프와 직선 $y=\frac{2}{3}$가 만나는 두 점의 x좌표는 각각 α, β $(0<\alpha<\beta<\pi)$이다.

$\frac{\pi}{2}-\alpha=\beta-\frac{\pi}{2}$이므로 $\alpha+\beta=\pi$

따라서 $\cos(\alpha+\beta)=\cos\pi=-1$

답 ①

39

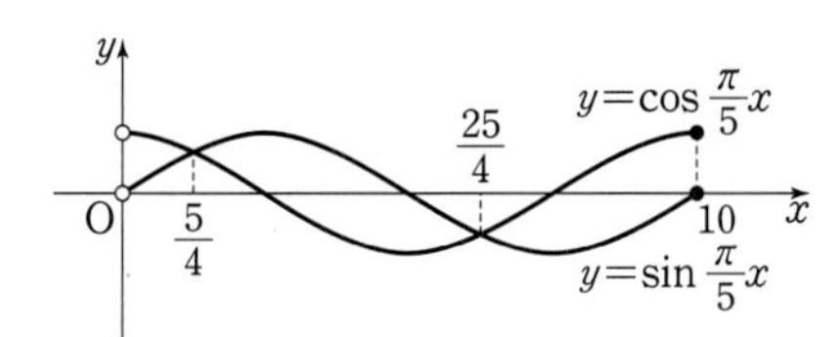

$0<x\le 10$에서 두 곡선 $y=\cos\frac{\pi}{5}x$, $y=\sin\frac{\pi}{5}x$가 만나는 점의 x좌표가 $\frac{5}{4}$, $\frac{25}{4}$이므로 부등식 $\cos\frac{\pi}{5}x<\sin\frac{\pi}{5}x$를 만족시키는 x의 값의 범위는 $\frac{5}{4}<x<\frac{25}{4}$

따라서 모든 자연수 x의 값은 2, 3, 4, 5, 6이고 그 합은

$2+3+4+5+6=20$

답 20

40

$\sin x+\cos\frac{\pi}{8}<0$에서 $\sin x<-\cos\frac{\pi}{8}$

이때 $-\cos\frac{\pi}{8}=-\sin\left(\frac{\pi}{2}-\frac{\pi}{8}\right)=-\sin\frac{3}{8}\pi=\sin\left(-\frac{3}{8}\pi\right)$이므로

$\sin x<-\cos\frac{\pi}{8}$의 해는 $\sin x<\sin\left(-\frac{3}{8}\pi\right)$의 해와 같다.

$-\pi\le x\le 2\pi$에서 함수 $y=\sin x$의 그래프와 직선 $y=\sin\left(-\frac{3}{8}\pi\right)$는 다음 그림과 같다.

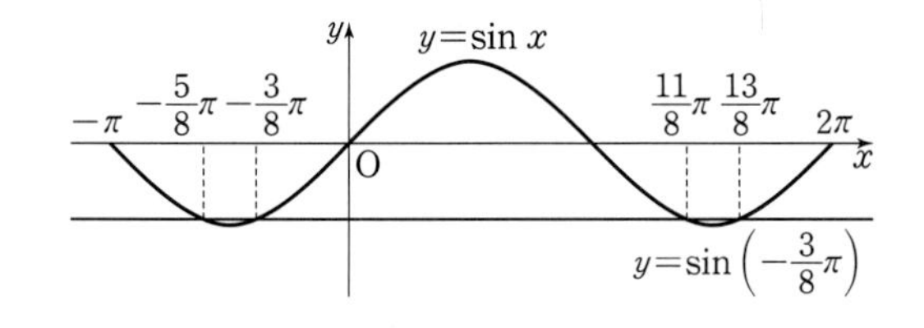

$-\pi\le x\le 2\pi$에서 방정식 $\sin x=\sin\left(-\frac{3}{8}\pi\right)$의 해는

$x=-\frac{5}{8}\pi$ 또는 $x=-\frac{3}{8}\pi$ 또는 $x=\frac{11}{8}\pi$ 또는 $x=\frac{13}{8}\pi$

따라서 $-\pi\le x\le k$에서 $\sin x<\sin\left(-\frac{3}{8}\pi\right)$를 만족시키는 모든 x의 값의 범위가 $-\pi-\alpha<x<\alpha$가 되려면 $\alpha=-\frac{3}{8}\pi$이고

$0\le k\le\frac{11}{8}\pi$이어야 한다.

그러므로 k의 최댓값은 $\frac{11}{8}\pi$이다.

답 ④

41

$f(0)=a\cos 0+a=2a$이므로 점 A의 좌표는 $(0, 2a)$이다.

$-\frac{3}{2}\pi\le x\le\frac{3}{2}\pi$에서 직선 $y=\frac{a}{2}$와 함수 $y=a\cos\frac{2}{3}x+a$의 그래프가 만나는 두 점의 x좌표를 구하면

$a\cos\frac{2}{3}x+a=\frac{a}{2}$에서 $\cos\frac{2}{3}x=-\frac{1}{2}$이므로

$x=-\pi$ 또는 $x=\pi$

즉, 두 점 B와 C의 좌표는 각각 $\left(-\pi, \frac{a}{2}\right)$, $\left(\pi, \frac{a}{2}\right)$이다.

삼각형 ABC는 정삼각형이므로

$\overline{AC}\times\sin\frac{\pi}{3}=2\pi\times\frac{\sqrt{3}}{2}=\frac{3}{2}a$

따라서 $a=\frac{2\sqrt{3}}{3}\pi$

답 ⑤

42

함수 $f(x)=a\cos bx+c$의 최댓값이 3, 최솟값이 -1이고 a가 양수이므로

$a+c=3$, $-a+c=-1$

두 식을 연립하여 풀면 $a=2$, $c=1$

함수 $f(x)=2\cos bx+1$에서 b는 양수이므로 주기가 $\frac{2\pi}{b}$이다.

즉, $\overline{AB}=\frac{2\pi}{b}$

$0\le x\le\frac{2\pi}{b}$에서 방정식 $2\cos bx+1=0$의 해는

$\cos bx=-\frac{1}{2}$에서 $bx=\frac{2}{3}\pi$ 또는 $bx=\frac{4}{3}\pi$이므로

$x=\frac{2\pi}{3b}$ 또는 $x=\frac{4\pi}{3b}$

그러므로 $\overline{CD}=\frac{2\pi}{3b}$

사각형 ACDB의 넓이는 $\frac{1}{2}\times\left(\frac{2\pi}{3b}+\frac{2\pi}{b}\right)\times 3=6\pi$이므로 $b=\frac{2}{3}$

즉, $f(x)=2\cos\frac{2}{3}x+1$

방정식 $f(x)=2$에서

$2\cos\frac{2}{3}x+1=2$, $\cos\frac{2}{3}x=\frac{1}{2}$이므로

$\frac{2}{3}x=\frac{\pi}{3}$ 또는 $\frac{2}{3}x=\frac{5}{3}\pi$ 또는 $\frac{2}{3}x=\frac{7}{3}\pi$

즉, $x=\frac{\pi}{2}$ 또는 $x=\frac{5}{2}\pi$ 또는 $x=\frac{7}{2}\pi$

따라서 $0\le x\le 4\pi$에서 방정식 $f(x)=2$의 모든 해의 합은

$\frac{\pi}{2}+\frac{5}{2}\pi+\frac{7}{2}\pi=\frac{13}{2}\pi$

답 ②

43

$m=144$, $L=10$, $t=2$일 때

$h=20-10\cos\frac{4\pi}{\sqrt{144}}=20-10\cos\frac{\pi}{3}$

$=20-10\times\frac{1}{2}=15$ …… ㉠

$m=a$, $L=5\sqrt{2}$, $t=2$일 때

$h=20-5\sqrt{2}\cos\frac{4\pi}{\sqrt{a}}$ …… ㉡

㉠=㉡이므로

$20-5\sqrt{2}\cos\frac{4\pi}{\sqrt{a}}=15$, $\cos\frac{4\pi}{\sqrt{a}}=\frac{1}{\sqrt{2}}=\frac{\sqrt{2}}{2}$

$a\ge 100$에서

$0<\frac{4\pi}{\sqrt{a}}\le\frac{4\pi}{\sqrt{100}}=\frac{2}{5}\pi$, $\frac{4\pi}{\sqrt{a}}=\frac{\pi}{4}$, $\sqrt{a}=16$

따라서 $a=256$

답 256

서술형 연습

본문 92쪽

01 $\frac{4}{3}\pi<x<\frac{5}{3}\pi$

02 $0\le\theta\le\frac{\pi}{4}$ 또는 $\frac{3}{4}\pi\le\theta\le\frac{5}{4}\pi$ 또는 $\frac{7}{4}\pi\le\theta<2\pi$

01

$\sqrt{3}+2\sin x<0$에서 $\sin x<-\frac{\sqrt{3}}{2}$이므로

$\frac{4}{3}\pi<x<\frac{5}{3}\pi$ …… ㉠ ……… ㉮

$2\cos x-\sqrt{3}<0$에서 $\cos x<\frac{\sqrt{3}}{2}$이므로

$\frac{\pi}{6}<x<\frac{11}{6}\pi$ …… ㉡ ……… ㉯

㉠, ㉡에서 구하는 해는 $\frac{4}{3}\pi<x<\frac{5}{3}\pi$ ……… ㉰

답 $\frac{4}{3}\pi<x<\frac{5}{3}\pi$

단계	채점 기준	비율
㉮	삼각부등식 $\sqrt{3}+2\sin x<0$의 해를 구한 경우	40%
㉯	삼각부등식 $2\cos x-\sqrt{3}<0$의 해를 구한 경우	40%
㉰	두 부등식을 동시에 만족시키는 x의 값의 범위를 구한 경우	20%

02

$x^2-2\sqrt{2}x\sin\theta+1\ge 0$이 모든 실수 x에 대하여 항상 성립하므로 방정식 $x^2-2\sqrt{2}x\sin\theta+1=0$의 판별식을 D라 하면

$\frac{D}{4}=(-\sqrt{2}\sin\theta)^2-1\le 0$ ……… ㉮

$-\frac{1}{\sqrt{2}}\le\sin\theta\le\frac{1}{\sqrt{2}}$ ……… ㉯

따라서 $0\le\theta<2\pi$에서 구하는 해는

$0\le\theta\le\frac{\pi}{4}$ 또는 $\frac{3}{4}\pi\le\theta\le\frac{5}{4}\pi$ 또는 $\frac{7}{4}\pi\le\theta<2\pi$ ……… ㉰

답 $0\le\theta\le\frac{\pi}{4}$ 또는 $\frac{3}{4}\pi\le\theta\le\frac{5}{4}\pi$ 또는 $\frac{7}{4}\pi\le\theta<2\pi$

단계	채점 기준	비율
㉮	주어진 이차부등식이 항상 성립하기 위한 판별식의 조건을 구한 경우	30%
㉯	부등식에서 $\sin\theta$의 값의 범위를 구한 경우	30%
㉰	삼각부등식의 해를 구한 경우	40%

1등급 도전

본문 93쪽

01 47 **02** ⑤ **03** 59

01

풀이 전략 삼각함수의 그래프를 이용하여 조건에 맞는 함수를 추론한다.

STEP 1 함수 $y=f(x)$의 그래프와 직선 $y=\frac{1}{2}$이 만나는 점이 x좌표를 구한다.

함수 $y=2\sin\frac{\pi}{k}x$의 주기가 $2k$이고,

$-2\le 2\sin\frac{\pi}{k}x\le 2$이므로 $-\frac{3}{2}\le 2\sin\frac{\pi}{k}x+\frac{1}{2}\le\frac{5}{2}$

한편, $k>1$이므로 $3k>2k+1$이고 $0\le x\le 2k+1$에서 함수 $y=f(x)$의 그래프는 다음 그림과 같다.

함수 $y=2\sin\frac{\pi}{k}x+\frac{1}{2}$의 그래프의 $y\ge 0$인 부분은 그대로 두고 $y<0$인 부분은 x축에 대하여 대칭이동한 그래프이다.

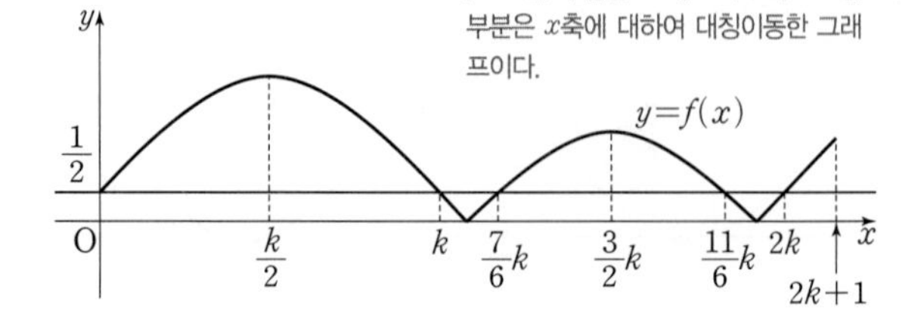

$0\le t<k$ 또는 $t>2k-1$이면 $t\le x\le t+1$에서 $f(x)>\frac{1}{2}$인 x의 값이 존재하므로 $f(x)$의 최댓값은 $\frac{1}{2}$보다 크다.

$t=\alpha$, $t=\beta$일 때 $t\le x\le t+1$에서 함수 $f(x)$의 최댓값이 $\frac{1}{2}$이므로

$k\le\alpha<\beta\le 2k-1$

한편, $f(x)=\frac{1}{2}$, 즉 $\left|2\sin\frac{\pi}{k}x+\frac{1}{2}\right|=\frac{1}{2}$에서

$\sin\frac{\pi}{k}x=0$ 또는 $\sin\frac{\pi}{k}x=-\frac{1}{2}$이므로

$k\le x\le 2k$에서 $f(x)=\frac{1}{2}$의 해는

$x=k$ 또는 $x=2k$ 또는 $x=\frac{7}{6}k$ 또는 $x=\frac{11}{6}k$

따라서 함수 $y=f(x)$의 그래프와 직선 $y=\frac{1}{2}$이 만나는 점의 x좌표는 k, $\frac{7}{6}k$, $\frac{11}{6}k$, $2k$이다.

STEP 2 함수 $f(x)$의 최댓값이 $\frac{1}{2}$이 되도록 하는 t의 값을 구한다.

$\frac{7}{6}k-k=2k-\frac{11}{6}k=\frac{k}{6}$이고, $t\le x\le t+1$에서 $(t+1)-t=1$이므로 다음과 같은 세 가지 경우로 나눌 수 있다.

(i) $\frac{k}{6}>1$일 때

$k\le x\le k+1$에서 $f(x)\le f(k)=\frac{1}{2}$,

$\frac{7}{6}k-1\le x\le\frac{7}{6}k$에서 $f(x)\le f\left(\frac{7}{6}k\right)=\frac{1}{2}$,

$\frac{11}{6}k\le x\le\frac{11}{6}k+1$에서 $f(x)\le f\left(\frac{11}{6}k\right)=\frac{1}{2}$,

$2k-1\le x\le 2k$에서 $f(x)\le f(2k)=\frac{1}{2}$

이므로 $t\le x\le t+1$에서 $f(x)$의 최댓값이 $\frac{1}{2}$이 되도록 하는 서로 다른 t의 값은 k, $\frac{7}{6}k-1$, $\frac{11}{6}k$, $2k-1$이다.

따라서 조건을 만족시키지 않는다.

(ii) $\frac{k}{6}=1$일 때

$k=6$, $\frac{7}{6}k=7$, $\frac{11}{6}k=11$, $2k=12$이므로

$6\le x\le 7$에서 $f(x)\le f(6)=\frac{1}{2}$,

$11\le x\le 12$에서 $f(x)\le f(11)=\frac{1}{2}$

따라서 $t\le x\le t+1$에서 $f(x)$의 최댓값이 $\frac{1}{2}$이 되도록 하는 모든 t의 값은 6, 11이다.

(iii) $\frac{k}{6}<1$일 때

$k+1>\frac{7}{6}k$, $\frac{7}{6}k-1<k$, $\frac{11}{6}k+1>2k$, $2k-1<\frac{11}{6}k$

이므로 $t\le x\le t+1$에서 $f(x)$의 최댓값이 $\frac{1}{2}$이 되도록 하는 t의 값은 존재하지 않는다.

따라서 조건을 만족시키지 않는다.

STEP 3 k, α, β의 값을 구하여 $k\alpha+\beta$의 값을 구한다.

(i), (ii), (iii)에 의하여 $k=6$, $\alpha=6$, $\beta=11$이므로

$k\alpha+\beta=6\times 6+11=47$

답 47

02

풀이 전략 삼각형의 그래프를 이용하여 최댓값을 추론한다.

STEP 1 함수 $y=\left|\sin x-\frac{1}{2}\right|$의 그래프를 그리고 함수 $f(x)$의 주기를 파악한다.

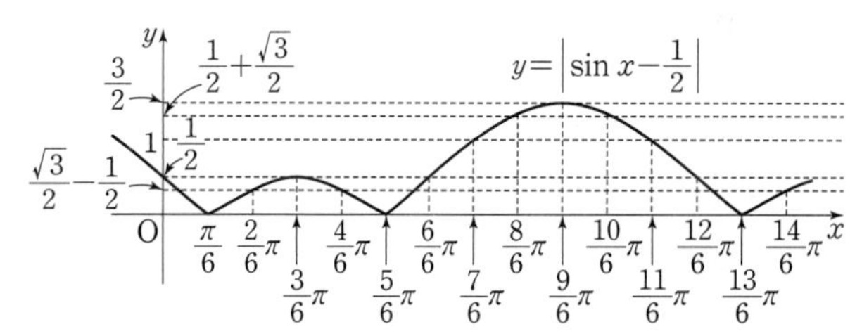

함수 $y=f(x)$의 주기는 2π이다.

STEP 2 n의 값에 따른 함수 $f(x)$의 최댓값 $g(n)$의 값을 구한다.

$n=1$일 때, $0\le x\le\frac{3}{6}\pi$에서 $g(1)=\frac{1}{2}$

$n=2$일 때, $\frac{\pi}{6}\le x\le\frac{4}{6}\pi$에서 $g(2)=\frac{1}{2}$

$n=3$일 때, $\frac{2}{6}\pi\le x\le\frac{5}{6}\pi$에서 $g(3)=\frac{1}{2}$

$n=4$일 때, $\frac{3}{6}\pi\le x\le\frac{6}{6}\pi$에서 $g(4)=\frac{1}{2}$

$n=5$일 때, $\frac{4}{6}\pi\le x\le\frac{7}{6}\pi$에서 $g(5)=1$

$n=6$일 때, $\frac{5}{6}\pi\le x\le\frac{8}{6}\pi$에서 $g(6)=\frac{1}{2}+\frac{\sqrt{3}}{2}$

$n=7$일 때, $\frac{6}{6}\pi\le x\le\frac{9}{6}\pi$에서 $g(7)=\frac{3}{2}$

$n=8$일 때, $\frac{7}{6}\pi\le x\le\frac{10}{6}\pi$에서 $g(8)=\frac{3}{2}$

$n=9$일 때, $\frac{8}{6}\pi\le x\le\frac{11}{6}\pi$에서 $g(9)=\frac{3}{2}$

$n=10$일 때, $\frac{9}{6}\pi\le x\le\frac{12}{6}\pi$에서 $g(10)=\frac{3}{2}$

$n=11$일 때, $\frac{10}{6}\pi\le x\le\frac{13}{6}\pi$에서 $g(11)=\frac{1}{2}+\frac{\sqrt{3}}{2}$

$n=12$일 때, $\frac{11}{6}\pi\le x\le\frac{14}{6}\pi$에서 $g(12)=1$

STEP 3 40 이하의 자연수 k에 대하여 $g(k)$가 무리수가 되도록 하는 모든 k의 값의 합을 구한다.

따라서 $1 \le n \le 12$에서 $g(n)$이 무리수인 n은 6, 11이다.
함수 $f(x)$의 주기는 2π이므로 자연수 m에 대하여

$\frac{n-1}{6}\pi \le x \le \frac{n+2}{6}\pi$ ······ ㉠

$\frac{n-1}{6}\pi+2m\pi \le x \le \frac{n+2}{6}\pi+2m\pi$에서

$\frac{n+12m-1}{6}\pi \le x \le \frac{n+12m+2}{6}\pi$ ······ ㉡

㉠, ㉡에서 $f(x)$의 최댓값은 서로 같으므로 $g(n)=g(n+12m)$
$g(6)=g(18)=g(30)$, $g(11)=g(23)=g(35)$이므로 40 이하의 자연수 k에 대하여 $g(k)$가 무리수가 되도록 하는 모든 k의 값의 합은
$6+11+18+23+30+35=123$

답 ⑤

03

풀이 전략 삼각함수의 그래프를 이용하여 조건을 만족시키는 b, k의 값을 구한다.

STEP 1 조건 (가), (나)를 이용하여 $g(x)=\frac{1}{2}$을 만족시키는 x의 값을 구한다.

$f(x)=\sin x$이고 $g(x)=a\cos x+b$이므로 함수 $h(x)$는

$h(x)=\begin{cases} g(x) & (f(x)\le g(x)) \\ f(x) & (f(x)>g(x)) \end{cases}$

$\to |f(x)-g(x)|=-f(x)+g(x)$
$\to |f(x)-g(x)|=f(x)-g(x)$

조건 (나)에서 $0<c<\frac{\pi}{2}$인 어떤 실수 c에 대하여

$h(c)=h(c+\pi)=\frac{1}{2}$이므로

$f(c)=\frac{1}{2}$ 또는 $g(c)=\frac{1}{2}$이고

$f(c+\pi)=\frac{1}{2}$ 또는 $g(c+\pi)=\frac{1}{2}$

한편, $0<c<\frac{\pi}{2}$이면

$f(c+\pi)=\sin(c+\pi)=-\sin c<0$이므로

$f(c+\pi)\ne\frac{1}{2}$

따라서 $g(c+\pi)=\frac{1}{2}$ ······ ㉠

함수 $y=g(x)$의 그래프는 직선 $x=\pi$에 대하여 대칭이므로

$g(\pi-c)=\frac{1}{2}$ ······ ㉡

$0\le x\le 2\pi$에서 방정식 $g(x)=\frac{1}{2}$의 실근의 개수는 최대 2이므로

㉠, ㉡에서 $g(c)\ne\frac{1}{2}$

따라서 $f(c)=\frac{1}{2}$이고 $\sin c=\frac{1}{2}$에서 $c=\frac{\pi}{6}$

㉠에 의하여 $g\left(\frac{7}{6}\pi\right)=\frac{1}{2}$ ······ ㉢

STEP 2 a의 값의 범위에 따라 문제의 조건을 만족시키는지 파악하여 함수 $g(x)$를 구한다.

(i) $a>0$인 경우

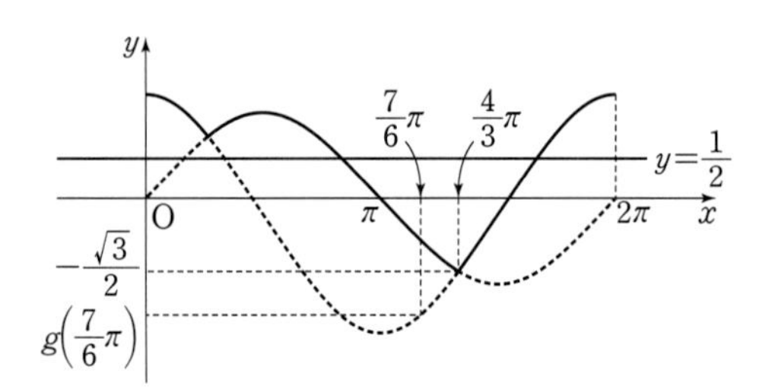

함수 $h(x)$의 최솟값이 $-\frac{\sqrt{3}}{2}$이 되려면 함수 $y=g(x)$의 그래프가 점 $\left(\frac{4}{3}\pi, -\frac{\sqrt{3}}{2}\right)$을 지나야 한다.

$g\left(\frac{4}{3}\pi\right)=-\frac{\sqrt{3}}{2}$이고, $a>0$일 때 $g\left(\frac{4}{3}\pi\right)>g\left(\frac{7}{6}\pi\right)$이므로

$g\left(\frac{7}{6}\pi\right)<-\frac{\sqrt{3}}{2}$

이는 ㉢과 모순이다.

(ii) $a=0$인 경우$(g(x)=b)$

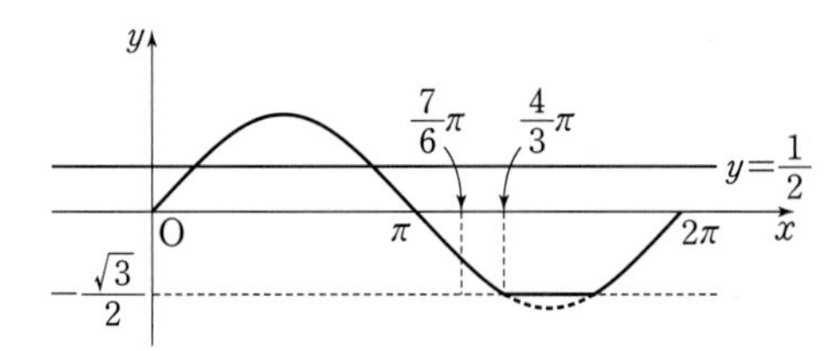

함수 $h(x)$의 최솟값이 $-\frac{\sqrt{3}}{2}$이 되려면 함수 $y=g(x)$의 그래프가 점 $\left(\frac{4}{3}\pi, -\frac{\sqrt{3}}{2}\right)$을 지나야 하므로

$g(x)=-\frac{\sqrt{3}}{2}$

함수 $g(x)$가 상수함수이므로

$g\left(\frac{7}{6}\pi\right)=-\frac{\sqrt{3}}{2}$

이는 ㉢과 모순이다.

(iii) $a<0$인 경우

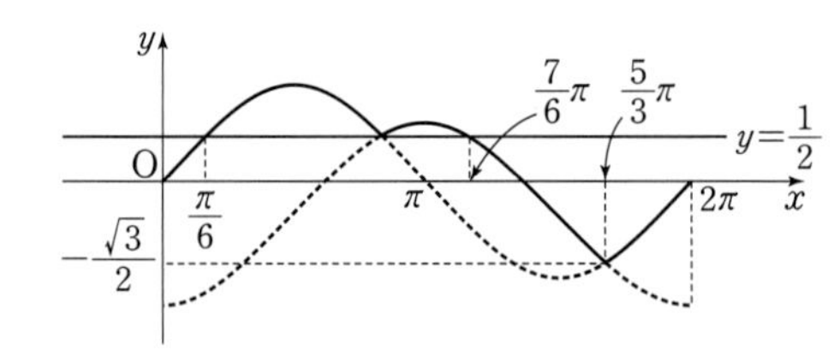

함수 $h(x)$의 최솟값이 $-\frac{\sqrt{3}}{2}$이 되려면 함수 $y=g(x)$의 그래프가 점 $\left(\frac{5}{3}\pi, -\frac{\sqrt{3}}{2}\right)$을 지나야 한다.

즉, $g\left(\frac{5}{3}\pi\right)=-\frac{\sqrt{3}}{2}$ ······ ㉣

㉢, ㉣에서 → $a\cos\left(\pi+\frac{\pi}{6}\right)+b=\frac{1}{2}$에서 $-a\cos\frac{\pi}{6}+b=\frac{1}{2}$, $-\frac{\sqrt{3}}{2}a+b=\frac{1}{2}$

$a\cos\left(\frac{7}{6}\pi\right)+b=\frac{1}{2}$, $a\cos\left(\frac{5}{3}\pi\right)+b=-\frac{\sqrt{3}}{2}$

→ $a\cos\left(2\pi-\frac{\pi}{3}\right)+b=-\frac{\sqrt{3}}{2}$에서 $a\cos\frac{\pi}{3}+b=-\frac{\sqrt{3}}{2}$, $\frac{1}{2}a+b=-\frac{\sqrt{3}}{2}$

$-\frac{\sqrt{3}}{2}a+b=\frac{1}{2}$, $\frac{1}{2}a+b=-\frac{\sqrt{3}}{2}$

두 식을 연립하여 풀면

$a=-1$, $b=\frac{1-\sqrt{3}}{2}$

따라서 $g(x)=-\cos x+\frac{1-\sqrt{3}}{2}$

STEP 3 $a+20\left(\frac{k}{b}\right)^2$의 값을 구한다.

(i), (ii), (iii)에서 방정식 $h(x)=k\left(k>\frac{1}{2}\right)$이 서로 다른 세 실근을 가지는 경우는 그림과 같이 직선 $y=k$가 점 $(\pi, g(\pi))$를 지날 때이다.

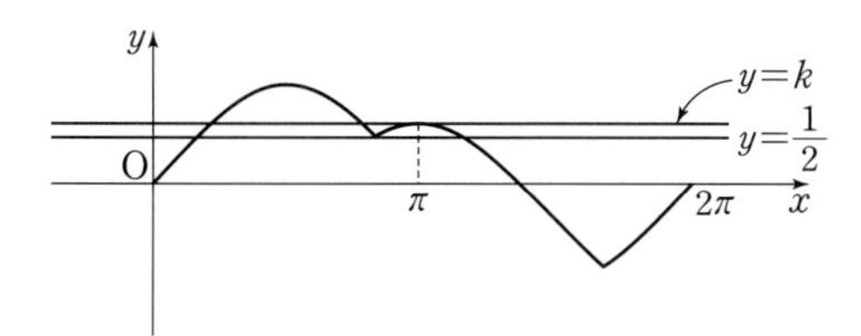

$g(\pi)=-\cos\pi+\frac{1-\sqrt{3}}{2}=\frac{3-\sqrt{3}}{2}$이므로

$k=\frac{3-\sqrt{3}}{2}$

따라서

$\frac{k}{b}=\frac{\frac{3-\sqrt{3}}{2}}{\frac{1-\sqrt{3}}{2}}=\frac{2\sqrt{3}}{-2}=-\sqrt{3}$

→ $=\frac{3-\sqrt{3}}{1-\sqrt{3}}=\frac{(3-\sqrt{3})(1+\sqrt{3})}{(1-\sqrt{3})(1+\sqrt{3})}=\frac{2\sqrt{3}}{-2}$

이므로

$a+20\left(\frac{k}{b}\right)^2=-1+20\times3=59$

답 59

07 삼각함수의 활용

개념 확인문제

본문 95쪽

01 $a=6\sqrt{3}$, $R=6$ 02 $c=2\sqrt{3}$, $R=2$ 03 $b=3\sqrt{2}$, $R=3\sqrt{2}$
04 (1) $a=b$인 이등변삼각형 (2) $C=90^\circ$인 직각삼각형
(3) $A=90^\circ$인 직각삼각형 (4) $C=90^\circ$인 직각삼각형
05 (1) $\sqrt{13}$ (2) $\sqrt{3}$ (3) 120° (4) 135°
06 (1) $5\sqrt{3}$ (2) $2\sqrt{3}$ (3) $\frac{\pi}{6}$ (4) $\frac{\pi}{3}$
07 $\frac{3}{4}$ 08 $10\sqrt{3}$ 09 $3\sqrt{3}$ 10 $\frac{\sqrt{11}}{6}$ 11 $\frac{12\sqrt{3}}{7}$

내신+학평 유형 연습

본문 96~102쪽

01 ③	02 ⑤	03 ⑤	04 ①	05 32	06 ⑤
07 192	08 ③	09 ②	10 ④	11 25	12 ④
13 20	14 28	15 ②	16 271	17 191	18 ⑤
19 ②	20 ①	21 ①	22 ③	23 ④	24 ①
25 ②	26 ③				

01

사인법칙에 의하여 $\frac{\overline{BC}}{\sin A}=2\times6=12$

따라서 $\overline{BC}=12\sin A=12\times\frac{1}{4}=3$

답 ③

02

사인법칙에 의하여 $\frac{\overline{BC}}{\sin\frac{\pi}{4}}=2\times5$

따라서 $\overline{BC}=2\times5\times\sin\frac{\pi}{4}=2\times5\times\frac{\sqrt{2}}{2}=5\sqrt{2}$

답 ⑤

03

삼각형 ABC의 외접원의 반지름의 길이를 R이라 하면

사인법칙에 의하여 $\frac{5}{\sin\frac{\pi}{6}}=2R$

따라서 $R=5\times2\times\frac{1}{2}=5$

답 ⑤

04

삼각형의 세 각 A, B, C에 대응하는 선분의 길이를 각각 a, b, c라 하면 $A+B+C=\pi$이므로

$\sin(A+B)=\sin(\pi-C)=\sin C$

사인법칙에 의하여

$\frac{a}{\sin A}=\frac{b}{\sin B}=\frac{c}{\sin C}=2\times4=8$

따라서

$\sin A+\sin B+\sin(A+B)=\sin A+\sin B+\sin C$

$=\frac{a+b+c}{8}$

$=\frac{12}{8}=\frac{3}{2}$

답 ①

05

호 AB에 대한 원주각의 크기는 같으므로

$\angle\mathrm{ADB}=\angle\mathrm{ACB}=30^\circ$

삼각형 ABD에서 사인법칙에 의하여

$\frac{\overline{\mathrm{AD}}}{\sin 45^\circ}=\frac{16\sqrt{2}}{\sin 30^\circ}$

따라서 $\overline{\mathrm{AD}}=16\sqrt{2}\times2\times\frac{\sqrt{2}}{2}=32$

답 32

06

삼각형 ABC의 외접원의 반지름의 길이를 R이라 하면

사인법칙에 의하여

$\sin A=\frac{a}{2R}$, $\sin B=\frac{b}{2R}$, $\sin C=\frac{c}{2R}$

이것을 주어진 등식에 대입하면

$a\times\frac{a}{2R}=b\times\frac{b}{2R}+c\times\frac{c}{2R}$

$\frac{a^2}{2R}=\frac{b^2}{2R}+\frac{c^2}{2R}$

$a^2=b^2+c^2$

따라서 삼각형 ABC는 $\angle\mathrm{A}=90^\circ$인 직사각형이므로 삼각형 ABC의 넓이는 $\frac{1}{2}bc$이다.

답 ⑤

07

삼각형 ABD에서 $\angle\mathrm{ADB}=\alpha$라 하자.

삼각형 ABD의 외접원의 반지름의 길이가 6이므로 사인법칙에 의하여

$\frac{3\sqrt{3}}{\sin\alpha}=12$, $\sin\alpha=\frac{3\sqrt{3}}{12}=\frac{\sqrt{3}}{4}$

$\cos\alpha=\sqrt{1-\sin^2\alpha}=\sqrt{1-\left(\frac{\sqrt{3}}{4}\right)^2}=\frac{\sqrt{13}}{4}$

$\overline{\mathrm{AB}}=\overline{\mathrm{CD}}$이므로 $\angle\mathrm{ADB}=\angle\mathrm{CBD}$

즉, 선분 AD와 선분 BC는 평행하므로 사각형 ABCD는 등변사다리꼴이다.

두 점 B, C에서 선분 AD에 내린 수선의 발을 각각 $\mathrm{H_1}$, $\mathrm{H_2}$라 하면

$\overline{\mathrm{DH_1}}=\overline{\mathrm{BD}}\cos\alpha=8\sqrt{2}\times\frac{\sqrt{13}}{4}=2\sqrt{26}$

$\overline{\mathrm{BH_1}}=\overline{\mathrm{BD}}\sin\alpha=8\sqrt{2}\times\frac{\sqrt{3}}{4}=2\sqrt{6}$

$\overline{\mathrm{AH_1}}=\overline{\mathrm{DH_2}}$이므로 사각형 ABCD의 넓이 S는

$S=\frac{1}{2}\times(\overline{\mathrm{AD}}+\overline{\mathrm{BC}})\times\overline{\mathrm{BH_1}}$

$=\frac{1}{2}\times\{(\overline{\mathrm{DH_1}}+\overline{\mathrm{AH_1}})+(\overline{\mathrm{DH_1}}-\overline{\mathrm{DH_2}})\}\times\overline{\mathrm{BH_1}}$

$=\overline{\mathrm{DH_1}}\times\overline{\mathrm{BH_1}}$

$=2\sqrt{26}\times2\sqrt{6}=8\sqrt{39}$

따라서 $\frac{S^2}{13}=\frac{(8\sqrt{39})^2}{13}=192$

답 192

08

코사인법칙에 의하여

$\overline{\mathrm{BC}}^2=\overline{\mathrm{AB}}^2+\overline{\mathrm{AC}}^2-2\times\overline{\mathrm{AB}}\times\overline{\mathrm{AC}}\times\cos A$

$=3^2+6^2-2\times3\times6\times\frac{5}{9}=25$

따라서 $\overline{\mathrm{BC}}=5$

답 ③

09

코사인법칙에 의하여

$\cos\theta=\frac{4^2+5^2-(\sqrt{11})^2}{2\times4\times5}$

$=\frac{30}{40}=\frac{3}{4}$

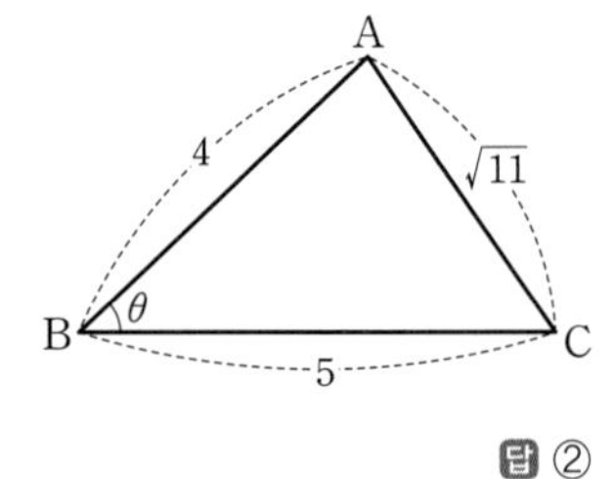

답 ②

10

$\sin^2\theta+\cos^2\theta=1$이고 $\sin\theta=\frac{2\sqrt{14}}{9}$이므로

$\cos^2\theta=1-\left(\frac{2\sqrt{14}}{9}\right)^2=1-\frac{56}{81}=\frac{25}{81}$

$0<\theta<\frac{\pi}{2}$에서 $\cos\theta>0$이므로 $\cos\theta=\frac{5}{9}$

코사인법칙에 의하여

$\overline{\mathrm{AC}}^2=3^2+6^2-2\times3\times6\times\frac{5}{9}=25$

따라서 $\overline{\mathrm{AC}}=5$

답 ④

11

$\overline{BE}=\frac{1}{6}\overline{BC}=1$, $\overline{EC}=\frac{5}{6}\overline{BC}=5$이므로

직각삼각형 ABE에서 $\overline{AE}=\sqrt{3^2+1^2}=\sqrt{10}$

직각삼각형 ACD에서 $\overline{AC}=\sqrt{6^2+3^2}=3\sqrt{5}$

삼각형 AEC에서 코사인법칙에 의하여

$$\cos\theta=\frac{(\sqrt{10})^2+(3\sqrt{5})^2-5^2}{2\times\sqrt{10}\times3\sqrt{5}}=\frac{30}{30\sqrt{2}}=\frac{\sqrt{2}}{2}$$

$0<\theta<\frac{\pi}{2}$이므로 $\theta=\frac{\pi}{4}$

따라서 $50\sin\theta\cos\theta=50\times\frac{\sqrt{2}}{2}\times\frac{\sqrt{2}}{2}=25$ 답 25

다른 풀이

삼각형 AEC의 넓이는

$\frac{1}{2}\times\sqrt{10}\times3\sqrt{5}\times\sin\theta=\frac{15}{2}$이므로 $\sin\theta=\frac{\sqrt{2}}{2}$

$0<\theta<\frac{\pi}{2}$이므로

$\cos\theta=\sqrt{1-\sin^2\theta}=\sqrt{1-\left(\frac{\sqrt{2}}{2}\right)^2}=\frac{\sqrt{2}}{2}$

따라서 $50\sin\theta\cos\theta=25$

12

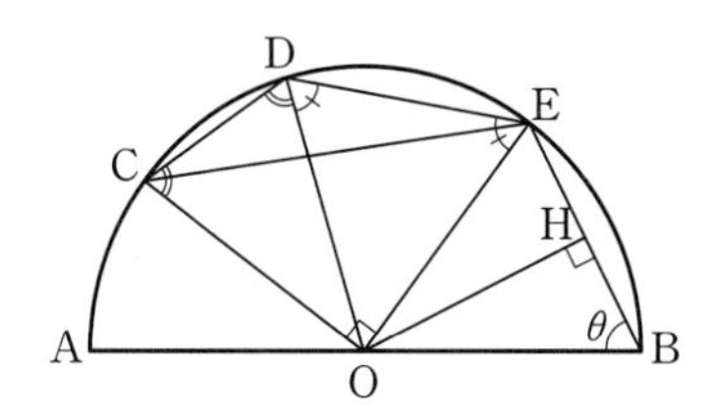

$\overline{OC}=\overline{OD}=\overline{OE}=1$, $\angle COE=\frac{\pi}{2}$이므로

$\overline{CE}=\sqrt{2}$, $\angle OCD=\angle ODC$, $\angle ODE=\angle OED$

사각형 COED에서

$\angle OCD+\angle CDE+\angle OED=2\pi-\frac{\pi}{2}=\frac{3}{2}\pi$,

$\angle OCD+\angle OED=\angle CDE$이므로

$2\angle CDE=\frac{3}{2}\pi$, 즉 $\angle CDE=\frac{3}{4}\pi$

한편, $\overline{CD}:\overline{DE}=1:\sqrt{2}$이므로 $\overline{CD}=a$, $\overline{DE}=\sqrt{2}a\ (a>0)$이라 하자.

삼각형 DCE에서 코사인법칙에 의하여

$$\overline{CE}^2=a^2+(\sqrt{2}a)^2-2\times a\times\sqrt{2}a\times\cos\frac{3}{4}\pi$$
$$=a^2+2a^2-2\times a\times\sqrt{2}a\times\left(-\frac{\sqrt{2}}{2}\right)=5a^2$$

이고 $\overline{CE}=\sqrt{5}a=\sqrt{2}$, 즉 $a=\frac{\sqrt{10}}{5}$

$\angle OBE=\theta$라 하고 점 O에서 선분 EB에 내린 수선의 발을 H라 하면 $\overline{EB}=\overline{DE}=\sqrt{2}a=\frac{2\sqrt{5}}{5}$이므로

$\cos\theta=\frac{\overline{BH}}{\overline{OB}}=\frac{\frac{1}{2}\overline{EB}}{\overline{OB}}=\frac{\sqrt{5}}{5}$ 답 ④

다른 풀이

$\overline{OB}=\overline{OD}$, $\overline{EB}=\overline{ED}$, $\overline{OE}$는 공통이므로 삼각형 OBE와 삼각형 ODE는 합동이다.

$\angle OBE=\theta$라 하면

$\angle OEB=\angle OED=\angle ODE=\theta$

$\angle EOB=\angle DOE=\pi-2\theta$

$\angle COD=\frac{\pi}{2}-\angle DOE=\frac{\pi}{2}-(\pi-2\theta)=2\theta-\frac{\pi}{2}$

$\angle ODC=\frac{1}{2}(\pi-\angle COD)=\frac{3}{4}\pi-\theta$

$\angle CDE=\angle ODC+\angle ODE=\left(\frac{3}{4}\pi-\theta\right)+\theta=\frac{3}{4}\pi$

한편, $\overline{OC}=\overline{OE}=1$, $\angle COE=\frac{\pi}{2}$이므로 $\overline{CE}=\sqrt{2}$

$\overline{CD}:\overline{DE}=1:\sqrt{2}$이므로 $\overline{CD}=a$, $\overline{DE}=\sqrt{2}a\ (a>0)$이라 하자.

삼각형 DCE에서 코사인법칙에 의하여

$\overline{CE}^2=a^2+(\sqrt{2}a)^2-2\times a\times\sqrt{2}a\times\cos\frac{3}{4}\pi=5a^2$

이고 $\overline{CE}=\sqrt{5}a=\sqrt{2}$, $a=\frac{\sqrt{10}}{5}$

즉, $\overline{EB}=\overline{DE}=\sqrt{2}a=\frac{2\sqrt{5}}{5}$

삼각형 OBE에서 코사인법칙에 의하여

$$\cos\theta=\frac{1^2+\left(\frac{2\sqrt{5}}{5}\right)^2-1^2}{2\times1\times\frac{2\sqrt{5}}{5}}=\frac{\sqrt{5}}{5}$$

13

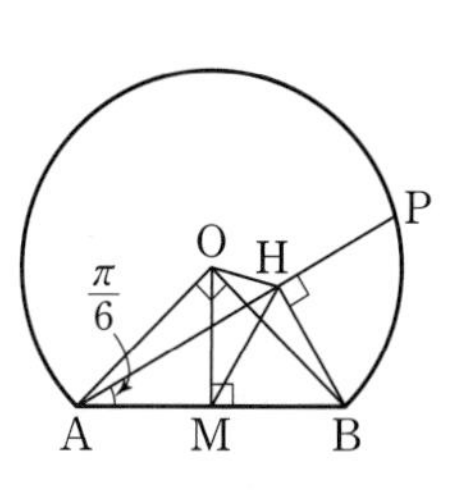

점 O에서 선분 AB에 내린 수선의 발을 M이라 하면 삼각형 OAB는 직각이등변삼각형이므로

$\overline{AM}=\overline{BM}$

삼각형 OAM에서

$\overline{OA}=2$, $\angle OAM=\frac{\pi}{4}$이므로

$\overline{AM}=\overline{OM}=\overline{BM}=\sqrt{2}$

삼각형 ABH에서 $\angle BAH=\frac{\pi}{6}$이므로

$\overline{BH}=\overline{AB}\sin\frac{\pi}{6}=\sqrt{2}$

삼각형 BHM에서 $\overline{BM}=\overline{BH}=\sqrt{2}$, $\angle ABH=\frac{\pi}{3}$이므로

삼각형 BHM은 정삼각형이다.

따라서 $\overline{HM}=\sqrt{2}$, $\angle BMH=\frac{\pi}{3}$

삼각형 OMH에서 $\angle OMH=\frac{\pi}{6}$, $\overline{OM}=\overline{HM}=\sqrt{2}$이므로

코사인법칙에 의하여

$\overline{OH}^2=(\sqrt{2})^2+(\sqrt{2})^2-2\times\sqrt{2}\times\sqrt{2}\times\cos\frac{\pi}{6}$

$=4-2\sqrt{3}$

따라서 $m=4$, $n=-2$이므로 $m^2+n^2=20$

답 20

14

삼각형 ABC에서 사인법칙에 의하여

$\frac{\overline{BC}}{\sin A}=2R_1$, $R_1=\frac{\overline{BC}}{2\sin A}$

삼각형 ABD에서 사인법칙에 의하여

$\frac{\overline{BD}}{\sin A}=2R_2$, $R_2=\frac{\overline{BD}}{2\sin A}$

$R_1:R_2=4:3$이므로

$\frac{\overline{BC}}{2\sin A}:\frac{\overline{BD}}{2\sin A}=4:3$, 즉 $\overline{BC}:\overline{BD}=4:3$

$\overline{BC}=4k$, $\overline{BD}=3k$ $(k>0)$이라 하면 삼각형 BCD에서

코사인법칙에 의하여

$\cos(\angle CDB)=\frac{(2\sqrt{7})^2+(3k)^2-(4k)^2}{2\times2\sqrt{7}\times3k}=\frac{-7k^2+28}{12\sqrt{7}k}$

이고

$\cos(\angle CDB)=\cos(\pi-\angle BDA)=-\cos(\angle BDA)=-\frac{\sqrt{7}}{4}$

이므로

$\frac{-7k^2+28}{12\sqrt{7}k}=-\frac{\sqrt{7}}{4}$, $7k^2-21k-28=0$

$k^2-3k-4=0$, $(k+1)(k-4)=0$

$k>0$이므로 $k=4$

따라서 $\overline{BC}+\overline{BD}=4k+3k=7k=7\times4=28$

답 28

15

삼각형 ABC에서 $\overline{BC}=a$, $\overline{CA}=b$, $\overline{AB}=c$라 하면

사인법칙에 의하여

$\frac{a}{\sin A}=\frac{b}{\sin B}=\frac{c}{\sin C}$이므로 $a:b:c=2:3:4$

$a=2k$, $b=3k$, $c=4k$ $(k>0)$이라 하면

코사인법칙에 의하여

$\cos C=\frac{(2k)^2+(3k)^2-(4k)^2}{2\times2k\times3k}=-\frac{3k^2}{12k^2}=-\frac{1}{4}$

답 ②

16

$\angle ABC=\theta$ $\left(0<\theta<\frac{\pi}{2}\right)$라 하면 $\cos\theta=\frac{1}{4}$이므로

$\sin\theta=\sqrt{1-\cos^2\theta}=\sqrt{1-\left(\frac{1}{4}\right)^2}=\frac{\sqrt{15}}{4}$

삼각형 ABC의 외접원의 넓이가 $\frac{32}{3}\pi$이므로 이 외접원의 반지름의

길이를 R_1이라 하면

$R_1=\frac{4\sqrt{6}}{3}$

삼각형 ABC에서 사인법칙에 의하여

$\frac{\overline{AC}}{\sin\theta}=2R_1$에서 $\overline{AC}=2\sqrt{10}$

평행사변형 ABCD의 둘레의 길이가 20이므로

$\overline{AB}=a$ $(0<a<5)$라 하면

$\overline{AD}=\overline{BC}=10-a$

삼각형 ABC에서 코사인법칙에 의하여

$40=a^2+(10-a)^2-2a(10-a)\cos\theta$

$=a^2+(10-a)^2-2a(10-a)\times\frac{1}{4}$

$a^2-10a+24=0$, $(a-4)(a-6)=0$

$a=4$ 또는 $a=6$에서 $0<a<5$이므로

$\overline{AB}=4$, $\overline{AD}=6$

$\angle BAD=\pi-\theta$이므로 $\cos(\pi-\theta)=-\cos\theta=-\frac{1}{4}$

삼각형 ABD에서 코사인법칙에 의하여

$\overline{BD}^2=6^2+4^2-2\times6\times4\times\cos(\pi-\theta)$

$=36+16-2\times6\times4\times\left(-\frac{1}{4}\right)=64$

$\overline{BD}=8$

삼각형 ABD의 외접원의 반지름의 길이를 R_2라 하면 삼각형 ABD에서 사인법칙에 의하여

$\frac{\overline{BD}}{\sin(\pi-\theta)}=2R_2$에서 $R_2=\frac{16\sqrt{15}}{15}$

따라서 삼각형 ABD의 외접원의 넓이는 $\frac{256}{15}\pi$이므로

$p+q=15+256=271$

답 271

17

$\overline{CD}=a$라 하면 $\overline{CE}=5\sqrt{3}-a$

$\angle BAC$, $\angle BEC$는 호 BC에 대한 원주각이므로

$\angle BAC=\angle BEC$

$\cos(\angle BAC)=\cos(\angle BEC)=\frac{\sqrt{3}}{6}$ …… ㉠

삼각형 ECD에서 코사인법칙에 의하여

$a^2=5^2+(5\sqrt{3}-a)^2-2\times5\times(5\sqrt{3}-a)\times\frac{\sqrt{3}}{6}$

$\frac{25\sqrt{3}}{3}a=75$, $a=3\sqrt{3}$

그러므로 $\overline{CD}=3\sqrt{3}$, $\overline{CE}=2\sqrt{3}$

$\angle BAD=\angle CED$, $\angle BDA=\angle CDE$이므로 두 삼각형 ABD, ECD는 서로 닮음이다.

$\overline{AB}:\overline{EC}=\overline{BD}:\overline{CD}$에서

$2:2\sqrt{3}=\overline{BD}:3\sqrt{3}$, $\overline{BD}=3$

$\overline{BE}=\overline{BD}+\overline{DE}=3+5=8$

삼각형 EBC에서 코사인법칙에 의하여

$\overline{BC}^2=8^2+(2\sqrt{3})^2-2\times8\times2\sqrt{3}\times\frac{\sqrt{3}}{6}=60$, $\overline{BC}=2\sqrt{15}$

㉠에서

$\sin(\angle BAC)=\sqrt{1-\left(\frac{\sqrt{3}}{6}\right)^2}=\frac{\sqrt{33}}{6}$

삼각형 ABC의 외접원의 반지름의 길이를 R라 하면

삼각형 ABC에서 사인법칙에 의하여

$2R=\frac{\overline{BC}}{\sin(\angle BAC)}=2\sqrt{15}\times\frac{6}{\sqrt{33}}$, $R=\frac{6\sqrt{55}}{11}$

따라서 삼각형 ABC의 외접원의 넓이는 $\pi R^2=\frac{180}{11}\pi$이므로

$p+q=11+180=191$

답 191

18

삼각형 APB의 외접원의 반지름의 길이는 부채꼴 OAB의 반지름의 길이 6과 같다.

$\angle BPA=\theta\left(\theta>\frac{\pi}{2}\right)$라 하면 삼각형 APB에서 사인법칙에 의하여

$\frac{\overline{AB}}{\sin\theta}=2\times6$, $\frac{8\sqrt{2}}{\sin\theta}=12$, $\sin\theta=\frac{2\sqrt{2}}{3}$

$\theta>\frac{\pi}{2}$일 때, $\cos\theta<0$이므로

$\cos\theta=-\sqrt{1-\sin^2\theta}=-\sqrt{1-\left(\frac{2\sqrt{2}}{3}\right)^2}=-\frac{1}{3}$

$\overline{BP}=k$라 하면 $\overline{AP}:\overline{BP}=3:1$이므로 $\overline{AP}=3k$

삼각형 APB에서 코사인법칙에 의하여

$(3k)^2+k^2-2\times3k\times k\times\left(-\frac{1}{3}\right)=(8\sqrt{2})^2$

$9k^2+k^2+2k^2=128$, $k^2=\frac{32}{3}$

$k>0$이므로 $k=\frac{4\sqrt{6}}{3}$

따라서 선분 BP의 길이는 $\frac{4\sqrt{6}}{3}$이다.

답 ⑤

19

삼각형 ABC의 넓이는 15이므로

$\frac{1}{2}\times6\times7\times\sin(\angle ABC)=15$, $\sin(\angle ABC)=\frac{5}{7}$

$0<\angle ABC<\frac{\pi}{2}$에서 $\cos(\angle ABC)>0$이므로

$\cos(\angle ABC)=\sqrt{1-\left(\frac{5}{7}\right)^2}=\frac{2\sqrt{6}}{7}$

답 ②

20

삼각형 ABC의 넓이는 $\frac{1}{2}\times2\times2\times\sin\theta=2\sin\theta$

삼각형 ABC의 넓이가 1보다 크므로 $\sin\theta>\frac{1}{2}$

곡선 $y=\sin\theta$ $(0<\theta<\pi)$와 직선 $y=\frac{1}{2}$은 오른쪽 그림과 같으므로

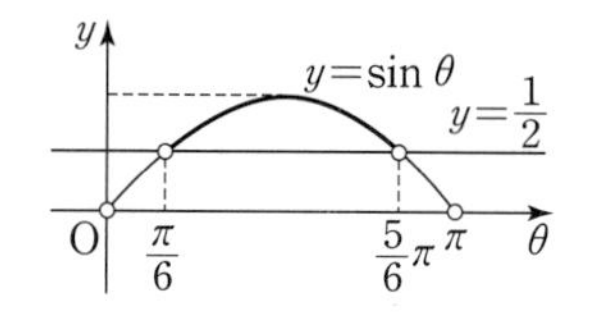

$0<\theta<\pi$에서 $\sin\theta>\frac{1}{2}$의 해는

$\frac{\pi}{6}<\theta<\frac{5}{6}\pi$

따라서 $\alpha=\frac{\pi}{6}$, $\beta=\frac{5}{6}\pi$이므로 $2\alpha+\beta=2\times\frac{\pi}{6}+\frac{5}{6}\pi=\frac{7}{6}\pi$

답 ①

21

$\angle DAB=\theta$라 하면 삼각형 ABD에서 코사인법칙에 의하여

$\cos\theta=\frac{4^2+5^2-(\sqrt{33})^2}{2\times4\times5}=\frac{1}{5}$

사각형 ABCD가 한 원에 내접하므로 $\angle BCD=\pi-\theta$이다.

그러므로 $\sin(\angle BCD)=\sin(\pi-\theta)=\sin\theta=\frac{2\sqrt{6}}{5}$

삼각형 BCD의 넓이가 $2\sqrt{6}$이므로

$\frac{1}{2}\times\overline{BC}\times\overline{CD}\times\frac{2\sqrt{6}}{5}=2\sqrt{6}$

따라서 $\overline{BC}\times\overline{CD}=10$

답 ①

22

$\angle COA=\theta$라 하면 삼각형 COA에서 코사인법칙에 의하여

$\cos\theta=\frac{2^2+2^2-1^2}{2\times2\times2}=\frac{7}{8}$

삼각형 BOD에서 $\angle BOD=\frac{\pi}{2}-\theta$이고 삼각형 BOD의 넓이가 $\frac{7}{6}$이므로 $\overline{OD}=x$라 하면

$\frac{1}{2}\times2\times x\times\sin\left(\frac{\pi}{2}-\theta\right)=\frac{7}{6}$

한편, $\sin\left(\frac{\pi}{2}-\theta\right)=\cos\theta=\frac{7}{8}$이므로

$\frac{7}{8}x=\frac{7}{6}$, $x=\frac{4}{3}$

따라서 선분 OD의 길이는 $\frac{4}{3}$이다.

답 ③

23

$\overline{AB}=k$라 하면 $2\overline{AB}=\overline{AC}$에서 $\overline{AC}=2k$

점 M은 선분 AB의 중점이므로 $\overline{AM}=\frac{k}{2}$

점 N은 선분 AC를 3:5로 내분하는 점이므로 $\overline{AN}=2k\times\frac{3}{8}=\frac{3}{4}k$

$\overline{MN}=\overline{AB}=k$이므로 삼각형 AMN에서 코사인법칙에 의하여

$$\cos A=\frac{\left(\frac{k}{2}\right)^2+\left(\frac{3}{4}k\right)^2-k^2}{2\times\frac{k}{2}\times\frac{3}{4}k}=-\frac{1}{4}$$

이므로 $\sin A=\sqrt{1-\cos^2 A}=\sqrt{1-\left(-\frac{1}{4}\right)^2}=\frac{\sqrt{15}}{4}$

삼각형 AMN의 외접원의 반지름의 길이를 R이라 하면

$\pi R^2=16\pi$에서 $R=4$

삼각형 AMN에서 사인법칙에 의하여

$\frac{\overline{MN}}{\sin A}=2R$에서 $\frac{k}{\frac{\sqrt{15}}{4}}=8$, $k=2\sqrt{15}$

따라서 삼각형 ABC의 넓이는

$\frac{1}{2}\times\overline{AB}\times\overline{AC}\times\sin A=\frac{1}{2}\times2\sqrt{15}\times4\sqrt{15}\times\frac{\sqrt{15}}{4}=15\sqrt{15}$

답 ④

24

$\angle CAB=\theta$이므로 $\angle COB=2\theta$이다.

삼각형 POB가 이등변삼각형이고 $\angle OQB=\frac{\pi}{2}$이므로

점 Q는 선분 PB의 중점이고 $\angle POQ=2\theta$이다.

선분 PO와 선분 QD가 평행하므로

삼각형 POB와 삼각형 QDB는 닮음이다.

따라서 $\overline{QD}=$ [1]이고 $\angle QDB=$ [4θ]이므로 삼각형 QDB의 넓이 $S(\theta)$는

$S(\theta)=\frac{1}{2}\times$ [1] $\times1\times\sin($ [4θ] $)$

이다. $\overline{CQ}=\overline{CO}-\overline{QO}$이므로 삼각형 PQC의 넓이 $T(\theta)$는

$T(\theta)=\frac{1}{2}\times\overline{PQ}\times\overline{CQ}=\sin2\theta\times(2-$ [$2\cos2\theta$] $)$

이다.

즉, $p=1$, $f(\theta)=4\theta$, $g(\theta)=2\cos2\theta$이므로

$p\times f\left(\frac{\pi}{16}\right)\times g\left(\frac{\pi}{8}\right)=1\times\frac{\pi}{4}\times\sqrt{2}=\frac{\sqrt{2}}{4}\pi$

답 ①

25

삼각형 ABC의 외접원의 반지름의 길이를 R이라 하면

$\sin(\angle BAC)=\sin A=\frac{a}{2R}$

$\sin B=\frac{8}{2R}=\frac{4}{R}$

$\sin C=\frac{4}{2R}=\frac{2}{R}$

$a(\sin B+\sin C)=a\left(\frac{4}{R}+\frac{2}{R}\right)=\frac{6a}{R}=6\sqrt{3}$이므로

$\frac{a}{R}=\sqrt{3}$, $\sin A=\frac{a}{2R}=\frac{\sqrt{3}}{2}$

$\angle BAC>90°$이므로 $\angle BAC=\frac{2}{3}\pi$

선분 AP가 $\angle BAC$를 이등분하므로 $\angle PAB=\angle PAC=\frac{\pi}{3}$이고

$\overline{BP}:\overline{PC}=\overline{AB}:\overline{AC}=4:8=1:2$

삼각형 ABP의 넓이는 삼각형 ABC의 넓이의 $\frac{1}{3}$배이므로

$\frac{1}{2}\times4\times\overline{AP}\times\sin\frac{\pi}{3}=\frac{1}{3}\times\left(\frac{1}{2}\times4\times8\times\sin\frac{2}{3}\pi\right)$

$\sqrt{3}\,\overline{AP}=\frac{8\sqrt{3}}{3}$, $\overline{AP}=\frac{8}{3}$

답 ②

26

$\overline{OA}=\overline{OP}$이므로 $\angle OAP=\angle OPA=\theta$

$\angle APB=\frac{\pi}{2}$이므로 $\angle CPD=\frac{\pi}{2}-\theta$

$4\sin\theta=3\cos\theta$, $\sin^2\theta+\cos^2\theta=1$이므로

$\sin^2\theta+\frac{16}{9}\sin^2\theta=1$, $\sin^2\theta=\frac{9}{25}$

$0<\theta<\frac{\pi}{2}$이므로 $\sin\theta=\frac{3}{5}$, $\cos\theta=\frac{4}{5}$

$\overline{AB}=10$, $\angle APB=\frac{\pi}{2}$이므로

$\overline{PA}=10\cos\theta=8$, $\overline{PA}=\overline{PC}=\overline{PD}=8$

따라서

(삼각형 ADC의 넓이)

=(삼각형 PAD의 넓이)+(삼각형 PDC의 넓이)

−(삼각형 PAC의 넓이)

$=\frac{1}{2}\times8\times8\times\sin\theta+\frac{1}{2}\times8\times8\times\sin\left(\frac{\pi}{2}-\theta\right)-\frac{1}{2}\times8\times8$

$=32\sin\theta+32\cos\theta-32$

$=32\times\frac{3}{5}+32\times\frac{4}{5}-32=\frac{64}{5}$

답 ③

본문 103쪽

01 $\dfrac{25(\sqrt{3}+3)}{2}$ **02** $12+4\sqrt{3}$

01

삼각형 ABC에서 사인법칙에 의하여

$\dfrac{10}{\sin 45^\circ}=\dfrac{\overline{AC}}{\sin 60^\circ}$

$\overline{AC}=\dfrac{\sqrt{3}}{2}\times\dfrac{10}{\frac{\sqrt{2}}{2}}=5\sqrt{6}$ ······ ㉮

$\overline{AB}=x$라 하면 코사인법칙에 의하여

$\overline{AC}^2=\overline{AB}^2+\overline{BC}^2-2\times\overline{AB}\times\overline{BC}\times\cos 60^\circ$

즉, $150=x^2+100-2\times x\times 10\times\dfrac{1}{2}$

$x^2-10x-50=0$

$x>0$이므로 $x=5+5\sqrt{3}=\overline{AB}$ ······ ㉯

따라서 삼각형 ABC의 넓이 S는

$S=\dfrac{1}{2}\times\overline{AC}\times\overline{AB}\times\sin A=\dfrac{1}{2}\times 5\sqrt{6}\times(5\sqrt{3}+5)\times\sin 45^\circ$

$=\dfrac{25(\sqrt{3}+3)}{2}$ ······ ㉰

답 $\dfrac{25(\sqrt{3}+3)}{2}$

단계	채점 기준	비율
㉮	삼각형 ABC에서 사인법칙에 의하여 $\overline{AC}$의 길이를 구한 경우	30%
㉯	삼각형 ABC에서 코사인법칙에 의하여 $\overline{AB}$의 길이를 구한 경우	40%
㉰	삼각형의 넓이 공식을 이용하여 삼각형 ABC의 넓이를 구한 경우	30%

02

삼각형 ABC의 외접원의 중심을 O라 하면

$\overset{\frown}{AB}:\overset{\frown}{BC}:\overset{\frown}{CA}=3:4:5$에서

$\angle AOB:\angle BOC:\angle COA=3:4:5$이므로

$\angle AOB=2\pi\times\dfrac{3}{12}=\dfrac{\pi}{2}$, $\angle BOC=2\pi\times\dfrac{4}{12}=\dfrac{2}{3}\pi$,

$\angle COA=2\pi\times\dfrac{5}{12}=\dfrac{5}{6}\pi$ ······ ㉮

삼각형 AOB, BOC, COA의 넓이를 각각 S_1, S_2, S_3이라 하면

$S_1=\dfrac{1}{2}\times 4\times 4\times\sin\dfrac{\pi}{2}=8$

$S_2=\dfrac{1}{2}\times 4\times 4\times\sin\dfrac{2}{3}\pi=4\sqrt{3}$

$S_3=\dfrac{1}{2}\times 4\times 4\times\sin\dfrac{5}{6}\pi=4$ ······ ㉯

따라서 삼각형 ABC의 넓이는

$S_1+S_2+S_3=12+4\sqrt{3}$ ······ ㉰

답 $12+4\sqrt{3}$

단계	채점 기준	비율
㉮	부채꼴의 호의 길이의 비 $\overset{\frown}{AB}:\overset{\frown}{BC}:\overset{\frown}{CA}=3:4:5$로부터 세 중심각의 크기를 구한 경우	30%
㉯	삼각형의 넓이 공식을 이용하여 세 삼각형 AOB, BOC, COA의 넓이를 구한 경우	50%
㉰	삼각형 ABC의 넓이를 구한 경우	20%

본문 104~105쪽

01 17 **02** ⑤ **03** ④ **04** 50

01

풀이 전략 사인법칙을 이용하여 선분의 길이를 구한다.

STEP 1 두 삼각형 BDE, DCF에서 각각 사인법칙을 이용한다.

$\overline{DF}=x$, $\angle CDF=\theta$라 하면 $\angle BDE=\dfrac{\pi}{2}-\theta$이고

$\overline{AE}=\overline{DE}$이므로 $\overline{BE}=1-\overline{AE}=1-\overline{DE}$

또, $\overline{AF}=\overline{DF}$이므로 $\overline{CF}=1-\overline{AF}=1-\overline{DF}$

삼각형 BDE와 삼각형 DCF의 외접원의 반지름의 길이를 각각 r_1, r_2라 하면 사인법칙에 의하여

삼각형 BDE에서

$\dfrac{1-\overline{DE}}{\sin\left(\frac{\pi}{2}-\theta\right)}=\dfrac{\overline{DE}}{\sin\frac{\pi}{4}}=2r_1$ ······ ㉠

→ $\dfrac{\overline{BE}}{\sin(\angle BDE)}=\dfrac{\overline{DE}}{\sin(\angle EBD)}$

삼각형 DCF에서

$\dfrac{1-\overline{DF}}{\sin\theta}=\dfrac{\overline{DF}}{\sin\frac{\pi}{4}}=2r_2$ ······ ㉡

→ $\dfrac{\overline{CF}}{\sin(\angle FDC)}=\dfrac{\overline{DF}}{\sin(\angle DCF)}$

STEP 2 선분 DF의 길이를 구하여 $p+q$의 값을 구한다.

$r_1=2r_2$이므로 $\overline{DE}=2\overline{DF}=2x$이고

㉠에서 $\dfrac{\sqrt{2}}{2}(1-2x)=2x\sin\left(\dfrac{\pi}{2}-\theta\right)=2x\cos\theta$

㉡에서 $\dfrac{\sqrt{2}}{2}(1-x)=x\sin\theta$

두 식의 양변을 제곱하여 연립하면

$(1-2x)^2+4(1-x)^2=8x^2(\sin^2\theta+\cos^2\theta)=8x^2$

→ $\sin^2\theta+\cos^2\theta=1$

$x=\dfrac{5}{12}$

따라서 $p=12$, $q=5$이므로 $p+q=17$

답 17

다른 풀이

$\angle AED=\theta$라 하면 $\angle AFD=\pi-\theta$이고

$\angle BED=\pi-\theta$, $\angle CFD=\theta$

삼각형 BDE와 삼각형 DCF의 외접원의 반지름의 길이를 각각 r_1, r_2라 하자.

삼각형 BDE에서 사인법칙에 의하여

$\dfrac{\overline{BD}}{\sin(\pi-\theta)}=\dfrac{\overline{BD}}{\sin\theta}=2r_1$

$\overline{BD}=2r_1\sin\theta$ ...... ㉠

삼각형 DCF에서 사인법칙에 의하여

$\dfrac{\overline{CD}}{\sin\theta}=2r_2$

$\overline{CD}=2r_2\sin\theta$ ...... ㉡

㉠, ㉡에서 $\overline{BD}:\overline{CD}=r_1:r_2=2:1$

$\overline{AB}=\overline{AC}=1$, $\angle BAC=\dfrac{\pi}{2}$에서 $\overline{BC}=\sqrt{2}$이므로

$\overline{CD}=\dfrac{\sqrt{2}}{3}$

$\overline{DF}=x$라 하면 $\overline{CF}=1-x$이므로

삼각형 DCF에서 코사인법칙에 의하여

$x^2=(1-x)^2+\left(\dfrac{\sqrt{2}}{3}\right)^2-2(1-x)\times\dfrac{\sqrt{2}}{3}\cos\dfrac{\pi}{4}$

$x=\dfrac{5}{12}$

따라서 $p=12$, $q=5$이므로 $p+q=17$

02

풀이 전략 사인법칙과 코사인법칙, 삼각형의 넓이를 이용하여 보기의 참·거짓을 판별한다.

STEP 1 $\angle DAC=\angle BAD=\theta$로 놓고 $\angle DBC$의 크기를 θ로 나타낸다.

$\angle DAC=\angle BAD=\theta$라 하면

$\angle DAC$, $\angle DBC$가 모두 호 CD에 대한 원주각이므로

$\angle DBC=\theta$

STEP 2 사인법칙을 이용하여 ㄱ의 참·거짓을 판별한다.

ㄱ. 삼각형 ABD에서 사인법칙에 의하여

$\dfrac{\overline{BD}}{\sin(\angle BAD)}=2\sqrt{3}$, $\sin\theta=\dfrac{1}{2}$

그러므로 $\sin(\angle DBE)=\sin(\angle DBC)=\dfrac{1}{2}$ (참)

STEP 3 사인법칙과 코사인법칙을 이용하여 ㄴ의 참·거짓을 판별한다.

ㄴ. $0<\angle BAC=2\theta<\pi$에서 $0<\theta<\dfrac{\pi}{2}$이고

$\sin\theta=\dfrac{1}{2}$이므로 $\theta=\dfrac{\pi}{6}$

$\angle BAC=2\times\dfrac{\pi}{6}=\dfrac{\pi}{3}$

삼각형 ABC에서 사인법칙에 의하여

$\dfrac{\overline{BC}}{\sin\dfrac{\pi}{3}}=2\sqrt{3}$, $\overline{BC}=3$

삼각형 ABC에서 코사인법칙에 의하여

$\overline{BC}^2=\overline{AB}^2+\overline{AC}^2-2\times\overline{AB}\times\overline{AC}\times\cos\dfrac{\pi}{3}$

$\overline{AB}^2+\overline{AC}^2=\overline{AB}\times\overline{AC}+9$ ...... ㉠ (참)

STEP 4 ㄷ의 참·거짓을 판별한다.

ㄷ. $\overline{BE}=a$ $(0<a<3)$이라 하면

$\overline{CE}=\overline{BC}-\overline{BE}=3-a$

삼각형 ABC에서 $\angle BAE=\angle EAC$이므로

$\overline{AB}:\overline{AC}=\overline{BE}:\overline{CE}$에서

$\overline{AB}:\overline{AC}=a:(3-a)$

양수 k에 대하여 $\overline{AB}=ak$, $\overline{AC}=(3-a)k$라 하면

삼각형 ABC의 넓이는

$\dfrac{1}{2}\times\overline{AB}\times\overline{AC}\times\sin\dfrac{\pi}{3}=\dfrac{\sqrt{3}}{4}a(3-a)k^2$

이고, 삼각형 BDE의 넓이는

$\dfrac{1}{2}\times\overline{BD}\times\overline{BE}\times\sin\dfrac{\pi}{6}=\dfrac{\sqrt{3}}{4}a$

삼각형 ABC의 넓이가 삼각형 BDE의 넓이의 4배이어야 하므로

$\dfrac{\sqrt{3}}{4}a(3-a)k^2=4\times\dfrac{\sqrt{3}}{4}a$

$(3-a)k^2=4$ ...... ㉡

㉠에서

$(ak)^2+(3-a)^2k^2=(ak)(3-a)k+9$

$k^2(a^2-3a+3)=3$

$(3-a)k^2(a^2-3a+3)=3(3-a)$

위 식에 ㉡을 대입하면

$4(a^2-3a+3)=3(3-a)$, $4a^2-9a+3=0$

$a=\dfrac{9+\sqrt{33}}{8}$ 또는 $a=\dfrac{9-\sqrt{33}}{8}$

그러므로 모든 a의 값의 합은 $\dfrac{9}{4}$이다. (참)

→ 이차방정식 $4a^2-9a+3=0$에서 근과 계수의 관계를 이용해서 구할 수도 있다.
→ (두 근의 합) $=-\dfrac{-9}{4}=\dfrac{9}{4}$

따라서 옳은 것은 ㄱ, ㄴ, ㄷ이다.

답 ⑤

03

풀이 전략 사인법칙과 코사인법칙을 이용하여 보기의 참·거짓을 판별한다.

STEP 1 $\overline{AP}=a$, $\overline{BQ}=b$로 놓고 $\overline{CR}$, $\overline{BP}$, $\overline{AR}$의 길이를 a, b의 식으로 나타낸다.

$\overline{AP}=a$, $\overline{BQ}=b$라 하면

$\overline{CR}=1-a-b$, $\overline{BP}=1-a$, $\overline{AR}=a+b$

STEP 2 코사인법칙을 이용하여 ㄱ의 참·거짓을 판별한다.

ㄱ. 삼각형 APR에서 코사인법칙에 의하여

$\overline{PR}^2 = a^2 + (a+b)^2 - 2 \times a \times (a+b) \times \cos\frac{\pi}{3}$

$= a^2 + ab + b^2$

삼각형 PBQ에서 코사인법칙에 의하여

$\overline{PQ}^2 = b^2 + (1-a)^2 - 2 \times b \times (1-a) \times \cos\frac{\pi}{3}$

$= a^2 + ab - 2a + b^2 - b + 1$ …… ㉠

$\overline{PR}^2 = \overline{PQ}^2$이므로

$a^2+ab+b^2 = a^2+ab-2a+b^2-b+1$에서

$2a+b=1$ …… ㉡

그러므로 $2\overline{AP}+\overline{BQ}=1$에서 $4\overline{AP}+2\overline{BQ}=2$

→ $\overline{AP}=\overline{CR}$이므로 $\overline{AP}+\overline{BQ}+\overline{CR}=1$에서 $2\overline{AP}+\overline{BQ}=1$

$\overline{AP}>0$이므로 $3\overline{AP}+2\overline{BQ}<2$ (거짓)

STEP 3 ㄴ의 참·거짓을 판별한다.

ㄴ. ㉡에서 $b=1-2a$이므로

$\overline{CQ} = 1-b = 1-(1-2a) = 2a$

$\overline{CR} = 1-a-(1-2a) = a$

삼각형 CRQ에서 $\overline{CQ} : \overline{CR} = 2 : 1$이고 $\angle RCQ = \frac{\pi}{3}$이므로

삼각형 CRQ는 $\angle QRC = \frac{\pi}{2}$인 직각삼각형이다.

그러므로 $\overline{QR} = \sqrt{\overline{CQ}^2 - \overline{CR}^2} = \sqrt{3}a$ (참)

→ 피타고라스 정리에 의하여 $\overline{CR}^2+\overline{QR}^2=\overline{CQ}^2$

STEP 4 사인법칙을 이용하여 ㄷ의 참·거짓을 판별한다.

ㄷ. 두 삼각형 PBQ, CRQ의 외접원의 반지름의 길이를 각각 R_1, R_2라 하자.

삼각형 PBQ에서 사인법칙에 의하여

$\frac{\overline{PQ}}{\sin\frac{\pi}{3}} = 2R_1$

삼각형 CRQ에서 사인법칙에 의하여

$\frac{\overline{QR}}{\sin\frac{\pi}{3}} = 2R_2$

삼각형 PBQ의 외접원의 넓이가 삼각형 CRQ의 외접원의 넓이의 2배이므로 $R_1 = \sqrt{2} \times R_2$

즉, $\frac{\overline{PQ}}{2\sin\frac{\pi}{3}} = \sqrt{2} \times \frac{\overline{QR}}{2\sin\frac{\pi}{3}}$에서

$\overline{PQ}^2 = 2 \times \overline{QR}^2$ …… ㉢

㉠, ㉡에 의하여 $\overline{PQ}^2 = 3a^2-3a+1$, $\overline{QR}^2 = 3a^2$

이것을 ㉢에 대입하면

$3a^2-3a+1 = 6a^2$, $3a^2+3a-1=0$

$a = \frac{-3\pm\sqrt{9+12}}{6}$

$a>0$이므로 $a = \frac{\sqrt{21}-3}{6}$ (참)

따라서 옳은 것은 ㄴ, ㄷ이다.

답 ④

04

풀이 전략 두 함수 $y=a^x$과 $y=\log_a x$가 역함수 관계임을 알고 삼각형 AOB에서 사인법칙을 이용한다.

STEP 1 점 A의 좌표를 (p, q) $(q>p)$로 놓고 a, p, q, t 사이의 관계를 알아본다.

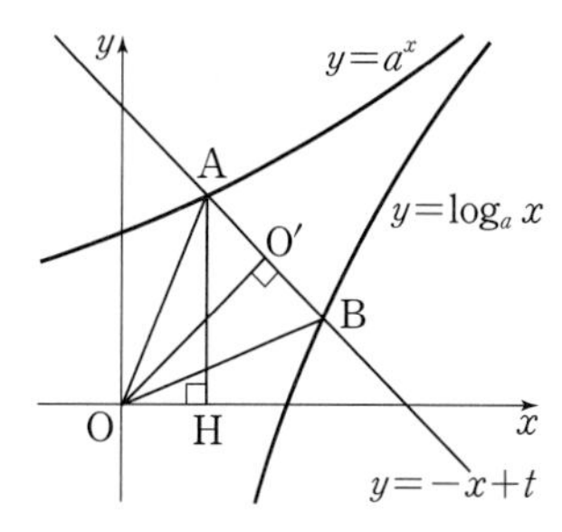

점 A의 좌표를 (p, q) $(q>p)$라 하면

$q=a^p$, $p+q=t$ …… ㉠

함수 $y=\log_a x$는 함수 $y=a^x$의 역함수이므로

점 B의 좌표는 (q, p)

→ 두 함수 $y=\log_a x$, $y=a^x$이 서로 역함수이므로 직선 $y=x$에 대하여 대칭이다. 이때 직선 $y=x$에 수직인 직선 $y=-x+t$ 위의 두 점 A, B는 서로 직선 $y=x$에 대하여 대칭이다.

$\overline{AB} = \sqrt{2(q-p)^2} = \sqrt{2}(q-p)$

조건 (가)에 의하여

$2\overline{OH} = \overline{AB}$이므로 $2p = \sqrt{2}(q-p)$

$q = (1+\sqrt{2})p$ …… ㉡

STEP 2 $\angle AOB$의 크기를 구한다.

원점 O에서 직선 AB에 내린 수선의 발을 O′이라 하면 조건 (가)에 의하여 $\overline{OH} = \overline{BO'}$이고

→ $2\overline{OH}=\overline{AB}$이므로 $\overline{AO'}=\overline{BO'}$

$\overline{OA} = \overline{OB}$, $\angle OHA = \angle BO'O = \frac{\pi}{2}$이므로

$\triangle AOH \equiv \triangle OBO'$ …… ㉢

→ RHS 합동이다.

$\angle AOB = \theta$라 하면

$\angle AOH = \angle AOO' + \angle O'OH = \frac{\theta}{2} + \frac{\pi}{4}$

$\angle OBO' = \frac{\pi}{2} - \angle BOO' = \frac{\pi}{2} - \frac{\theta}{2}$

㉢에서 $\angle AOH = \angle OBO'$이므로

→ $\triangle AOH \equiv \triangle OBO' \equiv \triangle OAO'$

$\frac{\pi}{4} + \frac{\theta}{2} = \frac{\pi}{2} - \frac{\theta}{2}$, $\theta = \frac{\pi}{4}$

STEP 3 $200(t-a)$의 값을 구한다.

삼각형 AOB에서 사인법칙에 의하여

$\frac{\overline{AB}}{\sin\frac{\pi}{4}} = \sqrt{2}$, $\overline{AB} = \sqrt{2} \times \frac{\sqrt{2}}{2} = 1 = 2p$, $p = \frac{1}{2}$

㉡에서 $q = \frac{1}{2} + \frac{\sqrt{2}}{2}$

㉠에서 $t = 1 + \frac{\sqrt{2}}{2}$, $a = \left(\frac{1}{2} + \frac{\sqrt{2}}{2}\right)^2 = \frac{3}{4} + \frac{\sqrt{2}}{2}$

따라서 $200(t-a) = 200 \times \left(1 + \frac{\sqrt{2}}{2} - \frac{3}{4} - \frac{\sqrt{2}}{2}\right) = 50$

답 50

08 등차수열과 등비수열

개념 확인 문제

본문 107쪽

01 (1) $a_n=5n$, $a_8=40$ (2) $a_n=\frac{2n-1}{2n}$, $a_8=\frac{15}{16}$
(3) $a_n=n^2$, $a_8=64$ (4) $a_n=\frac{1}{3\times2^{n-1}}$, $a_8=\frac{1}{384}$
02 30
03 29
04 (1) $a_n=2n+4$ (2) $a_n=-3n+11$
(3) $a_n=3n-4$ (4) $a_n=-2n+10$
05 11, 21
06 (1) -95 (2) 120
07 (1) $a_n=-2^{n-1}$ (2) $a_n=-2\times3^{n-1}$
(3) $a_n=\frac{3}{2}\times\left(-\frac{1}{2}\right)^{n-1}$ (4) $a_n=\left(-\frac{3}{2}\right)^{n-1}$
08 $a_n=\left(-\frac{1}{2}\right)^{n-4}$
09 -1536
10 (1) $\frac{3(3^{10}-1)}{2}$ (2) -682
11 6
12 $a_n=2n-3$
13 (1) $a_n=\begin{cases}2^{n-2} & (n\ge2)\\ 2 & (n=1)\end{cases}$ (2) $a_n=\begin{cases}2\times3^n & (n\ge2)\\ 8 & (n=1)\end{cases}$

내신+학평 유형 연습

본문 108~120쪽

01 ①	02 ④	03 ⑤	04 16	05 12	06 ①
07 6	08 ④	09 ⑤	10 ③	11 18	12 ③
13 12	14 ④	15 36	16 ④	17 100	18 ⑤
19 10	20 442	21 26	22 ②	23 24	24 ②
25 200	26 ④	27 ③	28 ④	29 32	30 ⑤
31 ⑤	32 ④	33 ④	34 ⑤	35 64	36 25
37 ④	38 18	39 ③	40 ③	41 ⑤	42 ①
43 ③	44 8	45 ②	46 ①	47 ①	48 ③
49 120	50 ②	51 ④	52 11	53 ④	54 ①
55 513					

01
등차수열 $\{a_n\}$의 공차를 d라 하면
$a_7-a_5=(a_1+6d)-(a_1+4d)=2d=6$, $d=3$
$a_4=a_1+3d=a_1+9=10$
따라서 $a_1=1$

답 ①

02
$a_7-a_2=(a_2+5\times3)-a_2=15$

답 ④

03
네 수 2, a, b, 14가 이 순서대로 등차수열을 이루므로
$a-2=14-b$
따라서 $a+b=14+2=16$

답 ⑤

04
등차수열 $\{a_n\}$의 공차를 d라 하면
$a_4-a_2=2d=6$이므로 $d=3$
따라서 $a_5=a_1+4d=4+4\times3=16$

답 16

05
등차수열 $\{a_n\}$의 첫째항을 a, 공차를 d라 하면
$a_3+a_5+a_7=(a+2d)+(a+4d)+(a+6d)=3a+12d=18$
이므로 $a+4d=6$
따라서
$a_4+a_6=(a+3d)+(a+5d)$
$=2a+8d=12$

답 12

다른 풀이
세 항 a_3, a_5, a_7은 이 순서대로 등차수열을 이루므로
$a_3+a_5+a_7=3a_5=18$, $a_5=6$
a_5는 두 항 a_4, a_6의 등차중항이므로
$a_5=\frac{a_4+a_6}{2}$
따라서 $a_4+a_6=2a_5=12$

06
등차수열 $\{a_n\}$의 공차를 d라 하면
$a_3+a_6=(a_1+2d)+(a_1+5d)=2a_1+7d=25$
$a_8=a_1+7d=23$
이므로 $a_1=2$, $d=3$
따라서 $a_4=a_1+3d=2+3\times3=11$

답 ①

07
등차수열 $\{a_n\}$의 공차를 d라 하면
$a_5=3a_1$에서 $a_1+4d=3a_1$, $a_1=2d$ …… ㉠
$a_1^2+a_3^2=20$에서 $a_1^2+(a_1+2d)^2=20$ …… ㉡
㉠, ㉡에서
$5a_1^2=20$, $a_1^2=4$
$a_1>0$이므로 $a_1=2$
따라서 $a_5=a_1+4d=3a_1=6$

답 6

08

첫째항이 a이고 공차가 -2인 등차수열 $\{a_n\}$에서

$a_2=a-2$, $a_3=a-4$, $a_4=a-6$

$(a_2+a_4)^2=16a_3$에서

$(a-2+a-6)^2=16(a-4)$, $(2a-8)^2=16(a-4)$

$a^2-12a+32=0$, $(a-4)(a-8)=0$

$a=4$ 또는 $a=8$

$a=4$일 때, $a_3=4+2\times(-2)=0$

$a=8$일 때, $a_3=8+2\times(-2)=4$

$a_3\neq0$이므로 $a_3=4$

따라서 $a=8$

답 ④

(다른 풀이)

$a_2+a_4=2a_3$이므로 주어진 식은

$4(a_3)^2=16a_3$, $a_3(a_3-4)=0$

$a_3\neq0$이므로 $a_3=4$, 즉 $a_3=a+2\times(-2)=4$

따라서 $a=8$

09

등차수열 $\{a_n\}$의 공차를 d라 하면

$a_6-a_2=4d$이고 $a_4=a_1+3d$이므로

$a_6-a_2=a_4$에서 $4d=a_1+3d$, $a_1=d$ …… ㉠

$a_1+a_3=20$에서 $a_1+a_1+2d=20$, $a_1+d=10$ …… ㉡

㉠, ㉡에서 $a_1=d=5$

따라서 $a_n=5+(n-1)\times5=5n$이므로

$a_{10}=50$

답 ⑤

10

등차수열 $\{a_n\}$의 공차를 d라 하면

$a_n=20+(n-1)d$, $a_{n+1}=20+nd$

$b_n=a_n+a_{n+1}$

$=\{20+(n-1)d\}+(20+nd)$

$=40+(2n-1)d$

$a_{10}=b_{10}$이므로

$20+9d=40+19d$에서 $d=-2$

즉, $b_n=40-2(2n-1)=42-4n$

따라서 $b_8=42-4\times8=42-32=10$

답 ③

(다른 풀이)

$b_{10}=a_{10}+a_{11}$이고 $a_{10}=b_{10}$이므로 $a_{11}=0$

등차수열 $\{a_n\}$의 공차를 d라 하면

$a_{11}=20+10d=0$, $d=-2$

따라서 $a_n=20-2(n-1)=22-2n$이므로

$b_8=a_8+a_9=(22-2\times8)+(22-2\times9)=10$

11

구하는 수열 $\{a_n\}$의 공차가 자연수이므로 $d>0$

조건 (가)의 $a_8=2a_5+10$에서

$a_1+7d=2(a_1+4d)+10$, $a_1=-d-10<0$

모든 자연수 n에 대하여 $a_n<a_{n+1}$이므로 $a_n<0$을 만족시키는 자연수 n의 최댓값을 k라 하면 $a_{k+1}\geq0$

그러므로 $a_k\times a_{k+1}\leq0$

그런데 조건 (나)에서 $a_k\times a_{k+1}\geq0$이므로 $a_{k+1}=0$

$a_{k+1}=(-d-10)+kd=0$에서 $k=\frac{10}{d}+1$

k가 자연수이므로 d는 10의 약수이다.

따라서 구하는 모든 자연수 d의 값은 1, 2, 5, 10이고 그 합은

$1+2+5+10=18$

답 18

12

네 수 a, 4, b, 10이 이 순서대로 등차수열을 이루므로

b는 두 수 4, 10의 등차중항이다.

즉, $b=\frac{4+10}{2}=7$

공차가 3이므로 $a+3=4$, $a=1$

따라서 $a+2b=1+14=15$

답 ③

13

이차방정식 $x^2-24x+10=0$에서 근과 계수의 관계에 의하여

$\alpha+\beta=24$

세 수 α, k, β가 이 순서대로 등차수열을 이루므로

$k=\frac{\alpha+\beta}{2}=12$

답 12

14

$\log a$, $\log b$, $\log c$가 이 순서대로 등차수열을 이루므로

$2\log b=\log a+\log c$

$\log b^2=\log ac$, $b^2=ac$

$\log abc=15$에 $b^2=ac$를 대입하면

$\log b^3=15$, $\log b=5$

이때 $\log a+\log b+\log c=15$를 만족시키고 공차가 자연수인 등차수열 $\log a$, $\log b$, $\log c$의 순서쌍 $(\log a, \log b, \log c)$는

$(4, 5, 6)$, $(3, 5, 7)$, $(2, 5, 8)$, $(1, 5, 9)$

$\log\frac{ac^2}{b}=\log\frac{b^2c}{b}=\log bc=\log b+\log c=5+\log c$

따라서 $\log c=9$일 때, $\log\frac{ac^2}{b}$의 최댓값은 $5+9=14$

답 ④

15

조건 (나)에서 세 수 $\frac{1}{a}$, $\frac{1}{2}$, $\frac{1}{b}$이 이 순서대로 등차수열을 이루므로

$\frac{1}{a}+\frac{1}{b}=1$

조건 (가)에서 $\frac{b}{a}>0$

$a+25b=(a+25b)\left(\frac{1}{a}+\frac{1}{b}\right)=26+\frac{25b}{a}+\frac{a}{b}$

$\geq 26+2\sqrt{\frac{25b}{a}\times\frac{a}{b}}=36$

(단, 등호는 $a^2=25b^2$, 즉 $a=6$, $b=\frac{6}{5}$일 때 성립한다.)

따라서 $a+25b$의 최솟값은 36이다.

답 36

16

등차수열 $\{a_n\}$의 첫째항이 2, 공차가 4이므로

$S_{10}=\frac{10(2\times2+9\times4)}{2}=200$

답 ④

17

등차수열 $\{a_n\}$의 첫째항을 a, 공차를 d라 하면

$a_3+a_5=14$에서

$(a+2d)+(a+4d)=2a+6d=14$ …… ㉠

$a_4+a_6=18$에서

$(a+3d)+(a+5d)=2a+8d=18$ …… ㉡

㉠, ㉡을 연립하여 풀면 $a=1$, $d=2$

따라서 수열 $\{a_n\}$의 첫째항부터 제10항까지의 합은

$\frac{10(2\times1+9\times2)}{2}=100$

답 100

다른 풀이

등차수열 $\{a_n\}$의 첫째항을 a, 공차를 d라 하자.

a_4는 a_3과 a_5의 등차중항이므로

$a_3+a_5=2a_4=14$, $a_4=7$

a_5는 a_4와 a_6의 등차중항이므로

$a_4+a_6=2a_5=18$, $a_5=9$

$d=a_5-a_4=9-7=2$

$a_4=a+3d=a+3\times2=7$, $a=1$

따라서 수열 $\{a_n\}$의 첫째항부터 제10항까지의 합은

$\frac{10(2\times1+9\times2)}{2}=100$

18

$S_{k+10}=S_k+(a_{k+1}+a_{k+2}+\cdots+a_{k+10})$이고

수열 $\{a_n\}$의 공차가 2이므로

$640=S_k+\{(a_k+2)+(a_k+4)+\cdots+(a_k+20)\}$

$=S_k+\left\{10\times31+\frac{10\times(2+20)}{2}\right\}$

따라서 $S_k=640-(310+110)=220$

답 ⑤

다른 풀이

수열 $\{a_n\}$의 첫째항을 a라 하면

$a_k=a+(k-1)\times2=31$에서

$a=33-2k$ …… ㉠

$S_{k+10}=\frac{(k+10)\{2a+(k+9)\times2\}}{2}=640$에서

$(k+10)(a+k+9)=640$ …… ㉡

㉠을 ㉡에 대입하여 풀면

$k^2-32k+220=0$, $(k-10)(k-22)=0$

$k=10$ 또는 $k=22$

$k=10$일 때 $a=13$, $k=22$일 때 $a=-11$

$a>0$이므로 $k=10$, $a=13$

따라서 $S_k=S_{10}=\frac{10(2\times13+9\times2)}{2}=220$

19

등차수열 $\{a_n\}$의 공차를 d라 하면

$a_n=a_1+(n-1)d=1+(n-1)d$

조건 (가)에서 $a_2+a_6+a_{10}=8$이므로

$(1+d)+(1+5d)+(1+9d)=8$

$3+15d=8$, $15d=5$, $d=\frac{1}{3}$

$a_n=1+(n-1)\times\frac{1}{3}=\frac{1}{3}n+\frac{2}{3}$이므로

$a_1+a_2+\cdots+a_n=\frac{n(a_1+a_n)}{2}$

$=\frac{n\left(1+\frac{1}{3}n+\frac{2}{3}\right)}{2}=\frac{n\left(\frac{1}{3}n+\frac{5}{3}\right)}{2}$

$=\frac{1}{6}n^2+\frac{5}{6}n$

조건 (나)에서 $\frac{1}{6}n^2+\frac{5}{6}n=25$이므로

$n^2+5n-150=0$, $(n+15)(n-10)=0$

n은 자연수이므로 $n=10$

답 10

20

등차수열 $\{a_n\}$의 첫째항을 a, 공차를 d라 하면

$a_{11}+a_{21}=82$에서 $(a+10d)+(a+20d)=2a+30d=82$

$a_{11}-a_{21}=6$에서 $(a+10d)-(a+20d)=-10d=6$

이므로 $a=50$, $d=-\frac{3}{5}$

$a_n=50+(n-1)\times\left(-\frac{3}{5}\right)$

a_n이 자연수이려면 $n-1=5k$, 즉 $n=5k+1$ (k는 음이 아닌 정수) 꼴이어야 한다.

또, $a_n=50+(n-1)\times\left(-\frac{3}{5}\right)>0$이어야 하므로

$n<\frac{253}{3}=84.3\cdots$

즉, n이 가질 수 있는 값은 1, 6, 11, $\cdots$, 81이고 그 개수는 17이다.

따라서 수열 a_1, a_6, a_{11}, $\cdots$, a_{81}은 첫째항이 50이고 제17항이 2인 등차수열이므로 그 합은

$\frac{17(50+2)}{2}=442$

답 442

21

등차수열 $\{a_n\}$의 첫째항을 a, 공차를 d라 하자.

$a_{k+1}=S_{k+1}-S_k$이고

조건 (가)에서 $S_k>S_{k+1}$을 만족시키는 가장 작은 자연수 k는

$a_{k+1}<0$을 만족시키는 가장 작은 자연수이다.

그러므로 $n\le k$인 모든 자연수 n에 대하여 $a_n\ge0$이고 $d<0$이다.

조건 (나)에서 $a_8=-\frac{5}{4}a_5$이므로 $a_5>0$, $a_8<0$

$a_5a_6a_7<0$이므로 $a_6>0$, $a_7<0$

따라서 $k=6$

$S_6=\frac{6(2a+5d)}{2}=102$이므로 $2a+5d=34$

$a+7d=-\frac{5}{4}(a+4d)$이므로 $3a+16d=0$

두 식을 연립하여 풀면 $a=32$, $d=-6$

따라서 $a_2=a+d=32+(-6)=26$

답 26

22

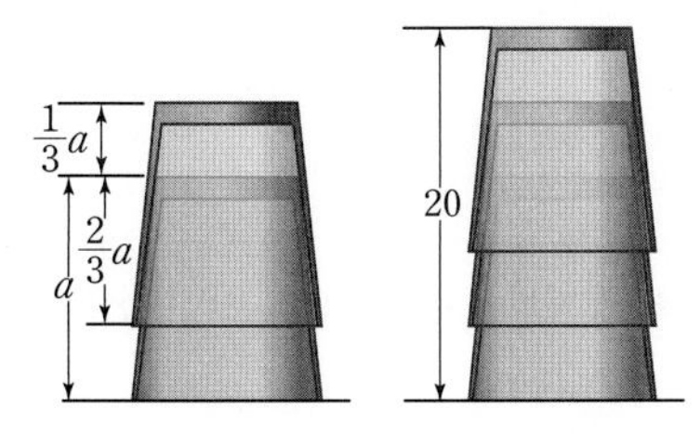

유리컵 n개를 포개어 쌓을 때, 지면으로부터 마지막으로 쌓은 유리컵의 밑면까지의 높이를 a_n이라 하면 수열 $\{a_n\}$은 첫째항이 a이고 공차가 $\frac{1}{3}a$인 등차수열이다.

즉, $a_n=a+(n-1)\times\frac{1}{3}a=\left(\frac{n+2}{3}\right)a$

$a_3=20$이므로 $\frac{5}{3}a=20$, $a=12$

따라서 $a_n=4(n+2)$이므로 $k=a_6=32$

답 ②

23

나무통의 높이를 x, 원판 1개의 높이를 d라 하자.

나무통 위에 n개의 원판을 올려 놓았을 때의 전체 높이가 h_n이므로

$h_n=x+nd$

$h_{15}=x+15d=6$이므로

$h_5+h_{13}+h_{17}+h_{25}$

$=(x+5d)+(x+13d)+(x+17d)+(x+25d)$

$=4x+60d$

$=4(x+15d)$

$=4\times6=24$

답 24

24

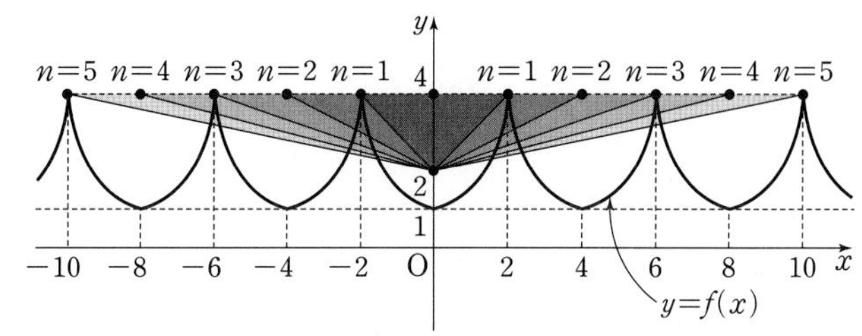

그림과 같이 세 점 (0, 2), $(2n, 4)$, $(-2n, 4)$를 꼭짓점으로 하는 삼각형의 둘레와 함수 $y=f(x)$의 그래프의 교점의 개수를 직접 구해 보면

$a_1=2$, $a_2=6$, $a_3=8$, $a_4=12$, $a_5=14$, $\cdots$

즉, $a_{2n-1}=6n-4$, $a_{2n}=6n$

따라서 $a_9=6\times5-4=26$, $a_{10}=6\times5=30$이므로

$a_9+a_{10}=26+30=56$

답 ②

25

제1사분면에서의 직선과 원의 접점을 R이라 하자.

삼각형 OPR에서

$\overline{OR}=\sqrt{2}$, $\overline{OP}=2$이므로 $\angle OPR=45^\circ$

이때 $\triangle OPR\equiv\triangle OAR$이므로 점 A의 좌표는 (0, 2)이다.

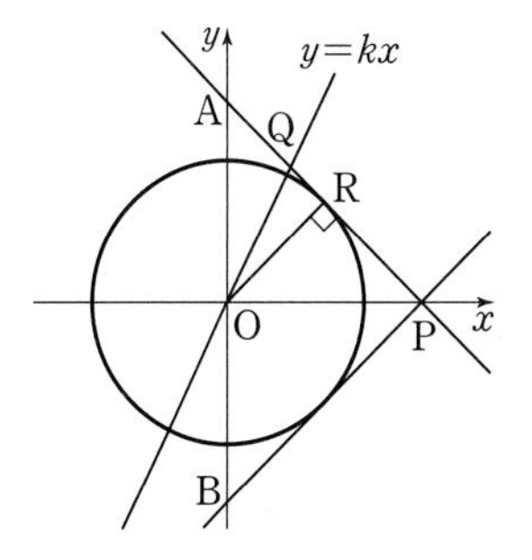

$\overline{PA}=\overline{PB}$이고 S_1, S_2, S_3이 이 순서대로 등차수열을 이루므로
$\overline{AQ}$, $\overline{QP}$, $\overline{PB}$도 이 순서대로 등차수열을 이룬다.
$\overline{QP}$가 등차중항이므로 $2\overline{QP}=\overline{AQ}+\overline{PB}$이고
$\overline{PB}=\overline{AQ}+\overline{QP}$이므로 $\overline{QP}=2\overline{AQ}$
즉, $\overline{AQ}:\overline{QP}=1:2$
점 Q는 점 A(0, 2)와 점 P(2, 0)을 1 : 2로 내분하는 점이므로
$Q\left(\frac{1\times2+2\times0}{1+2}, \frac{1\times0+2\times2}{1+2}\right)$, 즉 $Q\left(\frac{2}{3}, \frac{4}{3}\right)$
점 Q는 직선 $y=kx$ 위에 있으므로 $\frac{4}{3}=\frac{2}{3}k$, $k=2$
따라서 $100k=200$

답 200

26
등비수열 $\{a_n\}$의 첫째항을 a, 공비를 r이라 하면
$a_6=3a_4$에서 $\frac{a_6}{a_4}=r^2=3$
$a_3=6$에서 $ar^2=6$이므로 $a=2$
따라서 $a_9=ar^8=a(r^2)^4=2\times3^4=162$

답 ④

27
등비수열 $\{a_n\}$의 공비가 3, $a_4=24$이므로
$a_4=3a_3$에서 $a_3=8$

답 ③

28
등비수열 $\{a_n\}$의 첫째항을 a, 공비를 r이라 하면
$a_2=2$에서 $ar=2$, $a_3=4$에서 $ar^2=4$
이므로 $a=1$, $r=2$
따라서 $a_6=ar^5=32$

답 ④

29
등비수열 $\{a_n\}$의 공비를 r $(r>0)$이라 하면
$a_3\times a_4=a_5$에서 $\frac{1}{2}r^2\times\frac{1}{2}r^3=\frac{1}{2}r^4$, $r=2$
따라서 $a_7=\frac{1}{2}\times2^6=32$

답 32

30
등비수열 $\{a_n\}$의 첫째항을 a, 공비를 r이라 하면
$a_1a_9=a^2r^8=16$
따라서 $a_3a_7+a_4a_6=a^2r^8+a^2r^8=16+16=32$

답 ⑤

다른 풀이
등비수열 $\{a_n\}$에서 등비중항의 성질에 의하여
$a_1a_9=a_3a_7=a_4a_6={a_5}^2$이므로
$a_3a_7+a_4a_6=16+16=32$

31
등비수열 $\{a_n\}$의 공비를 r $(r>0)$이라 하면
$a_4+a_5=2(a_6+a_7)+3(a_8+a_9)$에서
$a_1r^3+a_1r^4=2(a_1r^5+a_1r^6)+3(a_1r^7+a_1r^8)$
$a_1r^3(1+r)=2a_1r^5(1+r)+3a_1r^7(1+r)$
$3r^4+2r^2-1=0$
$(3r^2-1)(r^2+1)=0$
$r^2+1>0$이므로 $3r^2-1=0$, $r^2=\frac{1}{3}$
$a_3=a_1r^2=a_1\times\frac{1}{3}=6$이므로 $a_1=18$

답 ⑤

32
등비수열 $\{a_n\}$의 공비를 r이라 하면
$a_3=4a_1+3a_2$에서 $a_1r^2=4a_1+3a_1r$
$a_1(r^2-3r-4)$, $a_1(r+1)(r-4)=0$
모든 항이 양수이므로 $r=4$
따라서 $\frac{a_6}{a_4}=r^2=16$

답 ④

33
등비수열 $\{a_n\}$의 첫째항을 a, 공비를 r이라 하면
$a_4:a_7=1:2\sqrt{2}$에서 $a_7=2\sqrt{2}a_4$
$ar^6=2\sqrt{2}ar^3$
$a>0$이므로 $r^3=2\sqrt{2}$, 즉 $r=\sqrt{2}$
$a_2=\sqrt{2}a=2\sqrt{2}$이므로 $a=2$
따라서 $a_8=ar^7=16\sqrt{2}$

답 ④

34
등비수열 $\{a_n\}$의 첫째항을 a $(a<0)$, 공비를 r $(r\neq0)$이라 하자.
$a_3\,a_5=8a_8$에서 $ar^2\times ar^4=8ar^7$
$a=8r<0$, $r<0$
모든 자연수 n에 대하여 $a_n=8r\times r^{n-1}=8r^n$
$a_2=8r^2>0$, $a_3=8r^3<0$이므로
$a_1+|a_2|+|2a_3|=a_1+a_2-2a_3=0$
$8r+8r^2-16r^3=0$, $2r^2-r-1=0$

$(2r+1)(r-1)=0$

$r<0$이므로 $r=-\frac{1}{2}$

따라서 $a_2=8r^2=8\times\left(-\frac{1}{2}\right)^2=2$

답 ⑤

35

$\frac{1}{4}$, a_1, a_2, $\cdots$, a_n, 16이 공비가 양수 r인 등비수열을 이루므로

$16=\frac{1}{4}r^{n+1}$, $r^{n+1}=64$ $\cdots\cdots$ ㉠

주어진 등비수열의 모든 항의 곱이 1024이므로

$\frac{1}{4}\times a_1\times a_2\times\cdots\times a_n\times 16$

$=\frac{1}{4}\times\frac{1}{4}r\times\frac{1}{4}r^2\times\cdots\times\frac{1}{4}r^n\times 16$

$=\left(\frac{1}{4}\right)^{n+1}\times 16\times r^{1+2+\cdots+n}$

$=2^{-2n-2}\times 2^4\times r^{\frac{n(n+1)}{2}}$

$=2^{-2n+2}\times(r^{n+1})^{\frac{n}{2}}=1024$ $\cdots\cdots$ ㉡

㉠을 ㉡에 대입하면

$2^{-2n+2}\times(2^6)^{\frac{n}{2}}=1024$

$2^{n+2}=2^{10}$, 즉 $n=8$

따라서 $n=8$을 ㉠에 대입하면 $r^9=64$

답 64

36

공비를 r이라 하면 $b=ar$, $c=ar^2$

$\frac{b-c}{a}=\frac{ar-ar^2}{a}=-r^2+r=-\left(r-\frac{1}{2}\right)^2+\frac{1}{4}$

즉, $\frac{b-c}{a}$의 최댓값은 $\frac{1}{4}$이다.

따라서 $k=\frac{1}{4}$이므로 $100k=25$

답 25

37

등차수열 $\{a_n\}$의 첫째항을 a, 공차를 d라 하자.

세 항 a_2, a_5, a_{14}가 이 순서대로 등비수열을 이루므로

$a_5^2=a_2\times a_{14}$

$(a+4d)^2=(a+d)(a+13d)$, $3d^2=6ad$

$d\neq 0$이므로 $d=2a$

따라서 $\frac{a_{23}}{a_3}=\frac{a+22d}{a+2d}=\frac{45a}{5a}=9$

답 ④

38

등비수열 $\{a_n'\}$에 대하여 세 수 a_2, a_4, a_6은 이 순서대로 등비수열을 이루므로

$a_4^2=a_2\times a_6=2\times 9=18$

따라서 $a_3\times a_5=a_4^2=18$

답 18

39

등비중항의 성질에 의하여 $a_4\times a_6=a_5^2$이므로

$a_5^2=64$

수열 $\{a_n\}$의 모든 항은 양수이므로 $a_5=8$

답 ③

40

x에 대한 다항식 x^3-ax+b를 $x-1$로 나눈 나머지가 57이므로

나머지정리에 의하여

$1-a+b=57$

$b=a+56$ $\cdots\cdots$ ㉠

1, a, b가 이 순서대로 등비수열을 이루므로

$a^2=b$ $\cdots\cdots$ ㉡

㉠, ㉡에서 $a^2=a+56$

$a^2-a-56=0$, $(a+7)(a-8)=0$

$a=-7$ 또는 $a=8$

공비는 a이고 양수이므로

$a=8$, $b=a^2=64$

따라서 $\frac{b}{a}=\frac{64}{8}=8$

답 ③

41

$f(a)=\frac{k}{a}$, $f(b)=\frac{k}{b}$, $f(12)=\frac{k}{12}$가 이 순서대로 등비수열을 이루므로

$\left(\frac{k}{b}\right)^2=\frac{k}{a}\times\frac{k}{12}$, 즉 $b^2=12a$

이때 a, b는 $a<b<12$인 자연수이므로

$a=3$, $b=6$

한편, $f(a)=3$이므로

$\frac{k}{a}=3$, $k=3a=9$

따라서 $a+b+k=3+6+9=18$

답 ⑤

42

a, b, 6이 이 순서대로 등차수열을 이루므로

$2b=a+6$ $\cdots\cdots$ ㉠

a, 6, b가 이 순서대로 등비수열을 이루므로

$6^2=ab$ …… ㉡

㉠, ㉡에서 $(2b-6)b=36$

$b^2-3b-18=0$, $(b+3)(b-6)=0$

$b=-3$ 또는 $b=6$

㉠에서 $b=6$일 때 $a=6$이므로 조건을 만족시키지 못한다.

따라서 $b=-3$일 때 $a=-12$이므로

$a+b=-12+(-3)=-15$

답 ①

43

ㄱ. a, x, y, z, b는 이 순서대로 등차수열을 이루므로 a, y, b도 이 순서대로 등차수열을 이룬다. 즉, $a+b=2y$ (참)

ㄴ. [반례] $a=1$, $p=\sqrt{2}$, $q=2$, $r=2\sqrt{2}$, $b=4$이면

$aprb=16$, $q^3=8$이므로 $aprb\neq q^3$ (거짓)

ㄷ. x, y, z가 이 순서대로 등차수열을 이루므로

$x+z=2y=a+b$

p, q, r가 이 순서대로 등비수열을 이루므로

$pr=q^2=ab$

$(x+z)^2-4pr=(a+b)^2-4ab$

$=(a-b)^2\geq 0$ (참)

따라서 옳은 것은 ㄱ, ㄷ이다.

답 ③

44

함수 $g(x)=2x^2-3x+1=(x-1)(2x-1)$이므로 두 함수 $y=f(x)$, $y=g(x)$의 그래프의 교점의 좌표는 $(1, 0)$이다.

조건 (가)에서 $h(2)$, $h(3)$, $h(4)$가 이 순서대로 등차수열을 이루므로 세 점 $(2, h(2))$, $(3, h(3))$, $(4, h(4))$는 직선 $f(x)=k(x-1)$ 위의 점이다.

$h(2)=f(2)=k$

$h(3)=f(3)=2k$

$h(4)=f(4)=3k$

조건 (나)에서 $h(3)$, $h(4)$, $h(5)$가 이 순서대로 등비수열을 이루므로

$h(3)=2k$, $h(4)=3k$에서 이 등비수열의 공비는 $\frac{3}{2}$이다.

따라서 $h(5)=\frac{9}{2}k$

이때 $f(5)=4k$이고, $k\neq 0$이므로 $f(5)$는 $h(5)$의 값이 될 수 없다.

따라서 $h(5)=g(5)$에서 $\frac{9}{2}k=36$이므로

$k=8$

답 8

참고

$k=0$이면 $f(x)=0$이 되어 조건을 만족시키지 않는다.

45

등비수열 $\{a_n\}$의 첫째항을 a, 공비를 r $(r>0)$이라 하자.

(i) $r=1$인 경우

$a_2=ar=a=2$이므로

$S_6=6a=12$, $9S_3=9\times 3a=54$

따라서 $S_6=9S_3$가 성립하지 않는다.

(ii) $r\neq 1$인 경우

$S_6=9S_3$, $\frac{a(r^6-1)}{r-1}=9\times\frac{a(r^3-1)}{r-1}$

$(r^3+1)(r^3-1)=9(r^3-1)$

$r^3+1=9$

$r^3=8$, $r=2$

(i), (ii)에서 $a_4=a_2r^2=2\times 2^2=8$

답 ②

46

등비수열 $\{a_n\}$의 공비를 r $(r>1)$이라 하면

$$\frac{S_4}{S_2}=\frac{\frac{3(r^4-1)}{r-1}}{\frac{3(r^2-1)}{r-1}}=r^2+1$$

이고 $\frac{6a_3}{a_5}=\frac{18r^2}{3r^4}=\frac{6}{r^2}$이므로

$\frac{S_4}{S_2}=\frac{6a_3}{a_5}$에서 $r^2+1=\frac{6}{r^2}$

$r^4+r^2-6=0$

$(r^2-2)(r^2+3)=0$, $r^2=2$

따라서 $a_7=3\times r^6=3\times 2^3=24$

답 ①

47

등비수열 $\{a_n\}$의 공비를 r $(r>0)$이라 하자.

$r=1$이면 $\frac{S_6}{S_5-S_2}=\frac{3\times 6}{3\times 5-3\times 2}=2$, $\frac{a_2}{2}=\frac{3}{2}$이므로

$\frac{S_6}{S_5-S_2}=\frac{a_2}{2}$가 성립하지 않는다. 즉, $r\neq 1$

$$\frac{S_6}{S_5-S_2}=\frac{\frac{3(r^6-1)}{r-1}}{\frac{3(r^5-1)}{r-1}-\frac{3(r^2-1)}{r-1}}=\frac{r^6-1}{r^5-r^2}$$

$$=\frac{(r^3+1)(r^3-1)}{r^2(r^3-1)}=\frac{r^3+1}{r^2}$$

이고 $\frac{a_2}{2}=\frac{3r}{2}$이므로 $\frac{r^3+1}{r^2}=\frac{3r}{2}$에서

$2(r^3+1)=3r^3$, $r^3=2$

따라서 $a_4=ar^3=3\times 2=6$

답 ①

48

등비수열 $\{a_n\}$의 첫째항을 a $(a>0)$, 공비를 r $(r<0)$이라 하면

$a_2a_6=ar\times ar^5=a^2r^6=1$ ······ ㉠

$S_3=3a_3$에서

$\frac{a(1-r^3)}{1-r}=3ar^2$, $\frac{a(1-r)(1+r+r^2)}{1-r}=3ar^2$

$r^2+r+1=3r^2$, $2r^2-r-1=0$

$(2r+1)(r-1)=0$

$r<0$이므로 $r=-\frac{1}{2}$

$a>0$이고 ㉠에서 $a^2=64$이므로 $a=8$

따라서 $a_7=8\times\left(-\frac{1}{2}\right)^6=\frac{1}{8}$

답 ③

49

1월부터 5월까지 감소하는 일정한 비율을 r이라 하자.

A노래의 'n월 다운로드 건수'를 $a_n(n=1, 2, \cdots, 5)$라 하면

수열 $\{a_n\}$은 첫째항이 480이고 공비가 r인 등비수열이므로

$a_5=480\times r^4=30$

$r^4=\frac{1}{16}$, $r=\frac{1}{2}$

따라서 $a_3=480\times\left(\frac{1}{2}\right)^2=120$ 답 120

다른 풀이

A노래의 '3월 다운로드 건수'를 x라 하면 480, x, 30은 이 순서대로 등비수열을 이루므로

$x^2=480\times 30=14400$

따라서 $x=120$

50

첫 번째 일요일에 5 km를 달리고 달릴 거리를 10 %씩 늘려 나가므로 n번째 일요일에 달릴 거리를 a_n km라 하면

$a_n=5\times 1.1^{n-1}$

n번째 일요일까지 달릴 거리의 총합을 S_n이라 하면

$S_n=\frac{5(1.1^n-1)}{1.1-1}\geq 200$

$5(1.1^n-1)\geq 20$, $1.1^n-1\geq 4$, $1.1^n\geq 5$

양변에 상용로그를 취하면

$n\log 1.1\geq \log 5$

$n\geq\frac{\log 5}{\log 1.1}=\frac{1-\log 2}{\log 1.1}=\frac{1-0.3010}{0.0414}=16.88\cdots$

따라서 달릴 거리의 총합이 처음으로 200 km 이상이 되는 날은 17번째 일요일이다. 답 ②

51

$a_4=S_4-S_3=(4^3+4)-(3^3+3)=68-30=38$

답 ④

52

$a_1=S_1=3$

$a_4=S_4-S_3=(4^2+4+1)-(3^2+3+1)=8$

따라서 $a_1+a_4=11$

답 11

53

$a_n=S_n-S_{n-1}$ $(n\geq 2)$이므로

$a_n=(5^n-1)-(5^{n-1}-1)=5^n-5^{n-1}$

$=4\times 5^{n-1}$ $(n\geq 2)$

따라서 $\frac{a_5}{a_3}=\frac{4\times 5^4}{4\times 5^2}=25$

답 ④

54

$n=1$일 때, $a_1+S_1=2a_1=k$에서 $a_1=\frac{k}{2}$

$n\geq 2$일 때,

$a_n=S_n-S_{n-1}=(k-a_n)-(k-a_{n-1})$

$=-a_n+a_{n-1}$

이므로 $a_n=\frac{1}{2}a_{n-1}$ $(n\geq 2)$

수열 $\{a_n\}$은 첫째항이 $\frac{k}{2}$이고 공비가 $\frac{1}{2}$인 등비수열이므로

$a_6=\frac{k}{2}\times\left(\frac{1}{2}\right)^5=\frac{k}{64}$

$S_6=189$이므로 $a_6+S_6=k$에서 $\frac{k}{64}+189=k$

따라서 $k=192$

답 ①

55

조건 (가)에서 $S_1=a_1=1$

조건 (나)에서 수열 $\{b_n\}$을 $b_n=a_na_{n+1}$이라 하자.

등비수열 $\{b_n\}$의 공비를 r이라 하면

$\frac{b_{n+1}}{b_n}=\frac{a_{n+1}a_{n+2}}{a_na_{n+1}}=r$, $a_{n+2}=ra_n$

$S_{10}=S_{11}-a_{11}=1-r^5=33$

$r^5=-32$, $r=-2$

따라서

$S_{18}=S_{19}-a_{19}=1-r^9$

$=1-(-2)^9=513$

답 513

서술형 연습

본문 121쪽

01 1188　　02 1026

01

두 자리의 자연수 중에서 4의 배수를 작은 수부터 차례로 나열하면

12, 16, 20, 24, ⋯, 96 ······ ㉮

이 수열은 첫째항이 12, 공차가 4인 등차수열이다. ······ ㉯

96을 제n항이라 하면

$96=12+(n-1)\times4$, $4n=88$, $n=22$ ······ ㉰

따라서 구하는 합은 첫째항이 12, 공차가 4인 등차수열의 첫째항부터 제22항까지의 합과 같으므로

$12+16+20+24+\cdots+96=\dfrac{22\times(12+96)}{2}=1188$ ······ ㉱

답 1188

단계	채점 기준	비율
㉮	두 자리의 자연수 중에서 4의 배수를 차례로 나열한 경우	20%
㉯	주어진 등차수열의 첫째항 12와 공차 4를 구한 경우	30%
㉰	마지막 항이 제몇 항인지 구한 경우	30%
㉱	두 자리수인 4의 배수의 합을 구한 경우	20%

02

첫째항을 a, 공비를 r이라 하고 첫째항부터 제n항까지의 합을 S_n이라 하면 $S_3=18$, $S_6=-126$이므로

$S_3=\dfrac{a(r^3-1)}{r-1}=18$ ······ ㉠

$S_6=\dfrac{a(r^6-1)}{r-1}=-126$ ······ ㉡ ······ ㉮

㉡을 변형하면 $\dfrac{a(r^3-1)(r^3+1)}{r-1}=-126$ ······ ㉯

위 식에 ㉠을 대입하면 $18(r^3+1)=-126$에서 $r^3=-8$

이때 r는 실수이므로 $r=-2$이고 $a=6$ ······ ㉰

따라서 첫째항부터 제9항까지의 합 S_9는

$S_9=\dfrac{6\{1-(-2)^9\}}{1-(-2)}=1026$ ······ ㉱

답 1026

단계	채점 기준	비율
㉮	첫째항과 공비를 이용하여 S_3, S_6을 나타낸 경우	20%
㉯	곱셈 공식을 이용하여 S_6을 S_3을 포함한 식으로 인수분해한 경우	30%
㉰	두 식을 연립하여 첫째항과 공비를 구한 경우	30%
㉱	첫째항부터 제9항까지의 합을 구한 경우	20%

1등급 도전

본문 122~123쪽

01 11　02 ⑤　03 ③　04 67

01

풀이 전략 등차수열과 삼각함수를 활용하여 문제를 해결한다.

STEP 1 $q=0$인 경우 조건을 만족시키는 순서쌍 (p, q)를 구한다.

(i) $q=0$인 경우

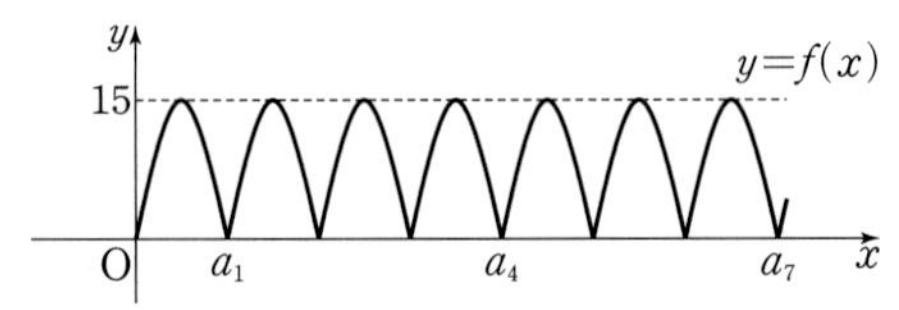

함수 $f(x)$의 주기는 π이다. → $f(x)=|p\sin x|$이므로 주기는 $\frac{2\pi}{2}=\pi$

$a_1=\pi$, $a_4=4\pi$, $a_7=7\pi$이므로 세 항 a_1, a_4, a_7은 이 순서대로 등차수열을 이룬다.

$0\le f(x)=|p\sin x|\le p$

함수 $f(x)$의 최댓값이 15이므로 $p=15$

따라서 순서쌍 (p, q)는

$(15, 0)$

STEP 2 $q>0$인 경우 조건을 만족시키는 순서쌍 (p, q)를 구한다.

(ii) $q>0$인 경우

ⓐ $q>p-q\left(q>\dfrac{p}{2}\right)$인 경우

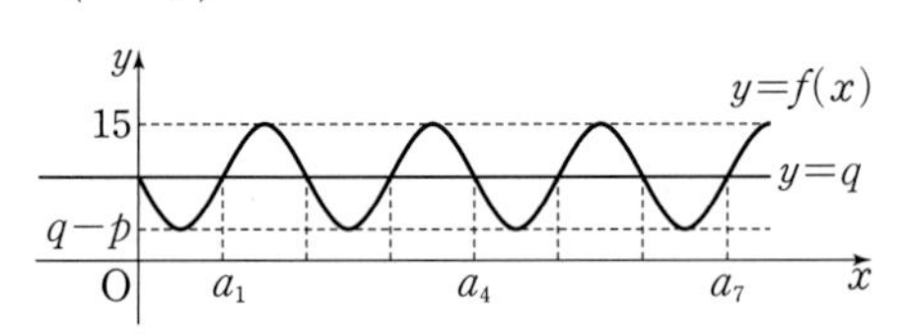

[$q\ge p$인 경우]

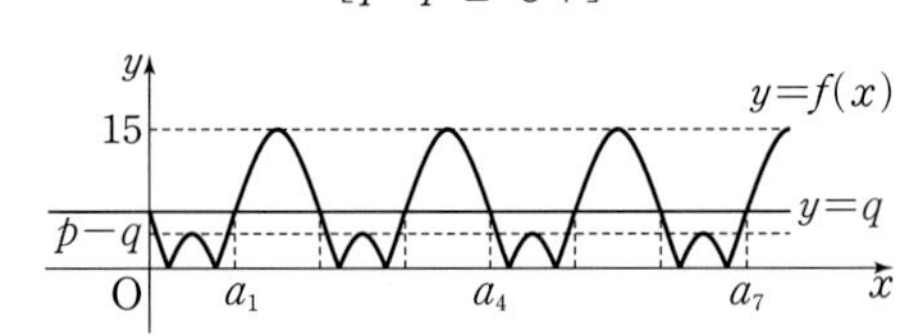

$\left[\dfrac{p}{2}<q<p\text{인 경우}\right]$

함수 $f(x)$의 주기는 2π이다.

$a_1=\pi$, $a_4=4\pi$, $a_7=7\pi$이므로 세 항 a_1, a_4, a_7은 이 순서대로 등차수열을 이룬다.

$0\le f(x)=|p\sin x-q|\le p+q$

함수 $f(x)$의 최댓값이 15이므로

$p+q=15$

따라서 순서쌍 (p, q)는

$(1, 14)$, $(2, 13)$, $(3, 12)$, $(4, 11)$, $(5, 10)$,

$(6, 9)$, $(7, 8)$, $(8, 7)$, $(9, 6)$

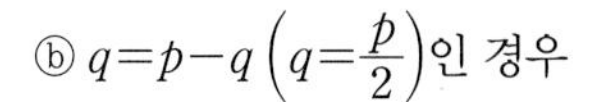

ⓑ $q=p-q\left(q=\frac{p}{2}\right)$인 경우

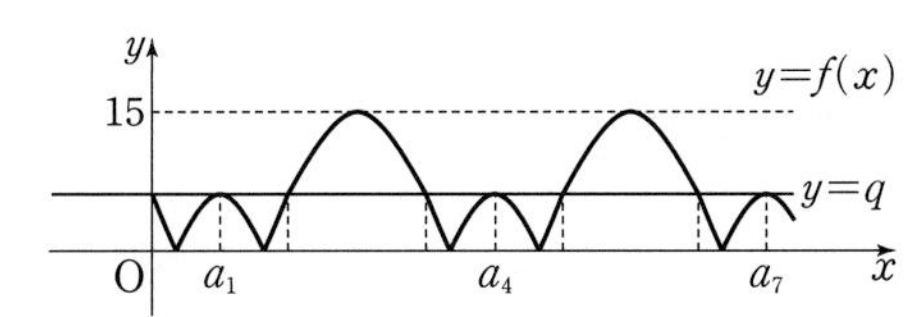

함수 $f(x)$의 주기는 2π이다.

$a_1=\frac{\pi}{2}$, $a_4=\frac{5}{2}\pi$, $a_7=\frac{9}{2}\pi$이므로 세 항 a_1, a_4, a_7은 이 순서대로 등차수열을 이룬다.

$0\le f(x)=|p\sin x-q|\le p+q$

함수 $f(x)$의 최댓값이 15이므로 $p+q=15$

따라서 순서쌍 (p, q)는 $(10, 5)$

ⓒ $q<p-q\left(q<\frac{p}{2}\right)$인 경우

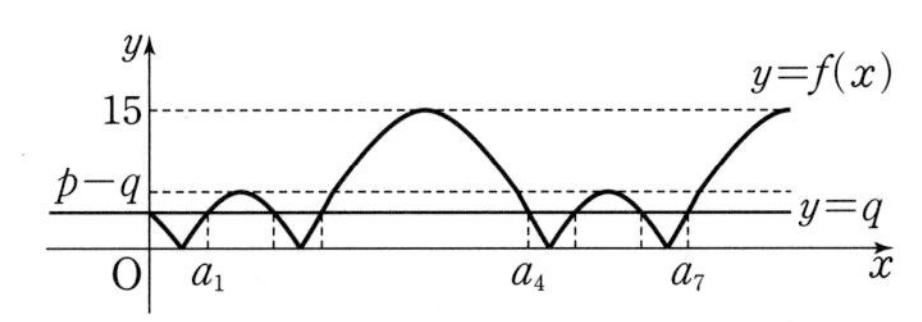

함수 $f(x)$의 주기는 2π이다.

$a_4-a_1>\pi$이고 $a_7-a_4=\pi$이므로 조건 ㈎를 만족시키지 않는다.

STEP 3 순서쌍 (p, q)의 개수를 구한다.

(i), (ii)에서 두 수 p, q의 모든 순서쌍 (p, q)의 개수는 11이다.

답 11

02

풀이 전략 등차수열의 성질을 이용하여 추론한다.

STEP 1 등차중항을 이용한다.

ㄱ. n이 홀수이면 항의 개수가 홀수이고 3이 2와 4의 등차중항이므로 $3\in A_n$ (참)

STEP 2 두 집합 A_n, A_{2n+1}의 원소들을 나열하여 비교한다.

ㄴ. 집합 A_n에서 $4=2+(n+1)d_1$이라 하면 집합 A_n의 모든 원소

$2,\ 2+\frac{2}{n+1},\ 2+\frac{4}{n+1},\ \cdots,\ 2+\frac{2n}{n+1},\ 4$는 공차가 $d_1=\frac{2}{n+1}$인 등차수열이다.

→ $d_1=\frac{4-2}{n+1}=\frac{2}{n+1}$

집합 A_{2n+1}에서 $4=2+(2n+2)d_2$라 하면 집합 A_{2n+1}의 모든 원소

$2,\ 2+\frac{1}{n+1},\ 2+\frac{2}{n+1},\ \cdots,\ 2+\frac{2n+1}{n+1},\ 4$는 공차가 $d_2=\frac{1}{n+1}$인 등차수열이다.

→ $d_2=\frac{4-2}{2(n+1)}=\frac{1}{n+1}$

즉, $A_n\subset A_{2n+1}$ (참)

ㄷ. ㄴ에 의하여

$$A_{2n+1}-A_n=\left\{2+\frac{1}{n+1},\ 2+\frac{3}{n+1},\ \cdots,\ 2+\frac{2n+1}{n+1}\right\}$$

이므로

$$S_n=\frac{n+1}{2}\left(2+\frac{1}{n+1}+2+\frac{2n+1}{n+1}\right)$$

→ 항수 $n+1$, 첫째항 $2+\frac{1}{n+1}$, 끝항 $2+\frac{2n+1}{n+1}$인 등차수열의 합이다.

$$=n+1+\frac{1}{2}+n+1+\frac{2n+1}{2}$$

$$=3(n+1)$$

그러므로 $S_6+S_{13}=21+42=63$ (참)

따라서 옳은 것은 ㄱ, ㄴ, ㄷ이다.

답 ⑤

03

풀이 전략 등차수열의 합을 이용하여 추론한다.

STEP 1 $a_m=2a_{m+2}$일 때, a_1의 값을 구한다.

등차수열 $\{a_n\}$의 공차를 d $(d<0)$이라 하자.

(i) $a_m=2a_{m+2}$일 때

$a_{m+2}=a_m+2d$이므로

$a_m=-4d$이고 $a_{m+1}=-3d$, $a_{m+2}=-2d$

$S_{m+1}=S_m+(-3d)>S_m$,

$S_{m+2}=S_{m+1}+(-2d)>S_{m+1}$이므로

$S_{m+2}>S_{m+1}>S_m$

그러므로 $S_{m+2}=460$, $S_m=450$

$S_{m+2}-S_m=a_{m+1}+a_{m+2}$에서

$460-450=-3d+(-2d)$, $d=-2$

$a_m=8=a_1+(m-1)\times(-2)$에서 $a_1=2m+6$

$S_m=\frac{m(2m+14)}{2}=450$이므로

→ $S_m=\frac{m(a_1+a_m)}{2}$

$m^2+7m-450=0$

$(m+25)(m-18)=0$

m은 자연수이므로 $m=18$

따라서 $a_1=2\times18+6=42$

STEP 2 $a_m=-2a_{m+2}$일 때, a_1의 값을 구한다.

(ii) $a_m=-2a_{m+2}$일 때

$a_{m+2}=a_m+2d$이므로

$a_m=-\frac{4}{3}d$이고 $a_{m+1}=-\frac{d}{3}$, $a_{m+2}=\frac{2}{3}d$

$S_{m+1}=S_m+\left(-\frac{d}{3}\right)>S_m$,

$S_{m+2}=S_m+\frac{d}{3}<S_m$이므로

$S_{m+1}>S_m>S_{m+2}$

그러므로 $S_{m+1}=460$, $S_{m+2}=450$

$S_{m+2}-S_{m+1}=a_{m+2}$에서

$450-460=\frac{2}{3}d$, $d=-15$

$a_{m+1}=5=a_1+m\times(-15)$에서 $a_1=15m+5$

$S_{m+1}=\frac{(m+1)(15m+10)}{2}=460$이므로

→ $S_{m+1}=\frac{(m+1)(a_1+a_{m+1})}{2}$

$3m^2+5m-182=0$

$(3m+26)(m-7)=0$

m은 자연수이므로 $m=7$

따라서 $a_1=15\times7+5=110$

STEP 3 구하는 모든 a_1의 값의 합을 구한다.

(i), (ii)에서 모든 a_1의 값의 합은

$42+110=152$

답 ③

04

풀이 전략 등차수열과 등비수열의 성질을 활용하여 수열의 항을 구한다.

STEP 1 조건 (가), (나)를 이용하여 a_7의 값을 추론한다.

a_7, a_8, a_k가 이 순서대로 등비수열을 이루므로 이 수열의 공비를 r이라 하면

$a_8=a_7r$, $a_k=a_7r^2$ …… ㉠ ($a_7 \xrightarrow{\times r} a_8 \xrightarrow{\times r} a_k$)

등차수열 $\{a_n\}$의 공차를 d라 하면

조건 (가)에서

$a_n=a_1+(n-1)d$ (a_1은 정수, d는 자연수)

→ 공차가 양수인 정수이므로 자연수이다.

이므로

$a_8-a_7=d$, $a_k-a_8=(k-8)d$

이 식에 ㉠을 대입하면

$a_7(r-1)=d$, $a_7(r-1)r=(k-8)d$

위 식으로부터 $dr=(k-8)d$

$d\neq0$이므로 $r=k-8$ …… ㉡

㉡을 ㉠에 대입하면

$a_k=a_7(k-8)^2$, $a_k=144=12^2$

위 식으로부터 $a_7(k-8)^2=12^2$

조건 (가)에서 $k-8$과 a_7이 정수이므로 a_7은 완전제곱수이다.

따라서 a_7은 12의 약수의 제곱수인 1, 2^2, 3^2, 4^2, 6^2, 12^2 중 하나이다.

STEP 2 $a_k=144$임을 이용하여 모든 k의 값을 구한다.

(i) $a_7=1$일 때, $(k-8)^2=12^2$이므로 $k=20\,(k>8)$

(ii) $a_7=2^2$일 때, $(k-8)^2=6^2$이므로 $k=14\,(k>8)$

(iii) $a_7=3^2$일 때, $(k-8)^2=4^2$이므로 $k=12\,(k>8)$

(iv) $a_7=4^2$일 때, $(k-8)^2=3^2$이므로 $k=11\,(k>8)$

(v) $a_7=6^2$일 때, $(k-8)^2=2^2$이므로 $k=10\,(k>8)$

(vi) $a_7=12^2$일 때, $(k-8)^2=1$이므로 $k=9\,(k>8)$

그런데 $k=9$이면 ㉡에서 $r=1$이므로 수열 $\{a_n\}$의 공차가 0이다.

→ $r=1$이면 ㉠에서 $a_8=a_7$이므로 공차가 0이다.

따라서 $k\neq9$이다.

(i)~(vi)에서 구하는 모든 k의 값의 합은

$20+14+12+11+10=67$

답 67

09 수열의 합

개념 확인 문제

본문 125쪽

01 (1) $\sum_{k=1}^{20}5k$ (2) $\sum_{k=1}^{10}(2k-1)$ (3) $\sum_{k=1}^{10}2^{k-1}$ (4) $\sum_{k=1}^{10}\frac{1}{5^k}$

02 (1) -20 (2) -15 (3) 85 (4) 90

03 (1) 10 (2) 50 04 (1) 15 (2) 45

05 (1) 440 (2) 275 (3) 1055 (4) 110

06 50 07 (1) 220 (2) 330 (3) $\frac{10^{11}-100}{9}$

08 (1) $\frac{9}{10}$ (2) $\frac{10}{21}$ (3) $\frac{29}{45}$ (4) 3

09 (1) 380 (2) 484 (3) $\frac{7}{60}$ (4) $\frac{6}{55}$ 10 10

내신+학평 유형 연습

본문 126~136쪽

01 ⑤	02 ③	03 10	04 18	05 ②	06 ④
07 221	08 ④	09 ③	10 ①	11 ①	12 ⑤
13 61	14 ⑤	15 385	16 ④	17 ④	18 ⑤
19 ②	20 ①	21 29	22 242	23 128	24 ⑤
25 ④	26 13	27 ⑤	28 ①	29 ②	30 ④
31 ②	32 ③	33 ②	34 358	35 110	36 ③
37 ③	38 ⑤	39 ④	40 ④	41 ⑤	42 ⑤
43 ③	44 ③	45 ③	46 ①	47 ①	48 ④
49 ②	50 ②	51 40	52 14	53 55	

01

$$\sum_{k=1}^{9}(a_k+a_{k+1})=\sum_{k=1}^{9}a_k+\sum_{k=1}^{9}a_{k+1}$$
$$=\left(\sum_{k=1}^{10}a_k-a_{10}\right)+\left(\sum_{k=1}^{10}a_k-a_1\right)$$
$$=2\sum_{k=1}^{10}a_k-5=25$$

이므로 $\sum_{k=1}^{10}a_k=15$

답 ⑤

02

$$\sum_{k=1}^{10}(a_k+2b_k-1)=\sum_{k=1}^{10}a_k+2\sum_{k=1}^{10}b_k-\sum_{k=1}^{10}1$$
$$=5+2\times20-1\times10=35$$

답 ③

03

$$\sum_{k=1}^{10}(a_k+1)^2=\sum_{k=1}^{10}(a_k)^2+2\sum_{k=1}^{10}a_k+\sum_{k=1}^{10}1$$
$$=20+2\sum_{k=1}^{10}a_k+1\times10=50$$

이므로 $\sum_{k=1}^{10}a_k=10$

답 10

04

$\sum_{n=1}^{6}(2a_n-2b_n)=2\sum_{n=1}^{6}(a_n-b_n)=56$에서 $\sum_{n=1}^{6}(a_n-b_n)=28$

따라서

$$a_6-b_6=\sum_{n=1}^{6}(a_n-b_n)-\sum_{n=1}^{5}(a_n-b_n)$$
$$=28-10=18$$

답 18

05

$\sum_{n=1}^{10}(2a_n-b_n)=7$, $\sum_{n=1}^{10}(a_n+b_n)=5$에서 두 식을 변끼리 더하면

$\sum_{n=1}^{10}3a_n=12$이므로 $\sum_{n=1}^{10}a_n=4$, $\sum_{n=1}^{10}b_n=1$

따라서

$$\sum_{n=1}^{10}(a_n-2b_n)=\sum_{n=1}^{10}a_n-2\sum_{n=1}^{10}b_n$$
$$=4-2=2$$

답 ②

다른 풀이

$\sum_{n=1}^{10}(2a_n-b_n)=7$, $\sum_{n=1}^{10}(a_n+b_n)=5$이므로

$\sum_{n=1}^{10}(a_n-2b_n)=\sum_{n=1}^{10}\{(2a_n-b_n)-(a_n+b_n)\}=7-5=2$

06

$\sum_{k=1}^{5}(2a_k-1)^2=4\sum_{k=1}^{5}a_k^2-4\sum_{k=1}^{5}a_k+\sum_{k=1}^{5}1=61$

이므로 $4\sum_{k=1}^{5}a_k^2-4\sum_{k=1}^{5}a_k=56$

$\sum_{k=1}^{5}a_k(a_k-4)=\sum_{k=1}^{5}a_k^2-4\sum_{k=1}^{5}a_k=11$

$\sum_{k=1}^{5}a_k^2=m$, $\sum_{k=1}^{5}a_k=n$으로 놓으면

$4m-4n=56$, $m-4n=11$이므로

$3m=45$, $m=15$

따라서 $\sum_{k=1}^{5}a_k^2=15$

답 ④

07

$$\sum_{n=1}^{10}a_n(2b_n-3a_n)=2\sum_{n=1}^{10}a_nb_n-3\sum_{n=1}^{10}a_n^2$$
$$=2\sum_{n=1}^{10}a_nb_n-3\times10=16$$

이므로 $\sum_{n=1}^{10}a_nb_n=23$

따라서

$$\sum_{n=1}^{10}a_n(6a_n+7b_n)=6\sum_{n=1}^{10}a_n^2+7\sum_{n=1}^{10}a_nb_n$$
$$=6\times10+7\times23=221$$

답 221

08

$$\sum_{k=1}^{24}(-1)^ka_k$$
$$=-a_1+a_2-a_3+a_4-\cdots-a_{23}+a_{24}$$
$$=(a_1+a_2+a_3+\cdots+a_{24})-2(a_1+a_3+a_5+\cdots+a_{23})$$
$$=\sum_{k=1}^{24}a_k-2\sum_{k=1}^{12}a_{2k-1}$$
$$=(6\times12^2+12)-2\times(3\times12^2-12)=36$$

답 ④

09

$n\geq2$인 자연수 n에 대하여

$\sum_{k=1}^{n}a_{2k}-\sum_{k=1}^{n-1}a_{2k}=\left(\sum_{k=1}^{n}a_{2k-1}+n^2\right)-\left\{\sum_{k=1}^{n-1}a_{2k-1}+(n-1)^2\right\}$

$a_{2n}=a_{2n-1}+2n-1$

$n=6$일 때, $a_{12}=a_{11}+11$

$n=5$일 때, $a_{10}=a_9+9$

$a_{12}-a_{10}=a_{11}-a_9+2$

$5=a_{11}-16+2$

따라서 $a_{11}=19$

답 ③

10

자연수 n에 대하여

$\log_{n+1}(n+2)=\dfrac{\boxed{\log_2(n+2)}}{\log_2(n+1)}$이므로

$$\sum_{k=1}^{14}\log_2\{\log_{k+1}(k+2)\}$$
$$=\log_2\left(\frac{\log_2 3}{\log_2 2}\right)+\log_2\left(\frac{\log_2 4}{\log_2 3}\right)+\cdots+\log_2\left(\frac{\log_2 16}{\log_2 15}\right)$$
$$=\log_2\left(\frac{\log_2 3}{\log_2 2}\times\frac{\log_2 4}{\log_2 3}\times\cdots\times\frac{\log_2 16}{\log_2 15}\right)$$
$$=\log_2\left(\frac{\boxed{\log_2 16}}{\log_2 2}\right)$$
$$=\log_2 4=\boxed{2}$$

따라서 $f(n)=\log_2(n+2)$, $p=4$, $q=2$이므로

$f(p+q)=\log_2 8=3$

답 ①

11

$$\sum_{k=1}^{10}\frac{k^3}{k+1}+\sum_{k=1}^{10}\frac{1}{k+1}=\sum_{k=1}^{10}\frac{k^3+1}{k+1}=\sum_{k=1}^{10}\frac{(k+1)(k^2-k+1)}{k+1}$$
$$=\sum_{k=1}^{10}(k^2-k+1)=\sum_{k=1}^{10}k^2-\sum_{k=1}^{10}k+\sum_{k=1}^{10}1$$
$$=\frac{10\times11\times21}{6}-\frac{10\times11}{2}+1\times10$$
$$=340$$

답 ①

12

$$\sum_{k=1}^{5}(k+1)^2-\sum_{k=1}^{5}(k^2+k)=\sum_{k=1}^{5}\{(k+1)^2-(k^2+k)\}$$
$$=\sum_{k=1}^{5}(k+1)=\sum_{k=1}^{5}k+\sum_{k=1}^{5}1$$
$$=\frac{5\times6}{2}+5=20$$

답 ⑤

13

$\sum_{k=1}^{10}a_k=3$, $\sum_{k=1}^{10}(a_k+b_k)=\sum_{k=1}^{10}a_k+\sum_{k=1}^{10}b_k=9$에서

$\sum_{k=1}^{10}b_k=6$

따라서

$$\sum_{k=1}^{10}(b_k+k)=\sum_{k=1}^{10}b_k+\sum_{k=1}^{10}k$$
$$=6+\frac{10\times11}{2}=61$$

답 61

14

$$\sum_{k=1}^{n+1}(k+2)^2-\sum_{k=1}^{n}(k^2+4)$$
$$=\sum_{k=1}^{n}(k+2)^2+\{(n+1)+2\}^2-\sum_{k=1}^{n}(k^2+4)$$
$$=\sum_{k=1}^{n}\{(k+2)^2-(k^2+4)\}+(n+3)^2$$
$$=\sum_{k=1}^{n}4k+(n+3)^2$$
$$=4\times\frac{n(n+1)}{2}+(n+3)^2=389$$

$3n^2+8n-380=0$, $(3n+38)(n-10)=0$

n은 자연수이므로 $n=10$

답 ⑤

15

$$\sum_{k=1}^{10}a_k=(1^2-1)+(2^2+1)+\cdots+(10^2+1)$$
$$=1^2+2^2+3^2+\cdots+10^2$$
$$=\sum_{k=1}^{10}k^2=\frac{10\times11\times21}{6}=385$$

따라서 $\sum_{k=1}^{10}a_k=385$

답 385

16

$\sum_{k=1}^{10}(3a_k+1)=3\sum_{k=1}^{10}a_k+10=40$에서 $\sum_{k=1}^{10}a_k=10$

따라서

$$\sum_{k=1}^{10}b_k=\sum_{k=1}^{10}\{(a_k+b_k)-a_k\}=\sum_{k=1}^{10}k-\sum_{k=1}^{10}a_k$$
$$=\frac{10\times11}{2}-10=45$$

답 ④

17

수열 $\{a_n\}$의 일반항은 $a_n=3r^{n-1}$ $(r>1)$

$$b_n=(\log_{a_1}a_2)\times(\log_{a_2}a_3)\times(\log_{a_3}a_4)\times\cdots\times(\log_{a_n}a_{n+1})$$
$$=\frac{\log a_2}{\log a_1}\times\frac{\log a_3}{\log a_2}\times\frac{\log a_4}{\log a_3}\times\cdots\times\frac{\log a_{n+1}}{\log a_n}$$
$$=\log_{a_1}a_{n+1}=\log_3(3r^n)$$
$$=1+n\log_3 r$$

$$\sum_{k=1}^{10}b_k=\sum_{k=1}^{10}(1+k\log_3 r)$$
$$=10+(\log_3 r)\times\sum_{k=1}^{10}k$$
$$=10+(\log_3 r)\times\frac{10\times11}{2}$$
$$=10+55\log_3 r=120$$

따라서 $\log_3 r=2$

답 ④

18

ㄱ. $n=1$이면 $2^a=10$에서 $a=\log_2 10$이므로

$a-1=\log_2 10-\log_2 2=\log_2\frac{10}{2}=\log_2 5$ (참)

ㄴ. $n=2$이면 $2^a=10^2$에서 $a=\log_2 10^2$이므로

$a-2=\log_2 10^2-\log_2 2^2=\log_2\frac{10^2}{2^2}=\log_2 5^2=2\log_2 5$

$5^b=10^2$에서 $b=\log_5 10^2$이므로

$b-2=\log_5 10^2-\log_5 5^2=\log_5\frac{10^2}{5^2}=\log_5 2^2=2\log_5 2$

따라서 $(a-2)(b-2)=2\log_2 5\times2\log_5 2=4$ (참)

ㄷ. ㄴ과 같은 방법으로 계산하면

$a=\log_2 10^n$에서 $a-n=\log_2 10^n-\log_2 2^n=n\log_2 5$

$b=\log_5 10^n$에서 $b-n=\log_5 10^n-\log_5 5^n=n\log_5 2$

$$(a-n)(b-n)=n\log_2 5\times n\log_5 2$$
$$=n^2\frac{\log 5}{\log 2}\times\frac{\log 2}{\log 5}=n^2$$

이므로

$$\sum_{n=1}^{20}\frac{(a-n)(b-n)}{n}=\sum_{n=1}^{20}\frac{n^2}{n}=\sum_{n=1}^{20}n=\frac{20\times21}{2}=210 \text{ (참)}$$

따라서 옳은 것은 ㄱ, ㄴ, ㄷ이다.

답 ⑤

19

등비수열 $\{a_n\}$의 공비를 r $(r>0)$이라 하면

$a_4=4a_2$이므로 $r^2=4$, $r=2$

$\sum_{k=1}^{n}a_k=\frac{3}{13}\sum_{k=1}^{n}a_k^2$이므로

$$\frac{\frac{1}{5}(2^n-1)}{2-1}=\frac{3}{13}\times\frac{\left(\frac{1}{5}\right)^2\{(2^2)^n-1\}}{2^2-1}$$

$2^n+1=65$, $2^n=64=2^6$

따라서 $n=6$

답 ②

20

등차중항의 성질에 의하여

$a_1+a_5=a_2+a_4=2a_3$

$\sum_{k=1}^{5}a_k=\frac{5(a_1+a_5)}{2}=30$이므로 $a_3=6$

따라서 $a_2+a_4=2a_3=12$

답 ①

21

수열 $\{a_n\}$은 공차가 2인 등차수열이므로

모든 자연수 n에 대하여 $a_{n+1}-a_n=2$

$$\sum_{k=1}^{m}a_{k+1}-\sum_{k=1}^{m}(a_k+m)=\sum_{k=1}^{m}(a_{k+1}-a_k-m)=\sum_{k=1}^{m}(2-m)$$
$$=m(2-m)=2m-m^2$$

에서 $2m-m^2=240-360$, $m^2-2m-120=0$

$(m+10)(m-12)=0$

m은 자연수이므로 $m=12$

$$\sum_{k=1}^{m}(a_k+m)=\sum_{k=1}^{12}(a_k+12)=\sum_{k=1}^{12}a_k+\sum_{k=1}^{12}12$$
$$=\frac{12(2a_1+11\times2)}{2}+12\times12=360$$

에서 $6(2a_1+22)+144=360$, $a_1=7$

따라서 $a_m=a_{12}=7+11\times2=29$

답 29

22

등비수열 $\{a_n\}$의 첫째항을 a, 공비를 r이라 하자.

$5\le a_2\le6$에 의하여 $5\le ar\le6$

이때 a와 r은 자연수이므로 $ar=5$ 또는 $ar=6$

$42\le a_4\le96$에서 $42\le ar^3\le96$이므로

$\frac{42}{ar}\le r^2\le\frac{96}{ar}$ ...... ㉠

(i) $ar=5$일 때

㉠에 의하여 $\frac{42}{5}\le r^2\le\frac{96}{5}$이므로 $r=3$ 또는 $r=4$

$ar=5$를 만족시키는 자연수 a는 존재하지 않는다.

(ii) $ar=6$일 때

㉠에 의하여 $7\le r^2\le16$이므로

$r=3$ 또는 $r=4$

$ar=6$을 만족시키는 자연수 a, r의 값은

$r=3$, $a=2$

따라서 $\sum_{n=1}^{5}a_n=\frac{2(3^5-1)}{3-1}=242$

답 242

23

등비수열 $\{a_n\}$의 공비를 r이라 하면

조건 (가)에서 $a_1\times a_2=a_1^2r$, $2a_3=2a_1r^2$이므로

$a_1^2r=2a_1r^2$

수열 $\{a_n\}$의 모든 항이 양수이므로 $a_1=2r$ ...... ㉠

조건 (나)에서 $r=1$이면

$\sum_{k=1}^{20}a_k=20a_1$, $\frac{a_{21}-a_1}{3}=0$이므로 $a_1=0$

$a_1>0$이므로 $r\ne1$

$\sum_{k=1}^{20}a_k=\frac{a_1(r^{20}-1)}{r-1}$, $\frac{a_{21}-a_1}{3}=\frac{a_1(r^{20}-1)}{3}$에서

$\frac{1}{r-1}=\frac{1}{3}$이므로 $r=4$

㉠에서 $a_1=8$

따라서 $a_3=8\times4^2=128$

답 128

24

등차수열 $\{a_n\}$의 공차를 d라 하면

조건 (가)에 의하여 $a_7=a_1+6d=37$

조건 (나)에 의하여 $a_{13}\ge0$이고 $a_{14}\le0$

$a_{13}\ge0$에서 $a_1+12d\ge0$, $37+6d\ge0$, $-\frac{37}{6}\le d$

$a_{14}\le0$에서 $a_1+13d\le0$, $37+7d\le0$, $d\le-\frac{37}{7}$

$-\frac{37}{6}\le d\le-\frac{37}{7}$이고 d는 정수이므로

$d=-6$, $a_1=73$

따라서

$$\sum_{k=1}^{21}|a_k|=|a_1|+|a_2|+\cdots+|a_{21}|$$
$$=a_1+a_2+\cdots+a_{13}+(-a_{14})+(-a_{15})+\cdots+(-a_{21})$$
$$=(a_1+a_2+\cdots+a_{13})-(a_{14}+a_{15}+\cdots+a_{21})$$
$$=\sum_{k=1}^{13}a_k-\left(\sum_{k=1}^{21}a_k-\sum_{k=1}^{13}a_k\right)=2\sum_{k=1}^{13}a_k-\sum_{k=1}^{21}a_k$$
$$=2\times\frac{13\{2\times73+12\times(-6)\}}{2}-\frac{21\{2\times73+20\times(-6)\}}{2}$$
$$=689$$

답 ⑤

25

$a_3+a_5=2a_4$이므로 $a_3+a_5=2$에서 $a_4=\boxed{1}$

등차수열 $\{a_n\}$의 공차를 d라 하면

$a_1=1-3d$, $a_2=1-2d$, $a_3=1-d$, $a_4=1$, $a_5=1+d$

$d>1$이므로 $a_1<0$, $a_2<0$, $a_3<0$, $a_5>0$

$\sum_{k=1}^{5} a_k^2$과 $\sum_{k=1}^{5} |a_k|$를 각각 d에 대한 식으로 나타내면

$\sum_{k=1}^{5} a_k^2=(1-3d)^2+(1-2d)^2+(1-d)^2+1^2+(1+d)^2$

$=15d^2-10d+5$

$\sum_{k=1}^{5} |a_k|=|1-3d|+|1-2d|+|1-d|+|1|+|1+d|$

$=(3d-1)+(2d-1)+(d-1)+1+(1+d)$

$=\boxed{7d-1}$

그러므로

$\sum_{k=1}^{5} (a_k^2-5|a_k|)=(15d^2-10d+5)-5(7d-1)$

$=15d^2-45d+10$

$=15\left(d-\frac{3}{2}\right)^2-\frac{95}{4}$

$d>1$이므로 $\sum_{k=1}^{5} (a_k^2-5|a_k|)$의 값이 최소가 되도록 하는 수열 $\{a_n\}$의 공차는 $\boxed{\frac{3}{2}}$이다.

따라서 $p=1$, $q=\frac{3}{2}$, $f(d)=7d-1$이므로

$f(p+2q)=f(4)=27$

답 ④

26

조건 ㈎에서 $|a_5|+|a_6|=|a_5+a_6|+2$이고

공차가 음수이므로 $a_5>0$, $a_6<0$

등차수열 $\{a_n\}$의 공차를 d라 하면

$(a_1+4d)-(a_1+5d)=|2a_1+9d|+2$

$|2a_1+9d|=-d-2$이므로

$2a_1+9d=d+2$에서 $a_1+4d=1$ …… ㉠

$2a_1+9d=-d-2$에서 $a_1+5d=-1$ …… ㉡

조건 ㈏에서

$\sum_{n=1}^{6} |a_n|=\sum_{n=1}^{5} a_n-a_6=\frac{5(2a_1+4d)}{2}-a_1-5d=37$이므로

$4a_1+5d=37$ …… ㉢

㉠, ㉢에서 $a_1=13$

㉡, ㉢에서 $a_1=\frac{38}{3}$ 인데 자연수가 아니다.

따라서 $a_1=13$

답 13

27

조건 ㈎, ㈏에 의하여

상수 a $(a\neq0)$, r $(r>0)$에 대하여

$a_1=a$, $a_3=ar$, $a_5=ar^2$, $a_7=ar^3$

조건 ㈏에 의하여

$a_2=\frac{75}{a_7}=\frac{75}{ar^3}$, $a_4=\frac{75}{a_5}=\frac{75}{ar^2}$, $a_6=\frac{75}{a_3}=\frac{75}{ar}$, $a_8=\frac{75}{a_1}=\frac{75}{a}$

$\sum_{k=1}^{8} a_k=(a_1+a_3+a_5+a_7)+(a_2+a_4+a_6+a_8)$

$=(a+ar+ar^2+ar^3)+\left(\frac{75}{ar^3}+\frac{75}{ar^2}+\frac{75}{ar}+\frac{75}{a}\right)$

$=a(1+r+r^2+r^3)+\frac{75}{ar^3}(1+r+r^2+r^3)$

$=(a_1+a_2)(1+r+r^2+r^3)$

이때 $a_1+a_2=\frac{10}{3}$, $\sum_{k=1}^{8} a_k=\frac{400}{3}$이므로

$\frac{10}{3}(1+r+r^2+r^3)=\frac{400}{3}$

$r^3+r^2+r-39=0$

$(r-3)(r^2+4r+13)=0$

r는 실수이므로 $r=3$

$a_1+a_2=a+\frac{75}{ar^3}=a+\frac{75}{27a}=\frac{10}{3}$

$9a^2-30a+25=0$

$(3a-5)^2=0$, $a=\frac{5}{3}$

따라서 $a_3+a_8=ar+\frac{75}{a}=5+45=50$

답 ⑤

28

$\sum_{k=1}^{20} a_{2k}-\sum_{k=1}^{12} a_{2k+8}$

$=(a_2+a_4+\cdots+a_{40})-(a_{10}+a_{12}+\cdots+a_{32})$

$=a_2+a_4+a_6+a_8+a_{34}+a_{36}+a_{38}+a_{40}$

등차중항의 성질에 의하여

등차수열 $\{a_n\}$은 $m+l=42$인 두 자연수 m, l에 대하여

$a_m+a_l=2a_{21}$을 만족시키므로

$\sum_{k=1}^{20} a_{2k}-\sum_{k=1}^{12} a_{2k+8}$

$=(a_2+a_{40})+(a_4+a_{38})+(a_6+a_{36})+(a_8+a_{34})$

$=2a_{21}+2a_{21}+2a_{21}+2a_{21}=48$

그러므로 $a_{21}=6$이고 $a_3+a_{39}=2a_{21}=12$

따라서 $a_{39}=12-a_3=11$

답 ①

29

조건 ㈎에서 $a_n=-36+(n-1)d\neq0$이므로

$(n-1)d\neq36$, 즉 d는 자연수이므로 d는 36의 양의 약수가 아니다.

또한, 조건 ㈏에서

$\sum_{k=1}^{m} a_k=\frac{m\{-72+(m-1)d\}}{2}=0$

$-72+(m-1)d=0$

$(m-1)d=72$

즉, $\sum_{k=1}^{m} a_k=0$인 m이 존재하기 위해서 d가 72의 양의 약수이어야 한다.

따라서 d는 36의 양의 약수가 아닌 72의 양의 약수이므로 가능한 모든 d의 값은 8, 24, 72이고 그 합은

$8+24+72=104$

답 ②

30

등차수열 $\{a_n\}$의 공차를 d $(d\neq0)$라 하면

조건 (가)에서

$\frac{5(2a_1+4d)}{2}=2\left|\frac{10(2a_1+9d)}{2}\right|$

$a_1+2d=2|2a_1+9d|$

(i) $a_1+2d=4a_1+18d$일 때, $a_1=-\frac{16}{3}d$

$a_3a_6=\left(-\frac{10}{3}d\right)\times\left(-\frac{d}{3}\right)=\frac{10}{9}d^2>0$

이므로 조건 (나)를 만족시킨다.

(ii) $a_1+2d=-4a_1-18d$일 때, $a_1=-4d$

$a_3a_6=(-2d)\times d=-2d^2<0$

이므로 조건 (나)에 모순이다.

따라서 $\frac{a_{21}}{a_1}=\frac{-\frac{16}{3}d+20d}{-\frac{16}{3}d}=-\frac{11}{4}$

답 ④

31

$na_n=\sum_{k=1}^{n}ka_k-\sum_{k=1}^{n-1}ka_k$

$=n(n+1)(n+2)-(n-1)n(n+1)$

$=3n(n+1)$ $(n\geq2)$

이므로

$a_n=3(n+1)$ $(n\geq2)$

$a_1=\sum_{k=1}^{1}ka_k=6$이므로 모든 자연수 n에 대하여

$a_n=3(n+1)$

따라서

$\sum_{k=1}^{10}a_k=\sum_{k=1}^{10}3(k+1)$

$=3\left(\sum_{k=1}^{10}k+\sum_{k=1}^{10}1\right)$

$=3\left(\frac{10\times11}{2}+1\times10\right)=195$

답 ②

32

$a_6=\sum_{k=1}^{6}a_k-\sum_{k=1}^{5}a_k=(6^2+5\times6)-(5^2+5\times5)=16$

답 ③

33

$a_5=\sum_{k=1}^{5}a_k-\sum_{k=1}^{4}a_k=(2^6-2)-(2^5-2)=32$

답 ②

34

$n\geq2$일 때

$a_n=S_n-S_{n-1}$

$=\frac{n}{2n+1}-\frac{n-1}{2n-1}=\frac{1}{4n^2-1}$

$a_1=S_1=\frac{1}{3}$이므로

$a_n=\frac{1}{4n^2-1}$ $(n\geq1)$

따라서

$\sum_{k=1}^{6}\frac{1}{a_k}=\sum_{k=1}^{6}(4k^2-1)=4\sum_{k=1}^{6}k^2-\sum_{k=1}^{6}1$

$=4\times\frac{6\times7\times13}{6}-1\times6=358$

답 358

35

$a_1+2a_2+\cdots+na_n=2n^2+3n$에서

$b_n=na_n$이라 하고 $\sum_{k=1}^{n}b_k=S_n$이라 하면

$b_n=S_n-S_{n-1}$

$=2n^2+3n-\{2(n-1)^2+3(n-1)\}$

$=4n+1$ $(n\geq2)$

$b_1=S_1=5$이므로

$b_n=4n+1$ $(n\geq1)$

$a_n=\frac{b_n}{n}=\frac{4n+1}{n}=4+\frac{1}{n}$ $(n\geq1)$

따라서

$\sum_{n=1}^{10}\frac{2}{a_n-4}=\sum_{n=1}^{10}\frac{2}{\left(4+\frac{1}{n}\right)-4}=\sum_{n=1}^{10}2n$

$=2\times\frac{10\times11}{2}=110$

답 110

36

$a_n=\sum_{k=1}^{n}a_k-\sum_{k=1}^{n-1}a_k$

$=\log n-\log(n-1)$

$=\log\frac{n}{n-1}$ $(n\geq2)$

$10^{a_n}=1.04$에서 $\frac{n}{n-1}=\frac{26}{25}$

따라서 $n=26$

답 ③

37

$\sum_{k=2}^{n} a_k - \sum_{k=1}^{n-1} a_k = 2n^2+2$ …… ㉠

㉠에 $n=2$를 대입하면 $a_2 - a_1 = 10$

두 식 $a_1+a_2=8$, $a_2-a_1=10$을 연립하여 풀면

$a_1=-1$, $a_2=9$

2 이상인 자연수 n에 대하여

$\sum_{k=2}^{n} a_k - \sum_{k=1}^{n-1} a_k$

$=(a_2+a_3+\cdots+a_{n-1}+a_n)-(a_1+a_2+\cdots+a_{n-1})$

$=a_n-a_1$

$=a_n+1$

㉠에서 $a_n+1=2n^2+2$

$a_n=2n^2+1$ $(n\ge 2)$

따라서 수열 $\{a_n\}$은

$a_1=-1$, $a_n=2n^2+1$ $(n\ge 2)$

이므로

$$\sum_{k=1}^{10} a_k = a_1+\sum_{k=2}^{10} a_k = -1+\sum_{k=2}^{10}(2k^2+1)$$
$$=-1+\sum_{k=1}^{10}(2k^2+1)-3$$
$$=-4+2\sum_{k=1}^{10}k^2+1\times 10$$
$$=-4+2\times\frac{10\times 11\times 21}{6}+10=776$$

답 ③

38

$a_n={}_{n+1}\mathrm{C}_2=\frac{(n+1)n}{2}$ 이므로

$\frac{1}{a_n}=\frac{2}{n(n+1)}=2\left(\frac{1}{n}-\frac{1}{n+1}\right)$

따라서

$$\sum_{n=1}^{9}\frac{1}{a_n}=2\left\{\left(1-\frac{1}{2}\right)+\left(\frac{1}{2}-\frac{1}{3}\right)+\cdots+\left(\frac{1}{9}-\frac{1}{10}\right)\right\}$$
$$=2\left(1-\frac{1}{10}\right)=\frac{9}{5}$$

답 ⑤

39

$\sum_{k=1}^{n} k^2 a_k = n^2+n$에 $n=1$을 대입하면 $a_1=2$

$$n^2 a_n = \sum_{k=1}^{n} k^2 a_k - \sum_{k=1}^{n-1} k^2 a_k$$
$$=(n^2+n)-\{(n-1)^2+n-1\}$$
$$=2n\ (n\ge 2)$$

이므로 $a_n=\frac{2}{n}$ $(n\ge 1)$

따라서

$$\sum_{k=1}^{10}\frac{a_k}{k+1}=\sum_{k=1}^{10}\frac{2}{k(k+1)}=2\sum_{k=1}^{10}\left(\frac{1}{k}-\frac{1}{k+1}\right)$$
$$=2\left\{\left(1-\frac{1}{2}\right)+\left(\frac{1}{2}-\frac{1}{3}\right)+\cdots+\left(\frac{1}{10}-\frac{1}{11}\right)\right\}$$
$$=2\left(1-\frac{1}{11}\right)=\frac{20}{11}$$

답 ④

40

$$\sum_{k=1}^{n}\left(\frac{1}{a_k}-\frac{1}{a_{k+1}}\right)=\left(\frac{1}{a_1}-\frac{1}{a_2}\right)+\left(\frac{1}{a_2}-\frac{1}{a_3}\right)+\cdots+\left(\frac{1}{a_n}-\frac{1}{a_{n+1}}\right)$$
$$=\frac{1}{a_1}-\frac{1}{a_{n+1}}=1-\frac{1}{a_{n+1}}$$

이므로 $\sum_{k=1}^{n}\left(\frac{1}{a_k}-\frac{1}{a_{k+1}}\right)=\frac{2n}{2n+1}$ $(n\ge 1)$에서

$1-\frac{1}{a_{n+1}}=\frac{2n}{2n+1}=1-\frac{1}{2n+1}$

$\frac{1}{a_{n+1}}=\frac{1}{2n+1}$, $a_{n+1}=2n+1$ $(n\ge 1)$

$a_n=2n-1$ $(n\ge 2)$

$a_1=1$이므로 $a_n=2n-1$ $(n\ge 1)$

따라서 $a_n=2n-1$ $(n\ge 1)$이므로

$a_{10}=20-1=19$

답 ④

41

$a_n=\sqrt[n+1]{\sqrt[n+2]{4}}=\left(2^{\frac{2}{n+2}}\right)^{\frac{1}{n+1}}=2^{\frac{2}{(n+1)(n+2)}}$ 이므로

$$\log_2 a_k=\log_2 2^{\frac{2}{(k+1)(k+2)}}$$
$$=\frac{2}{(k+1)(k+2)}=2\left(\frac{1}{k+1}-\frac{1}{k+2}\right)$$

따라서

$$\sum_{k=1}^{10}\log_2 a_k=\sum_{k=1}^{10}2\left(\frac{1}{k+1}-\frac{1}{k+2}\right)$$
$$=2\left\{\left(\frac{1}{2}-\frac{1}{3}\right)+\left(\frac{1}{3}-\frac{1}{4}\right)+\cdots+\left(\frac{1}{11}-\frac{1}{12}\right)\right\}$$
$$=2\left(\frac{1}{2}-\frac{1}{12}\right)=\frac{5}{6}$$

답 ⑤

42

원 $x^2+y^2=n$이 직선 $y=\sqrt{3}x$와 제1사분면에서 만나는 점의 좌표를 (x_n, y_n)이라 하면

${x_n}^2+{y_n}^2=n$, $y_n=\sqrt{3}x_n$

${x_n}^2+(\sqrt{3}x_n)^2=n$, ${x_n}^2=\frac{n}{4}$

$x_n>0$이므로 $x_n=\frac{\sqrt{n}}{2}$

따라서

$$\sum_{k=1}^{80}\frac{1}{x_k+x_{k+1}}=\sum_{k=1}^{80}\frac{1}{\frac{\sqrt{k}}{2}+\frac{\sqrt{k+1}}{2}}=\sum_{k=1}^{80}\frac{2}{\sqrt{k}+\sqrt{k+1}}$$

$$=\sum_{k=1}^{80}\frac{2(\sqrt{k+1}-\sqrt{k})}{(k+1)-k}=2\sum_{k=1}^{80}(\sqrt{k+1}-\sqrt{k})$$

$$=2(\sqrt{81}-1)=2\times8=16$$

답 ⑤

43

직선 $y=-2x+n^2+1$의 x절편이 x_n이므로

$$x_n=\frac{1}{2}(n^2+1)$$

따라서

$$\sum_{n=1}^{8}x_n=\sum_{n=1}^{8}\frac{1}{2}(n^2+1)=\frac{1}{2}\left(\sum_{n=1}^{8}n^2+\sum_{n=1}^{8}1\right)$$

$$=\frac{1}{2}\left(\frac{8\times9\times17}{6}+1\times8\right)=106$$

답 ③

44

$x^2=\sqrt{n}x$에서 $x(x-\sqrt{n})=0$이므로

$x=0$ 또는 $x=\sqrt{n}$

곡선 $y=x^2$과 직선 $y=\sqrt{n}x$가 만나는 서로 다른 두 점의 좌표는

$(0, 0)$, $(\sqrt{n}, n)$이므로

$$\{f(n)\}^2=(\sqrt{n}-0)^2+(n-0)^2$$

$$=n+n^2=n(n+1)$$

따라서

$$\sum_{n=1}^{10}\frac{1}{\{f(n)\}^2}=\sum_{n=1}^{10}\frac{1}{n(n+1)}=\sum_{n=1}^{10}\left(\frac{1}{n}-\frac{1}{n+1}\right)$$

$$=\left(1-\frac{1}{2}\right)+\left(\frac{1}{2}-\frac{1}{3}\right)+\cdots+\left(\frac{1}{10}-\frac{1}{11}\right)$$

$$=1-\frac{1}{11}=\frac{10}{11}$$

답 ③

45

원의 중심 $(n, 0)$과 직선 $a_n(x+1)-y=0$ $(a_n>0)$ 사이의 거리는 원 O_n의 반지름의 길이인 1과 같으므로

$$\frac{|a_n(n+1)|}{\sqrt{{a_n}^2+(-1)^2}}=1,\ \{a_n(n+1)\}^2={a_n}^2+1$$

$${a_n}^2(n^2+2n)=1$$

$${a_n}^2=\frac{1}{n(n+2)}$$

따라서

$$\sum_{n=1}^{5}{a_n}^2=\sum_{n=1}^{5}\frac{1}{n(n+2)}=\frac{1}{2}\sum_{n=1}^{5}\left(\frac{1}{n}-\frac{1}{n+2}\right)$$

$$=\frac{1}{2}\left\{\left(1-\frac{1}{3}\right)+\left(\frac{1}{2}-\frac{1}{4}\right)+\left(\frac{1}{3}-\frac{1}{5}\right)+\left(\frac{1}{4}-\frac{1}{6}\right)+\left(\frac{1}{5}-\frac{1}{7}\right)\right\}$$

$$=\frac{1}{2}\left(1+\frac{1}{2}-\frac{1}{6}-\frac{1}{7}\right)=\frac{25}{42}$$

답 ③

46

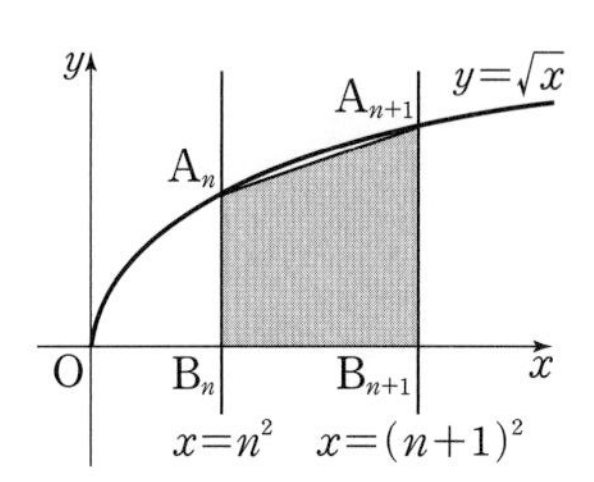

$B_n(n^2, 0)$, $B_{n+1}((n+1)^2, 0)$, $A_n(n^2, n)$, $A_{n+1}((n+1)^2, n+1)$이므로 사다리꼴 $A_nB_nB_{n+1}A_{n+1}$의 넓이 S_n은

$$S_n=\frac{1}{2}\times(n+n+1)\times\{(n+1)^2-n^2\}$$

$$=\frac{1}{2}(2n+1)^2=2n^2+2n+\frac{1}{2}$$

따라서

$$\sum_{n=1}^{10}S_n=\sum_{n=1}^{10}\left(2n^2+2n+\frac{1}{2}\right)$$

$$=2\sum_{n=1}^{10}n^2+2\sum_{n=1}^{10}n+\sum_{n=1}^{10}\frac{1}{2}$$

$$=2\times\frac{10\times11\times21}{6}+2\times\frac{10\times11}{2}+\frac{1}{2}\times10$$

$$=885$$

답 ①

47

$a^x-1=n$에서 $x=\log_a(n+1)$

$a^x-1=n+1$에서 $x=\log_a(n+2)$

이므로 선분 A_nA_{n+1}을 대각선으로 하는 직사각형의 넓이 S_n은

$$S_n=\log_a(n+2)-\log_a(n+1)$$

$$=\log_a\frac{n+2}{n+1}$$

$$\sum_{n=1}^{14}S_n=\sum_{n=1}^{14}\log_a\frac{n+2}{n+1}$$

$$=\log_a\frac{3}{2}+\log_a\frac{4}{3}+\log_a\frac{5}{4}+\cdots+\log_a\frac{16}{15}$$

$$=\log_a\left(\frac{3}{2}\times\frac{4}{3}\times\frac{5}{4}\times\cdots\times\frac{16}{15}\right)$$

$$=\log_a 8$$

$\sum_{n=1}^{14}S_n=6$에서 $\log_a 8=6$, $a^6=8$

따라서 $a>1$이므로 $a=\sqrt{2}$

답 ①

48

직선 $x=n$이 두 곡선 $y=\sqrt{x}$, $y=-\sqrt{x+1}$과 만나는 두 점 A_n, B_n의 좌표는 각각 $(n, \sqrt{n})$, $(n, -\sqrt{n+1})$이므로 삼각형 A_nOB_n의 넓이 T_n은

$$T_n=\frac{1}{2}n(\sqrt{n}+\sqrt{n+1})$$

따라서

$$\sum_{n=1}^{24}\frac{n}{T_n}=\sum_{n=1}^{24}\frac{2}{\sqrt{n}+\sqrt{n+1}}=2\sum_{n=1}^{24}(\sqrt{n+1}-\sqrt{n})$$
$$=2\{(\sqrt{2}-1)+(\sqrt{3}-\sqrt{2})+\cdots+(\sqrt{25}-\sqrt{24})\}$$
$$=2\times(5-1)=8$$

답 ④

49

$f(x)=2\sin\left(\frac{\pi}{2^n}x\right)$라 하자.

함수 $y=f(x)$의 그래프의 주기는 $\frac{2\pi}{\frac{\pi}{2^n}}=2^{n+1}$이고 최댓값은 2, 최솟값은 -2이다.

자연수 n에 대하여 $0<\frac{1}{n}<2$이므로 $0\le x\le 2^{n+1}$에서 함수 $y=f(x)$의 그래프와 직선 $y=\frac{1}{n}$은 서로 다른 두 점에서 만난다.

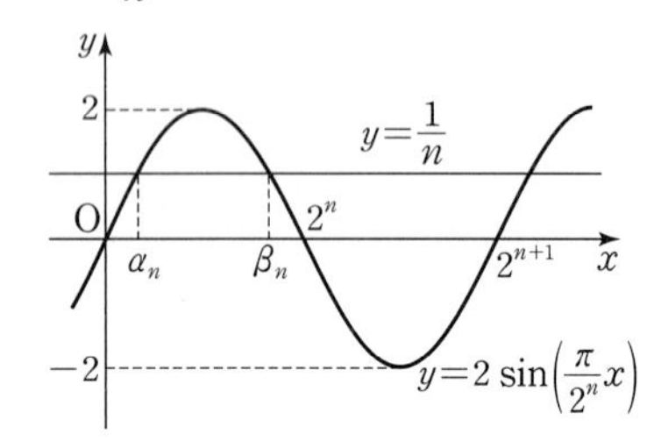

함수 $y=2\sin\left(\frac{\pi}{2^n}x\right)$의 그래프가 직선 $y=\frac{1}{n}$과 만나는 두 점의 x좌표를 각각 α_n, β_n이라 하면

$\beta_n=2^n-\alpha_n$이므로 $x_n=\alpha_n+\beta_n=2^n$

따라서 $\sum_{n=1}^{6}x_n=\sum_{n=1}^{6}2^n=\frac{2\times(2^6-1)}{2-1}=126$

답 ②

50

$2\le n\le 5$일 때, $2^{n-3}-8<0$이므로

$$f(n)=\begin{cases}1 & (n\text{은 홀수})\\ 0 & (n\text{은 짝수})\end{cases}$$

$n=6$일 때, $2^{6-3}-8=0$이므로 $f(6)=1$

$\sum_{n=2}^{6}f(n)=0+1+0+1+1=3<15$이므로 $m\ge 7$

$n\ge 7$일 때, $2^{n-3}-8>0$이므로

$$f(n)=\begin{cases}1 & (n\text{은 홀수})\\ 2 & (n\text{은 짝수})\end{cases}$$

따라서 $f(7)=1$, $f(8)=2$, $f(9)=1$, $f(10)=2$, $f(11)=1$, $f(12)=2$, $f(13)=1$, $f(14)=2$이므로

$\sum_{n=2}^{14}f(n)=\sum_{n=2}^{6}f(n)+\sum_{n=7}^{14}f(n)=3+12=15$

한편, $l\ge 15$인 자연수 l에 대하여 $f(l)\ge 1$이므로

$\sum_{n=2}^{l}f(n)>15$

따라서 $m=14$

답 ②

51

$1000=2^3\times 5^3$에서 양의 약수의 개수는 $p=4\times 4=16$

1000의 서로 다른 모든 양의 약수를 작은 수부터 크기순으로 나열하면

$a_1=1$, $a_2=2$, $a_3=2^2$, $\cdots$, $a_{16}=2^3\times 5^3$이고

$a_1a_{16}=1\times(2^3\times 5^3)=10^3$, $a_2a_{15}=2\times(2^2\times 5^3)=10^3$, $\cdots$,

$a_8a_9=5^2\times(2^3\times 5^1)=10^3$

이므로

$$\sum_{k=1}^{16}\log_{10}a_k=\log_{10}a_1+\log_{10}a_2+\log_{10}a_3+\cdots+\log_{10}a_{16}$$
$$=\log_{10}a_1a_{16}+\log_{10}a_2a_{15}+\cdots+\log_{10}a_8a_9$$
$$=\log_{10}10^3+\log_{10}10^3+\cdots+\log_{10}10^3$$
$$=3+3+\cdots+3=24$$

즉, $q=24$

따라서 $p+q=16+24=40$

답 40

52

(i) $n=2$일 때

$4^2<20<5^2$이고 $4<\sqrt{20}<5$이므로 $f(2)=4$

(ii) $n=3$일 때

$2^3<20<3^3$이고 $2<\sqrt[3]{20}<3$이므로 $f(3)=2$

(iii) $n=4$일 때

$2^4<20<3^4$이고 $2<\sqrt[4]{20}<3$이므로 $f(4)=2$

(iv) $n\ge 5$일 때

$1^n<20<2^n$이고 $1<\sqrt[n]{20}<2$이므로 $f(n)=1$

(i)~(iv)에서 $\sum_{n=2}^{10}f(n)=4+2+2+1\times 6=14$

답 14

53

$b_n=(3^{n-1}$을 5로 나눈 나머지$)$라 하자.

3^4을 5로 나눈 나머지가 1이므로 자연수 k에 대하여

$b_1=b_5=b_9=\cdots=b_{4k-3}=1$

$b_2=b_6=b_{10}=\cdots=b_{4k-2}=3$

$b_3=b_7=b_{11}=\cdots=b_{4k-1}=4$

$b_4=b_8=b_{12}=\cdots=b_{4k}=2$

이므로 수열 $\{b_n\}$은

1, 3, 4, 2, 1, 3, 4, 2, 1, $\cdots$

제 n행에서 5로 나눈 나머지가 3인 자연수의 개수가 a_n이므로

$a_1=0$

$a_2=a_3=a_4=a_5=1$

$a_6=a_7=a_8=a_9=2$

$a_{10}=a_{11}=a_{12}=a_{13}=3$

$a_{14}=a_{15}=a_{16}=a_{17}=4$

$a_{18}=a_{19}=a_{20}=5$

따라서

$$\sum_{k=1}^{20} a_k = 0+(1\times4)+(2\times4)+(3\times4)+(4\times4)+(5\times3)$$
$$=55$$

답 55

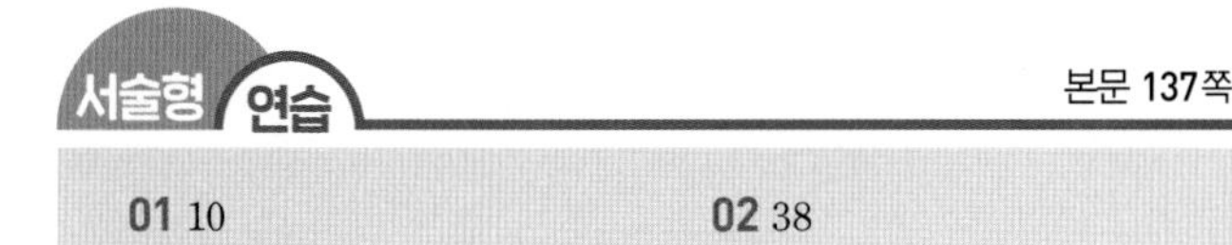

서술형 연습 본문 137쪽

01 10 02 38

01

첫째항이 1, 공차가 2인 등차수열 $\{a_n\}$의 일반항은

$a_n=1+(n-1)\times2=2n-1$ ······ ㉮

$b_n=a_na_{n+1}=(2n-1)(2n+1)$ ······ ㉯

이므로

$$\sum_{k=1}^{m}\frac{1}{b_k}=\sum_{k=1}^{m}\frac{1}{(2k-1)(2k+1)}$$
$$=\frac{1}{2}\sum_{k=1}^{m}\left(\frac{1}{2k-1}-\frac{1}{2k+1}\right)$$
$$=\frac{1}{2}\left\{\left(1-\frac{1}{3}\right)+\left(\frac{1}{3}-\frac{1}{5}\right)+\cdots+\left(\frac{1}{2m-1}-\frac{1}{2m+1}\right)\right\}$$
$$=\frac{1}{2}\left(1-\frac{1}{2m+1}\right)$$
$$=\frac{m}{2m+1}$$ ······ ㉰

즉, $\frac{m}{2m+1}=\frac{10}{21}$

따라서 $m=10$ ······ ㉱

답 10

단계	채점 기준	비율
㉮	첫째항이 1, 공차가 2인 등차수열 $\{a_n\}$의 일반항 a_n을 구한 경우	20%
㉯	수열 $\{a_n\}$의 일반항 a_n으로부터 수열 $\{b_n\}$의 일반항 b_n을 구한 경우	20%
㉰	$\sum_{k=1}^{m}\frac{1}{b_k}$을 구한 경우	40%
㉱	$\sum_{k=1}^{m}\frac{1}{b_k}=\frac{10}{21}$을 만족시키는 m의 값을 구한 경우	20%

02

수열 $a_1, a_2, a_3, \cdots, a_{10}$ 중에서 -1, 0, 2의 개수를 각각 l, m, n이라 하면

$l+m+n=10$ ······ ㉠

$\sum_{k=1}^{10}a_k=8$에서 $-l+2n=8$ ······ ㉡ ······ ㉮

$\sum_{k=1}^{10}(a_k)^2=22$에서 $l+4n=22$ ······ ㉢ ······ ㉯

㉠, ㉡, ㉢을 연립하여 풀면

$l=2$, $m=3$, $n=5$ ······ ㉰

따라서

$\sum_{k=1}^{10}(a_k)^3=(-1)^3\times2+0^3\times3+2^3\times5=38$ ······ ㉱

답 38

단계	채점 기준	비율
㉮	-1, 0, 2의 개수를 각각 l, m, n으로 놓고, $l+m+n=10$, $\sum_{k=1}^{10}a_k=8$에서 $-l+2n=8$을 구한 경우	30%
㉯	$\sum_{k=1}^{10}(a_k)^2=22$에서 $l+4n=22$를 구한 경우	20%
㉰	세 식을 연립하여 $l=2$, $m=3$, $n=5$를 구한 경우	30%
㉱	$\sum_{k=1}^{10}(a_k)^3$의 값을 구한 경우	20%

1등급 도전 본문 138~139쪽

01 5 02 ③ 03 ④ 04 7

01

풀이 전략 여러 가지 수열의 합을 활용하여 문제를 해결한다.

STEP 1 조건 (가)를 이용하여 a_k의 값을 k에 대한 식으로 나타낸다.

조건 (가)에 의하여 실수 a_k (k는 자연수)는 x에 대한 방정식

$x^2+3x+(8-k)(k-5)=0$의 근이므로

$(a_k+8-k)(a_k+k-5)=0$

따라서 $a_k=k-8$ 또는 $a_k=5-k$

STEP 2 $\sum_{n=6}^{7}a_n$의 값이 최대가 될 때의 a_6, a_7의 값을 구한다.

조건 (나)에서 $a_n\times a_{n+1}\le0$을 만족시키는 10 이하의 두 자연수 n을 각각 p, q $(p<q)$라 하자.

$a_6=-2$ 또는 $a_6=-1$, → 처음으로 $a_n\times a_{n+1}>0$을 만족시키는 n의 값은 6이다.

$a_7=-1$ 또는 $a_7=-2$이므로

$\sum_{n=6}^{7}a_n$의 값이 최대가 되는 것은

$a_6=a_7=-1$일 때이고 $\sum_{n=6}^{7}a_n=-2$

STEP 3 a_5, a_8의 값에 따른 $\sum_{n=1}^{10}a_n$의 최댓값을 구한다.

$a_5=-3$ 또는 $a_5=0$, $a_8=0$ 또는 $a_8=-3$이므로

a_5, a_8의 값에 따라 $\sum_{n=1}^{10}a_n$의 최댓값은 다음과 같다.

(i) $a_5=a_8=0$이면 $a_4a_5=a_5a_6=a_7a_8=a_8a_9=0$이므로 조건 (나)를 만족시키지 않는다.

(ii) $a_5=0$, $a_8=-3$인 경우

$a_4a_5=a_5a_6=0$이므로 $p=4$, $q=5$

$6\le n\le 10$에서 a_n의 부호는 모두 동일하고 $a_8=-3<0$이므로

$a_9=-4$, $a_{10}=-5$

$1\le n\le 4$에서 a_n의 부호는 모두 동일하고

$a_1=4$ 또는 $a_1=-7$이므로

$\sum_{n=1}^{10}a_n$의 값이 최대가 되는 것은

$a_1=4$, $a_2=3$, $a_3=2$, $a_4=1$일 때이다.

따라서

$$\sum_{n=1}^{10}a_n=\sum_{n=1}^{4}a_n+a_5+\sum_{n=6}^{7}a_n+a_8+\sum_{n=9}^{10}a_n$$
$$=10+0+(-2)+(-3)+(-9)=-4$$

(iii) $a_5=-3$, $a_8=0$인 경우

$a_7a_8=a_8a_9=0$이므로 $p=7$, $q=8$

$1\le n\le 5$에서 a_n의 부호는 모두 동일하고 $a_5=-3<0$이므로

$a_1=-7$, $a_2=-6$, $a_3=-5$, $a_4=-4$

$9\le n\le 10$에서 a_n의 부호는 모두 동일하고

$a_9=1$ 또는 $a_9=-4$이므로

$\sum_{n=1}^{10}a_n$의 값이 최대가 되는 것은

$a_9=1$, $a_{10}=2$일 때이다.

따라서

$$\sum_{n=1}^{10}a_n=\sum_{n=1}^{4}a_n+a_5+\sum_{n=6}^{7}a_n+a_8+\sum_{n=9}^{10}a_n$$
$$=(-22)+(-3)+(-2)+0+3=-24$$

(iv) $a_5=-3$, $a_8=-3$인 경우

$\sum_{n=1}^{10}a_n$의 값이 최대가 되는 경우는 $1\le n\le 4$에서 $a_n>0$이고

$9\le n\le 10$에서 $a_n>0$일 때이다.

이때 $a_4a_5<0$, $a_8a_9<0$이므로 $p=4$, $q=8$

$a_1=4$, $a_2=3$, $a_3=2$, $a_4=1$, $a_9=1$, $a_{10}=2$이므로

$$\sum_{n=1}^{10}a_n=\sum_{n=1}^{4}a_n+a_5+\sum_{n=6}^{7}a_n+a_8+\sum_{n=9}^{10}a_n$$
$$=10+(-3)+(-2)+(-3)+3=5$$

(i)~(iv)에서 $\sum_{n=1}^{10}a_n$의 최댓값은 5이다.

답 5

참고

$\sum_{n=1}^{10}a_n$의 값이 최대가 되도록 하는 수열 $\{a_n\}$의 첫째항부터 제10항까지는 다음과 같다.

n	1	2	3	4	5	6	7	8	9	10
$n-8$	-7	-6	-5	-4	**-3**	-2	**-1**	0	**1**	**2**
$5-n$	**4**	**3**	**2**	**1**	0	**-1**	-2	**-3**	-4	-5

$\{a_n\}$: 4, 3, 2, 1, -3, -1, -1, -3, 1, 2, $\cdots$

02

풀이 전략 등차수열의 성질을 활용하여 문제를 해결한다.

STEP 1 등차수열 $\{a_n\}$, $\{b_n\}$의 일반항 a_n, b_n을 각각 d에 대한 식으로 나타낸다.

$a_n=a+(n-1)d$, $b_n=a+(n-1)(-2d)$

조건 (가)에 의하여 $|a|=|a-12d|$이므로

$a=a-12d$ 또는 $a=-a+12d$

$d\ne 0$이므로 $a=-a+12d$, $a=6d$

따라서

$a_n=6d+(n-1)d=(n+5)d$

$b_n=6d-2(n-1)d=(-2n+8)d$

STEP 2 S_n의 값이 최대가 되는 n의 값을 구한 후 d의 값을 구한다.

a는 양수이므로 $d>0$

모든 자연수 n에 대하여 $a_n>0$

$1\le n\le 3$일 때 $b_n>0$, $n\ge 4$일 때 $b_n\le 0$이므로

수열 $\{c_n\}$을 $c_n=|a_n|-|b_n|$이라 하면

$$c_n=\begin{cases}3(n-1)d & (1\le n\le 3)\\ (13-n)d & (n\ge 4)\end{cases}$$

→ $c_n=\begin{cases}(n+5)d-(-2n+8)d & (1\le n\le 3)\\ (n+5)d-(2n-8)d & (n\ge 4)\end{cases}$

$1\le n\le 13$일 때 $c_n\ge 0$이고 $c_{13}=0$, $n\ge 14$일 때 $c_n<0$이므로

$S_n=\sum_{k=1}^{n}(|a_k|-|b_k|)=\sum_{k=1}^{n}c_k$의 값이 최대가 되는 n의 값은

12 또는 13이다.

따라서

$$S_{12}=S_{13}=\sum_{n=1}^{13}c_n=\sum_{n=1}^{3}3(n-1)d+\sum_{n=4}^{13}(13-n)d$$
$$=9d+45d=54d$$

즉, $54d=108$이므로 $d=2$

STEP 3 $S_n\ge 0$을 만족시키는 자연수 n의 최댓값 m과 a_m의 값을 구한다.

수열 $\{c_n\}$에 대하여

$$c_n=\begin{cases}6(n-1) & (1\le n\le 3)\\ 2(13-n) & (n\ge 4)\end{cases}$$

이므로 $c_1=0$, $c_2=6$, $c_3=12$, $c_4=-c_{22}$, $c_5=-c_{21}$, $c_6=-c_{20}$, $\cdots$,

$c_{12}=-c_{14}$, $c_{13}=0$, $c_{23}=-20$

$n\ge 24$에서 $c_n<0$이므로

$$S_{22}=(c_1+c_2+c_3)+(c_4+c_5+c_6+\cdots+c_{22})$$
$$=(0+6+12)+0=18$$

$S_{23}=S_{22}+c_{23}=18+(-20)=-2$

$n\ge 23$일 때, $S_n<0$

따라서 $S_n\ge 0$을 만족시키는 자연수 n의 최댓값은 22이므로

$m=22$이고

$a_m=a_{22}=(22+5)\times 2=54$

답 ③

03

풀이 전략 등차수열의 합과 이차함수의 성질을 이용하여 문제를 해결한다.

STEP 1 등차수열 $\{a_n\}$의 첫째항부터 제n항까지의 합을 구한다.

수열 $\{a_n\}$의 첫째항부터 제n항까지의 합을 S_n이라 하자.

모든 자연수 n에 대하여 $|S_n|\ge 14$이므로

$|S_1|=|b|\ge 14$

b가 자연수이므로 $b\ge 14$

$$S_n=\frac{n\{2b+(n-1)\times(-4)\}}{2}$$
$$=-n(2n-b-2)$$
$$=-2n\left(n-\frac{b+2}{2}\right)$$

→ $n=\frac{b+2}{2}$일 때 $S_n=0$, 즉 $S_{\frac{b+2}{2}}=0$

STEP 2 b가 짝수인 경우와 홀수인 경우로 나누어 조건을 만족시키는 b의 값의 범위를 구한다.

(i) b가 짝수인 경우

$S_{\frac{b+2}{2}}=0$이 되어 조건 $|S_n|\ge 14$를 만족시키지 않는다.

(ii) b가 홀수인 경우

함수 $y=-2n\left(n-\frac{b+2}{2}\right)$의 그래프의 개형은 다음과 같다.

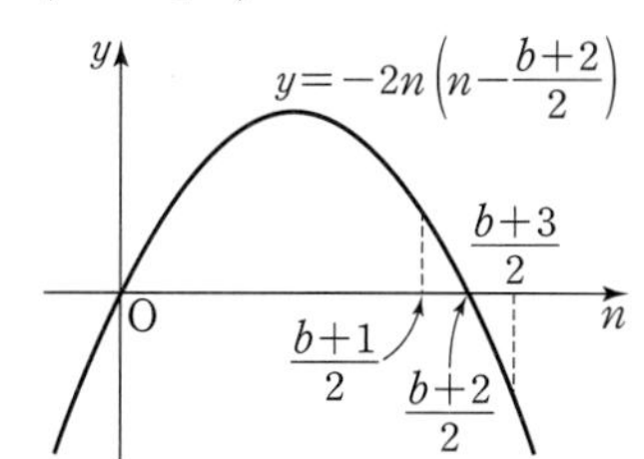

$|S_n|\ge 14$이므로 $S_{\frac{b+1}{2}}\ge 14$, $S_{\frac{b+3}{2}}\le -14$를 동시에 만족시켜야 한다.

$S_{\frac{b+1}{2}}=-2\times\frac{b+1}{2}\times\left(-\frac{1}{2}\right)\ge 14$에서

$b\ge 27$ ⋯⋯ ㉠

$S_{\frac{b+3}{2}}=-2\times\frac{b+3}{2}\times\frac{1}{2}\le -14$에서

$b\ge 25$ ⋯⋯ ㉡

㉠, ㉡에서 $b\ge 27$

STEP 3 $\sum_{m=1}^{10} b_m$의 값을 구한다.

(i), (ii)에서 $b_1=27$, $b_2=29$, $b_3=31$, ⋯이므로

$b_m=2m+25$ (m은 자연수)

따라서

$$\sum_{m=1}^{10} b_m=\sum_{m=1}^{10}(2m+25)$$
$$=2\sum_{m=1}^{10} m+\sum_{m=1}^{10} 25$$
$$=2\times\frac{10\times 11}{2}+25\times 10=360$$

답 ④

04

풀이 전략 등차수열을 이용하여 순서쌍 (l, m)의 개수를 추론한다.

STEP 1 수열 $\{a_n+b_n\}$을 파악한다.

$a_n+b_n=2+(n-1)(l+m)$

즉, 수열 $\{a_n+b_n\}$은 첫째항이 2이고 공차가 정수 $l+m$인 등차수열이다.

$l+m\ge 0$이면 → 공차가 1 이상의 정수이면 모든 항이 0보다 크다.

수열 $\{|a_n+b_n|\}$은 첫째항이 2이고 공차가 $l+m$인 등차수열이다.

공차 $l+m$이 정수이므로

$$\sum_{k=1}^{10}|a_k+b_k|=\frac{10\{2\times 2+9(l+m)\}}{2}=31\text{에서}$$

$$l+m=\frac{11}{45}$$

이 식을 만족시키는 두 정수 l, m은 존재하지 않는다.

$l+m\le -2$이면 수열 $\{|a_n+b_n|\}$은 첫째항과 제2항이 각각 2, $|a_2+b_2|$이고 제2항부터 공차가 $|l+m|$인 등차수열이므로

→ $l+m\le -2$이면 제2항부터 0보다 작거나 같다.

공차 $|l+m|$이 정수이므로

$$\sum_{k=1}^{10}|a_k+b_k|=2+\frac{9(2|a_2+b_2|+8|l+m|)}{2}=31\text{에서}$$

$$|a_2+b_2|+4|l+m|=\frac{29}{9}$$

이 식을 만족시키는 두 정수 l, m은 존재하지 않는다.

$l+m=-1$이면 수열 $\{|a_n+b_n|\}$은 첫째항, 제2항, 제3항이 각각 2, 1, 0이고 제3항부터 공차가 1인 등차수열이므로

$$\sum_{k=1}^{10}|a_k+b_k|=2+1+\frac{8\times(2\times 0+7\times 1)}{2}=31$$

따라서 $l+m=-1$

STEP 2 l의 값에 따른 $\sum_{k=1}^{10}(|a_k|-|b_k|)$의 값을 구한다.

$m=-l-1$에서

$b_n=-10+(n-1)(-l-1)$

$|a_3|=|12+2l|$, $|b_3|=|-12-2l|$이므로

두 정수 l, m에 관계없이 $|a_3|=|b_3|$이 성립한다.

(i) $l\ge 0$일 때

$m<0$이고 모든 자연수 k에 대하여

$a_k>0$, $b_k<0$

$|a_k|-|b_k|=a_k+b_k=3-k$이므로

$$\sum_{k=1}^{10}(|a_k|-|b_k|)=\sum_{k=1}^{10}(3-k)=-25$$

→ 문제에서 $\sum_{k=1}^{10}(|a_k|-|b_k|)=31$이므로 조건을 만족시키지 않는다.

(ii) $-5\le l\le -1$일 때

ⓐ $l=-1$인 경우

$$\sum_{k=1}^{10}(|a_k|-|b_k|)=2+1+0+(-1)+(-2)+(-3)+(-4)+(-5)+(-6)+(-7)$$
$$=-25$$

ⓑ $l=-2$인 경우

$$\sum_{k=1}^{10}(|a_k|-|b_k|)=2+1+0+(-1)+(-2)+(-3)+(-4)+(-1)+2+5=-1$$

ⓒ $l=-3$인 경우

$$\sum_{k=1}^{10}(|a_k|-|b_k|)=2+1+0+(-1)+(-2)+3+4+5+6+7=25$$

ⓓ $l=-4$인 경우

$$\sum_{k=1}^{10}(|a_k|-|b_k|)=2+1+0+(-1)+2+3+4+5+6+7=29$$

ⓔ $l=-5$인 경우

$$\sum_{k=1}^{10}(|a_k|-|b_k|)=2+1+0+1+2+3+4+5+6+7=31$$ → 문제의 조건을 만족시킨다.

(iii) $-11\le l\le -6$일 때

$|a_1|-|b_1|=2$,

$|a_2|-|b_2|=(12+l)-(11+l)=1$

$k\ge3$인 자연수 k에 대하여

$|a_k|-|b_k|=\{-12-(k-1)l\}+\{10+(k-1)(l+1)\}$
$=k-3$

$\sum_{k=1}^{10}(|a_k|-|b_k|)=2+1+\sum_{k=3}^{10}(k-3)=31$ → 문제의 조건을 만족시킨다.

(iv) $l\le -12$일 때

$|a_1|-|b_1|=2$,

$|a_2|-|b_2|=(-12-l)-(-11-l)=-1$

이고 $k\ge3$인 자연수 k에 대하여

$|a_k|-|b_k|=\{-12-(k-1)l\}-\{-10-(k-1)(l+1)\}$
$=k-3$

이므로

$\sum_{k=1}^{10}(|a_k|-|b_k|)=2+(-1)+\sum_{k=3}^{10}(k-3)=29$ → 문제의 조건을 만족시키지 않는다.

[STEP 3] 순서쌍 (l, m)의 개수를 구한다.

(i)~(iv)에서 구하는 모든 순서쌍 (l, m)은

$(-11, 10), (-10, 9), (-9, 8), \cdots, (-5, 4)$

이므로 개수는 7이다.

답 7

10 수학적 귀납법

개념 확인문제

본문 141쪽

01 (1) -7 (2) 16 (3) 11 (4) 24
02 129 03 64 04 3 05 63
06 $\frac{1}{10!}$ 07 1023 08 5
09 (가) 0 (나) $(k-1)^2$ (다) k^2

내신+학평 유형 연습

본문 142~149쪽

01 ③	02 747	03 29	04 ④	05 ①	06 ③
07 ①	08 105	09 27	10 ④	11 ③	12 ②
13 ③	14 ⑤	15 ⑤	16 ⑤	17 ②	18 ②
19 ①	20 ⑤	21 ③	22 ⑤	23 ①	24 ②

01

$a_1=3$

$a_2=a_1+3=3+3=6$

$a_3=2a_2=2\times6=12$

$a_4=a_3+3=12+3=15$

$a_5=2a_4=2\times15=30$

따라서

$a_6=a_5+3$
$=30+3=33$

답 ③

02

$a_1=88$이고 $a_n\ge65$인 경우 $a_{n+1}=a_n-3$이므로 수열 $\{a_n\}$은

$a_n=88-3(n-1)=-3n+91$

$-3n+91\ge65$에서

$n\le\frac{26}{3}=8.666\cdots$

$n=9$일 때, $a_9=a_8-3=67-3=64$

$n>9$일 때, $a_{n+1}=\frac{1}{2}a_n$

따라서

$$\sum_{n=1}^{15}a_n=\sum_{n=1}^{8}a_n+\sum_{n=9}^{15}a_n=\frac{8(a_1+a_8)}{2}+\frac{a_9\left\{1-\left(\frac{1}{2}\right)^7\right\}}{1-\frac{1}{2}}=620+127=747$$

답 747

03

조건 (나)에서 이차방정식 $x^2-2\sqrt{a_n}x+a_{n+1}-3=0$이 중근을 가지므로 판별식을 D라 하면

$\frac{D}{4}=(-\sqrt{a_n})^2-(a_{n+1}-3)=0$, 즉 $a_{n+1}-a_n=3$

따라서 수열 $\{a_n\}$은 첫째항이 2이고 공차가 3인 등차수열이므로

$a_{10}=2+9\times3=29$

답 29

04

조건 (가)에서 모든 자연수 n에 대하여 $2a_{n+1}=a_n+a_{n+2}$이므로

수열 $\{a_n\}$은 등차수열이다.

등차수열 $\{a_n\}$의 첫째항을 a $(a>0)$, 공차를 d $(d\geq0)$이라 하면

조건 (나)에서

$a_3\times a_{22}=(a+2d)(a+21d)=a^2+23ad+42d^2$,

$a_7\times a_8+10=(a+6d)(a+7d)+10=a^2+13ad+42d^2+10$

이므로 $a^2+23ad+42d^2=a^2+13ad+42d^2+10$

$23ad=13ad+10$, $ad=1$

조건 (가)에 의하여 $a_4+a_6=2a_5=2a+8d$

산술평균과 기하평균의 관계에 의하여

$a_4+a_6\geq2\sqrt{2a\times8d}=2\sqrt{16ad}=2\times4=8$

(단, 등호는 $2a=8d$일 때 성립한다.)

따라서 a_4+a_6의 최솟값은 8이다.

답 ④

다른 풀이

조건 (가)에 의하여 수열 $\{a_n\}$은 등차수열이다.

등차수열 $\{a_n\}$의 공차를 d $(d\geq0)$이라 하면

$a_4+a_6=2a_5$

조건 (나)에서

$a_3\times a_{22}=(a_5-2d)(a_5+17d)$,

$a_7\times a_8+10=(a_5+2d)(a_5+3d)+10$

이므로 $(a_5-2d)(a_5+17d)=(a_5+2d)(a_5+3d)+10$

$10da_5=40d^2+10$, $a_5=4d+\frac{1}{d}$

산술평균과 기하평균의 관계에 의하여

$a_4+a_6=2a_5=8d+\frac{2}{d}\geq2\sqrt{8d\times\frac{2}{d}}=8$

$\left(\text{단, 등호는 } 8d=\frac{2}{d}\text{일 때 성립한다.}\right)$

따라서 a_4+a_6의 최솟값은 8이다.

05

$a_8=\log_2 a_7=5$에서 $a_7=2^5=32$

$a_7=2^{a_6+1}=2^5$이므로 $a_6=4$

따라서 $a_6+a_7=4+32=36$

답 ①

06

$a_1=6$, $a_2=6+3$, $a_3=6+3+3^2$, $a_4=6+3+3^2+3^3$

따라서 $a_4=45$

답 ③

07

$a_4=2a_3+1=31$이므로 $a_3=15$

$a_3=2a_2+1=15$이므로 $a_2=7$

답 ①

08

수열 $\{a_n\}$을 첫째항부터 차례로 나열하면

0, 0, 1, 1, 1, 2, 2, 2, 3, ⋯

수열 $\{b_n\}$은

$b_1=(-1)^0\times5^0=1$

$b_2=(-1)^1\times5^0=-1$

$b_3=(-1)^2\times5^1=5$

$b_4=(-1)^3\times5^1=-5$

$b_5=(-1)^4\times5^1=5$

$b_6=(-1)^5\times5^2=-25$

$b_7=(-1)^6\times5^2=25$

$b_8=(-1)^7\times5^2=-25$

$b_9=(-1)^8\times5^3=125$

따라서 $\sum_{k=1}^{9}b_k=1-1+5-5+5-25+25-25+125=105$

답 105

09

$a_3=3$이므로

a_2가 홀수이면 $a_3=\frac{a_2+3}{2}=3$, 즉 $a_2=3$

a_2가 짝수이면 $a_3=\frac{a_2}{2}=3$, 즉 $a_2=6$

$a_2=3$이면 $a_1=3$ 또는 $a_1=6$

$a_2=6$이면 $a_1=9$ 또는 $a_1=12$

$a_1\geq10$이므로 $a_1=12$

$a_2=\frac{12}{2}=6$

$a_3=3$이므로 $a_4=a_5=3$

따라서 $\sum_{k=1}^{5}a_k=12+6+3+3+3=27$

답 27

10

$a_1=2$

$a_2=2\times a_1-1=2\times 2-1=3$

$a_3=2\times a_2-1=2\times 3-1=5$

$a_4=2\times a_3-1=2\times 5-1=9$

$a_5=\frac{1}{3}\times a_4=\frac{1}{3}\times 9=3=a_2$

$a_6=a_3$

$a_7=a_4$

⋮

$a_{n+3}=a_n\ (n\geq 2)$이므로

$\sum_{k=1}^{16} a_k=a_1+(a_2+a_3+a_4)+\cdots+(a_{14}+a_{15}+a_{16})$

$=2+(3+5+9)\times 5=87$

답 ④

11

$a_1=1$이므로

$a_2=a_1-4=-3$

$a_3=a_2{}^2=9$

$a_4=a_3-4=5$

$a_5=a_4-4=1=a_1$

$a_6=a_5-4=-3=a_2$

⋮

따라서 수열 $\{a_n\}$은 모든 자연수 n에 대하여

$a_{n+4}=a_n$을 만족시키므로

$\sum_{k=1}^{22} a_k=\sum_{k=1}^{20} a_k+a_{21}+a_{22}=5\sum_{k=1}^{4} a_k+a_1+a_2$

$=5\times\{1+(-3)+9+5\}+1+(-3)=58$

답 ③

12

$a_{n+1}+a_n=2n^2$에서

$n=1$일 때, $a_2+a_1=2\times 1^2$이므로 $a_2=2-a_1$

$n=2$일 때, $a_3+a_2=2\times 2^2$이므로 $a_3=8-a_2=6+a_1$

$n=3$일 때, $a_4+a_3=2\times 3^2$이므로 $a_4=18-a_3=12-a_1$

$n=4$일 때, $a_5+a_4=2\times 4^2$이므로 $a_5=32-a_4=20+a_1$

$a_3+a_5=26+2a_1=26$이므로 $a_1=0$

따라서 $a_2=2-a_1=2$

답 ②

13

$a_1=\frac{1}{2}$

$a_2=-\frac{1}{a_1-1}=2$

$a_3=-\frac{1}{a_2-1}=-1$

$a_4=-\frac{1}{a_3-1}=\frac{1}{2}=a_1$

$a_5=-\frac{1}{a_4-1}=2=a_2$

⋮

수열 $\{a_n\}$은 모든 자연수 n에 대하여 $a_{n+3}=a_n$을 만족시킨다.

따라서 $a_{3n-2}+a_{3n-1}+a_{3n}=\frac{3}{2}$이므로

$S_{3n}=\frac{3}{2}n,\ S_{3n+1}=S_{3n}+\frac{1}{2}=\frac{3}{2}n+\frac{1}{2},$

$S_{3n+2}=S_{3n}+\frac{1}{2}+2=\frac{3}{2}n+\frac{5}{2}$

$11=\frac{3}{2}\times 7+\frac{1}{2}=S_{3\times 7}+\frac{1}{2}=S_{3\times 7+1}=S_{22}$이므로 $m=22$

답 ③

14

$a_1=1,\ b_1=-1$이므로

$a_2=1+(-1)=0,\ b_2=2\cos\frac{\pi}{3}=1$

$a_3=0+1=1,\ b_3=2\cos 0=2$

$a_4=1+2=3,\ b_4=2\cos\frac{\pi}{3}=1$

$a_5=3+1=4,\ b_5=2\cos\pi=-2$

$a_6=4+(-2)=2,\ b_6=2\cos\frac{4}{3}\pi=-1$

$a_7=2+(-1)=1,\ b_7=2\cos\frac{2}{3}\pi=-1$

$a_8=1+(-1)=0,\ b_8=2\cos\frac{\pi}{3}=1$

⋮

두 수열 $\{a_n\}$, $\{b_n\}$은 모든 자연수 n에 대하여

$a_{n+6}=a_n,\ b_{n+6}=b_n$을 만족시킨다.

이때 $2021=6\times 336+5$이므로

$a_{2021}-b_{2021}=a_5-b_5=4-(-2)=6$

답 ⑤

15

(i) $n=1$일 때,

(좌변)$=a_1$, (우변)$=a_2-\boxed{\frac{1}{2}}=\left(1+\frac{1}{2}\right)-\boxed{\frac{1}{2}}=1=a_1$

이므로 (★)이 성립한다.

(ii) $n=m$일 때, (★)이 성립한다고 가정하면

$a_1+2a_2+3a_3+\cdots+ma_m=\frac{m(m+1)}{4}\times(2a_{m+1}-1)$이다.

$n=m+1$일 때, (★)이 성립함을 보이자.

$a_1+2a_2+3a_3+\cdots+ma_m+(m+1)a_{m+1}$

$=\frac{m(m+1)}{4}(2a_{m+1}-1)+(m+1)a_{m+1}$

$=(m+1)a_{m+1}\left(\boxed{\frac{m}{2}}+1\right)-\frac{m(m+1)}{4}$

$=\frac{(m+1)(m+2)}{2}a_{m+1}-\frac{m(m+1)}{4}$

$=\frac{(m+1)(m+2)}{2}\left(a_{m+2}-\boxed{\frac{1}{m+2}}\right)-\frac{m(m+1)}{4}$

$=\frac{(m+1)(m+2)}{4}(2a_{m+2}-1)$

따라서 $n=m+1$일 때도 (★)이 성립한다.

즉, $p=\frac{1}{2}$, $f(m)=\frac{m}{2}$, $g(m)=\frac{1}{m+2}$이므로

$p+\frac{f(5)}{g(3)}=\frac{1}{2}+\frac{\frac{5}{2}}{\frac{1}{5}}=13$

답 ⑤

16

(i) $n=1$일 때,

(좌변)$=2S_1-S_1=1$, (우변)$=1$이므로 (*)이 성립한다.

(ii) $n=m$일 때, (*)이 성립한다고 가정하면

$(m+1)S_m-\sum_{k=1}^{m}S_k=\sum_{k=1}^{m}k^3$이다.

$n=m+1$일 때, (*)이 성립함을 보이자.

$(m+2)S_{m+1}-\sum_{k=1}^{m+1}S_k$

$=(m+2)S_{m+1}-\left(\sum_{k=1}^{m}S_k+S_{m+1}\right)$

$=\boxed{(m+1)}S_{m+1}-\sum_{k=1}^{m}S_k$

$=(m+1)(S_m+a_{m+1})-\sum_{k=1}^{m}S_k$

$=(m+1)S_m+(m+1)a_{m+1}-\sum_{k=1}^{m}S_k$

$=\boxed{(m+1)}S_m+\boxed{(m+1)^3}-\sum_{k=1}^{m}S_k$

$=\sum_{k=1}^{m}k^3+(m+1)^3=\sum_{k=1}^{m+1}k^3$이다.

따라서 $n=m+1$일 때도 (*)이 성립한다.

즉, $f(m)=m+1$, $g(m)=(m+1)^3$이므로

$f(2)+g(1)=3+2^3=11$

답 ⑤

17

(i) $n=1$일 때,

$3^2+1=2\times5$이므로 $f(3^2+1)=1$이다.

따라서 $n=1$일 때 (*)이 성립한다.

(ii) $n=k$일 때, (*)이 성립한다고 가정하면 $f(3^{2k}+1)=1$

음이 아닌 정수 m과 홀수 p에 대하여

$3^{2k}+1=2^m\times p$로 나타낼 수 있으므로

$3^{2k}+1=\boxed{2}\times p$

이다.

$3^{2(k+1)}+1=9\times3^{2k}+1=9(2p-1)+1=2\times(\boxed{9p-4})$

이고, p는 홀수이므로 $\boxed{9p-4}$도 홀수이다.

따라서 $f(3^{2(k+1)}+1)=1$이다.

그러므로 $n=k+1$일 때도 (*)이 성립한다.

즉, $a=2$, $g(p)=9p-4$이므로

$a+g(11)=2+95=97$

답 ②

18

$1\cdot2n+3\cdot(2n-2)+5\cdot(2n-4)+\cdots+(2n-1)\cdot2$

$=\sum_{k=1}^{n}(\boxed{2k-1})\{2n-(2k-2)\}$

$=\sum_{k=1}^{n}(\boxed{2k-1})\{2(n+1)-2k\}$

$=2(n+1)\sum_{k=1}^{n}(\boxed{2k-1})-2\sum_{k=1}^{n}(2k^2-k)$

$=2(n+1)\{n(n+1)-n\}-2\left\{\frac{n(n+1)(2n+1)}{\boxed{3}}-\frac{n(n+1)}{2}\right\}$

$=2(n+1)n^2-\frac{1}{3}n(n+1)\{2(2n+1)-3\}$

$=2(n+1)n^2-\frac{1}{3}n(n+1)(\boxed{4n-1})$

$=\frac{n(n+1)(2n+1)}{3}$

따라서 $f(k)=2k-1$, $g(n)=4n-1$, $a=3$이므로

$f(a)\times g(a)=f(3)\times g(3)=5\times11=55$

답 ②

19

(i) $n=1$일 때,

(좌변)$=1$, (우변)$=1$이므로 (*)이 성립한다.

(ii) $n=m$일 때, (*)이 성립한다고 가정하면

$\sum_{k=1}^{m}k\{k+(k+1)+\cdots+m\}=\frac{m(m+1)(m+2)(3m+1)}{24}$

이다.

$n=m+1$일 때, (*)이 성립함을 보이자.

$\sum_{k=1}^{m+1}k\{k+(k+1)+\cdots+(m+1)\}$

$=\sum_{k=1}^{m}k\{k+(k+1)+\cdots+(m+1)\}+\boxed{(m+1)^2}$

$=\sum_{k=1}^{m}k\{k+(k+1)+\cdots+m\}+(m+1)\sum_{k=1}^{m}k+\boxed{(m+1)^2}$

$= \sum_{k=1}^{m} k\{k+(k+1)+\cdots+m\} + \boxed{\frac{m(m+1)^2}{2}} + \boxed{(m+1)^2}$

$= \frac{m(m+1)(m+2)(3m+1)}{24} + \boxed{\frac{m(m+1)^2}{2}} + \boxed{(m+1)^2}$

$= \frac{m(m+1)(m+2)(3m+1)}{24} + \frac{(m+1)^2(m+2)}{2}$

$= \frac{(m+1)(m+2)\{m(3m+1)+12(m+1)\}}{24}$

$= \frac{(m+1)(m+2)(3m^2+13m+12)}{24}$

$= \frac{(m+1)(m+2)(m+3)(3m+4)}{24}$

$= \frac{(m+1)\{(m+1)+1\}\{(m+1)+2\}\{3(m+1)+1\}}{24}$

따라서 $n=m+1$일 때도 (*)이 성립한다.

즉, $f(m)=(m+1)^2$, $g(m)=\frac{m(m+1)^2}{2}$이므로

$f(4)+g(2)=(4+1)^2+\frac{2(2+1)^2}{2}=34$

답 ①

20

(1) $n=1$일 때,

(좌변)$=(2\times1-1)\times2^0=1$, (우변)$=(2\times1-3)\times2^1+3=1$

이므로 (*)이 성립한다.

(2) $n=m$일 때, (*)이 성립한다고 가정하면

$\sum_{k=1}^{m}(2k-1)2^{k-1}=(2m-3)2^m+3$이다.

$n=m+1$일 때, (*)이 성립함을 보이자.

$\sum_{k=1}^{m+1}(2k-1)2^{k-1}=\sum_{k=1}^{m}(2k-1)2^{k-1}+\{2(m+1)-1\}\times2^{(m+1)-1}$

$=\sum_{k=1}^{m}(2k-1)2^{k-1}+(\boxed{2m+1})\times2^m$

$=(2m-3)2^m+3+(\boxed{2m+1})\times2^m$

$=(4m-2)2^m+3=2(2m-1)2^m+3$

$=(\boxed{2m-1})\times2^{m+1}+3$

따라서 $n=m+1$일 때도 (*)이 성립한다.

즉, $f(m)=2m+1$, $g(m)=2m-1$이므로

$f(4)\times g(2)=9\times3=27$

답 ⑤

21

(*)에서 $S_n=\sum_{k=1}^{2n}(-1)^{k-1}\frac{1}{k}$, $T_n=\sum_{k=1}^{n}\frac{1}{n+k}$이라 하자.

(i) $n=1$일 때,

$S_1=\boxed{\frac{1}{2}}=T_1$이므로 (*)이 성립한다.

(ii) $n=m$일 때,

(*)이 성립한다고 가정하면 $S_m=T_m$이다.

$n=m+1$일 때, (*)이 성립함을 보이자.

$S_{m+1}=S_m+\frac{1}{2m+1}+\boxed{\left(-\frac{1}{2m+2}\right)}$,

$T_{m+1}=T_m+\boxed{\left(-\frac{1}{m+1}\right)}+\frac{1}{2m+1}+\frac{1}{2m+2}$이다.

$S_{m+1}-T_{m+1}=S_m-T_m+\frac{1}{m+1}-\frac{2}{2m+2}=S_m-T_m$

$S_m=T_m$이므로 $S_{m+1}=T_{m+1}$이다.

따라서 $n=m+1$일 때도 (*)이 성립한다.

즉, $a=\frac{1}{2}$, $f(m)=-\frac{1}{2m+2}$, $g(m)=-\frac{1}{m+1}$이므로

$a+\frac{g(5)}{f(14)}=\frac{1}{2}+\left(-\frac{1}{6}\right)\times(-30)=\frac{11}{2}$

답 ③

22

주어진 식 (*)의 양변을 $\frac{n(n+1)}{2}$로 나누면

$1+\frac{1}{2}+\frac{1}{3}+\cdots+\frac{1}{n}>\frac{2n}{n+1}$ …… ㉠

이므로 $n\geq2$인 자연수 n에 대하여

(i) $n=2$일 때, (좌변)$=\boxed{\frac{3}{2}}$, (우변)$=\frac{4}{3}$이므로 ㉠이 성립한다.

(ii) $n=k\ (k\geq2)$일 때, ㉠이 성립한다고 가정하면

$1+\frac{1}{2}+\frac{1}{3}+\cdots+\frac{1}{k}>\frac{2k}{k+1}$ …… ㉡

이다. ㉡의 양변에 $\frac{1}{k+1}$을 더하면

$1+\frac{1}{2}+\frac{1}{3}+\cdots+\frac{1}{k}+\frac{1}{k+1}>\frac{2k+1}{k+1}$

이 성립한다. 한편,

$\frac{2k+1}{k+1}-\boxed{(나)}=\frac{k}{(k+1)(k+2)}>0$에서

$\boxed{(나)}=\frac{2k+1}{k+1}-\frac{k}{(k+1)(k+2)}=\frac{(2k+1)(k+2)-k}{(k+1)(k+2)}$

$=\frac{2(k+1)^2}{(k+1)(k+2)}=\frac{2(k+1)}{k+2}$

이므로

$1+\frac{1}{2}+\frac{1}{3}+\cdots+\frac{1}{k}+\frac{1}{k+1}>\boxed{\frac{2(k+1)}{k+2}}$

이다. 따라서 $n=k+1$일 때도 ㉠이 성립한다.

즉, $p=\frac{3}{2}$, $f(k)=\frac{2(k+1)}{k+2}$이므로

$8p\times f(10)=8\times\frac{3}{2}\times\frac{22}{12}=22$

답 ⑤

23

(i) $n=2$일 때,

(좌변)$=\sum_{k=1}^{2}\frac{1}{k^3}=\frac{1}{1^3}+\frac{1}{2^3}=1+\frac{1}{8}=\boxed{\frac{9}{8}}$이고

(우변)$=\frac{11}{8}$이므로 (*)이 성립한다.

(ii) $n=m\ (m\geq 2)$일 때, (*)이 성립한다고 가정하면

$\sum_{k=1}^{m}\frac{1}{k^3}<\frac{1}{2}\left(3-\frac{1}{m^2}\right)$이다.

$n=m+1$일 때,

$$\sum_{k=1}^{m+1}\frac{1}{k^3}=\sum_{k=1}^{m}\frac{1}{k^3}+\boxed{\frac{1}{(m+1)^3}}<\frac{1}{2}\left(3-\frac{1}{m^2}\right)+\boxed{\frac{1}{(m+1)^3}}$$

한편,

$$\frac{1}{2}\left\{3-\frac{1}{(m+1)^2}\right\}-\left\{\frac{1}{2}\left(3-\frac{1}{m^2}\right)+\boxed{\frac{1}{(m+1)^3}}\right\}$$

$$=-\frac{1}{2(m+1)^2}+\frac{1}{2m^2}-\frac{1}{(m+1)^3}$$

$$=\frac{-m^2(m+1)+(m+1)^3-2m^2}{2m^2(m+1)^3}=\frac{\boxed{3m+1}}{2m^2(m+1)^3}>0$$

이므로

$$\sum_{k=1}^{m+1}\frac{1}{k^3}<\frac{1}{2}\left\{3-\frac{1}{(m+1)^2}\right\}$$

이 성립한다.

따라서 $n=m+1$일 때도 (*)이 성립한다.

즉, $a=\frac{9}{8}$, $f(m)=\frac{1}{(m+1)^3}$, $g(m)=3m+1$이므로

$$\frac{g(a)}{f(1)}=\frac{g\left(\frac{9}{8}\right)}{f(1)}=\frac{3\times\frac{9}{8}+1}{\frac{1}{2^3}}=\frac{27+8}{1}=35$$

답 ①

24

2 이상인 모든 자연수 n에 대하여

$a_n=\sum_{k=1}^{n-1}\frac{n}{n-k}\cdot\frac{1}{2^{k-1}}=\frac{n}{n-1}+\frac{n}{n-2}\cdot\frac{1}{2}+\cdots+\frac{n}{2^{n-2}}$이라 하자.

$$a_{n+1}=\sum_{k=1}^{n}\frac{n+1}{n+1-k}\cdot\frac{1}{2^{k-1}}$$

$$=\boxed{\frac{n+1}{n}}+\frac{n+1}{n-1}\cdot\frac{1}{2}+\frac{n+1}{n-2}\cdot\frac{1}{2^2}+\cdots+\frac{n+1}{2^{n-1}}$$

$$=\boxed{\frac{n+1}{n}}+(n+1)\left(\frac{1}{n-1}\cdot\frac{1}{2}+\frac{1}{n-2}\cdot\frac{1}{2^2}+\cdots+\frac{1}{2^{n-1}}\right)$$

$$=\boxed{\frac{n+1}{n}}+\frac{n+1}{2n}\left(\frac{n}{n-1}+\frac{n}{n-2}\cdot\frac{1}{2}+\cdots+\frac{n}{2^{n-2}}\right)$$

이 식을 정리하면

$a_{n+1}=\boxed{\frac{n+1}{2n}}a_n+\frac{n+1}{n}\ (n\geq 2)$를 얻는다.

따라서 $f(n)=\frac{n+1}{n}$, $g(n)=\frac{n+1}{2n}$이므로

$$\frac{48g(10)}{f(5)}=48\times\frac{\frac{11}{20}}{\frac{6}{5}}=48\times\frac{11}{24}=22$$

답 ②

서술형 연습

본문 150쪽

01 $\frac{1024}{45}$　　02 90

01

모든 자연수 n에 대하여 $(n+1)S_{n+1}=2nS_n$이 성립하므로

$S_{n+1}=\frac{2n}{n+1}S_n$ ······ ㉮

n에 1, 2, 3, ···, $n-1$을 차례로 대입하면

$S_2=\frac{2\times 1}{2}S_1$

$S_3=\frac{2\times 2}{3}S_2$

$S_4=\frac{2\times 3}{4}S_3$

⋮

$S_n=\frac{2(n-1)}{n}S_{n-1}$ ······ ㉯

변끼리 곱하면

$S_n=2^{n-1}\times\left(\frac{1}{2}\times\frac{2}{3}\times\frac{3}{4}\times\cdots\times\frac{n-1}{n}\right)S_1$

$=2^{n-1}\times\frac{1}{n}\times 1=\frac{2^{n-1}}{n}$ ······ ㉰

따라서 $a_{10}=S_{10}-S_9=\frac{2^9}{10}-\frac{2^8}{9}=\frac{1024}{45}$ ······ ㉱

답 $\frac{1024}{45}$

단계	채점 기준	비율
㉮	$(n+1)S_{n+1}=2nS_n$을 변형하여 $S_{n+1}=\frac{2n}{n+1}S_n$을 구한 경우	20%
㉯	$S_{n+1}=\frac{2n}{n+1}S_n$의 n에 1, 2, 3, ···, $n-1$을 차례로 대입한 과정을 구한 경우	30%
㉰	변끼리 곱하여 S_n을 구한 경우	30%
㉱	S_n을 이용하여 a_{10}의 값을 구한 경우	20%

02

(i) $n=1$일 때, $3^2-1=\boxed{8}$이므로 ······ ㉮

$3^{2n}-1$은 8의 배수이다.

(ii) $n=k$일 때, $3^{2k}-1$이 8의 배수라고 가정하면

$3^{2k}-1=8m$ (단, m은 자연수)

로 놓을 수 있다.

이때 $3^{2k}=8m+1$이므로

$n=k+1$일 때,

$3^{2(k+1)}-1=\boxed{3^2}\times3^{2k}-1$ ······ ㉯

$=\boxed{3^2}\times(8m+1)-1$

$=9\times8m+8$

$=8(\boxed{9m+1})$ ······ ㉰

따라서 $n=k+1$일 때도 $3^{2n}-1$은 8의 배수이다.

(i), (ii)에서 모든 자연수 n에 대하여 $3^{2n}-1$은 8의 배수이다.

따라서 $a=8$, $b=3^2=9$, $f(m)=9m+1$이므로

$a+f(b)=8+(9\times9+1)$

$=8+82=90$ ······ ㉱

답 90

단계	채점 기준	비율
㉮	$3^{2n}-1$에 $n=1$을 대입하여 a의 값을 구한 경우	20%
㉯	지수법칙을 이용하여 $3^{2(k+1)}-1=3^2\times3^{2k}-1$로 전개한 후 b의 값을 구한 경우	20%
㉰	$3^{2k}=8m+1$을 이용하여 $f(m)=9m+1$을 구한 경우	40%
㉱	$a=8$, $b=9$, $f(m)=9m+1$을 이용하여 $a+f(b)$의 값을 구한 경우	20%

1등급 도전

본문 151쪽

01 28　02 ④

01

풀이 전략 수열의 귀납적 정의를 이용하여 추론한다.

STEP 1 조건 (나)를 만족시키는 d가 음수임을 이해한다.

$d\ge0$이면 $n\ge5$에 대하여 $a_n\ge16$이므로 조건 (나)를 만족시키지 않는다.

$d<0$ ······ ㉠

STEP 2 a_2, a_3, r의 부호를 파악한다.

$a_2+a_3=0$에서 $a_2=-a_3$

(Ⅰ) $a_2=a_3=0$인 경우

$a_3=a_2+d$에서 $d=0$이므로 ㉠을 만족시키지 않는다.

(Ⅱ) $a_2<0$, $a_3>0$인 경우

$a_3=ra_2=-a_2$이므로 $r=-1$

ⓐ $a_1=0$인 경우

$a_2=a_1+d=d<0$, $a_3=-d>0$, $a_4=a_3+d=0$

$a_5=d<0$, $a_5\ne16$

ⓑ $a_1>0$인 경우

$a_2=a_1+d<0$, $a_3=-a_2=-a_1-d>0$

$a_4=a_3+d=-a_1-d+d=-a_1<0$

$a_5=-a_4=a_1$

모든 자연수 n에 대하여 $a_{n+4}=a_n\ne0$이므로 조건 (나)를 만족시키지 않는다.

ⓒ $a_1<0$인 경우

$a_2=-a_1>0$

ⓐ, ⓑ, ⓒ에 의하여 조건을 만족시키지 않는다.

(Ⅲ) $a_2>0$, $a_3<0$인 경우

ⓐ $r=0$인 경우

$a_4=ra_3=0$, $a_5=d<0$이므로 $a_5\ne16$

ⓑ $r>0$인 경우

$n\ge3$인 모든 자연수 n에 대하여

$a_n<0$이고 $a_5\ne16$

ⓐ, ⓑ에 의하여 $r<0$ ······ ㉡

(Ⅰ), (Ⅱ), (Ⅲ)에서 $a_2>0$, $a_3<0$, $r<0$

STEP 3 r의 값에 따른 a_1의 값을 구한다.

$a_3=a_2+d=-a_2$이므로

$a_2=-\frac{d}{2}$, $a_3=\frac{d}{2}$, $a_4=\frac{rd}{2}>0$

$a_5=\frac{rd}{2}+d=16$ ······ ㉢

조건 (나)에서 $a_k=0$이면

$a_{k+1}=d<0$, $a_{k+2}=rd>0$, $a_{k+3}=rd+d$, ⋯

$a_{k+2-r}=rd-rd=0$이므로 $2-r$은 12의 약수이다.

㉡에 의하여 $r=-1$, -2, -4, -10

(i) $r=-1$인 경우

㉢에 의하여 $d=32$이므로 ㉠을 만족시키지 않는다.

(ii) $r=-2$인 경우

㉢에 의하여 $a_5=0$이므로 조건을 만족시키지 않는다.

(iii) $r=-4$인 경우

㉢에 의하여 $d=-16$이므로 $a_2=8$이고

$a_1 \geq 0$이면 $a_1=24$

$a_1 < 0$이면 $a_1=-2$

(iv) $r=-10$인 경우

㉢에 의하여 $d=-4$이므로 $a_2=2$이고

$a_1 \geq 0$이면 $a_1=6$

$a_1 < 0$이면 $a_1=-\frac{1}{5}$

(i)~(iv)에서 a_1의 값은 -2, 6, 24이고 그 합은

$-2+6+24=28$

답 28

02

풀이 전략 수열의 귀납적 정의를 이용하여 조건을 만족시키는 a_1의 값을 구한다.

STEP 1 조건 (가), (나)에 의하여 a_3과 a_4 중 하나는 홀수, 다른 하나는 짝수임을 알아본다.

조건 (나)에서

a_n이 홀수이고 a_{n+1}이 홀수이면 a_{n+2}는 짝수, → $a_{n+1} \times a_n$이 홀수이므로 $a_{n+2}=a_{n+1}+a_n$이 짝수이다.

a_n이 홀수이고 a_{n+1}이 짝수이면 a_{n+2}는 홀수,

a_n이 짝수이고 a_{n+1}이 홀수이면 a_{n+2}는 홀수, → $a_{n+1} \times a_n$이 짝수이므로 $a_{n+1}+a_n$이 홀수이고 $a_{n+2}=a_{n+1}+a_n-2$가 홀수이다.

a_n이 짝수이고 a_{n+1}이 짝수이면 a_{n+2}는 짝수이다. → $a_{n+1} \times a_n$이 짝수이므로 $a_{n+1}+a_n$이 짝수이고 $a_{n+2}=a_{n+1}+a_n-2$가 짝수이다.

조건 (가)에서 a_5가 홀수이므로 a_3 과 a_4 중 하나는 홀수, 다른 하나는 짝수이어야 한다. → $a_{n+1} \times a_n$이 홀수이고 $a_{n+2}=a_{n+1}+a_n$이 홀수이다.

STEP 2 a_3이 홀수이고 a_4가 짝수인 경우 가능한 a_1의 값을 구한다.

(i) a_3이 홀수이고 a_4가 짝수인 경우

a_2는 홀수이고 a_1은 짝수이다.

$a_1=2k$, $a_2=2l-1$ (k, l은 자연수)라 하면

조건 (나)에 의하여

$a_1 \times a_2$는 짝수이므로 $a_3=2k+2l-3$,

$a_2 \times a_3$은 홀수이므로 $a_4=2k+4l-4$,

$a_3 \times a_4$는 짝수이므로 $a_5=4k+6l-9$

$4k+6l-9=63$에서 $a_1=2k=36-3l$

이므로 조건을 만족시키는 a_1의 값은 6, 12, 18, 24, 30이다.

STEP 3 a_3이 짝수이고 a_4가 홀수인 경우 가능한 a_1의 값을 구한다.

(ii) a_3이 짝수이고 a_4가 홀수인 경우

a_2는 홀수이고 a_1도 홀수이다.

$a_1=2p-1$, $a_2=2q-1$ (p, q는 자연수)라 하면

조건 (나)에 의하여

$a_1 \times a_2$는 홀수이므로 $a_3=2p+2q-2$,

$a_2 \times a_3$은 짝수이므로 $a_4=2p+4q-5$,

$a_3 \times a_4$는 짝수이므로 $a_5=4p+6q-9$

$4p+6q-9=63$에서 $a_1=2p-1=35-3q$

이므로 조건을 만족시키는 a_1의 값은 5, 11, 17, 23, 29이다.

STEP 4 M, m의 값을 구한다.

(i), (ii)에 의하여 a_1의 최댓값은 30, 최솟값은 5이므로

$M-m=30-5=25$

답 ④

MEMO

EBS

2025 올림포스

전국연합학력평가 기출문제집

수학 I